军事计量科技译丛

装备科技译著出版基金

计量物理学
The Physics of Metrology
All about Instruments:
From Trundle Wheels to Atomic Clocks

[美]亚历克修斯·J. 希伯拉（Alexius J. Hebra）　著

刘 民　毛宏宇　刘碧野　等译

国防工业出版社

·北京·

译者序

　　近年来,我国基础性、前沿性和共性计量科研成果大量涌现,专用、新型、先进计量测试技术研究水平和服务保障能力进一步提升,我国计量测量能力总体居于世界前列。但是,基于物理学的计量基础工作仍较为薄弱,国家新一代物理计量基准持续研究能力不足;量子计量基准相关研究尚处于攻坚阶段,与发达国家仍有很大差距。当前是我国加快基础科研支持力度,持续强化原始创新攻关的攻坚时期。计量物理学面临着严峻的形势:世界范围内的计量技术革命将对物理学的测量精度产生深远影响;生命科学、海洋科学、信息科学和空间技术等快速发展,带来巨大计量物理学的测试需求。夯实计量物理基础、完善计量体系、提升计量物理学整体水平已成为提高国家原始创新能力、增强国家综合实力的必然要求。

　　计量学是认识物理世界的基础学科,通过精密测量,让人们认识世界,了解自己。物理学是人们生活在这个世界上直接接触的学科,人与自然的连接主要基于物理学。本书的特点是从物理学的角度引出计量学,从计量学的视角诠释物理学,使计量和物理两个学科通过一个个生动的标尺、表盘和仪器巧妙顺畅地联系起来。区别于国内现有传统计量学对专业的划分,亚历克修斯·J.希伯拉(Alexius J. Hebra)教授从长度、角度和弧度、时钟和时间、速度与加速度、力、质量、重力加速度、振动、热力学、压强、密度、光学和辐射、声学、电工仪表和电子仪器、恒温器等领域,以各类测量仪器仪表为主要对象,介绍了组成原理、技术方法和应用案例。本书的引进出版,为我国从事基础计量理论、量值溯源技术和计量工程实践的研究人员提供了重要参考。

　　全书共分为 13 章。北京东方计量测试研究所刘民担任主译,中国人民解放军 93208 部队毛宏宇、北京东方计量测试研究所刘碧野担任副主译,并对全书进行了统稿。其他参与翻译的人员有北京东方计量测试研究所王书强、吴康、胡志远、李亚珺、魏巍、游立、梅高峰、王磊、丁国庆、王保林、马梦妍、苏新光、高泉铭、卢晓勃、屠治国、潘攀、张明志,中国人民解放军 32181 部队郭晓冉,军事航天部队装备部装备保障队张亮,军事科学院系统工程研究院古兆兵、王庆民、强弢、关静,中国人民解放军 32180 部队郭迎春,陆军工程大学石家庄校区董海瑞,中国人民解放军 96963 部队郑永和,空军工程大学航空机务士官学校李猛。各章的主要译者和校对如下:

第 1 章由王书强、王磊、郭迎春、董海瑞、李猛翻译,并由王磊校对;
第 2 章由王书强、吴康、王磊、张明志、郑永和翻译,并由张明志校对;
第 3 章由王书强、胡志远、魏巍、梅高峰、董海瑞翻译,并由魏巍校对;
第 4 章由丁国庆、游立、梅高峰、王保林、郭迎春翻译,并由郭迎春校对;
第 5 章由苏新光、屠治国、潘攀、张亮、李猛翻译,并由张亮校对;
第 6 章由苏新光、高泉铭、卢晓勃、张明志、郑永和翻译,并由卢晓勃校对;
第 7 章由高泉铭、卢晓勃、梅高峰、丁国庆、马梦妍翻译,并由丁国庆校对;
第 8 章由古兆兵、王庆民、强弢、关静、马梦妍翻译,并由王庆民校对;
第 9 章由郭晓冉、古兆兵、王庆民、强弢、关静翻译,并由古兆兵校对;
第 10 章由潘攀、屠治国、游立、王保林、丁国庆翻译,并由屠治国校对;
第 11 章由屠治国、苏新光、魏巍、张亮、郭晓冉翻译,并由苏新光校对;
第 12 章由胡志远、李亚琭、屠治国、潘攀、王保林翻译,并由潘攀校对;
第 13 章由吴康、郭晓冉、胡志远、李亚琭、魏巍翻译,并由郭晓冉校对。

    本书在翻译和整理的过程中得到了国防工业出版社领导和编辑的大力支持和帮助,在此表示衷心的感谢。

    由于本书涉及计量物理的专业较多,加之时间仓促,难免存在疏漏和不妥之处,欢迎读者批评指正。

译　者

2023 年 11 月

前言

当阿尔伯特·爱因斯坦(Albert Einstein)的助手提醒他今年试卷上的某些考题与去年一样时,爱因斯坦回答说:"没错,但今年所有答案都将不一样。"

同样,今年的测量仪器可能与去年也有所不同(希望更好),但是其基本操作原理仍未改变。可以按下仪器面板上的按钮,或者单击显示器上弹出的"虚拟"按钮,就可启动该仪器;也可以从老式刻度盘或者数字尺上读出测量值。然而,测量值的获得方法却是由永恒的自然定律所决定的,改变的只是对此类自然法则的解释方式。

测量的概念带来了一个永恒的问题,即什么是"合适的"度量单位。这个问题将全世界划分成以英国皇家度量衡制为基础的度量单位,以及另一方公制单位。公制单位在几十年前经校正后统一为国际度量衡制。

令人感到惊讶的是,美制单位和公制单位均采用米作为衡量长度的通用单位;事实上美国在 1893 年放弃了其衡量长度和质量的专有标准,转而将米制标准长度和千克标准质量作为美制单位的标准依据。经过一些微小的修正后,1in 已精确至 0.0254m,同时 1ft 已精确至 0.3048m。这就得到 5in = 127mm 的数量关系。

最初,人们将米定为地球子午线圈 1/4 圆周长度①的千万分之一。然而随着测量的现代化,人们发现这一距离等于10001954.5m。但到那时,传统的米制标准已经在全世界的商业和工业领域广泛应用,难以进行更新。同时,米的最新定义是光在真空中 1s 内传播距离的 1/299792458,以便与基准米尺(meter standard bar)的实际长度相匹配。无论如何,很难想象在检查卡尺、千分尺或量块的精确度时,会将测量工具与地球子午线圈的 1/4 圆周长度或光速进行比较,因为美国国家标准与技术研究院(NIST)提供了所有的标准参考值。

在教学中使用的是公制单位,因为以公制为基础的公式和等式比英尺/英磅更加直观易懂,而且转换更简单。在一个汽车加油站里,你了解到 1gal 的汽油为3.785L;在杂货店的秤上,1lb 为 0.454kg。当然,每月电费单中出现的用电量(kW·h)在所有计量系统中是一致的。

---

① 从赤道到极点的距离。

由于单位读数有点复杂，使用英尺磅作单位的人们对公制力矩单位颇感头疼。虽然英制单位使用者已经习惯了用磅来代表质量和力，但在公制单位制中质量应当以千克为单位，而力以牛(N)为单位。要怪就怪在太空时代吧，因为 1kg 的质量在月球上只有 1/6kg，而在火星上只有 0.40kg。因此，如果你把"可靠的英磅"(正如一些反公制标准人士所称)带上太空，它就不再那么可靠了，质量实际上是一块物体所受重力的大小，与其位置相关。

因此，国际度量衡制修改了按照万有引力界定的单位，将力的单位建立在惯性而非重力的基础上。因此，牛(N)这一单位指的是 1kg 质量的物体获得 $1m/s^2$ 的加速度所需的力，就地球上而言，这意味着 $1N = 1kg \cdot m/s^2$ 的力。

无论你何时研究这本书里的数学知识，请记住以 kg 为单位的质量得到的是以 N 为单位的力；压强的单位是 N/m^2(Pa)，而不是 psi(lb/in^2)、atm 或 mmHg。这就好比你通过驾驶汽车(而不是反复学习驾车指南)学到了开车技能一样，你对公制单位的熟悉将会随着本书的讲授而逐渐加深。

计量学使文明世界充满生机与活力。通过精密测量，替换的零件永远能与汽车完美匹配，你也可以从货架上买到心仪的门框，而且一袋标重为 5lb 的糖一定不会缺斤短量。计量学如同一位友善的精灵，一直在我们的生活中给予帮助。现在让我们将这位精灵从瓶中释放出来，揭开其真面目吧！

目录

第1章
长度测量

宏伟的吉萨金字塔高高屹立在埃及的沙漠中。如果用现代单位进行测量,这座金字塔高 725ft 或 230m(1ft = 0.3048m)。然而,古埃及人既不用英尺也不用米作单位,他们用腕尺,一腕尺为中指指尖到肘部的距离。按照腕尺计算,这座宏伟的金字塔的底部分别长 439.80 腕尺、440.18 腕尺、440.06 腕尺和 440.00 腕尺。他们是如何测量这些距离的呢? 给你一个提示:439.82 腕尺 = 140π 腕尺。一个直径为 1 腕尺的轮子,其圆周周长为 π 腕尺。将此轮子转动 140 次,你就可以测量出金字塔底面的边长了。如果埃及人使用的是初代测距仪或者测距轮,那么测量的精确度可以达到 0.1%!

从遥远的古代到现代,没有任何的木制手工艺品保存了下来,我们缺乏直接的证据来证明埃及木制测距装置的存在。但是,象形文字真实地表明:人类曾使用带固定间距绳结的绳子进行测量工作。这些绳子被人们用树脂和蜂蜡的混合物用力涂抹而得以保存下来。然而,若要用麻绳测量一栋与金字塔大小一致的建筑物,那么就不得不考虑所用拉力、空气温度和湿度变动等因素的影响。比如在沙漠里,铜条在寒冷的夜晚就会收缩,在炎热的白天便会膨胀。

1.1　测距轮

继法老使用滚动圆盘工具后,其仿效者也使用木材作为测距轮的制作材料,木材的热膨胀系数为 $3 \times 10^{-6}/℃ \sim 4 \times 10^{-6}/℃$,约为铁的 1/3。自此,类似于图 1.1 的测距轮一直应用在人们的生活中。在 18 世纪早期,约翰·贝内特(John Bennet)[①]采用优质黄铜制作了多个多刻度测距轮,刻度单位分别有杆(1 杆 = 16.5ft =

[①]　英国钟表和仪器制造商。

198in)、弗隆(furlong,1fur = 220yd)和英里(1mile = 5280ft)①。测距轮的直径采用30.51in,此时周长刚好为99in(半杆)。因此,随着轮子转动两周,该测距工具就前进了1杆的长度。

贝内特制作的轮式测距仪的转盘与钟面十分相似,带有一大一小两个指针,还有第三只更小的指针位于一个单独的刻度盘上,就像怀表上的秒表一样。在这一时期,人们随着此类工具的逐渐使用而采用英制长度单位进行读数。

测量时使用的是直径可达6ft的测距轮,因为较大的轮子不易受路面颠簸和沟渠路况的影响。18世纪的测距轮,也称为轮式测距仪(Waywiser),其结构类似于轻型的独轮手推车。测距轮起源于英国,后来在美国又使用了100年之久。在距离较近的年代里,简易的测距轮在五金店有售,用途广泛,常常用于栅栏的测距,以及地段和建筑物的初步规划。

而我们所熟悉的汽车里程表也采用了测距轮的原理。里程表记录了汽车车轮的转数,同时通过适当比例的减速器,将计数转换为已行驶的里程数。例如,一辆汽车装有P185/75 – 14型号的轮胎,轮胎外径为24.925in,而且轮胎已充气,那么汽车车轮每转1圈,行使的距离为$24.925\pi = 78.304$in 或者 $78.304/12$ft $= 6.525$ft(1ft = 12in)。根据5280ft = 1mile可知,汽车每行驶1mile,车轮转动$5280/6.525 \approx 809$圈。对于一个常规型里程表而言,其传动轴每转10圈就显示汽车前进1mile。因此,必须使用一个降速比为$10/809 = 1 : 80.9$的减速器来计算里程数。缩减的部分是由差动齿轮1:3的逐级下降特性产生的。

如果在行车时轮胎胎压较低,那么里程表显示的里程数便会偏大,这是因为车轮的有效半径(从轮毂中心到路面)低于标准值,车轮必须转动得更为频繁才能走完既定的行程。

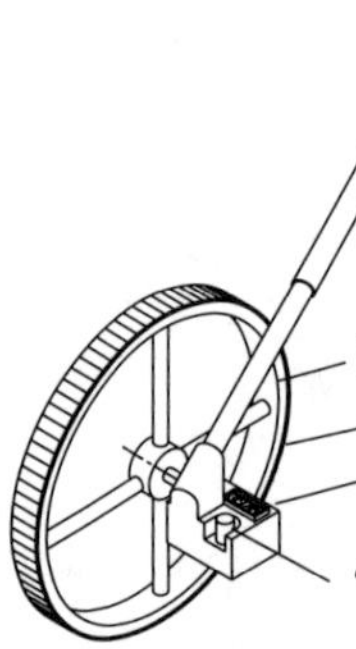

升级后的测距轮(图1.1)通常采用直径为5.730in的圆盘,每转动1圈,距离为$5.730\pi = 18$in。添加了18齿的棘轮后并通过计算"咔"声的次数,人们就可计算出每听见一次"咔"声时,轮子所滚动的距离(英尺数)。随后,机械计数器取代了贝内特的精密刻度盘。因此,测距轮已经从贝内特的模拟装置逐渐发展为今日的数字仪器。

图1.1 用于测量长度和距离的测距轮

——手柄
——伸缩式导杆
圆周长3ft的转轮
橡胶涂层
转数计数器
"重置"按钮

---

① 译者注:1ft = 0.3048m,1in = 25.4mm,1ya = 0.914m,1mile = 1609.344m。

1.2　链条与卷尺

金属测量工具具有较大温度系数,但是随着温度计的发明和金属热膨胀数据的准确确定,这些工具不断得到广泛应用。当第一个温度计(当时被称为"验温器")在16世纪早期问世时,恰逢亚伦·拉思伯恩(Aaron Rathborne)的"十进制测量法"于1616年被媒体报道其发明的长度测量工具称为拉思伯恩链。拉思伯恩链由10个链环组成,总长度为1杆或16.5ft。随后出现了艾德蒙·甘特(Edmund Gunter)设计的测链,有100个链环,总长度为4杆(66ft)。19世纪的"工程师用链"是由1ft长的链环制成,总长为50 ft或100ft。在现代,这种类型的链条有柯费尔和埃瑟(Keuffel and Esser)链,由12号规格的钢丝链环制成,经过钎焊封合。根据需要,人们可在链条中部采用一个弹簧钩,将链条各分为1/2。

在监测工程中,必须预先计算和考虑热膨胀因素。如果资金允许,则可以使用殷钢制作的卷尺,在大多数情况下不必担心温度的影响。殷钢是一种合金,含36%的镍、0.2%的碳和63.8%的铁,热膨胀系数为$1.26 \times 10^{-6}/℃$(几乎是钢的1/10)。

1853年,英国谢菲尔德市的詹姆斯·切斯特曼(James Chesterman,1792—1867)最早制作了钢卷尺,成为当今将弹簧应用到钢卷尺上的先驱人物。

1.3　测距

当卷尺长度不足以应付实际需要,而测距轮又过于沉重时,还有几种装置可用于测距工作中。

如果对精确度没有很高的要求,那么目镜中带有十字刻度的望远镜水平尺(也称为"视距尺")就足够了。如图1.2所示,如果把标尺贴在10m远的地方,望远镜目镜刻度上的10个分划格与视距尺上一个10cm长的区域相重合。将标尺移动至20m处,阴影区只与望远镜中的5格区域相重合。移动到100m处,标尺的刻度与十字中心相互重合。简而言之,标尺的距离和望远镜中刻度的视尺寸成反比。

尽管这种方法精确度不高,但是胜在简易方便。当天文学家用类似的方法测量地球到邻近恒星的距离时,他们采用地球轨道的直径作为标尺。根据地球

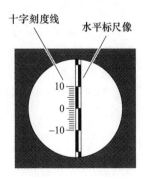

图1.2　十字线测距法

到太阳的距离为 $1.496 \times 10^8 \mathrm{km}$ 可知,地球在银河系中的位置每 6 个月所移动的距离为

$$2 \times 1.496 \times 10^8 \mathrm{km} = 2.992 \times 10^8 \mathrm{km}$$

恒星有着明显且规律的位移轨迹。在 1838 年,弗里德里希·威廉·贝塞尔(Friedrich Wilhelm Bessel,1784—1846)是第一个对这种运动做出可靠测量的人。这种运动称为恒星视差,而他测量的是位于天鹅座星座中的天鹅座 61 星。虽然只有极少数恒星距离足够近,能够显示出视差位移的变化轨迹,但是这种方法产生了一个特定的天文学长度单位,即秒差距(parsec,pc),它等于地球公转轨道半径对应视角为 1″(角秒)的距离。由一圆周等于 $360 \times 60 \times 60 = 1296000″$ 可知,半径为 1pc 的圆的周长为 $1296000 \times 149.6 \times 10^6 \mathrm{km} = 193.88 \times 10^{12} \mathrm{km}$,那么此圆的半径为 $(193.88 \times 10^{12})/2\pi = 30.857 \times 10^{12} \mathrm{km}$。再由 $9.460550 \times 10^{12} \mathrm{km} = 1\mathrm{ly}$(light year,光年)可得出以下公式:

$$1\,\mathrm{parsec} = \frac{30.857 \times 10^{12}}{9.460550 \times 10^{12}} = 3.26\ \mathrm{ly} \tag{1.1}$$

此处得到的距离似乎很大,但是没有一颗恒星位于 1pc 差距的范围内。离太阳最近的星体是出现在南半球天空中的半人马座阿尔法星,距离太阳 1.33pc 或者 4.34ly。

1.4　三角测量

每年尼罗河水泛滥都会冲走古埃及人的地标,古埃及人必须努力恢复它们以使重新取得尼罗河沿岸肥沃的土地,这标志着几何学和数学领域的初步发展。在随后较晚时期里一代又一代的科学家受到启发,包括欧几里得、阿基米德、埃拉托色尼以及亚历山大港的希罗。后者是第一位根据三角形边长长度提出三角形面积计算公式的人。

三角形是其他所有多边形的基本构成要素,因此,希罗的公式可用于许多领域。例如,四边形可以分成两个三角形,五边形可以分成 3 个三角形,六边形可以分成 4 个三角形,而 n 边多边形可以分成 $n-2$ 个三角形。如果有一块地,各边边长分别为 a、b、d 和 e,那么可以测量一边对角线 c 的长度,再将希罗的公式运用到所分割出的三角形中,从而计算出这块土地的表面积。首先,设第一个三角形的周长为 $2s$,则

$$s = \frac{1}{2}(a + b + c) \tag{1.2}$$

然后,运用希罗的公式,得出上述三角形的面积 A,即

$$A = \sqrt{s(s-a)(s-b)(s-c)} \tag{1.3}$$

重复上述步骤，得出第二个三角形的面积。接着，我们得出了这两个三角形的表面积，大功告成。

虽说居住在亚历山大港的希罗是一位在几何学和力学（包括气体力学）方面著作颇丰的学者，但是我们现今仍无法确定其名字的准确性。有人称呼他为希罗（Heron），也有人叫他西罗（Hero），而且他的出生年月没有文字记载。

历史学家们认为他的生平介于公元前250年至公元前150年之间。他或许是希腊人或者是受过希腊教育的埃及人，但是无论他生于何时，是哪国公民，他在历史上都留下了永久的印记！

三角测量也是现代用于测量物体位置的方法之一。在两个点（图1.3中的A点和B点）之间使用任意基线，用物体的平面坐标x和y来描述物体P的位置，如图1.3所示。

我们有两种不同的方法来确定一个物体的位置：三角测量和三边测量。三角测量的定义为："用已知底边和相邻两边的已知角度构造一个不等边三角形来测量空间中某一孤立点位置的方法。"在图1.3（a）中，根据A点到P点的距离，以及B点到P点的距离得出α角和β角，再根据基线a的长度，以及α角和β角就可以得出P点的x坐标和y坐标。由图形的几何形状可直接推出以下关系等式：

$$x \tan \alpha = (a - x) \tan\beta \tag{1.4}$$

则

$$x = a \frac{\tan\beta}{\tan\alpha + \tan\beta} \tag{1.5}$$

同样，有

$$y = a \frac{\tan\alpha}{\tan\alpha + \tan\beta} \tag{1.6}$$

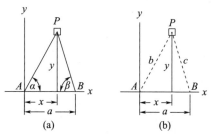

图1.3　三角测量和三边测量

(a)三角测量；(b)三边测量。

假设A点和B点分别是一段笔直公路上的两个里程标，P点是一家规划中的加油站，那么计算出了P点相对于所选公路段（基线）原点而言的x坐标和y坐标。

如果基线AB是在东西方向上绘制的，那么将x和y转换为经度和纬度，并将

其值求和为点 A 的经度和纬度,就可以得出目标 P 的地理坐标。需要注意的是,如果是位于北美洲的某地点,x 和西经的计算方向为负,这使得 x 的值为负。

纬度 $1° = 60\text{mile}$,那么纬度 $1'$(弧分) $= 1\text{mile}$。以公制单位计算,纬度 $1°$ 是 111km。这些数值并不精准,因为地球呈椭圆形,数值随着观察者的位置不同而略有差异。

相比之下,经度 $1°$ 仅与赤道上的 $1°$ 纬度相等,随后向两极递减,与观测者所在位置的纬度的余弦成比例关系。同样,如果我们考虑地球的椭圆体形状,数值关系就变得复杂了。在此情况下,有以下等量关系:

$$L = \cos\varphi(111.320 + 0.373\sin^2\varphi) \tag{1.7}$$

式中:L 为经度 $1°$ 的长度(km);φ 为纬度(°)。

在进行房产开发项目和其他短距物体的测量时,常常将地球视为一个平面,此时适用式(1.5)和式(1.6)。相隔较远的物体必须考虑地球的球体因素,并运用球面三角学的数学方法,推导出上述等式的相关恒等式。洲际范围的测量需要考虑地球是扁球体这一因素,同时,为了使精度达到最高,甚至要考虑地球表面各地区形状的不规则性。法国工程师兼测量师安德烈·梅尚(P. F. André Méchain)就体会到了这种复杂性。他当时接到一项测量地球子午线上从赤道到北极点距离的委托,并在工作中引入了公尺,为公制长度单位奠定了基础,该单位随后成为公制的基本单位,即 m。尽管梅尚的计算无误,但是他对各个地区进行的三角测量无法统一到一点上,这是因为他显然低估了地球的实际形状与理想椭圆体之间的偏差。

三角测量的概念可以追溯到 15 世纪晚期,起源于丹麦天文学家第谷·布拉赫(Tycho Brahe)。由于布拉赫所处的时代还未发明望远镜,因此他在巨大的圆弧形刻度盘上滑动目镜的位置来观测天体。尽管如此,布拉赫对天体位置的测量仍旧十分精准,进而给约翰尼斯·开普勒(Johannes Kepler)推导出天体运动定律提供了数据支撑。

1.5 经纬仪

当前用来测量角 α 和角 β 的仪器称为经纬仪,在旧文献中也叫作折光仪。如图 1.4 所示,其主要组件是一个安装在 U 形支架上的观测望远镜,目镜带有十字刻度。经纬仪可以水平旋转,也可以上下倾斜。通过其他的目镜(有时称为微型望远镜),人们可以在带有刻度的圆弧刻度上读取旋转和倾斜的角度,精度通常为 $1'$。

在使用前,仪器经过精准的调试,水平放置在一个坚固的三脚架上。有些经纬仪的底部装有指南针,但是指针由于"磁偏角"(由地磁南北极与地理南北极的位置不同而导致偏离正北的角偏差)导致指南针与观测太阳的子午仪在精度上不相匹配。目前,地磁北极位于加拿大北部北极群岛的威尔士王子岛地区。需要注意

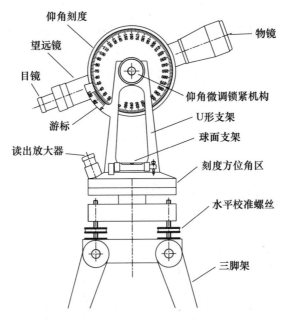

仰角刻度

望远镜

目镜

游标

读出放大器

物镜

仰角微调锁紧机构

U形支架

球面支架

刻度方位角区

水平校准螺丝

三脚架

图 1.4　用于测量长度和距离的测距轮

的是,地磁北极的位置多年来一直在变化。

　　新型经纬仪配有光电编码器,取代了带有刻度的测量圆弧,采用数字读数,精度通常为 1″。但是所有这些小装置都隐藏在望远镜的 U 形底座内,因此人们偏向选择图 1.4 中将所有部件露在外面的古典仪器。

　　经纬仪的发明归功于肯特郡的伦纳德·迪格斯(Leonard Diggs),他在 1571 年出版的《哑剧集》(*Pantometria*)一书中对这种仪器进行了描述。但是,当杰西·拉姆斯登(Jesse Ramsden,1735—1800)于 1775 年建造出圆周分度机时,精密仪器上的刻度才真正实现。

　　在 1782 年,当英国制图师打算用三角测量法把英国格林尼治天文台和法国巴黎天文台的位置连接成一条线时,杰西·拉姆斯登受命建造一个精度非常高的经纬仪。他制作的仪器(别名为“大经纬仪”)现存放于英国格林尼治博物馆内。仪器重约 200lb,装有一个直径 3ft 的水平度盘。庞大的经纬仪配备了 36in 宽的刻度盘和 5 架标度读数的微型望远镜。仪器建于 19 世纪初,用于对英属印度领土进行三角测量。这些仪器实在是过于庞大和沉重,需要耗费 12 人之力才能抬动。

　　1843 年,当安德鲁·斯科特·沃(Andrew Scott Waugh)担任此项目负责人时,测量师将注意力集中在了印度北部遥远的喜马拉雅山脉上。在大多时候,这些山峰被重重云雾所掩盖,从探险队所在的观察点(100mile 外的低地处)很难进行观测。尽管如此,负责三角测量数据评估工作的拉达纳特·西克达尔(Radanath Sikhdar)在 1852 年称其发现了“世界上最高的山峰”,随后将其称为第十五峰,该峰即珠穆朗玛峰[①]。

三角测量是测量两名观测者与目标之间的视线角度,而三边测量是测量观测者与目标之间的距离 b 和距离 c,如图 1.3(b) 所示。在此例中,有

$$b^2 = x^2 + y^2$$
$$c^2 = (a - x)^2 + y^2 \tag{1.8}$$

其中

$$x = \frac{1}{2a}(a^2 + b^2 - c^2) \tag{1.9}$$

则

$$y = \sqrt{b^2 - x^2} \quad 或 \quad y = \frac{1}{2a}\sqrt{(2ab)^2 - (a^2 + b^2 - c^2)^2} \tag{1.10}$$

1.6 光学测距仪

三角测量与三边测量的原理在日常生活中随处可见,例如,照相机中的光学测距仪。如图 1.5 所示,测距仪中的微型望远镜显示出一对镀膜镜面的反射情况:一面镜子呈 45°摆放,另一面镜子绕原地旋转 135°后放置;一面镜子的镀膜是半透明的;另一面镜子则是完全反光的。通过目镜,观察者可以看到两幅不同的图像,当旋转镜在 135°的原始位置上旋转 $\varphi = \alpha/2$ 时,这两幅图像就会重合成一幅。图 1.5 中,α 是物体到镜子所形成的视线之间的夹角,取决于物体距离有多远。a 表示两面镜子的间距,D 表示物体的距离:

$$\begin{cases} \tan\alpha = \dfrac{a}{D} \\ \alpha = \arctan \dfrac{a}{D} \end{cases} \tag{1.11}$$

根据各角度关系,计算出镜子的正确旋转角度,即

$$\varphi = 135 + \frac{\alpha}{2} = 135 + \frac{90}{\pi}\arctan \frac{a}{D} \tag{1.12}$$

图 1.5 所示的间距不均匀的圆形刻度(右上角刻度细节图)就是由这个方程推导出来的。

有了测距仪中的相机装置,就不需要亲自读取刻度数了,因为负责管理传动装置的凸轮将旋转镜的角位移转到了物镜的螺旋槽底座上,并将底座前后移动,直至对准焦点。镜头的清晰度取决于凸轮轮廓与物镜光学特性的匹配程度。

无论是手动对焦还是自动对焦,对于拍摄好照片而言,正确对焦是最基本也

[①] 珠穆朗玛峰高度为 29028ft,1ft = 0.3048m。

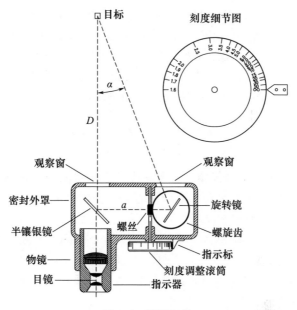

图 1.5 测距相机

是最重要的要求。即使是最昂贵的物镜,如果对焦不当,那么也比不上即时显影相机的物镜所拍摄的效果。在底片和胶片时代,很少有照片能与安瑟姆·亚当斯(Anselm Adams)用近一百年前的观景式相机拍摄出的经典风景图像相媲美。

1.7 反射式测距仪

反射式测距仪与测距相机一样,也是通过三角测量来计算距离。一束聚焦的激光将物体的反射像通过一个静止的物镜,投射在位敏传感器(position sensitive device,PSD)的图像敏感器件上。在 PSD 上产生的光点,其位置会随着仪器与目标的距离远近而变化,如图 1.6 所示,光点照射在传感器上的位置越低,目标就离得越远。

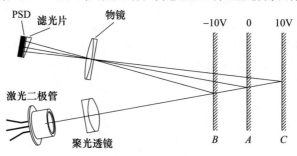

图 1.6 反射式测距仪

在传感器前有一个逐渐变暗的滤光片,用来将光点位置转化为电信号。在图 1.6 中,来自目标 B 的光束经过滤光片最厚的区域,也就是透明度最低的区域,而来自目标 C 的光束穿过滤光片最薄的区域,也就是透明度最高的区域。当 PSD 将光强转换为电压时,B 处反射光束的读数要比 C 处反射光束的读数小很多。

如果已经选定目标 A 的位置,将光点集中照射到图像传感器上,那么仪器的读数需要设置为 0,此时 A 点的距离成为"仪器常数"。其他位置(如 C 点和 B 点)需要根据其上、下位置进行计算,对图 1.6 中 3 个位置上的目标的电压输出进行标记。

将这一原理应用到适当仪器上需要考虑一系列极其复杂的设计特征,因为许多因素(不包括目标的距离远近)对 PSD 的电压输出至关重要。这类因素包括环境光的强度、目标的反射率和光路上亮度的损失情况。

连续快速地点亮和关闭光源,可以消除环境光带来的影响。光源的电压输出是交流电(AC),而环境光的输出属于直流电(DC)。这两者由电容器隔开,电容器的阻抗 $Z_c = 1/2\pi fC$,与频率有关。高频交流电的阻抗 Z_c 很小,但是当 $f = 0$ 时,直流的阻抗趋于无限大。

目标反射率各有差异,从黑纸的 0.05 到初雪的 0.92,中间还有陶瓷(0.75)和钨铬钴合金(0.62)相隔。对于目标反射率的差异,可以使用感光半导体将反射光的信号瞬时值转换为控制电压,该控制电压使光源的强度与目标的反射率成反比,从而解决反射率差异的问题。同时,还要考虑到反射光束的强度随距离的变化。首先一个信号处理器(想象成一个芯片)存储所有关于误差来源的信息;然后利用这些信息进行校正,并相应地对输出电压作线性化处理。

精度为 ±0.001in 的反射式测距传感器应用范围广泛,测量的距离从 0.375in 到 6ft,甚至更远。除了进行简单的距离测量外,上述传感器的应用范围还包括数控(computer numerical control,CNC)机床和核磁共振医学成像设备的校准、位置的进一步识别、孔深和厚度测量、梁板凹陷检查以及罐体灌装高度的核查。

1.8 射束调制遥测技术

射束调制遥测技术(也称为单音测距),通过向目标发射调制光束来测量物体的距离,并根据发射光束和反射光束的相位差计算出光束之间的时间差。这种技术一般应用于施工测量和高精度测距工程中,同时还用于仓库内的物体识别装置和无人驾驶汽车的防撞系统中。

一些商用仪器可以将几千米范围内的测距保持在毫米的精确度,而短距高精度仪器可在 5m 范围内对漫反射目标进行操作。如果是镜面反射目标,则可在 20m 范围内进行操作。

这项技术根据信号发射到接收反射信号之间的时间差来测量物体的距离,原理本身很好理解。我们把看到闪电和听到雷声之间的时间间隔除以声速(341m/s),就可以估算出雷云所在的位置。雷达和无线电波采用同样的方法,同时全球定位系统(GPS)卫星测距功能也根据无线电信号传播到地面站所需的时间,计算出卫星与地面站之间的距离。但是,技术有时很难捕捉到这个发射 – 反射的过程,因为电子波(包括光)的传播速度实在是过于惊人。例如,从发出一束闪光到看见 30m(约 100ft)处镜子的反射光,前后的时间差为 0.2μs,这么短的时间是无法测量出距离的。但是,我们可将其与一快速闪烁的光源的循环时间 T 进行比较,从而得出如此短的间隔时间。

光强变化的光(闪光)并不是什么新鲜的事物。即使是家用灯泡,如果不考虑灯丝的热惯性,也可以 120 次/s 循环的速度闪烁。相比之下,发光二极管(LED)灯和激光二极管可以在广泛的频率范围内,随着电源电压的变化,同步改变其光输出。如果通上交流电,它们会在正半周期内发亮,在负半周期内逐渐变暗。然而,当一个辅助电源(图 1.7(a)中的 B₁)应用于 1:1 变压器 Tr₁ 二次绕组的中心抽头,同时变压器的一次绕组由 12Vp – p 高频交流电源供电时,辅助电源将产生一个偏置电压,进行全循环操作。在此情况下,10V 的偏置电压使输出电压按照正弦波模式,如图 1.7(b1)所示,在 4V ~ 16V 的区间内振荡。

光脉冲以 $c = 3 \times 10^8$m/s 的速度传播,在 $t = a/c$ (s)内到达 a(m)远处的反射靶,同时需要相同时间间隔返回原处,时间总计需要 $2t$,f 为波束的调制频率。我们得到振荡周期为 $T = 1/f$,相位差与周期之比为 $2t/T$ 或 $2af/c$。对于正弦振荡而言,将该项乘以 2π 正弦基线每周期的长度,就可转换成发射脉冲和反射脉冲之间的相位角 φ(rad),即

$$\varphi = \frac{4\pi af}{c} \tag{1.13}$$

反过来,我们得到物体的距离为

$$a = \frac{c\varphi}{4\pi f} \tag{1.14}$$

假设一个频率为 200kHz 的脉冲,相位角 $\varphi = 0.75$rad(图 1.7),则反射靶的距离为

$$a = \frac{(3 \times 10^8) \times 0.75}{4\pi(200 \times 10^3)} = 89.52\text{m}$$

此类理论在实际应用中便于使光发射体与接收器位于同一个视线上,同时避免彼此遮挡。目前的解决方案是使接收器采集光束时有足够宽的通道,允许光源沿直线进入,同时不会使反射像严重变暗。天文爱好者也许想到了牛顿式反射望远镜,该望远镜中的 45°反射镜将来自抛物面反射主镜的光线反射到目镜中,同时又不会突然出现在像中。同样,图 1.7(a)中的棱镜(右上方)不会对到达光电探测

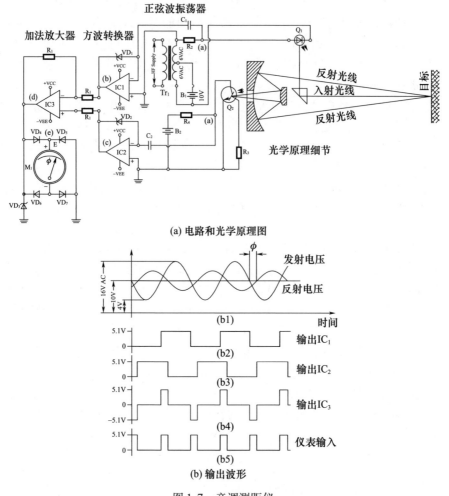

(a) 电路和光学原理图

(b) 输出波形

图 1.7 音调测距仪

器的光束造成干扰。相反,避开棱镜的光束在到达抛物面反射镜时几乎完好无损,并且光束通过一个小凸面镜全部聚集在接收器,即光电晶体管上。

我们可根据光电晶体管产生的电压和驱动发光激光二极管 Q_1 的电压,推导出相位角 φ。电压首先通过 IC_1 和 IC_2 这两个运算放大器,转换成振幅相等的方波。运算放大器以饱和状态运行,其输出被稳压二极管 VD_1 和 VD_2 的反馈截断。如图 1.7 中 (b2) 和 (b3) 所示,运算放大器的输出是反相的,这是因为反射光与其入射光束是反相的。

运算放大器 IC_3 作为加法放大器,接通后将 IC_1 和 IC_2 的电压输出叠加并转化成一交错方波。如图 1.7(b4) 所示,交错方波通过稳压二极管 VD_3 调整后,转换成图 (b4) 中的脉冲交流电。此时,由硅二极管 VD_3 到 VD_7 组成的全波整流器将交流电转化成一系列脉冲,如图 1.7(b5)所示。脉冲宽度与相位差成比例显示在电流计 M_1 中。

1.9　全球定位系统

图 1.8 所示的全球定位系统(GPS)以三边测量作为基础。24 颗通信卫星在距地球 20200km 的高空上巡航,分别航行在 6 个倾角为 55°的轨道平面上。由于该轨道的大小恒定,卫星的旋转时间等于 12 恒星时,所以这些卫星总是能够在距离地球足够的高度,使地面能够接收卫星发出的无线电信号。

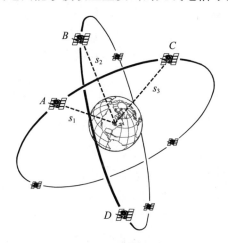

图 1.8　全球定位系统

每颗卫星都有自己的原子钟,而原子钟以近乎绝对的精准度发射定时信号。地面站,如汽车、船只和其他地方的 GPS 接收器可以生成自己的定时信号,其方式与晶体腕表的机械原理相似。如果整个全球定位系统中的所有时钟都是同步的,那么地面上的接收器会发现每个卫星上的时钟都会比实际时间慢,时间差正好是信号到达地面的时间。因为无线电波是以光速($c = 300000km/s$)传播的,所以延迟时间 Δt 可用于表示发射卫星的距离 s,即

$$s = c \times \Delta t = 300000 \times \Delta t \qquad (1.15)$$

接收器内置的计算机通过测量时钟信号相对于接收机时钟的延迟时间,利用式(1.15),分别计算出 3 颗卫星的距离 s_1、s_2 和 s_3。

与此同时,接收器内的计算机根据存储在内存中的轨道参数,推导出每颗卫星在太空中的瞬时位置,并从该位置中获得数据,再利用 s_1、s_2 和 s_3 检查接收器在地面的位置。

如果接收器的时钟与卫星上的时钟精确度相当,那么就能达到此目的。事实

上,微小的差异总会不断累积并使结果产生偏差。因为信号从卫星到接收器的传输时间约为 25ms。因此,精度为 $0.003\mu s(3ns)$ 的卫星原子钟必须以某种方法与我们的全球定位系统地面接收器相匹配。

针对这个复杂问题,设计师们想出了一个非常简单的解决方案:他们使用 4 颗(而非 3 颗)卫星接收信号,我们对其编号为 A、B、C、D。如图 1.8 所示,3 颗卫星(如 A、B 和 C)足以确定地面站的位置。加入了的一颗新卫星 D 后,我们总共有 4 个地面站装置,来自卫星组成的卫星群,包括:

$$A, B, C; A, B, D; A, C, D; B, C, D.$$

如果卫星和地面站处于最佳运行状态,那么这些读数都会指向同一个位置。但是实际上,地面站的时钟存在微小误差,导致这 4 个结果略有不同。

然而,我们没有必要抱怨不准确性,因为每个接收器上的计算机会调节时钟(加快或者拨慢),直到 4 组位置坐标完全匹配为止。这使得接收器的时钟与卫星原子钟在时间上保持同步,确保定位系统达到惊人的精确度。

1.10 尺子与量块

让我们回到基础性的探讨上,人类常常利用身体部分作为测量单位来估算距离。1in 大约是一拇指的宽度,1ft 就是成人单脚的长度。据说 1yd 为成年男子伸直手臂后,鼻尖到指尖的长度。而古埃及人用腕尺作单位,1 腕尺为肘部到指尖的距离。这个单位还可细分为掌尺(普通人手掌的宽度),再进一步细分为指尺。

这些单位的麻烦之处就在于,人类的体形和尺寸各有差异。我的手指和你们的手指就不完全一样,同样地,根据我的体型得出的英尺或者腕尺长度和你们的也不同。但是在交易买卖中,我们必须要统一度量衡。随着标准长度单位的采用,出现了尺子、卷尺、测量链,以及大量简易的测量工具。

尺子是我们在学生时代就用过的工具,非常简单、易操作。尺子有一个标准长度(即 1ft),再划分为标准刻度区(即 1in、0.5in 等)。如果一个班的同学要测量两点之间的距离,测量的精准度受到尺子最小单位的间隔、刻度的精确度和观察的准确度等因素的限制。用 mm 标记的尺子能让你准确测出物体的长度,误差控制在几毫米内,但若想要 0.1mm,那就只能靠猜了。科学家和工程师怎么能这么肯定他们对如此微小的、甚至更短的距离所做的测量十分精确呢?

我们对于国际米原器都不陌生,该工具由铂铱合金锻造而成,现藏于巴黎近郊塞弗尔的国际计量局的地下室里。选择地下室来保存这个世界长度标准的工具绝非偶然,不过原因也并非是躲避空袭。而对国际米原器采取保护措施,只是为了防止其不受温度波动的影响,因为温度波动会使国际米原器变形,在炎热的夏天拉长,在寒冷的冬天缩短。

我们可以根据补偿摆①的原理制作出长度恒定的国际米原器。补偿摆由热膨胀系数不同的金属棒制成,比如热膨胀系数为 $11.6 \times 10^{-6}/℃$ 的铁,$26.3 \times 10^{-6}/℃$ 的锌。如图 1.9 所示,不断升高的温度会使国际米原器的中心部分和外壳(均为钢制)向右膨胀,锌管向左膨胀。由此可知,钢制零件的有效长度必须是锌管长度的 26.3/11.6 倍。图中显示的尺寸符合这一条件,其总长度为 1000mm。

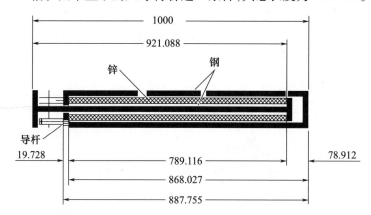

图 1.9　宽温度稳定性的国际米原器

然而事实上,我们并没有采用一个长度不变的标准,而是坚持使用原来的国际米原器,这是因为测量工具的每个组件都伴随着相同数量的误差源。就此例而言,我们要考虑锌及钢制构件因再结晶产生的影响,更不用说可能产生的冷凝水及不同金属之间的电解腐蚀。

但是,那些追求精确长度的人,即使不远万里来到巴黎,也很难找到比下述还好的方法,即他们自己的标准与国际米原器进行对比。在商业用途中,高度精确的长度标准是量块,也称为约翰逊量规②。该工具涉及多种尺寸和大小,包括 81 个不同长度的量块,超过 100000 种组合方式。精确度最高的量块记为 AAA,其叠加后长度的允许公差为 ±0.00005mm。

这些由钢、陶瓷或碳化钨精制而成的量块构成了美国国家标准技术研究所(NIST)的主量块,该研究所掌握一系列激光校准标准。每年大约有 6000 位客户将其量块重新校准,使精确度达到纳米级。

量块之间的啮合面无论是平整度还是表面粗糙度,都叠接得非常完美。因此,一旦量块叠放妥当或者拧紧,它们就会合为一体直至人为分离。如果放置几个月,一种称为冷焊的过程,实际上是原子在啮合面上的移动,将使这些量块真正做到无法分离。

---

① 我们记忆中祖父所使用的落地钟上的钟摆。

② 滑规。

1.11 卡尺

量块用于校准其他一些较为精密的测量仪器,包括几乎在每个工程师的工具箱中都能找到另一种测量仪器——卡尺,如图 1.10 所示。早期精确度惊人的卡尺源自 17 世纪法国科学家皮埃尔·韦尼埃(Pierre Vernier)的发明,该工具的允许误差在 1/256in 以内,改良款在 0.001in 以内。

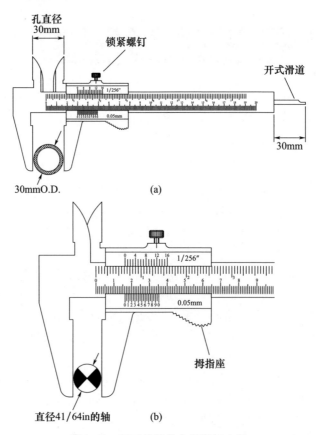

图 1.10　用于机械作业的游标卡尺

带有毫米刻度的卡尺在活动量爪(即游标)的专用刻度上,刻有 0.1mm 的精确刻度。游标通常将 9mm 的空间划分成 10 部分,每部分为 0.9mm。如果把卡尺移动 0.1mm,游标卡尺上的第一个刻线与主尺上的第一个刻线重合。滑动至 0.2mm,游标上的第二个刻线与主尺上的某个刻度线重合,依此类推。简而言之,我们根据游标卡尺的零位刻度完整读取主尺上的毫米数,从游标尺与主尺上刻线重合处读出量值的小数部分(0.1mm)。

游标卡尺有很多不同的种类。例如,图 1.10 中卡尺的游标将 19mm 的空间划分为 20 个部分,允许读数为 1/20mm 或 0.05mm。顶部游标尺的刻度间隔为 1/16in,游标把 15/16in 的空间分成 16 个部分;因此,游标上零点后的第一个刻度就差了 1/(16×16) = 1/256in,这就是卡尺的英寸刻度尺的读数精准度。将主尺的最小单位除以游标上的刻度数,我们就能得到游标卡尺的精度。

图 1.10(a) 中的卡尺读数为 30mm。相反,在图 1.10(b) 中,游标卡尺的零点落在主尺 16mm 刻度线的右边,而游标卡尺上与该主尺刻度线几乎完全重合的刻度线位于 2 和 3 之间。记为 2.5,这表示某轴(被检测体)的直径为 16.25mm。

该卡尺的英寸刻度为 1/16in,游标卡尺将该长度分为 16 个格,每格为 1/(16×16) = 1/256 in。所以我们在零点处读数为 10/16in 或 5/8in。根据游标的第四个刻度线与主尺某一个刻度线重合的位置,我们得到 10/16 + 4/256 = 40/64 + 1/64 = 41/64in,等于 16.27mm。这一结果与 16.25mm 读数的差值反映出游标仪器精度的内在局限性。如若不然,也可以草拟一个游标尺,将 99mm 的长度分成 100 格,以便能够读出 1/100mm 或者 0.01mm。如果刻度尺不具备这样的读数精度,那么你就再也无法确定哪些刻度线重合了。

这促进了配有刻度盘的卡尺及后来的"芯片时代"中数字读数的发展。数显卡尺内置了英寸/毫米(in/mm)的转换功能,可以通过触压底部按钮进行转换。可在想要的位置(如仪器紧密相靠的两爪)上,再按一下按钮,即可归零。

虽然这解决了读数的精度限制问题,但仍然存有因卡尺钳口遭受不可预测的手动压力而造成读数失真的问题。

1.12 千分尺

因此,人们使用一个更为精密的设备,即千分尺进行精度为 0.01mm 的测量,如图 1.11 所示。约瑟夫·惠特沃斯爵士(Sir Joseph Whitworth,1803—1887)是历史上第一个标准化螺纹系统惠氏螺纹的创始人,他在 1851 年伦敦举行的博览会上展示了一种基于固定螺钉的测量装置。现代千分尺由一个螺杆组成,螺杆带有一个螺距为 0.5mm(在度量模型中)的精密钻孔螺纹,螺纹在一个固定螺套中转动。螺杆每转动 1 圈,前进 0.5mm,所以转动 1/50 圈就等于前进 0.01mm。螺杆上装有一个套管(套筒),套管的外围刻有刻度,方便读取铁砧与螺杆前端之间的距离,精度为 1/100mm。这种精度符合关键性机械加工的需要,例如,调整滚珠轴承和其他带有压紧或滑动配合件的阀座的尺寸。

使用者必须牢记,套筒每旋转一圈,螺杆前进 0.5mm,所以如果某读数为 10mm,且套筒上对应 33 个分格,那么可以表示 10.33mm 或 10.83mm。哪一个数字是正确的,这要取决于套筒的边缘是位于毫米刻度的下半部分还是上半部分,如图 1.11 所示。

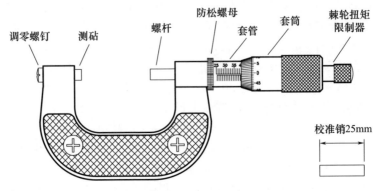

图 1.11　25 ~ 50mm 测量范围的千分尺

千分尺的测量范围有 0mm ~ 25mm、25mm ~ 50mm、50mm ~ 75mm 等,不一而足。精密磨削的校准销有 25mm、50mm、75mm 等多种尺寸,人们采用这一元件对所有的度量模型(最小的除外)进行零点校正。

而度量模型往往以零点作为起点位置。所有尺寸的千分尺本身都是一样的,发生变化的是 C 形架的大小。英制千分尺的螺距为每英寸 40 个螺纹,套筒周围有 25 个刻度,所以每格读出为 1/(40 × 25) = 1/1000in。就 1/1000 大小的尺寸线而言,这符合美国的制图标准。

1.13　千分表

千分尺能够测量被测物体的总体尺寸,而千分表(图 1.12)显示的是目标物体的实际尺寸与其标称尺寸[①]的偏差值。千分表的分辨率可以是 1/100mm 或 1/1000mm,甚至在英制单位中仍然可以达到 0.001in 或者 0.0005in。图 1.12(a)中的测量工具通过顺时针方向和逆时针方向,读取刻度上的读数。如果是顺时针方向,千分表读取的数值表示钟表主干部分向上的位移;如果是逆时针方向,数值表示向下的位移。在机壳的前部有一个圆形旋环,用于固定刻度盘,便于手动调整零位刻度的角度位置。右下角的旋钮将旋环锁定在选定的位置。在旋环四周滑动一对游标,可以对允许公差进行调节。

千分表的工作机制基于齿条和齿轮的原理,如图 1.12(b)所示。钟表主干的左侧装有齿轮,并与一对相互作用的复合齿轮啮合,并最终驱动指针运转。

① 期望值。

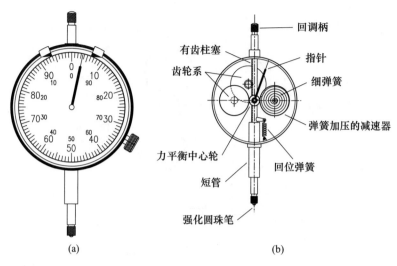

图 1.12　千分表

(a)正视图;(b)指针传动机制。

　　尽管原理设计简单,但是有一个注意事项。通过机械加工而完美契合的齿轮组会产生摩擦,并最终像量块一样冷焊在一起。

　　这也说明了人们想要一个无声的汽车齿轮箱是多么困难。不管你喜不喜欢,齿距与齿宽之间存在一定的间隙是齿轮运作必不可少的要素,因此齿轮势必会产生裂纹。在汽车应用领域,我们需要使用高度精密的齿轮切削技术,将噪声降至舒适的程度(或者是可忍受的程度)。

　　在千分表的齿轮传动链中,该齿轮间隙乘以轮系总比后,所得读数变化很大。解决齿轮破碎问题的一种方法是使用一对相同的齿轮,面对面安装且用弹簧相互装紧。这使得主动齿轮的轮齿与从动齿轮的轮齿保持永久性接触,随时适应齿轮切削中的任何缺陷。只要弹簧的预紧力超过齿轮传输的负荷(在此情况下,该装置因为高摩擦损耗不适合电力方面的应用),就以这种“无游隙”的匹配方式为准。

　　齿轮摩擦增大会使指示器的指针对阀杆偏差反应迟缓,另一种选择是只对齿轮齿廓的隆起部分进行主动啮合。该方法如图 1.12(b)所示,其中细弹簧对正齿轮预先加压,使其始终与阀杆的向上运动相反。此外,新增加的正齿轮使指针和小齿轮轴不受横向载荷和相应的弯曲应力的影响。

　　千分表最常见的应用是图 1.13 所示的固定装置。其中,测砧可与各种类型的夹具配套使用,如用于测量圆形工件直径的 V 形块。图中显示的是千分表在调零状态下,测出位于基座垫块(棱柱块)V 形槽内的圆柱体的直径正好为 30mm。在每格为 0.01mm 的刻度上,读数显示占 3.6 格,这表明所测部件的直径比 30mm 预期值高出 3.6 × 0.01 = 0.036mm,即为 30.036mm。不过这仍在公差定位器标示的 ±0.06mm 的公差范围内。

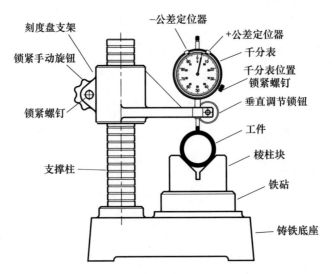

刻度盘支架

锁紧手动旋钮

锁紧螺钉

支撑柱

-公差定位器

+公差定位器

千分表

千分表位置
锁紧螺钉

垂直调节锁钮

工件

棱柱块

铁砧

铸铁底座

图 1.13　带有刻度盘的夹具(用于测量圆形物体)

千分表是组装线生产中会用到的仪表。用千分尺测量 1000 个轴套的直径需要花费几小时,但若使用上图夹具中的千分表,每件只要几秒。零件合格或报废,取决于千分表的指针是否停在表盘边缘处的一对可调指标之间,这一间距的设置旨在囊括零件的允许公差。公差定位器为 ± 0.06mm 的范围,这表明直径为 29.94mm ~ 30.06mm 的零件均属于合格品,而小于 29.93mm 或者大于 30.07mm 的零件属于不合格品。操作人员甚至不需要读取表盘,只需检查指针是否落在指标指示的间隔内即可。

第 2 章
角度与弧度

在敢于与偏见和迷信做斗争的领导者中,航海家唐·恩里克(Dom Henrique el Navegador)最有影响力,他是葡萄牙国王约翰内斯一世(King Johannes I)的第四子,即亨利王子。在他的统治下,人们自古以来对开阔海洋的原始恐惧逐渐被克服和遗忘。

人们最初将地球设想为一个大圆盘,这使得腓尼基、希腊和罗马的海军止步于地中海和大西洋沿岸,因为胆敢航行到更远地方的人会被冲到海洋边缘处,也就是这个大圆盘的边缘。这种观点一直延续到公元 2 世纪,直至希腊天文学家托勒密(Ptolemy)彻底摒弃了地球是平面这一观念,转而支持地球是一个球体的设想。他的著作《天文学大成》从古代至中世纪一直被视为是"天文学家的圣经"。但是,在新的假设下,对未知海域的恐惧再次浮现。同时,在唐·恩里克时代,人们担忧的是巨蟹座和摩羯座之间的热带地区。人们认为当太阳每年两次穿过天顶时,它将会烧焦该地区地面上的一切生物。人们将该地区的水想象成滚烫的咸泥浆,没有船能破浪前进。更糟糕的是,他们还认为那些荒凉的海域可能存在吞下最强舰队的漩涡和前所未见的海怪。甚至当葡萄牙船队登上了当时无人居住的马德拉岛以及后来(1427—1452 年)的亚述尔群岛后,都没能改变这种猜想。

北回归线以北不到 3°的博哈多尔角(当时称为 Cabo Bojador),由于其纬度位置,使得这片位于西撒哈拉海岸的小块陆地称为"黑暗之海的边缘"。更糟的是,水手讲述的故事并非都是迷信。有些人提到了无可动摇的事实,如该地区常年不散的雾、荒凉的海岸线以及未知的暗礁和沙滩。

航海家亨利花了十多年的时间才说服他的海员们去碰碰运气。这位国王成功派遣出一支舰队,承诺向第一个绕过博哈多尔角的水手给予丰厚的奖赏,但是这支舰队还是早早返航。亨利不为所动,依旧进行了 15 次尝试。直到 1434 年,他的船长吉尔·埃阿尼什(Gil Eanes)不打算与该海角的诸多不确定性因素做斗争,而是向西驶入开阔的海域,接着向南航行并最终从东方返航,此时他激动万分地发现了与博哈多尔角以北的世界极为相似的另一个世界!至此,国王亨利的前侍从吉尔·埃阿尼什解除了该地区的魔咒,同时也清除了长久以来人们对这片将其困在欧洲大陆的辽阔海洋的恐惧。

尽管如此，又经过了 54 年巴托洛梅乌·迪亚斯（Bartholomeu Diaz）才航行到非洲大陆最南端。迪亚斯将其命名为"风暴之角"，后来换了种更乐观的说法，即"好望角"，沿好望角的环球航行开辟了通往远东的第一条航路。1498 年，这条航路将瓦斯科·达·伽马（Vasco da Gama）带到了印度，而 6 年前，哥伦布带着同样的目标航行，却发现了新大陆美洲。

只有当踏上那个时代的船只甲板时，才能想象，在那脆弱而原始的木壳上航行几周，有时甚至几个月，一路穿越狂风暴雨，忍受热带高温，会是什么样子。通常情况下，舰队只能靠发霉的饼干和温水生存，而且早晚都会患上坏血病，这是一种由缺乏维生素 C 引起的疾病。更令人难以置信的是，早期的探险者们除了最原始的航海仪器外，什么都没有。

对一艘船的定位归结起来是对角度的测量，因为我们熟悉的"经纬度"分别指的是从赤道到你所在的地理位置的最短角距，以及从格林尼治子午线到该位置的最短角距。经度可以从太阳和众多指南星等天体的位置推算出来，而传统的导航仪器便是由专门为此设计的设备组成。时间最悠远的是波利尼西亚人的纬度钩（latitude hook），它是一节系在绳环上的竹片。照此思路，阿拉伯人使用的是卡马尔（kamal），这是一种木牌，在中心点处系有一根绳子。为了测量天体的高度，使用者首先将绳子松散地系在他的门牙之间；然后把木牌向外拉，直到边缘覆盖了从地平线到物体的角度。这条长度自由的绳子成为测量目标星体高度的标准，并用绳结进行标识。

过去，航海家们常常根据某个天体参考点的位置，如一颗在其最低位置时较亮的环极星，把卡马尔对准自己的母港，并在绳上系上一个"主结"，确保"幸福地归港"。原则上，通过向北或向南航行到某个位置：首先卡马尔对准主结的位置可以找到向停靠港返回的路线；然后沿着一条西航线或东航线直线前进；除非发生突发情况，舰队最后会抵达母港。

在公元前 3 世纪，生于昔勒尼的埃拉托色尼（Eratosthenes）根据太阳和天顶的角度，推导出夏至日亚历山大港和西恩纳（今阿斯旺）这两大城市之间的纬度差。埃拉托色尼在知道了这两座城市之间的距离为 55 日"骆驼日"（骆驼商队旅行所用的时间）后，根据其结论首次推算出地球的周长。这一结果与现代数据十分吻合，误差不足 1%。

同样地，我们可以从北方地平线上北极的高度推测出我们所在的地理位置的纬度。北极星在离北极点 1rad 左右的地方徘徊。另外，观测北极星的高度必须分两次进行，时间差为 11 小时 58 分，并得出平均结果。

直觉上，人们可能会将这一时间间隔定为 1/2 天。但是，地球每年自转 366 次，在中东和印度西南部之间航行的航海家也会使用这一工具而太阳升起的次数只有 365 次，这是因为太阳每年绕黄道运行一周，导致每年少 1 天。因此，出现了恒星日（地球绕其自传轴自转一周的时间）和恒星时的概念。天文学家利用恒星时,设置仪器的正确仰角。

　　人们能一直观看到一颗同北极星一样明亮且如此靠近北极的星星,这样的好运气只能持续几个世纪。岁差,即地轴的陀螺式摆动,使北极在25800年的时间里做环周运动,形成一个半径为23.5rad的圆。目前,这对我们21世纪的地球人来说是有利的,因为北极向北极星移动的距离不超过0.5rad。克里斯多弗·哥伦布(Christopher Columbus)会喜欢上这个天赐的导航工具,然而在他的时代里,北极星与北京的夹角有8°。这可能是哥伦布以太阳为参照点的一个原因,同时不考虑太阳在空中游移所造成的复杂情况,而北极的位置保持不变。

　　北极的高度 α 和观测者所在位置的纬度恒等,这使得天赤道的最高点位于90°角上,高于地面线 α。这正是太阳在春分日和秋分日的正午时分所在的位置。夏至日(约6月22日),太阳位于天赤道以上23.5°;冬至日(约12月22日),太阳位于天赤道以下23.5°。而介于两者之间的日期,可查阅自古就有的太阳赤纬表(即太阳赤纬在天赤道上方和下方的位置)。此类表被称为"日历表",常常刻在古老航海仪器的背面。

2.1　直角器之角测量

　　直角器是自哥伦布时代起就使用的简单但相当精确的工具,又称为 Baculus Jacob 或 Jacob's Staff,如图2.1所示。这要归功于数学家、天文学家和圣经评论员利瓦伊·本·格森(Levi ben Gershon,1288—1344)。与测量地平线上天体参考点高度的其他航海工具不同,直角器旨在校对两天体之间的角距离。这一工具由一个方形杆(称为杆)和一个滑动横杆(也称横竿或臂)组成。和卡马尔很相似,人们首先从杆的尾部开始,目光顺着滑动横杆的锐利边缘处进行观察,如图2.1所示,以便测量出航海目标的角距;然后通过刻在杆上的刻度读取结果。刻度不像尺子那样呈线性规律,其间距渐进变窄。假设横杆的长度为 $2y$,杆的左端到横杆中心线的距离为 x,那么 2α 为杆处观察端与横杆锐利边相接的角度,可由反正切函数 $a = \arctan(y/x)$ 得出。图2.1中所示为几何构造的刻度,标出人眼应当落于哪个位置才能调整到理想的角度。实际上,沿着木杆滑动的不是人眼而是横杆。因此,图中所示的刻度必须沿杆的长度倒刻;这样,横杆移动得越远,与横杆边缘相接的角就会变得越小。

　　后来的直角器出现了4组尺寸不同的横杆,每种对应一个适当的刻度,刻在直角器四边的一边上。值得注意的是,"准星"这一说法的根源可以追溯到直角器的对准,以及弩或步枪的瞄准上,两者有异曲同工之处。

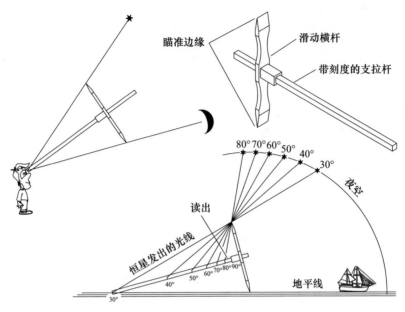

图 2.1 直角器——早期的角测量工具

2.2 星盘与象限仪

星盘是自早期时代起便存在的一种精密的导航仪器,如图 2.2 所示。星盘由一个带有刻度的铜环和配有旋转瞄准装置的照准仪组成,用于观察太阳或其他天体参考点。海员们因阳光直射而失明的可怕传闻比比皆是,不过人们可以利用照准仪上的前、后瞄准器,使阴影相互重合,从而对仪器进行校准。悬挂在其铰链式(万向节)承载环上的星盘,通过自身重力垂直对齐的方式自动校准。

平面星盘是比提尼亚的希帕克斯(Hipparchus,约公元前 130 年)发明的,不过首次做出描述的人是亚历山大港的约翰·菲洛波努斯(John Philoponus,公元 490—570 年),穆斯林征服西班牙时将星盘引入了欧洲。在这里,星盘第一次出现在巴塞罗那的廖贝特(Llobet)10 世纪的手稿中。如哥伦布、麦哲伦和德雷克等伟大的航海家,皆使用星盘导航。乔叟的《论星盘》(1391 年)是第一部用英语而不是拉丁语写成的科学著作。

象限仪是早期测量地平线上天体参考点高度的简易仪器,如图 2.3 所示。它是由一个带刻度的 1/4 圆弧和一根挂在圆中心的铅垂组成,圆弧对应的直角边带有两个瞄准器。

通过瞄准器将象限仪对准目标,然后根据铅垂线标记出该目标在地平线上的高度。一旦水手发现目标,他便用两根手指紧压刻度盘,固定住铅垂线,保持静止,同时转动象限仪至最佳位置,然后读取读数。

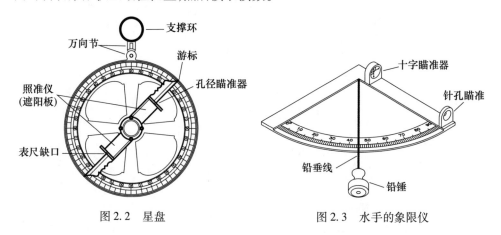

图 2.2　星盘　　　　　　　　　图 2.3　水手的象限仪

但是,在不借助望远镜的情况下观察天体也有其不足之处。图 2.3 所示的带十字刻度的瞄准器白天可正常工作,但是到了晚上,就需要借助灯光的照明。当观察者的眼睛聚焦在十字准星或目标上时,两者中的一个总是显得有些模糊。第谷·布拉赫在精确测量行星位置时避免了此类问题:他制作了半径为几米的刻度圆,足以轻松观察十字准星和目标物体。航海家基特·林罗斯(Basal Ringrose)在17 世纪 80 年代,跟随巴塞洛缪·夏普(Bartholomew Sharp)的船舶在南美航行时,也受到相同想法的启发,建造了 2.5ft 宽的象限仪。相比之下,当时象限仪的标准型号为 10ft ~ 12ft 宽,这使得使用者不得不反复地将视焦在无限空间和 1ft 或距离更短的地方来回移动。

反向高度观测仪于 1594 年由英国船长约翰·戴维斯(John Davis)发明,也称为戴维斯象限仪,如图 2.4 所示,可以同时观测地平线和太阳。

反向高度观测仪的设计将象限仪的 90°圆整体分成了两个部分:30°大圆和60°小圆。前者带有针孔式瞄准器,可以对准地平线观测,后者带有一个障板,操作者可以调整障板,使太阳投射到障板上的阴影的边缘集中在圆中心的屏障上。屏障的中心有一个针孔,可以在瞄准地平线时兼作前瞄准器。因此“水平瞄准器”就产生了。

阴影测量弧的尺寸越小越可以减少仪器的总体占用空间,从而得到更加清晰的阴影轮廓。这点非常重要,因为太阳的视直径(约 0.5rad)使阴影的边界变成所谓的半影。这涉及月食现象,月球在穿过地球阴影的半影时逐渐变暗,然后过了很长一段时间才会出现月全食。

这里,半影表现为从明亮到黑暗的渐变,通俗而言,就是逐渐模糊。此外,这个“模糊区域”的宽度是由太阳 30′的视直径决定的。我们有时在车库墙壁上看见的

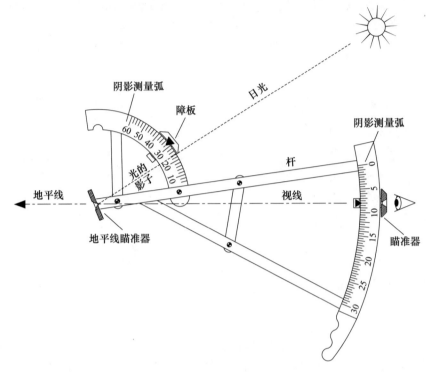

图 2.4　戴维斯象限仪

平整的实影其实是由于太阳光在光滑凸面上形成的反射造成的,而这类凸面包括半球形玻璃品、弧形镀铬汽车配件等。但是,在缺少此类光学技巧的情况下,锐化阴影轮廓的唯一方法是缩短障板到屏障之间的距离,直到 0.5°的距离可以小到忽略不计为止。就半径为 6in 的圆而言,0.5°条带的宽度为 0.052in 或 1.3mm,虽然不太准确,但已经足够好了,同时还能使标记在圆上的读数间距足够宽,便于读取。

　　用仪器对准地平线,并将障板正确置于圆上,此时太阳的位置是两个测量圆的读数之和。这样一来,较大测量圆上的水平观测位置可以是任意的,但当太阳的位置靠近太阳最高点时除外。因为在后一种情况下,水平观测需要位于或接近 30°刻度线的位置。

　　当戴维斯象限仪将水手们从"直视太阳"的困境中解救出来并提高观测精度的同时,该仪器很快被整个航海界所接受,直至 17 世纪末仍然是船上的标准配件。

2.3　六分仪

　　从 17 世纪末至近代,艾萨克·牛顿(Isaac Newton)于 1742 年发明的六分仪成为航海家们的首选仪器,如图 2.5 所示。通过使用表面反射镜、滤光小型望远镜等光学元件,六分仪可以在一段时间内同时观察两个参考点。在卫星导航系统出现之前,手持六分仪"追踪太阳的位置"一直是人们用来查看船只所在纬度的方法。

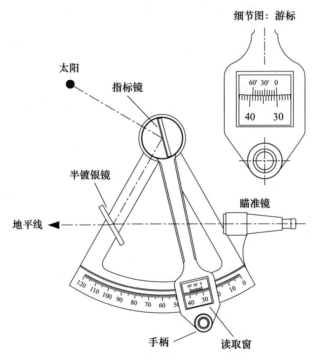

图 2.5　带有游标读数的六分仪

顾名思义,六分仪的设计采用正圆的 1/6(60°),但是允许测量的角度高达120°,这是因为从倾斜反射镜中得到图像的旋转角度是镜子旋转角度的 2 倍。艾萨克·牛顿爵士对 90°类似仪器(如八分仪)的原理有过描述,而罗伯特·胡克(Robert Hooke)在 1644 年就给出了设想。

除了导航外,天文学家还使用六分仪和一盘水银测量地平线上的天体高度。因为液态水银的表面最能模拟出地球表面,所以在这样一个"水银反射镜"中,某恒星与其像之间的角度等于该恒星在地平线上的高度的 2 倍。当自然风景阻挡了人们在地理水平线上的观测视野时,人为创造一个水平线是十分必要的。在沿海地区,大海展现了清晰的地平线时,水银碗上的测量也更为精确,一部分原因是因为水银碗能避开大气折射产生的像差,这种像差在低海拔地区最为强烈。可是,这样的水银碗必须非常大且足够深,才能防止表面张力破坏液态金属表面的均匀性。

2.4　水准仪

　　然而,如果是在车间里,一缸水银不是确定水平线的唯一方法,更不是最便捷的途径。木工的水平尺通过浮力确定水平线。古希腊哲学家、数学家阿基米德(Archimedes)泡在一个热气腾腾的浴缸里时发现了这一原理。在敞口的容器里,液体表面均匀平整,某一浮体可以出现在任何地方。但是,一个弧形小玻璃瓶中的气泡总是在寻找弧线玻璃瓶的最高点,这就是水准仪的原理。水准仪是一种密封的、稍微弯曲的管子,装在一木制或塑料壳内。水准仪的精确度取决于小瓶的弯曲半径。半径越大,小瓶的曲率越小,所得的水准仪就越灵敏。

　　在检查水准仪的精确度时,首先将其放置在一个平坦的水平表面上,如加工车间的测量板。将测量板放好后,气泡便归零了;然后将水平仪倒置。显然,在这两种情况下,气泡均应回到小瓶的中心刻度上。如果情况不是如此,那么稍微倾斜一下测量板,直至气泡在两个方向上的偏差相反,但大小相同为止。在那时,桌子就是水平放置的,同时气泡偏离中心位置表明水准仪的这一个读数是错误的。如果水准仪带有微调螺丝,那么将仪器调整至零位读数点。

　　箱式水准仪(如木匠和石工用的水平仪)适用于平整的表面,其灵敏度通常为0.5mm/m或约0.03rad。高度灵敏的跨步式水平仪底座上有一个 V 形槽,可以固定在圆形物体上,如机轴和测量望远镜。

2.5　测斜仪与激光水准仪

　　气泡水平仪的工作原理是气泡的升力将气泡带至最高点的位置,而另一种常用的测斜仪则是基于重力的原理,如图 2.6 所示。为了达到这一目的,小瓶向下而非向上弯曲,所以里面的一个实心小球趋向于最低点而不是最高点的位置。瓶子里依旧装有液体,但是液体的作用是减缓小球的运动,避免造成不稳定的位移。

图 2.6　液体测斜仪

由于小球滚动时比气泡要承受更大的摩擦损耗,所以该类型测斜仪的精度不足以与传统水平仪一较高下,但是其应用范围相对而言更加广泛。因此,倾斜仪适用于快速移动的倾斜物体,例如,在斜坡上向下行驶的车辆,或者在风浪中摇晃的船只甲板。

在图2.6中,下面的刻度表示度数,因此呈规律性;上面的刻度由正切函数演变而来,表示倾斜度的百分比,即两点之间的高度差与水平距离的比值。例如,10%的倾斜度表示每10ft的距离高出水平面1ft,或者用度数来表示就是5.71°。值得注意的是,坡度为100%的斜坡,实际坡度只有45°,而垂直峭壁的坡度是无限的。

激光水准仪是安装在激光装置手柄上的灵敏型气泡水平仪,这样的组合使其成为机械工程师、验房师和室内设计师的简便工具。安装在三脚架上的激光水准仪可以与视距尺一起用来测量两个或多个地点之间的高度差。

相机水平仪在略呈半球形的玻璃表面下安装有水平仪,因此在各个方向上都可以水平校准。否则将采用两个瓶式水平仪,使之呈直角相对才能完成对水平的测量。

2.6 量角器与斜角规

最后,我们不要忘了由来已久的量角器,以及木工和机械师用的斜角规或斜节规,如图2.7和图2.8所示。量角器是过去机械和建筑设计师与绘图员的必备装备,特别是当人们用尺子、圆规和三角板在画板上绘图时。量角器上的半圆刻度呈逆时针方向,因为这是三角学的标准。但是大多数量角器也有了顺时针刻度。

木匠用的斜角规是用精密量角器和可调形丁字尺组合而成的工具。优质斜角规的刻度刻在(而非印在)尺子和量角器上。横杆设定在所需角度,可来回旋转,并由一颗锁紧螺钉固定在仪器上。同样,尺子通过防脱落螺丝总是被固定在量角器的半圆孔内,应用于非90°切口的摹图和深度测量等特殊用途测量中。

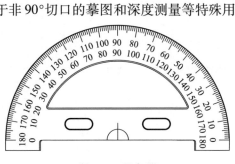

图2.7　量角器

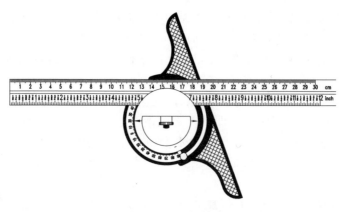

图 2.8　木工斜角规

2.7　正弦规

正弦规用于高精度的角度测量,如图 2.9 所示,主要应用场景为机床加工和模具制造,其显著优点为简易性。正弦规的全部构造为一种经过硬化、研磨和搭接的钢棒,两端装有直径相同的精密接地销。正弦规通常与量块(精密打磨和搭接的标准长度钢块)一起使用,可以设置成任意角度。例如,如果一个普通的正弦规,其销钉之间的中心距离为 5in,左右两边分别由 0.5in 和 3in 的量块支撑,那么正弦规与桌面呈 30°角,因为 $\sin\alpha = (3 - 0.5)/5 = 0.5$,根据计算器(或者三角函数表)可得出 $\alpha = 30°$。

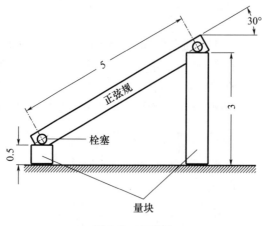

图 2.9　正弦规

如果将机械工的平板作为垫板进行操作,那么正弦规的角度测量精度可精确至 5′或者更高。平板是非常厚和稳定的钢板或硬石板,平整度和表面粗糙度在 0.001mm 范围内。然而,正弦规的精确度在数字技术面前仍是稍逊一筹。

2.8　数字经纬仪与编码器

图 2.10　数字经纬仪

数字经纬仪的角度测量精度为几弧秒,如图 2.10 所示,而由操纵杆控制的机动模型有时可达到 0.1″的精度。这相当于将 1°切分成了 36000 份,这就是脉冲计数比读取刻度数要精确太多的原因所在。

这些神奇的计数机器便是线性编码器和旋转编码器。如果你认为从来没有见过,那就找到一个旧式鼠标。就是符合人体工程学外壳的鼠标,其尾巴(也就是电缆)连接着你的计算机。还记着某一天你鼓起勇气,拧开了那个小玩意底部的卡环,取出那个硬橡胶球进行清洗吗? 背后就是一对旋转编码器:两个极小的圆盘,周围通常有 32 个径向穿孔。编码器在旋转时,交替阻断和恢复内置光源与传感器之间的光束传递的路径,同时将生成的闪光转换成电脉冲,每转可转化为 32 个脉冲。芯片将脉冲转换为二进制信号,信号进入计算机中,从而操控光标在屏幕上的位置。

这些带刻度的圆盘彼此成直角,轴与一对摩擦轮(滚轮)相连,滚轮接触橡胶球并由橡胶球带动。照此方式,滚轮感应橡胶球旋转的距离与方向,并随之感知鼠标在 x 轴与 y 轴上的位移。这一切归结起来就是几个旋转编码器,由鼠标在鼠标垫上产生的位移驱动;鼠标垫充当齿条的作用,而橡胶球则充当相匹配的小齿轮。

旋转编码器和线性编码器作为自动化系统和计算机之间的纽带,已成为机器设计和移动控制的核心要素。在台式电脑中,输入脉冲来自键盘和鼠标,而输出脉冲进入显示屏和打印机中。工业控制计算机有输入端和输出端,但功能类似于我们的台式计算机。输入信号由传感器采集,如极限开关、光敏元件、接近开关和编码器(大多数情况),这些传感器位于机械和材料处理系统的核心位置。输出端与驱动器相连接,驱动器将运动转换成控制计算机的信号。

当一个常规型光编码器运行时,光束通过一个带刻度的玻璃磁盘进入光电传感器中。后者对磁盘的每一个分区,如图 2.11 所示,相应生成一个电脉冲。与量角器上绘制的刻度不同,旋转编码器磁盘上的圆交替分为了暗区和亮区。带径向刻度的玻璃磁盘很常见,但是如果要求的直径范围较大,那么就使用金属鼓轮,鼓轮的外周通常刻有刻度分区。因为磁盘的刻度是通过反射读取的,所以刻度在高光区与亚光区之间交替。高光区像镜子一样反射光线,而亚光区则对光线进行散射。

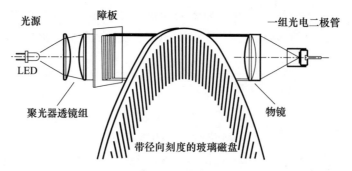

图 2.11　编码器磁盘与光学读取系统

光电传感器(如光敏电阻、光电二极管和光电晶体管等)通过改变暗区和亮区的内阻抗来探测这两个区域,从暗光的几百欧到强光的几欧。

发光二极管(LED)是编码器设计中的首选器件,这是因为其响应时间短,产生的热量少,且使用寿命长。与白炽灯不同,LED 灯能在几微秒内开关。

当一编码器的磁盘旋转时,不透明区与透明区交替阻挡光源发出的光束,使光电接收器改变其电阻,如图 2.12(c)中的光电二极管。在直流电源供电的情况下,电阻变化产生的脉冲从 0 转为正电压,然后又变为 0。

推挽式转换器原理图

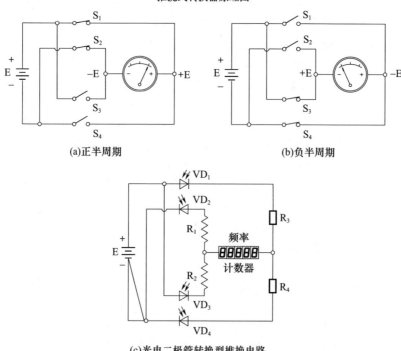

(a)正半周期　　　　　　　　　　(b)负半周期

(c)光电二极管转换型推挽电路

图 2.12　编码器输出电路

虽然脉冲直流电和方波交流电在示波器上显示的迹线看起来很相似,但是交流电的不同之处在于电压由0转为正电压,归零,转为负电压,然后再次归零。然而脉冲直流电可通过图2.12所示的开关控制电路,在两种可能的状态下转换为交流电,输出正电压和输出负电压,如图2.12(a)和(b)所示。因此,电路在由正电压到负电压和负电压到正电压的每个循环中,交错了电荷的连接形式,从而产生了方波交流电。如果是更高的频率,半导体开关装置替代了图2.12(c)中的机械式开关,由4个光电二极管"读取"刻度磁盘的位置。每个经过的刻度分区包括一个暗区和亮区,在输出端生成一个能够驱动计数器或频率计的交流电循环,或者依旧操纵着程序控制计算器。

每个光电二极管位于蔽光框的后面,蔽光框的窗口大小相当于磁盘上的一个字段。当磁盘转动时,亮暗交替中的亮区被照亮了。图2.13(a)显示出编码器的4个光电二极管(VD$_1$~VD$_4$)按照顺序对磁盘上24个连续位置所形成的受光区进行照亮,这一过程非常像电影中的连环画。

如果二极管得出的结果成线性关系,即与入射光成比例,我们就能得到一个三角线形的输出,如图2.13(b)的细线所示。事实上,装置对光照变化的灵敏度在由暗光到逐渐明亮的过程中达到最高,在由亮光过渡到更亮的过程中下降。这样一来,三角形曲线达到峰值,然后又随之下降,呈现出近似正弦曲线的交替输出,如图2.13(b)中黑线所示。

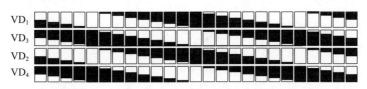

(a) 二极管(VD$_1$~VD$_4$)对应磁盘连续位置所形成的受光区,间隔1/16分步

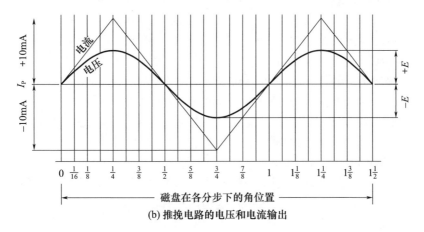

(b) 推挽电路的电压和电流输出

图2.13 输出电流和电压随二极管照明度的变化而变化

目前为止所讨论的此类型的编码器,其转数每增加一圈就输出 1 个脉冲,因此被称为"增量编码器",与"绝对编码器"相对应。绝对编码器显示的是编码器轴的角位置与绝对零点之间的关系。绝对编码器以二进制格式输出数据,直接从编码器磁盘沿中心向外的半径读取。为此,绝对编码器的磁盘上载有数道(记为 n)轨道,如图 2.14 所示,最外环的轨道分为 2^{n-2} 个透明区和不透明区(在图 2.14 中共64 个)。从圆中心向外数,每道轨道所载的明暗区域数是其前一轨道的 2 倍,即 1,2,4,8,16,32,64。每条轨道都由相应的光电探测器读取。

图 2.14　绝对编码器的磁盘

(经由 BEI 印度公司编码器部门的斯科特·奥罗斯基先生(Mr. Scott Orlosky)提供)

对于懂电脑的人们而言,"二进制"这一术语很容易联想到开/关这样的代码,而这样的代码是人们为寻找电气开关的数学符号而研究出来的。1 代表"触点切断",0 表示"触点接通"。这一天然存在的二进制代码一直是十进制记数制的基本原则。根据这一定则,我们不仅可将 358 写成 $3 \times 10^2 + 5 \times 10^1 + 8 \times 10^0$,还可将二进制数 01111 写成

$$0 \times 2^4 + 1 \times 2^3 + 1 \times 2^2 + 1 \times 2^1 + 1 \times 2^0 = 8 + 4 + 2 + 1 = 15$$

在数据传输方面,二进制自然有其不足之处。例如,上个序列中的后一位数 16 可以转换成 10000,所以从 15 到 16 的转换需要从 4 个 1 到 4 个 0 一步完成。因为数据传输以恒定的速率进行,那么如此大规模的数据转换的所需时间必须分配至每一步的转换步骤中,包括个别数位的变化,如从 110 到 111(6 转换成 7)。另外,从 7 到 15(0111 和 1111),虽然数字相隔较远,但是其对应的二进制数只有 1位之差,所以在早期和后期的转换过程中可能会出现误差,这就好比将一门大炮调转 180°,朝着相反的阵营开火。

随着一种特定的二进制代码的研发,人们找到了问题的解决之法,即格雷码,由弗兰克·格雷(Frank Gray)[①]推广。美国国家标准技术研究所将格雷码定义为

---

① 由贝尔电话公司的比兹(G. R. Stibitz)提出。

"在一组 2^n 二进制数的序列中,任意两个相邻的代码只有一位二进制数不同"。这意味着人们可以通过编码重新排列自然二进制数。

概括性地说,编码如同 $A=1$、$B=2$、$C=3$ 等这般简单,这种系统连门外汉都能轻易破解。为了提高安全性,我们将其修改为 $A=17$、$B=21$、$C=2$ 等,依此类推,用任意的模式表示字母表中的 26 个字母,但同时不使数字重复。只有那些掌握密钥的人才能将隐藏信息变换为此等数列。因此,我们可以将格雷码理解为是经过加密的二进制数,如表 2.1 中的数字(0~7)所列。

表 2.1　格雷码转换

十进制数	自然二进制码			格雷码		
	首位数	第二位数	第三位数	首位数	第二位数	第三位数
0	0	0	0	0	0	0
1	0	0	1	0	0	1
2	0	1	0	0	1	1
3	0	1	1	0	1	0
4	1	0	0	1	1	0
5	1	0	1	1	1	1
6	1	1	0	1	0	1
7	1	1	1	1	0	0

注意,自然二进制数中最小的有效数字在每一步(第 4 列)中在 0 和 1 之间交替,而对应的格雷码以两个相同数字组成的数组交替排列。这使得编码器磁盘上的窗口宽度加宽 1 倍,因此格雷码磁盘上最外层轨道上的 64 个字段相当于任何其他代码中的 128 个字段。

与增量编码器相比,绝对编码器的复杂性有所增加了,这带来了以下好处:

(1)如果编码器磁盘位于 90°时,机器停机了,而当机器重新启动时,绝对编码器会在原地(90°)重启。

(2)绝对编码器不受杂散信号的干扰。如果电气噪声损坏了编码器的数据,增量编码器不会在随后的计数结果中进行补救,而绝对编码器在干扰受到控制时,会立即恢复正确的数据配置。

(3)编码器读取角度的精度远远高于其他设备,而且速度更快。同时,编码器将数据转换为指令,在其他机器上进行无误操作,其速度更是令人类难以企及。

但是,我们不要忘记 4000 年前的巴比伦人,虽然其渊源未经证实,但是他们想出了十六进制的计数制,从此人类将圆分割成 360°。

是什么启发了他?智力。

是什么激励了他?需求。

出于需要而创造出某一想法是机器永远无法模仿的人类力量,因此我们永远是机器的主人。

第3章
时钟和时间的测量

如果周围没有人听见树倒下的声响,那么树倒下时还会产生声音吗? 如果没有人抬头仰望天空,天空还会是蓝色的吗?

这里涉及的问题隐藏在概念的定义中。如果声音的定义是空气中周期性的气压变化,那么倒下的树就会发出声响,不管附近有没有人听到。但是,如果你根据声音对人类听觉系统的刺激程度来定义声音,那么那棵无人注意的树就是在寂静中倒下。同样,如果蓝色的定义是一定波长的电磁波,那么天空将永远是蓝色的。但是如果你根据蓝色对人类视网膜的影响来做出定义,那么天空的美丽也将伴随着我们的死亡而消失。

那么时间呢? 如果我们不计算秒数,时间还会流逝吗? 我们可以通过尺子或量角器来测量某一物体的长度或者角位置。然而,我们无法直接比较两段间隔时间,这是因为当第二段时间开始流逝时,第一段已成为历史了。由于时间的不可逆性,时间只能与某一重复过程(如运动,通常是钟表的运动)进行比较。我们讨论的是时间,但测量的是时间的变化。

时间本身仿佛有生命似的,我们既抓不住,也控制不了。更复杂的是,时间只朝着一个方向运动——从过去到未来,因此我们随着将来的到来不断变老。过去与未来的交界点是现在,就是我们生活与热爱的当下。虽然有些心理学家指责一些人活在过去,另一些人又活得过于超前,但是当心理学家告诉我们要竭力活在当下时,他们又为当下的生活分配了多少时间?

换言之,"现在"持续时间是多久?

如果将现在定义为过去与未来的分界线,那么现在则变得无限短暂,但是,我们能否在如此无限短暂的时间间隔中生存下来呢? 事实上,对现在赋予任何可测量的时限都是徒劳的。假设它持续2s,你会本能地把那段时间里的1s分配给过去,另外1s分配给未来,那么又再次将现在压缩成为虚无的存在。在一部电影中,现在持续的时间只有一帧(1/24s),因为人脑通常需要1/24s的时间将任意的光线组合成图像。但是,对"现在"的此类定义会将时间与人体生理学联系起来,导致时间起点和终点的问题依旧悬而未决,这些问题往往涉及宗教信仰和哲学认知的领域。

自从人类意识到时间的流逝起,为了测量时间,我们就一直把它视为运动方程中的参数。我们所称的时钟只不过是一对指针和一种使指针以固定速度转动的机构。当我们讨论从家到办公地所需的时间时,我们事实上是将 A 点到 B 点的位移与发条装置的运动量进行对比。发条装置是一个黑盒子,使一对指针按 1∶12 的速率进行圆周运动。

读过赫伯特·乔治·威尔斯(Herbert G. Wells)1895 年所著的《时间机器》一书或者看过同名电影的人,也许感到十分好奇。为什么书中的发明家会受到其工作间墙上的许多时钟的启发,想要设计一台时光机器,穿越到 80 万年以后的未来。事情的真相是,这些维多利亚时代的落地式大摆钟对他一点帮助都没有,即使是我们太空时代的原子钟也不会有什么不同。怀揣着打造出时间机器的有抱负的人们,如果认为一对活动的指针便能使其操纵时间的流动,那么他们最好把这个愿望掩埋起来。

将运动作为时间测量的标准,意味着在无运动的情况下(所有的运动都消失时),时间就会慢慢地陷入停顿。在一个石化般的宇宙之内,我们不可能知道这种特殊的静止状态已经持续了多久,并将持续多久。是 1s,或者 1000 年?这不重要,因为没人会咬着自己的指甲盖,等着宇宙再次运转起来。如果在运动产生前就存在一个世界,那么这个世界的存在年限无法界定,直至突然间那个迟滞的宇宙中有什么东西改变了其位置,然后所有麻烦就开始出现了。童话中的睡美人也可以沉睡 1000 年,因为她的城堡被施了魔法,进入到一个"封闭静止的系统",缺少时间这一维度。随着王子的亲吻,公主恢复了生机,时间也开始流动,时间又回到她的统治之中。

我们通过比较一个物体和另一个物体(如码尺)的长度来测量空间,但是我们以运动作为参考来测量时间。我们按照太阳每日的运动情况调整我们的时钟,然后将一系列物理过程的运动情况与这些时钟的运动情况进行比较。"时钟"一词可以追溯到法语中钟声的发音"cloche"、拉丁语中的"glocio"和德语中的"glocke"。

在史前时代,一天的长度成了时间的单位,起初凭人们的直觉,后来逐渐标准化,成为太阳连续两次达到的最高点位置之间的时间间隔。这种情况一直持续,直到原子钟证明地球自转的轨迹并非正圆为止。因此,每当时钟敲响的时候,这一国家的权威计时机构就会毫不引人注目地往我们的时间表偷偷塞进 1s,以此弥补地球的不完美。例如,1992 年 6 月 30 日 23 时 59 分 59 秒后曾经紧接着的是 23 时 59 分 60 秒,然后再是 7 月 1 日 00 时 00 分 00 分,这两者不重合。那就需要注意了,因为从该日起,你的出生证明显示的年龄将比你的实际年龄要小。如果一秒钟不值得担心,那么总归算是美梦成真了!

世界上首次出现的与时间相关的文献是公元前 3761 年的犹太历,但是直到公元前 26 世纪才出现了细分白昼长度的工具,如日影杆、立柱、方尖碑和中国的日晷。

影子可以根据其方向和长度转换成时间概念。如果你相信书中和电影中的情节,那么印第安酋长过去常常在指定的时间结束时,在地面上对某杆的影子长度做标记,以此作为时间点。但是,如果他们对天空中太阳的位置没有像计算机一样的存储库时,以杆子为中心的圆可能对他们更有帮助。随着傍晚的来临,影子逐渐变长,但是影子平均每小时从西向东旋转15°。无论如何,杆子阴影的方向与太阳的位置正好相反,比起阴影的长度更能有效记录时间,而影子的长度和一日的时间随着季节变化而变化,这使得日晷成为古代计时器的首选。

虽然古埃及人在4000年前就使用日晷了,但是最"划算"的计时器产生在很久以后的法国大革命期间。人们放置一凸透镜,使正午的阳光聚焦在一门加农炮的引信上,伴随着一声明确响亮的轰隆声,宣告正午时分的来临。对于那些只计算晴天日子的人而言,这无疑是一个理想的计时器。

3.1　水钟

公元前1530年出现了第一个用于时间测量的人造仪器,这是一个由埃及人阿蒙涅姆赫特(Amenemhet)制作献给国王阿蒙诺菲斯(Amenophis)的精美的水钟,如图3.1(b)所示。要不是有这些雕刻的象形文字(图中未显示),这些容器可能要用今日的花盆来形容,因为两者非常相似,除了底部的开口根据排空的时间标有刻度外,几乎没有什么区别。古希腊人将这些容器称为漏壶(或水贼),和罗马人一样用它们来限制议会发言人的冗谈。

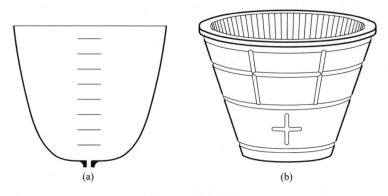

图3.1　漏壶水瓶

如果你用薄金属做一个水贼,把它放在浴缸里,水很快从底部开口处进入将其填满,直至一段时间后,漏壶才会慢慢下沉。这种漏壶的衍生品,我们可以称其为"底部穿孔钟",在20世纪的非洲还有人偶尔使用。

根据伽利略·伽利雷(Galileo Galilei)从比萨斜塔上落下重物的自由落体实

验,我们可以推导出预测容器流空速度的公式。如果 h 表示塔的高度,g 表示重力加速度($9.807\mathrm{m/s^2}$),则物体掉落至地面的速度 $v=\sqrt{2gh}$。这一公式同样适用于从液体表面落入泄水孔的水滴。由于液体的排空速度与液位的平方根成正比,所以对于同等时间间隔,漏壶上时间刻度间隔呈不规则的增长。亚历山大港的希罗(见第 1 章)据说曾抱怨漏壶(原名 klepshydra,后改名为 clepsidra)的流出量不一致,妨碍了部分时间段的读数,因为在漏壶总排空时间达到一半时,漏壶中液体的渗漏量远远超过了总液量的 $1/2$。

对于间隔一致的时间刻度,容器的形状为四阶抛物线,如图 3.1(a)所示。如果我们设从底孔漏出的液体体积等于容器损失的液量,R 表示容器半径,h 是容器底部到顶部的高度,那么容器体积为 $V=R^2\pi\times\Delta h$,Δh 是在很短的时间间隔 Δt 内液面下降的高度。

另外,液体通过底孔排出的速度为 $v=\sqrt{2gh}$,同时与开口的横截面 A 相对应的液体体积为 $V=vA\cdot\Delta t$,即 $V=A\cdot\sqrt{2gh}\cdot\Delta t$。

将这两个体积 V 的表达式相除,得到

$$\frac{\Delta h}{\Delta t}\frac{R^2\pi}{\sqrt{2gh}\times A}=1 \tag{3.1}$$

对于间隔规则一致的时间刻度,表示单位时间内液位降低情况(如 1in/h)的商 $\Delta h/\Delta t$ 必须永远是一个常数 k。所以 $\Delta h/\Delta t=k$,而式(3.1)变成

$$\frac{\sqrt{2gh}A}{R^2\pi}=k \tag{3.2}$$

对式(3.2)两侧取平方,重新排列各项,可得到

$$h=\frac{(k\pi)^2}{2gA^2}R^4 \tag{3.3}$$

由此可知,分数的值完全取决于容器的尺寸大小,而这个值可理解为是钟表的仪器常数 k。最后得到 $h=kR^4$,这便是希罗想出的漏壶的公式。

但是指望制陶工人按照这个四阶方程来制作花盆,要求可能太高了。更简便的方法是采用标有非线性刻度的圆柱容器,如图 3.2 所示。

同样,液体的排空速度与液柱的平方根成正比,我们可以由此设计出容器的刻度。例如,一个容器盛满时的液体水位线为 144mm,排空时间为 12h。在 144mm 处标定零位刻度线,顺便说一下 $12^2=144$,那么 11h 的刻度为 $11^2=121$mm 处,10h 的刻度为 100mm 处,9h 的刻度为 81mm 处,依此类推。需要注意的是,增量的大小遵循连续奇数序列,如 $144-121=23$,$121-100=21$,$100-81=19$ 等。由此可知,我们可设计出任何尺寸的刻度尺。例如,如果容器内液体满位时刻度显示为 216mm,预计在 12h 内排空,那么将上值分别乘以 $216/144=1.5$,即可得到刻度。如果容器的液面最高为 250mm,则该因数为 $250/144=1.736$。

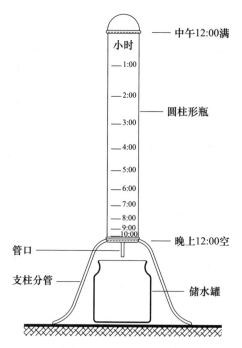

图 3.2　带有圆柱形容器和二次等分刻度的水钟

　　但是,这种用作时钟的容器必须采用玻璃吹制,这样才能从外面看到液柱的弯液面,所以该时钟出现的时间很晚,而与此同时,机械钟又很快取而代之。但是早在公元前 3 世纪,与欧几里得和阿基米德同时代的机械师克特西比乌斯想出了一个可以规避刻度问题的设计,将水钟添加在一种水位恒定的供水设备里面,确保液体流出的速率不变。左边是一个漏斗状容器,其液位一直保持在排水的水面高度上,同时,流入容器的水由旋塞控制,向容器进补。水钟的速度通过降低或抬升锥形活塞进行手动控制,而锥形活塞主要控制从漏斗流入圆柱储液器的流量,如图 3.3 所示。液面水位由浮子采集,浮子通过钟上的齿条与齿轮装置,使指针在刻有 24h 的钟面上转动。

　　这种对基础设计的改良旨在适应埃及和希腊历法,这两种历法不考虑白天和黑夜的长短,而是将白昼时间分成 6h。设计出一款随着季节变化而变化的时钟听起来是一个艰巨的挑战,但是古代工程师们可以从容应对。他们的解决方法是让时钟以不变的速度运转,同时在一年四季使用不同的读数刻度。人们用一个滚筒替代了钟面,滚筒每天沿纵轴旋转 1/365 圈,如图 3.4 所示。每年的每个月都有特定的时间量表,夏季白昼时间长,对应宽间隔的刻度;冬季白昼时间短,对应窄间隔的刻度。然而,古代钟表匠们没有采用分开的刻度表将容器瓶表面挤满,而是选择

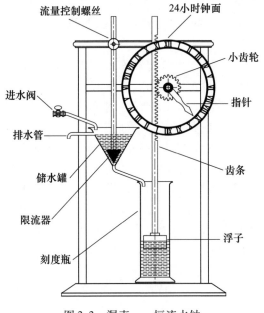

图 3.3 漏壶——恒流水钟

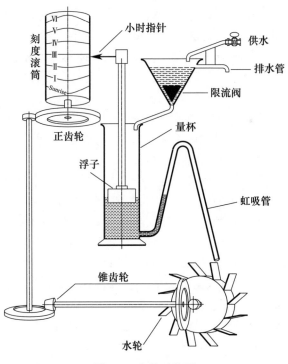

图 3.4 水计时装置

用曲线将每个刻度表的小时刻度线连接起来,不单独显示刻度表。最后,除了下午3点整的刻度线外,绘制出的曲线图基本成正弦曲线,下午3点整的刻度线可视为振幅为零的正弦曲线。

在廉价劳动力的年代,人们可指望管家或奴隶负责对此类读数滚筒进行日常设定,将一个带有365齿的棘轮每日朝前推动1齿。但是,一些年代久远的绘图和草图展现了更为宏大的想法。例如,图3.4中的自动重置功能,一旦储水罐装满水,即可自动重置时钟,开启一个新的运行周期。

为此,一旦液面达到虹吸管的上弯处时,由于虹吸效应将储水罐的液体一起排出;这个过程非常像我们拉一下旧式抽水马桶上的冲洗链,水就会瞬间涌入一个向下的倒U形管,然后安装在墙上的马桶高位槽就不断排放出水(比较图8.4)。虹吸管的另一个作用是,在排水的过程中可以驱动水轮转动,而水轮的长度刚好可以绕着一个复杂的齿轮传动装置,将读数滚筒旋转1/365圈。传统电影放映机中的日内瓦驱动器,常常用于使电影胶片从一帧跳到另一帧。这一装置可以精准地达到上述目的,但在当时还未发明出来。

“如果听起来异想天开,那么很可能就是真的。”这句话用来形容古时的先进发明非常合适。这并不是说发明家们的行为并不认真。他们只是在对样机进行测试后,没有在其图纸上标注如“可行”或“失败”之类的注释。在此例子中,水钟的虹吸管与抽水马桶中的虹吸管作用不同。后者将储水罐的水渗空,因为一开始涌入的水(在拉冲洗链的时候)足以完全填满排放管的横截面,使下降的水柱像吸力泵的活塞一样运动。然而,这种情况不会发生在水钟的虹吸管上,后者内部的水来自测量用的液体,液体驱动水钟转动。相反,外溢的水会沿着虹吸管的内壁一滴一滴地滑落下来。

综上所述,我们不应该因其不切实际的想法而奚落古代工程师和科学家们。首次设计常常是失败的,结果往往不尽如人意,这在我们的时代同样如此,但是我们通常会把不成功的设计废弃,而不会留存下来。

另外,大多数古老的想法意义深远。图3.5(a)展示的是希罗设想出的一个巧妙设计,即恒定流速的供水装置。倒U形的排水管安插在浮子上。U形管的下降段比上升段长度稍长,因此无论储水罐实际有多满,U形管的吸入口与排放口之间的水位差保持不变。一旦排水管开始吸出水,水就以恒定的速率持续流出,不受储水箱实际水位的影响。如果从虹吸管中吸出的水被收集在一个圆柱形量杯中,那么量杯的液面与一天的时间成比例关系,可以从刻在水箱壁上或水表上的适当间隔的线性标尺读取数值。

特西比乌斯(Csesibius)对同一问题的解决方案明白易懂,如图3.5(b)所示,他使用一个由浮子控制的针型阀,使液位保持一致,这与汽车汽化器中的油位控制器非常相似。

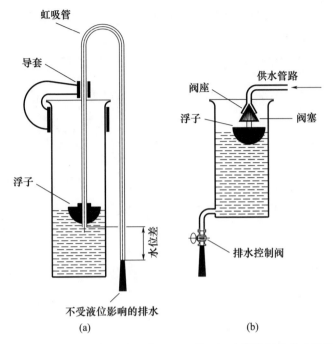

图 3.5　(a)希罗的恒流供水装置;(b)特西比乌斯的恒流供水装置

3.2　重力驱动计时器

　　在古希腊时代,一些各式各样的复杂机械装置已相当常见,那么我们不禁要问,为什么机械钟没有在当时出现呢? 因为在当时,由钟摆和摆轮产生的通过步进运动而非连续运动来测量时间的概念仍旧没有出现。

　　图 3.6 所示为公元前 3 世纪的两种重力驱动时钟,制造原理相同,但是一天各小时的显示方式有所不同。图 3.6(a)中的时钟两边竖杆上刻有时标,而图 3.6(b)中的时钟则采用圆形度盘,带有逆时针方向的时间刻度。当金属筒在主轴上滑动时,空心金属筒的重量为这两种时钟提供动力。主轴松开绕在其轴上的吊绳,由于重量原因而缓慢下降,如图 3.6(a)所示;或者使一定长度的横轴沿着两边竖轴向下滚动,竖轴在安装时必须向后倾斜一定角度,此时主轴也在重力的作用下缓慢下降,如图 3.6(b)所示。

　　是什么令金属筒在几秒钟内不放慢旋转的速度呢? 秘密隐藏在金属筒内部:金属筒里面有数个带小孔的腔,装有定量的水。图 3.7(a)所示为静止时金属筒的横截面图,所有浸水室的水位保持一致。当金属筒开始转动并将浸水室转至筒内一半高度时,则产生了图 3.7(b)所描述的情形,此时,水的重量产生的扭矩抵消了金属筒静止时产生的重力矩。此后,金属筒便按照水从较高浸水室排入下面较低区的不变速度持续旋转。

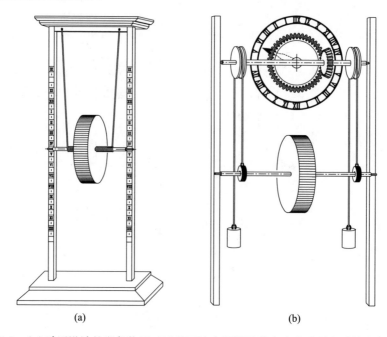

(a)   (b)

图3.6　(a)希罗设计的发条装置;(b)特西比乌斯设计的由自身重量驱动的发条装置

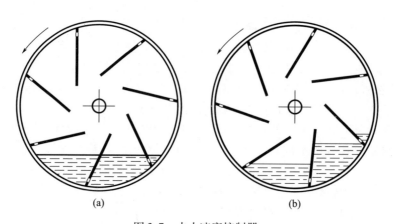

(a)   (b)

图3.7　水力速度控制器

　　一个出现年代较晚(约1615年)的称为"Walgeuhr"的设计如图3.8所示,盛满水的容器 W 与重物 M 首先通过一根绕在卷筒上的绳子互相保持平衡。随着水缓缓地从容器 W 上一根短管处流出,容器质量逐渐减轻,在平衡物的作用下逐渐上升。容器质量越轻,上升高度越高,从而以容器所在的位置显示流逝的时间。

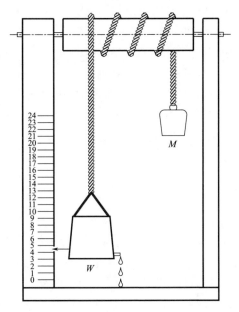

图 3.8　一个失败的混合动力时钟设计

如果 W 是一个常数,该机械装置会像"阿特伍德机"(一种演示自由落体的力学装置)一样运转,使容器与重物分别以加速运动的方式下降和上升,表示为

$$\frac{a}{g} = \frac{M - W}{M + W} \qquad (3.4)$$

式中:g 为重力加速度($9.807\mathrm{m/s^2}$);a 为 W 向上的加速度,也表示 M 向下的加速度。

假设令 $W = \frac{9}{11}M$,可以得到

$$\frac{a}{g} = \frac{1 - \dfrac{9}{11}}{1 + \dfrac{9}{11}} = \frac{\dfrac{2}{11}}{\dfrac{20}{11}} = 0.1 \qquad (3.5)$$

如果 $W = \frac{9}{11}M$,该装置将在一个只有地球引力十分之一大小的引力场中演示自由落体运动。

以 Walgeuhr 为例,水桶一旦变得比平衡物 M 轻,就会进行向上的加速运动,得到呈抛物线的时间标尺,如图 3.2 所示。然而,标尺的刻度间距应宽于图 3.2 中的间距,因为桶的加速度随着液体逐渐排空而增加。实际上,时钟初始运转将以蜗牛般的速度进行,但是随着高度的增加,运转速度将急剧加快。

历史资料中的设计显然未察觉这样的细微之处,而是绘制出带有直线标度的

时钟。这样的想法本身很出色,但是如果不从纸上脱离出来,不进行实践的话,想法就不会像预期的那样奏效了。

总而言之,无论何种设计的水钟都面临一个共同的内在问题:水的黏度随着温度变化呈现显著的变化。接近 0℃ 时,水的黏度为 $1.794\text{mm}^2/\text{s}$,常温(约 68 °F 或 20℃)时为 $1.011\text{mm}^2/\text{s}$,而在酷热天气下(约 104 °F 或 40℃)为 $0.659\text{mm}^2/\text{s}$。简而言之,水钟显示的时间在冬天往往会变慢,在炎热的季节会变快。在当时既没有暖气又没有空调的情况下,就更是如此了。

3.3 蜡烛钟

公元 700 年,英国的贝达神父(Father Beda)用刻着时间刻度的蜡烛来计算时间,如图 3.9 所示。盎格鲁－撒克逊国王阿尔弗雷德大帝(871—899)于公元 875 年也产生了这个想法。他每日燃烧 6 根蜡烛,每次持续 4h,借此安排自己的作息时间。他将时间进行划分,第一时段用于处理行政事务,第二时段用于学习、进餐和睡眠,第三时段用于祷告。

随着蜡烛钟的发展,人们在蜡烛上添加了一个制作精良的重物,重物用链子连接到别针上,当作闹钟来使用,如图 3.9 左下角所示,即将入睡的人们将别针插入蜡烛某一刻度上,表示第二日的起床时间。随着火焰越来越靠近,融化了蜡烛上的蜡时,重物随即掉了下来,砸在碟子上,一声悦耳的声响便惊醒了睡觉的人。

德国最著名的诗人、作家和科学家约翰·沃尔夫冈·冯·歌德(Johann Wolfgang von Goethe)在 19 世纪早期创作了下面的两行诗:

Wüßte nicht, was sie besseres erfinden könnten,
als dass die Lichter ohne Putzen brennten.

(这是人类所能选择的最美好的发明:无须修剪蜡烛的灯芯。)

当时灯芯用亚麻、青苔和灯心草的纤维纺织而成,其烧焦部分不会自动脱落,每小时需要人们自行剪去。人们使用蜡烛灯做闹钟时,不得不每小时起床两次,防止燃烧时下垂的灯芯向下传导火焰,从而提早触发闹铃声。

16 世纪的"火钟"是蜡烛钟的进化版,它使用油灯做计时器,如图 3.10 所示,避免了上述不足。一个带刻度的圆柱状玻璃罐内装有燃油,可以燃烧 12h。灯芯通过罐底的一个小孔伸至罐中,同时小孔很窄,防止漏油。毛细作用使油沿着灯芯进入灯头里。

图 3.9　蜡烛钟

图 3.10　油灯时钟

在缺少玻璃成型模具的情况下,人们通常使用下述方法制作油灯时钟的玻璃罩。将一块空心板垂直旋转并使其膨胀,空心板由半流质的玻璃制成,同时在重力的作用下,空心板受拉伸力,形成近似圆柱形的火钟罩瓶。因此,罩瓶的外表形似一个长椭球。刻度板中部会膨胀,且无法避免,那么液体中段显示的时间会比实际时间稍长,而液体头部与尾部则比实际时间稍短,只是迄今为止还没有人抱怨过而已。

3.4　沙漏

水钟和火钟的设计主要针对 12h 或 24h 的时间跨度,而沙漏和水漏则是应用于更短的时间跨度。公元前 3 世纪,绘刻在罗马马太宫(Roman Mattai Palace)宫墙上的希腊浅浮雕,描绘了倚靠在沙漏上的梦神摩耳甫斯(Morpheus)。但是,这些细节可能是人们在 17 世纪修复浮雕时加上去的,因此希腊人对沙漏的了解仍然是一个有待讨论的问题。

在 1379 年查理五世皇帝所列的清单上出现了 3 个时钟和一个沙漏,然而意大利作家马蒂内利(Martinelli)声称沙漏是于 1665 年发明的。无论其起源如何,沙漏已进入计算机时代,被人们设计为图标,表示"忙碌中"。同时它也进入了人们的厨房,成为煮蛋计时器,帮助有需求的人烹制出半熟鸡蛋。米里亚姆·施莱因(Miriam Schlein)根据哥伦布的航海日志创作了一本历史小说《我与哥伦布一起航行》(哈珀柯林斯出版集团,1992 年)。随船航行的男孩作为书中的主人公肩负一大职责,当最后一粒沙子穿过瓶颈,立即将沙漏翻转。在这个任务开始时,人们会唱起一首宗教歌曲,提醒值班的船员在横木上标出 0.5h 的刻度标记。

如同炼金术士的幽灵一样,沙漏在 20 世纪再次出现在了人们的视野中,用于腐蚀性的环境,如生成酸的化学实验室。你也可以在桑拿浴中看见它们的身影。

沙漏是一种简易的装置,但如果想自己做一个,最好三思而行。一份来自 1339 年的配方上写明沙子必须是"研磨后的黑色大理石,在酒里煮 9 遍"(很可能是为了去掉刻痕和毛刺,留下漂亮的圆形沙粒)。含铅的沙砾因其本身具有的润滑特性而颇受人追捧。可是,为了使沙子流通顺畅,磨损最小,对沙漏最窄处的制作和抛光仍然有很高的要求。雄心勃勃的钟表匠们必须证明其有能力按照 1h、0.5h 和 15min 的沙漏规格,正确估量和制作出沙漏的最窄部分。

就像埃及的水钟一样,"沙子漏了一半"并不意味着沙漏名义上的时间已过去了½。每个沙漏测量的是某一特定的时间跨度,但是各时间点与沙漏存量不成比例关系。这样难题就产生了,如何用两个分别代表 7min 和 12min 的沙漏测量出 16min 呢?方法是:首先让两个沙漏各自走完一程;然后再分别将其倒过来。当 14min 后,7min 规格的沙漏已走完两程,此刻,12min 规格的沙漏正在进行第二程,且已过去了 2min。此时,立即将 12min 规格的沙漏倒过来,并让这部分的沙子流完,总时间就是我们所需要的 16min 了。

世界上最高的沙漏据说是在日本仁摩的砂博物馆中。这个沙漏有 6m 高,沙子漏完整整需要 1 年。和沙漏本身一样有趣的,恐怕要数每年年底将此沙漏倒转过来的男人的体格了吧。

各种各样的计时装置均早于机械钟,但这不能说明机械钟这一理念在早些时候并没有出现。相反,正如 1615 年的"Walgeuhr"的设计,这个靠重力驱动的机械装置以加速度运转。这是因为能量通过一个下降的重物而进入发条装置,然后不断累积起来,使重物提高速度。假设增重率是 1ft/s 得到 1ft·lb 的能量,则当时间为 t,末速度 $v = 1t$,走过的距离为 $s = ½t^2$,成抛物线级数。为了使某重物的下降速度保持不变,必须限制能量的输入。

我们可以通过持续减速来消除多余的能量,如通过快速旋转的桨轮施加空气阻力。但是能量的消耗随气温和气压的变化而变化,因此此类装置用于控制传统摆钟的报时,而不是发条装置本身。

钟表学中的"量子的飞跃"这一习语,来自由重力或惯性力控制的摆动运动对发条装置进行控制的现象。

3.5 机械发条

教皇西尔维斯特二世（Pope Silvestre II）即格伯特·奥里亚克（Gerbert d'Aurillac），在公元 996 年发明了机械发条装置。直到 1344 年，意大利天文学家乔瓦尼·唐迪（Giovanni Dondi）才发明出一种由重力驱动、依靠摆锤的重量进行调节的时钟。出人意料的是，唐迪通过一个水平摆动条的惯性力（而不是保持钟摆运动的重力）来控制时钟的速度。

任何处于加速或减速状态中的物体，其惯性力都会激增。例如，汽车加速或刹车、试驾员正操纵汽车通过障碍、赛车开始启动。虽然惯性力在空间中的方向是任意的，但是其垂直方向上的分量常常被重力掩盖了，因此我们主要考虑惯性力在水平面上的作用。

在 1973 年，在美国第一个空间站即太空实验室里，人们通过惯性力测量了宇航员们在失重环境下的体重，这证实了许多迄今为止仅限于地球表面上的发现，例如，摆的周期 T 与其质量的平方根成正比。

3.6 原始平衡摆式擒纵装置

乔瓦尼·唐迪制作的惯性力擒纵机构，如图 3.11 所示，利用原始平衡摆的中心轴作为轴，用一根绳子悬吊在时钟的支架上；绳子最好是用丝绸纺成的，以减少摩擦。由重力驱动的针轮所产生的扭矩，通过交替推动和松开轴上的一对卡爪，使原始平衡摆前后移动。因此，与上托板接合的针轮上的销使轴以顺时针方向运动，而与下托板接合的销使轴以反方向运动。这两者构成了足够大（约 100°）的相对角度，因此每次只有一个托板受力，从而使轴交替运动。

原始平衡摆式擒纵装置的缺点在于平衡杆旋回运动是被动的，因为其旋回的频率由针轮产生的扭矩控制。相比之下，现代时钟里的摆锤装有弹簧，弹簧使摆锤以固有频率，即 $T = 2\pi \sqrt{I/c}$ 为周期来回摆动。其中，I 为摆轮的惯性矩，c 为复位弹簧的扭力常数。

原始平衡摆式时钟作为标准用钟持续了 300 年。1577 年，约斯特·比尔吉（Jost Bürgi）建议丹麦天文学家第谷·布拉赫钟在时钟上采用分针，将显示精度提高至原先的 12 倍。即使是有史以来公认的最杰出的钟表研究者约翰·哈里森（John Harrison，1693—1776），也在其精密计时器"H 4"中采用了带平衡摆轮的机轴擒纵机构。由于该装置在经度测量方面的应用，约翰·哈里森分享了由英国政府颁发的 20000 英镑奖金。

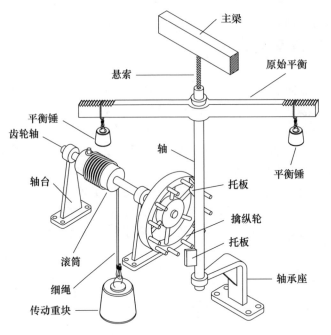

图 3.11　唐迪的惯性式擒纵装置

（图中标注：主梁、原始平衡、悬索、平衡锤、齿轮轴、轴、托板、平衡锤、轴台、擒纵轮、托板、滚筒、细绳、传动重块、轴承座）

3.7　摆式擒纵机构

随着伽利略·伽利雷（Galileo Galilei）于 1582 年发现了单摆运动定律，擒纵机构有了真正的改进，其中就利用到了"钟摆的等时性"，即摆的周期不受摆幅的影响。然而直到 1637 年，他才制作出一种由钟摆控制的发条装置。

在提升装置中，用于防止重物对滚筒进行反向传动的棘轮可以说是摆式擒纵机构中的先驱，如图 3.12(a)所示。这种带有旋转棘爪的锯齿形齿轮只能向一个方向转动，但当棘爪被抬起时，棘齿可自由旋转。在双棘爪机构中，左边的棘爪瞬间抬起，齿轮前进半节距，然后与右边的棘爪啮合，如图 3.12(b)所示。右棘爪随后与齿轮分开，齿轮又朝前进半节距，然后齿轮又被左棘爪卡住。直到不久以前，这种基本传送机制还出现在了音叉钟上。

在摆式擒纵机构中，左棘爪与右棘爪组合在单一机组（锚状轮）中，如图 3.13所示。锚状轮上的两臂松开，释放擒纵轮上的一齿，同时阻挡后一齿朝前运动，推动擒纵轮前进半节距。摆每来回摆动一次，擒纵轮前进一齿。

这只是所述问题的一方面，当重物的重力支撑齿轮做步进运动时，摆每次改变方向，自身都需要一个推动力。这就好比秋千每次荡回来都需要有人推一把，因为只有这样你才能持续享受荡秋千的乐趣。然而,摆钟没有像人手推秋千一样的外部推动力,而是通过让擒纵轮"一走一停"的锚状轮获得推动力。锚状轮将图3.12(b)中的两个棘爪组合成为一个单一机组,通过其特定形状和位置,在阻挡重物和滚筒前进的过程中将惯性力积累起来,并最终对锚状轮以及摆造成摆动。

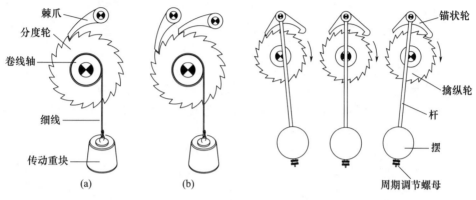

棘爪
分度轮
卷线轴
细线
传动重块
(a)　　　　(b)

图3.12　棘轮传动装置

锚状轮
擒纵轮
杆
摆
周期调节螺母

图3.13　摆式擒纵机构

为了得到更高的精度,现代的发条装置将锚状轴承与一扁平的弹簧薄钢条分别悬垂起来,减轻摆对锚状轴承施加的重量。钢条负责承担锚状轮和摆的负荷,并且几乎消除了传统轴承的内在摩擦损耗,因为将钢条弯曲到另一边所需的能量在返回的途中通过弹力恢复了。

摆钟的优越性能可追溯至与"单摆"有关的方程式中,单摆即一无重细绳上的摆球的摆动。L 表示从转动点到摆球质心之间的距离,单摆的周期(从左到右再到左)可由下式得出:

$$T = 2\pi \sqrt{L/g} \tag{3.6}$$

式(3.6)用于小幅振荡,摆角 θ 很小时,适用近似值 $\sin\theta \approx \theta$。

摆有三个主要参数,即摆长、摆球的质心和摆幅。式(3.6)只涉及其中一个参数,即摆长 $L = T^2 g/(4\pi^2)$,而摆长决定了摆的周期。由于完全不需考虑其他两个因素的影响,摆成为理想的计时工具,只要摆在极为有限的幅度内摆动即可。落地式大摆钟非常符合这样的条件,其钟摆摆动得很慢(通常 $T = 2s$),摆长 $L = 2^2 \times 9.80665/(4\pi^2) = 0.9936m$,因此不存在较大的摆角。0.9936m 称为"秒摆"的长度,秒摆从左至右或从右至左的振荡期为1s。

然而,对于其他的时钟设计。例如,经典的布谷鸟钟,其摆角远远超过了 $\sin\theta \approx \theta$ 范围。在此情形下,摆的振幅一经变化,摆的周期也会随之变化,表示为

$$T = 2\pi \sqrt{\frac{L}{g}} \left(1 + \frac{1}{4}\sin^2\frac{\theta}{2} + \frac{9}{64}\sin^4\frac{\theta}{2} + \cdots \right) \tag{3.7}$$

式(3.7)包含了振幅的基本公式,即 $T = 2\pi\sqrt{L/g}$,再乘以括号内的无穷级数,该公式表示了较大振幅时对周期的影响。

在1673年,荷兰天文学家克里斯蒂安·惠更斯(Christian Huygens)用绳子固定在一对摆线形金属钳口之间,设计出不受振幅影响的单摆。摆幅越大,与钳口四周贴合的绳子的长度便越长,同时摆的有效长度越短。

人们很容易将摆线想象成是某种曲线,类似于汽车前进时,轮胎边上一个粉笔标记所形成的轨迹。然而,数学先驱们计算出了具体的摆线,反映了摆长公式 L 中的无穷级数。

尽管惠更斯提出了关于自由摆的先进理论,但他制作的第一台摆钟仍使用了原始平衡摆式擒纵机构来保持摆动的频率。当1660年威廉·克莱门特(William Clement)发明了锚形擒纵机构时,才无须依靠老式平衡摆维持钟摆的摆动,为按照特定的谐振频率运作的调节元件奠定了基础。

我们凭直觉在秋千改变方向的瞬间施加推力,让秋千保持谐振状态。秋千能荡多远取决于我们施加的推力大小,但我们几乎无法控制秋千荡出去再回来所需要的时间。相比之下,内燃机中的活塞(如汽车里的活塞)在加压模式下摆动,由发动机每分钟的转数决定。其区别在于,引擎可以以任意的速度运转,而秋千的振荡周期是不变的。

不过,使用擒纵机构恢复摆动会造成元件互相依赖,进而降低该装置的精确度,这导致了1721年乔治·格雷厄姆(George Graham)发明出"直进式擒纵机构"。这种直进式擒纵机构将维持钟摆运动的推动力的作用点,从反向点移动至通过垂直线的点上。

但是,即使是直进式擒纵机构,也会消耗掉维持钟摆振荡所需的动量。这使得该装置的节律出现了一定程度的不规则性,为当时的钟表匠们所公认,同时也促使人们在整个19世纪一直不断地寻找"自由摆"。直到1921年,肖特(W. H. Shortt)演示了一个由主摆和从动摆控制的时钟装置,主摆负责"保持节律",从动摆负责驱动时钟的指针,并为主摆的持续摆动提供推动力。

然而,诸如温度和气压之类的条件仍旧影响了摆钟的走时速度,如温度每上升2℃,带钢轴的钟摆每天会走慢2s。在1721年,乔治·格雷厄姆受此启发,使用一罐水银作为摆球。水银会随着温度的升高而膨胀,从而弥补钟摆向下增加的长度,不过这个想法未受到人们的普遍接受。1726年,哈里森(Harrison)发明了栅形补偿摆,这种补偿摆采用的机轴由热膨胀系数明显不同的金属(如铁和黄铜)制成,以某种方式安装,即使一边的长度变长;另一边也会对此进行补偿。

控制气压的影响则是一个更为艰巨的任务。理论上,时钟可以密封在由压力控制的外壳中,但这种想法一直是空中楼阁,直到19世纪出现了足够小的电动机,可以在这样的外壳内给钟表上发条为止,这种想法才变成现实。

3.8　摆轮式擒纵机构

人们对于便携式钟表的需求导致了装有摆轮式擒纵机构及发条驱动的钟表的发展。这种时钟可在任意位置上工作,并且在时钟运行时还可给钟上发条。摆轮约于公元 1400 年问世,但直到 1674 年,克里斯蒂安·惠更斯才采用了这一基本元件,即螺旋式擒纵机构的复位弹簧(通常称为游丝)代替重力在摆钟中所起的作用。以发条驱动的摆轮,其固有频率或谐振频率为 $T = 2\pi\sqrt{I/c}$,而钟摆对应频率为 $T = 2\pi\sqrt{L/g}$。同样,摆轮的转动惯量 I 代替了钟摆的长度 L,而复位弹簧的扭转常数 c 代替了重力加速度 g。

1666 年,罗伯特·胡克(Robert Hooke)在钟表装置中引入了一个媒介元件,即控制杆,作为擒纵轮和摆动总成之间的连接,自此自由摆轮式擒纵机构迎来了一次重大的发展。如图 3.14 所示,控制杆在大部分的摆动运动中都处于静止状态,而其导销则在摆轮轮毂的圆截面上滑动。只有当导销插入轮毂的凹槽时,控制杆才能翻转,推动擒纵轮向前移动半齿。在锚状轮处于停转状态时,摆轮摆动的角度高达 330° ~ 360°,周期通常为 0.25s ~ 1s,如图 3.14(b)所示。随后出现了进一步的创新,人们在锚状轮的末端安装了小球,小球由摩擦系数低的金属制成。

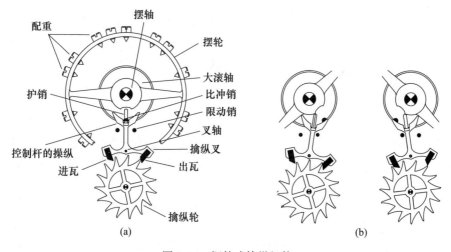

图 3.14　摆轮式擒纵机构

就温度补偿而言,在众多可行方案中,最简单的方法是采用钢制的摆轮轮辋,然后用两个黄铜辐条把轮辋连接到轮毂上。当温度升高时,由于黄铜的热膨胀率比钢还高(19∶11),因此轮辋变形,呈椭圆形。此时,较小的惯性矩补偿了摆轮的膨胀,摆轮外围上的平衡螺钉负责对摆动情况进行微调。

为什么椭圆环的惯性矩小于正圆环的惯性矩呢？为了理解这一问题,我们可以考虑极端情况,将半径为 R、周长为 $2\pi R$ 的圆环压缩成长为 L、周长为 $2L$ 的直线环。由此可知,压缩后的圆环的长 $L = 2\pi R/2 = \pi R$。

一个质量为 m 的圆环,其惯性矩为 mR^2;对于一根质量为 $(mL)^2/12$ 的棒子,在此情况下其惯性矩为 $(\pi^2/12)mR^2$。由此,得出正圆环的转动惯量与压缩后圆环的惯性矩之比为 $1 : \pi^2/12 = 1 : 0 : 822$,这表示圆环压缩后惯性矩大大减少了,减幅高达 18%。

3.9 弹簧驱动的发条装置

摆轮式擒纵机构的设计一经确立,便随着总体技术水平的提高而进一步发展。纽伦堡机械师彼得·亨莱因(Peter Henlein,1480—1542)与其 1504 年制作的首个便携式钟表的故事可谓家喻户晓。与后来的怀表(每隔 24h 上一次发条)不同,亨莱因制作的钟表每上一次发条后可走时 40h,这些钟表只有一个指针,显示小时时间。

亨莱因不得不自己动手锻造钟表的主发条,因为在很长一段时间后,这种工作才交由冷轧厂与热轧厂处理。在这之前,他必须解决众多冶金方面的问题,比如,夹渣、夹砂,以及钢的化学成分不一致等。

铁与钢的主要区别在于碳含量不同,铸铁的碳含量为 2%～5%,而软钢只有0.2%。碳含量在 0.33% 以上的钢可高温回火,而碳含量在 0.9%～1.25% 之间的钢则生成弹簧钢。碳含量对钢的性能至关重要,目前,化学与光谱分析技术可控制碳含量的细微变化。但是,16 世纪的机械师和锁匠只有依靠直觉,筛选热处理和锻造适合其精细工作的钢板。

热处理并非是使钢硬化的唯一方法。加工硬化主要是靠反复冷轧或者持续锤击不可回火的钢和有色金属。弹簧制造商要么选择承担热处理带来的风险(包括偶发性过度加热),要么面临冷却引起的裂纹和变形问题。否则,他们只能选择长时间挥舞铁锤进行加工硬化。

亨莱因的螺旋弹簧不如现代钟表中的那样又细又长,其扭矩根据弹簧的松弛状态而有所不同,这是合乎常理的。由此,一种特殊元件——均力轮发明了出来,以弥补此类不足。大多数历史记载都因彼得·亨莱因发明的这个装置而对其大加赞赏,后者由一个偏心凸轮和一个弹簧加压滚筒的从动件组成。主弹簧的扭矩应该随着滚筒施加的压力和由此产生的摩擦制动而同步下降,扭矩在凸轮达到最高点时最大,随着凸轮逐渐向中心靠近而逐渐减小。

3.10　电钟

随着越来越精纯的原材料和金属精加工方法的出现,机械钟表得到了改善。与此同时,电力时代造就了一种新型时钟,它以交流电每秒 60 循环为时基。这与同步电机非常相似,后者在基础配置下每分钟转动 $60 \times 60 = 3600(r)$。

同样,电动发条装置由小型同步齿轮电动机驱动。当一齿轮减速比为 1：3600 时,秒针每分钟转动 1 圈,随后当齿轮减速比为 1：60 时,分针每小时转动 1 圈。最后,时钟由 1：12 的齿轮减速比操纵。

另一种选择是使用 1800r/min 和 900r/min 的 4 极电机和 8 极电机,分别采用适当减速比的齿轮系。

同步电钟非常实用的原因在于发电厂对交流电的频率有严格的控制。然而,断电后,同步电机必须重置,而且美国制造的电钟不能在欧洲标准 50Hz 的电力系统上使用。

电池供电的时钟无须担心此类问题,但是直流电机的转速随着电荷与电压的变化而变化。因此,晶体管的问世使独立于网络并用电机控制器的时钟机构得到实现。

3.11　音叉式棘轮控制

通常而言,用于乐器(如钢琴)调音的音叉在非常稳定的谐振频率中产生正弦曲线形的声波,而大多数乐器的基本频率混杂有谐波。

例如,如果你在一小提琴上拉出一个"A"音,会产生一个 440Hz(波长为 2.5ft)的声音,同时还伴有 880Hz、1320Hz 等的泛音。人类听觉系统分别收到这些频率,但是人脑会将这些泛音重新组合成我们所说的音色——各个乐器独有的特性。糅合在一起的各种泛音在示波器的显示屏上显示为一种复杂的波形。

图 3.15 中的电钟发条装置显示了一个音叉,其螺线管的磁芯安装在音叉两腿部的末端。非同寻常之处在于磁芯的形状呈锥形,选择这种形状是为了使磁芯和线圈之间的气隙变窄,从而使磁芯进入线圈的部分更深。当磁芯的磁心接近线圈的磁心

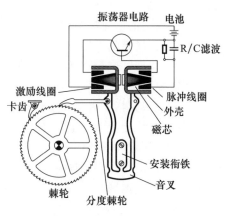

图 3.15　音叉控制的发条装置

时,这就补偿了螺线管因阻力产生的损失。当两者重合时,螺线管的拉力降为零。

而且,逐渐变窄的气隙会抵消音叉腿部对弯曲度的力学阻力,该阻力随着振幅的增加而增加。

磁芯首先通过加压处理;然后由各种粉末金属(如铁、钴、镍、钒等)和稀有金属(铌)烧结而成,这使得磁芯的磁力比传统马蹄形软钢磁铁的磁力强数倍。与磁芯相连接的是铁磁罩,引导磁通量线将线圈全部包起来。

发条装置由一个装有晶体管的 LC 振荡电路驱动,电路接受来自线圈的反馈,如图 3.15 所示。音叉的腿部随着音叉的谐振频率自由摆动,并在线圈中生成电脉冲,电脉冲使音叉的左腿生成反应,并驱动棘轮。

将音叉的振动转化为指针的运动,此方法由来已久,与图 3.12 所示情形相似。的确,锯齿形齿轮的节距非常小,十分适应音叉振荡时产生的微小振幅。由音叉控制的手表,每日走时精度控制在两秒钟内。

3.12 晶控表

由晶体控制振荡电路这一想法可追溯至无线电技术早期,这种振荡电路成为发报机频率稳定的基本要素。如果不是其卓越的稳定性能,收音机会接收到噪声,电视屏幕上的图像将一会儿显现,一会儿又消失,如此反复。在制表领域,人们对于时钟更高精度的要求势必会将此类活动元件(如钟摆、摆轮和音叉等)替换成晶体振荡器。

我们所称的 LC 振荡电路包含一个与电感并联的电容,而压电晶体则是反馈回路的组成部分。当储存在电容器中的电能经过线圈绕组并形成磁场时,振荡便产生了,直到电容器的电量耗尽为止。随后,线圈中减弱的磁场产生激增电流,为电容器充电。

发射出去的电磁波会消耗能量,同时,线圈的铜丝发热也会消耗能量;如若不然,电场和磁场之间的转换将永远持续下去。晶体管放大后的正反馈弥补了该损失,并使振荡持续进行。无线电传输和时间测量都需要一个稳定元件,在这两种情况下都需要一个晶体振荡器。

压电现象是指一种材料受到挤压或伸长造成的压力而产生电压的特性。但反过来,外加电压会导致压电晶体收缩或者膨胀,这取决于外加电压的极性。

一块二氧化硅固体(俗称石英)的固有频率首先取决于其尺寸大小,这点毋庸置疑;然后取决于石英晶体结构的切割方向(与晶体结构的方向相关)。制作石英手表的晶体,其振荡频率通常为 32kHz[①],同时数字分频器(安装在独立芯片或者

----

① 每秒振荡 32000 次。

时钟芯片上)可将该频率降至较易控制的范围。基本型分频器可将两个输入脉冲合成,输出一个电脉冲,因此频率需除以 2。可将基本型分频器进行组合使用,例如,将 32 kHz 的晶体的固有频率连续分割五次,就会产生一个 1 kHz 的振荡频率。

在 20 世纪 70 年代初,大受市场欢迎的数显时钟可能是终极计时器的原型。但当一切尘埃落定时,人们发现看清楚时针和分针的位置还是要比辨认发光(有时模糊)的四位数更方便。这就产生了另一类型的石英钟,其步进电机由振荡器的脉冲提供驱动力,通过一个常规型齿轮传动系统,推动指针运转。

当步进电机与同步电机的转速与电源频率保持同步时,这两个电机就非常相似。当 2 极、4 极、6 极和 8 极同步电机分别以 3600 r/min、1800 r/min、1200 r/min 和 900 r/min 的速度运行时,步进电机带有更多的极数,且运行速度慢很多。

就实验室级的石英钟而言,每日时间精确度在 10^{-5} s 内,但是这样的石英钟仍依赖于机械振荡器,即共振晶体。

3.13　时钟与原子

传统测量单位(如英尺、英磅、米和千克)有一个共同的特征,即其相似的定义具有固有的不足之处,在测量工具的误差范围内留有变动的余地。

例如,米的定义是地球子午线上从地球赤道到北极点的距离(四分之一经线圈)的千万分之一。四分之一经线圈的长度曾认为是绝对的,但每当人们使用更新、更先进的仪器进行后续测量时,这样的定义便遭到了质疑。目前现有的最准确数据为 10001965.7293 m。如果单位制定者坚持其最初的定义,那么自那时起至当前时代,米的标准长度将增加 0.01965%。但事实上,米制长度单位仍然以保存在巴黎近郊塞弗尔处的国际米原器的长度为标准,而且,面对正在进行的工业化,人们试图建立一个以自然为基础的单位体系。

当人们发现了原子的量子化结构时,基于自然常数的计量体系这一理念重新兴起。在发展过程中,阿尔伯特·爱因斯坦(Albert Einstein)于 1904 年提出光子(光量子)的能量与其辐射频率成正比,即 $E = hf$。其中,f 为频率,h 为比例常数或普朗克常数,$h = 6.62618 \times 10^{-34}$ J·s。将此式改写成 $f = E/h$,那么就可以通过辐射能量来表示频率的定义。

如果不是因为电子围绕原子核运动的每一轨道都有精确的能级,上述公式在寻求基于自然常数的时间标准方面起不了太大的作用。如果没有此等限制,电子(基本电荷的载体)在围绕原子核进行不规则运动时将产生辐射。这就好比电子从电容器流向线圈、再回到无线电发射机时就会产生电磁波一样。因此,电子将快速消耗其动能,用于发射无线电波并最终撞向原子核。但这种基于经典力学的解释实际上并不存在。

为了对此矛盾现象做出解释,丹麦物理学家马克斯·玻尔(Max Bohr)假设存在许多界限清楚的轨道,电子在此类轨道上不进行辐射。如果将电子当作是粒子,这种解释听起来不能成立,如果赋予波的属性,情况就大为不同了。此时,如果当轨道的周长等于驻波波长的整数倍 n 时,驻波会形成,而驻波是可以稳定存在的。设轨道半径为 R,那么 $n\lambda = 2R_n\pi$。这样,非辐射轨道的半径就变成 $R_n = n\lambda/(2\pi)$,其中 λ 为波长。

电子等物理实体以粒子和波两种不同方式存在的观点(后来称为波粒二象性原理)与经典物理学格格不入。然而,当著名的迈克尔逊–莫雷干涉实验证明以太这个曾经是充斥在宇宙空间中的一种理想化的物质并不存在时,上述观点显示出一种必要性。在缺乏波的载体情况下,光只能是以粒子辐射的形式,才能毫不费力地跨越地球和遥远星系之间那数十亿光年的距离。但反过来,光的折射和衍射是典型的波动现象。

1924 年,路易·维克多·德布罗意(Louis Victor de Broglie)发表了物质波长与粒度质量之间关系的等式,说明了波长为 1.67×10^{-10} m 的波,其长度数值等于电子质量的数值。电子的轨道周长必须等于这个值或者是其整数倍,才能使电子的物质波不产生辐射。

这些有优先秩序的轨道通常由其各自的能级(hf)表示。就氢原子而言,这些能级表示为 $E_n = -13.6/n^2$ eV,$n = 1, 2, 3, \cdots$。等式带有负号是因为根据定义,势能在 $R = \infty$ 时为 0。

只要氢原子不受外界影响,它就保持在"基态"状态,此时 $n = 1, E_n = -13.6$ eV。当氢原子完全被电离了,只剩下原子核,即一个质子,此时在能量为 13.6eV 的光子的作用下,氢原子便可能经历从基态到完全离子化的转变。由 1eV $= 1.602176 \times 10^{-19}$ J,以及普朗克公式,可得出此光子的频率为

$$f = \frac{E}{h} = 13.6 \times \frac{1.602176 \times 10^{-19}}{6.62618 \times 10^{-34}} = 3.288 \times 10^{15} \text{Hz} \qquad (3.8)$$

等效波长为

$$\lambda = c/f = 3 \times 10^8/3.288 \times 10^{15} = 91.2 \times 10^{-9} \text{m} = 91.2 \text{nm} \qquad (3.9)$$

远在紫外线的频率之外。

同样,所有的原子都有一组特有的振荡频率,当原子耗费能量将一个电子从一条轨道带到另一条轨道时便产生了各个频率,而不同的原子轨道可外显为各化学元素的谱线。其中最为显眼的是波长分别为 589.0nm 和 589.6nm 的黄色钠谱线。将食盐(氯化钠)颗粒放入本生灯火焰中很容易产生这样的钠谱线。从相关频率(508.8828 $\times 10^{12}$Hz 和 508.3672 $\times 10^{12}$Hz)来看,其中一个振荡的周期 $T = 1/f$ 原则上可以成为一个基于自然常数的时间单位。

3.14　一个真正基于自然的频率标准

如果在频率递增的情况下,用电磁波照射氢原子,那么在频率为 3.288×10^{15} Hz 时(相当于周期 $T = 1/f = 1/3.288 \times 10^{15} = 0.304 \times 10^{-15}$ s),氢原子便会完全离子化。这可以当作是基于自然的时间标准,为氢原子自由质子生成的频率。

但现实世界中的原子钟不会采用氢在电离时所产生的 13.6 eV 那么高的能量。实际上,所使用的阈值能量越小,得到的时间标准越精确。随着原子的"超精细态"的发现,我们得到了最佳的时间标准。艾萨克·伊西多·拉比(Isaac Isidor Rabi,1898—1988)在 1945 年发现了超精细态,指原子核的磁场方向与原子最外层电子的磁场方向产生的细微差别。量子力学只考虑了两种方向,相同或相反。

原子钟选择处于一种超精细态下的原子,并以某种特定频率对原子进行光照,使原子从一种能态向另一种能态跃迁。于是,这样的频率便用来定义"原子秒"。

超精细态之间的跃迁发生在最外层只有一个电子的元素身上。因此,氢、铷、一种密度为 1.873 和熔点为 25 ℃ 的淡黄色碱金属铯 133(Cs),成为制作原子钟的潜在选择。铯原子有 6 层电子壳层,共包含 55 个绕轨运动的电子,每层的数量分别为 2、8、18、18、8、1。根据这一分布情况,每一壳层都有其所能承受的最大数目的电子数,但是最外层除外(只有一个电子)。只有后者才会在铯的临界频率下对辐射做出反应,而内壳层则非常稳定,不会受到辐射影响。这一临界频率为每秒 9192631770 次振荡。根据国际协议,国际标准秒(原子秒)是根据铯 133 原子在适当的激发下发生 9192631770 次振荡的时间间隔。

美国国家标准技术研究所设计了世界上最精确的铯原子钟 NBS - 4,该钟于 1968 年完工并一直使用到 1990 年,该研究所于 1999 年使时钟的精度达到每 2000 万年 1s 误差。

原子钟的高精度为 GPS 导航(10 亿分之一秒的误差可能导致 1ft 的定位误差)、互联网同步,以及行星探测器降落在月球、金星和火星上的位置预测开启了大门。精确的位置测量为长基线射电望远镜的设计提供了条件,长基线射电望远镜是一个由接收磁盘组成的网络,这些接收盘连接在一起,就像一个巨大的抛物形天线。

3.15　原子钟的建造

制作一个原子钟比原子钟原理本身还要更加复杂。图 3.16 所示的组件放置在一个高导磁率合金罐上,进行磁屏蔽。高导磁率合金是一种经过特殊热处理的、具有高导磁率的镍铁合金,能屏蔽1000Oe(0.1T)的磁场。整个装置进一步封装在一个真空(10^{-13}atm)容器内,便于铯原子自由移动。

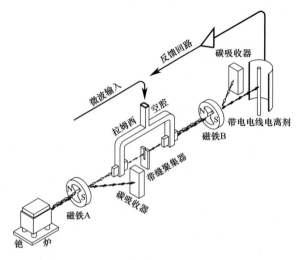

图3.16 原子钟(部件分解图,部分示意图)

首先,液态同位素铯133在一熔炉中汽化。在该炉中,铯原子以250m/s的速度向磁场方向运动,便于基态(F3)原子的分离。在分离过程中,只有原子核和最外层电子的磁场具有决定性作用。在图3.16中,这一过程用浅色箭头标记。磁铁使基态原子引向碳吸收器,剩余的原子穿过拉姆西空腔谐振器。在这里,原子接触到电磁辐射,电磁辐射按照铯的跃迁频率9192631770Hz(约9.193GHz)向不同方向扫描。每次扫描产生一定数量的跃迁,因此谐振器的输出由F3态和F4态的原子组成。在空腔谐振器出口处的第二个磁场将转变为高能态的原子引向探测器。通过优化探测器的读数,人们缩小了电磁波的扫频范围,直至与9192631770Hz的跃迁频率相重合。

超高频谐振腔是非常关键的元件。巧合的是,这些元件已被独立开发成一种众所周知的接收微波信号的技术,负责接收来自广播卫星的、频率接近铯跃迁频率的微波信号。

当铯原子从振荡器和磁场处出现时,它们便受到激光照射,变得发亮。当处于精确的跃迁频率下,原子的荧光强度最高。因此,振荡器的频率可以通过光敏元件的反馈进行微调,光敏元件对输出辐射的荧光强度做出反应。

世界上最精确的时钟NIST-F1于1991年开始计时,其精度为每2000万年误差不超过1s,不久便通过了原子时官方标准,即1原子秒为铯原子钟释放9192631770次振荡的时间。

第4章
速度与加速度

希腊民间传说中的超能力者阿喀琉斯(Achilles)不可能在与乌龟赛跑中获胜，如果他让乌龟领先 100yd(1yd = 91.4cm)，虽然阿喀琉斯的速度是他对手的 100 倍；但是当他到达乌龟出发的地点时，乌龟正好向前爬行了 10yd，也就是距离阿喀琉斯的起跑线 110yd 处。当阿喀琉斯跑到 110yd 处时，他发现乌龟在 111yd 的位置。到了 111yd 时，乌龟仍然领先于他，在 111.1yd 处。这样的推导可以无限期地继续下去，人们可能会忍不住得出这样的结论，如果阿喀琉斯一直活到了今天，他仍在与乌龟赛跑。

虽然一个仪器不太可能成为什么头条新闻，但是速度计是有着微积分计算能力的模拟计算机；它能不断求出距离对于时间的导数。就数学术语而言，速度计根据距离 s 与时间 t 这两个变量，得出汽车的速度 v 的微分公式 $v = ds/dt$。

4.1 转速计

图 4.1 中的机械式转速计的核心元件是一个涡流滑动联轴器，不用耗费多大力气，便可将仪器输入轴的连续旋转运动转化成指针的偏转运动。

涡流由电磁感应产生，就像生活中无处不在的电源输出电流一样，但两者区别在于涡流在任意大小或形状的导体(而非电线)中流动。涡流在导体内自由循环，在那里涡流以热的形式显现，如果变压器采用固体铁芯，涡流便会将其加热。这就说明了为什么交流电机(包括常用的感应电动机)采用硅钢叠片制作的铁芯，且使用结实的纸层或清漆，或两者皆使用硅钢叠片彼此绝缘，以增大铁芯涡流流经通道的电阻率，降低发热。与此同时，直流继电器等直流设备使用固体铁芯。

出于同样的原因，图 4.1 中由导电材料(如铝或铜)制成的金属杯，往往随着磁化盘的旋转在装置内部旋转，由磁体的旋转场生成的涡流将拖曳帽向前拖动，直至拖力与游丝的扭矩相抵消，扭矩与指针轴的偏转角成比例增加。

该仪器通过一个软轴驱动，软轴通过一组微型涡轮连接到汽车的动力传动机

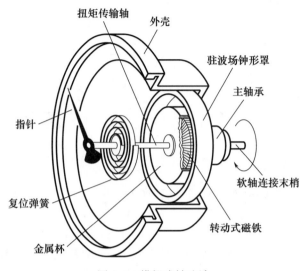

图 4.1 模拟式转速计

构上。

里程表未在图4.1中显示,这是一个嵌入速度计表盘中的微型计数器。虽然汽车的里程表计算的是软轴的总转数,但是读数最后会转换成千米数或英里数。

如果司机在"开始"前按下了清零键,短距离里程表在推一下底部后便开始计数,并显示每段旅程行使的英里数。

此外,大多数的汽车在仪表盘上都装有转速计,显示发动机转数(r/min)。简而言之,首先速度计测量的是车轮转速;然后再转换成每小时所行驶的英里数或千米数,而转速计显示的是发动机的转速。

除一些特殊情况外,模拟转速计的机械设计已经随着一个世纪以来汽车的发展而发展,并且发展势头强劲。转速计不仅使用简易、价格亲民,其较小的测量误差也符合各国的法律要求。然而,如果滴几滴润滑油,顺着缝隙进入软轴外壳,那么该装置可能会发生故障。

我们要记住这一点,转速计上的读数取决于车轮的转速,而不是汽车所行进的距离。假设 D 表示车轮外径,里程数等于总转数乘以 $D\pi$。如果将性能优良、但老旧的标准轮胎换成了"新潮"款式,也就是宽度更宽、轮廓更低的轮胎。那么此时速度计读数和车轮直径成正比的关系就会误导你了。因为这时,转速计上的读数仅仅只是你"一厢情愿"的想法罢了。

另一种选择,机电测速装置以其简易的安装特性而广受欢迎。就像昔日为自行车前灯供电的摩擦轮驱动发电机一样,电力模拟转速表本质上就是直流发电机,其电压与转子的转速成正比。因此,如果重新绘制刻度尺,将电压转换为转速的话,一个标准电压计可以同时担任读数仪器,并且只需要一对电线就可以将其连接起来。

如果是内燃机(柴油机除外)这样的特殊情况,发动机的速度可以从汽车点火装置的点火节律中得出。启动电计数器或电子计数器的脉冲可直接通过点火线圈的一次电路中产生,或者间接从二次电路中生成,同时二次电产生 15000V ~ 40000V 脉冲信号,如图4.2所示。

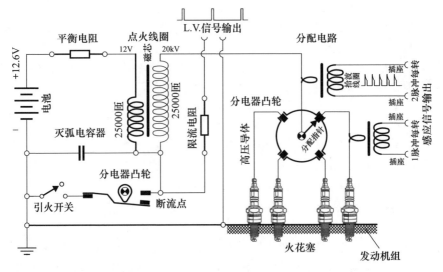

图4.2　具有脉冲拾取点的汽车点火系统

请记住,对于一个标准四冲程发动机中的各个火花塞,曲轴每转 2 圈,火花塞便跳一次火。例如,如果每分钟转数为 3000 转时,每个火花塞每分钟只能跳火 1500 次。

采用脉冲计数比模拟仪器的读数要精确很多。例如,在 V8 发动机中,曲轴每旋转 1 圈就会点燃 4 个火花塞,这样脉冲计数就是电机转速的 4 倍,相当于每输入 1 个脉冲,曲轴旋转 1/4 圈。跳火 10000 次等于曲轴转了 10000/4 = 2500 转,计数精度为 0.25/2500 ≈ 1/10000。相比之下,大多数模拟仪器的精度为 ±2%,实验室级别的仪器除外(其精度为 ±1%),而高精度仪器的精度为 ±0.5%。

限流电阻器与脉冲拾波器的线路串联,确保电路的意外短路不会导致汽车蓄电池释放出几百安培的电流,如图4.2所示。

当来自点火线圈一次回路的低压脉冲与负极接地时,来自高压一侧的电感耦合脉冲与该装置的其余部分解耦。这一点对于某些回路至关重要,因为在该回路中,"共用地线"可能设有不需要的转线路连接线。

在内燃机的气缸里,如果要产生电火花,以便点燃里面的高压缩(现通常为 1∶10.5)空气燃料混合气部件,那么电压必须远远高于在大气条件下产生火花的电压,因此,高达 20000V 的点火电压相当常见。用传统变压器将 12.6V 的电池电压转换至这一水平,必须使一次绕组与二次绕组产生的电压之比为 20000/12.6 ≈1600/1。如果一次绕组的匝数为 1,那么二次绕组的匝数就必须为 1600,这一数字很惊人。此类巨型变压器实际上是为早期的电视机建造的,但人们发现成本高得令人望而却步,且对于修理工人和试验人员来讲也是一个致命的威胁。

相比之下,当断路器触头瞬间切断线圈的一次电流时,我们可从汽车和飞机发动机的点火线圈处获得很高的电压。设线圈的电感为 L,$\mathrm{d}I$ 表示在一段时间 $\mathrm{d}t$ 内流经的电流,则根据电磁感应定律 $E = L\mathrm{d}I/\mathrm{d}t$ 可得出电压峰值 $E \to \infty$;这是因为断电器触点突然打开($\mathrm{d}t \approx 0$)时,会中断通过点火线圈一次绕组的电流 I 的流动。然后,$\mathrm{d}I$ 从 I 变化到 0,而感应电压趋于

$$E = \lim_{\mathrm{d}t \to 0} \frac{\mathrm{d}I}{\mathrm{d}t} \approx \frac{I}{0} \to \infty \tag{4.1}$$

实际上,由于存在线圈绕组内部的电阻,以及与线圈串联的分布电容,导致电流不能瞬间切断,电压峰值 E 不可能无限增加。大多数的装置还含有一个火花间隙(未显示),这个部件向地面释放出电压,即发动机组。

仅 $\mathrm{d}E/\mathrm{d}t \to \infty$ 这一个条件,还不足以使点火线圈一次绕组与二次绕组的匝数之比达到 1:100,从而产生 20000V 的脉冲,使火花塞跳火。至关重要的一点是消弧电容器的容值应当合适,如图 4.2 左边所示,使其与点火线圈的初级线圈的电感产生三次谐波,电视机也采用了这一古老的技巧,使其回扫变压器产生水平偏转脉冲,显像管阳极输出高电压。

如果人们试图采用硬件连接的单一组件,如电阻器、电容器、晶体管、二极管、电感器等,将脉冲计数转换成视觉读数或者控制信号,那么这将具有里程碑式的意义。曾经有一个男孩从拍卖商那里订购了一件标有"计算机"字样的产品,总计 1000 美元(在计算机销量按分钟数计算的时期,这算便宜的了)。然而,等来的却是一辆装满电子管的货车,其余全是当时使用的电子硬件。自此以后,集成电路技术已将这些满车的零件压缩成了芯片,才只卖几美分。对于脉冲计数器而言,一个包含脉冲成形器、计数器、时基(计时器)和读出电路的集成电路也变得如此便宜。

4.2 拾波器

除了内燃机这一特殊情况除外,近距离传感器在众多应用场景中,本身就作为一个便利的"无触点"脉冲源而存在。特别是,黑色金属探测器杰出的灵敏度源于 L/C 内部振荡器,如图 4.3 所示,对振荡器进行微调,使其与该电路的谐振频率保

持一致,如图4.4所示。该电路实际上类似于外差收音机前端的"本机振荡器",其工作原理是反复将线圈磁场的能量转换成电能,储存在电容器中,反之亦然。简而言之,电容器向线圈放电,线圈再给电容器充电,如此反复。如果没有电阻器R(表示线圈绕组的直流电阻),这种情况可能会无限期地持续下去。事实上,电阻器R通过将电能转化为热能来宣告其存在。因此,必须在谐振频率上,通过向振荡器输入触发脉冲来补偿能量的损失。

如果满足等式$\omega^2 CL = 1$,那么共振就产生了。其中ω表示角频率,$\omega = 2\pi f$。f表示振荡频率,C和L分别代表电容器的电容量(F)和线圈的电感量(H)。

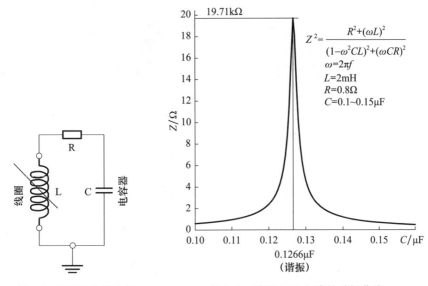

$$Z^2 = \frac{R^2+(\omega L)^2}{(1-\omega^2 CL)^2+(\omega CR)^2}$$
$$\omega = 2\pi f$$
$$L = 2\text{mH}$$
$$R = 0.8\Omega$$
$$C = 0.1 \sim 0.15\mu\text{F}$$

图4.3　RF振荡器电路　　　图4.4　并联L/C电路的谐振曲线

在力学上,与这一现象类似推秋千。每当秋千从高处荡回来时,只需轻轻一推,便可使坐在秋千上的孩子高高地迎向天空。换言之,这意味着推秋千的时刻与自由摇摆的秋千的节律相互重合。

同样地,选频电路仅仅在谐振频率下才有较大信号,并且如果输入频率与选频电路不同时,信号会急剧衰减(图4.4)。自从无线电接收器具备这一特性后,就能够辨别各个电台而不是接收整个广播波段的混合信号了。

根据这一原理,近距离传感器的线圈与电容器并联,如图4.5所示。电容器的容值选择恰当,能够与电子钟的频率谐振。在未受干扰的情况下,该装置在图4.4中曲线的最高点处进行同步振荡,但是电感量L即使发生微小的变化,也会造成该电路的总阻抗遭受突然损失,同时发生变化的还有感应电压。因此该电路也被称为"振荡－非振荡"电路。

当一块黑色金属进入线圈的磁场时,如图4.5(b)所示,这样的细微变化便产生了。这使得该装置脱离了共振状态,同时振荡器的峰值电压急剧下降。在旋转中的正齿轮边缘附近安装的一个近距离传感器,每当齿轮通过时便会立即共振,而对应的电压变化则在传感器输出端显示为负脉冲。

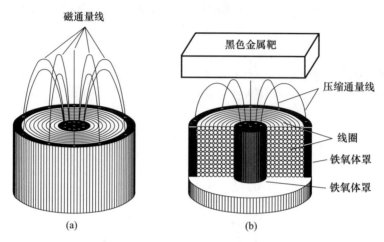

图4.5　(a)线圈的无扰动磁通量线;(b)线圈的压缩磁通量线

图4.6(a)显示了一对近距离传感器。分度轮上有36颗直齿,每通过一齿轮齿,传感器便产生一脉冲,以此控制内燃机的运行情况。每有一齿轮牙通过时,便会触发其中一个传感器;卡爪每转动一整圈(标记出分度轮的复位位置),便会触发另一传感器。有了36颗齿轮齿,如图4.6所示,该装置可以测量发动机曲轴的位置,精度在10rad内,并且在一个微处理器的作用下,可以根据油门的位置、冷却液温度和发动机转速,对火花塞的点火点进行微调。

图4.6(b)对隐藏在接近传感器外壳下的电子设备做了细致描绘,右边是脉冲发生器,该装置的设计以备受推崇的7400芯片为中心,该芯片包含了4个与非门。我们将与非门和与门、或门、或非门一起称为计算机的基本元件。对于所有的门电路而言,其共同之处在于有两个输入传送至一单路输出端,在这一概念下,如果两个输入均为高电平(在TTL装置中为5V),则与门便会导通;只有当这两个输入均不是高电平时,与非门才会接通。在这4个与非门中,只有两个与图4.6中的电路适配,并与安装在外部的电阻器和电容器一起组成了一个振荡触发器。

基础触发器也称为爱克列斯-乔丹电路(Eccles-Jordan circuit),有两个输入和两个输出。后者相互排斥,也就是说当一个处于开启状态时,另一个必处于关闭状态,反之亦然。每个输入脉冲对触发器的状态进行转换,以电子管驱动的爱克列斯-乔丹电路曾经在电视机设备中引发了水平偏转。在图4.6中,外部安装的电容器通过其相关电阻器进行放电时,产生了此类脉冲。目前,人们正采用555芯片制造出类似的计时电路。

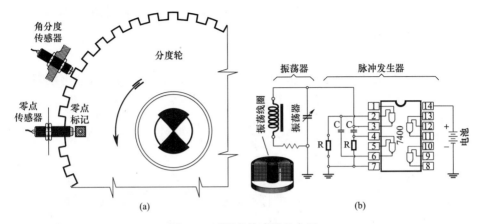

图 4.6　近距离传感器的应用

　　近距离传感器可视为是遥感设备的先驱:一组使用声波;另一组使用无线电波。在人们用斧头伐木的年代里,当看见斧头和听见砍声之间的时间间隔确定时,就可以分辨出伐木工伐木的位置离你有多远。由声速为340m/s可知,如果时间相差半秒,则距离为340/2 = 170m。同样,我们可以计算出看见闪电的一刹那与听见雷声之间的秒数差,从而估算出积聚待发的雷暴雨距离我们有多远。将所得数值除以3,就可知道你与那倒霉天气相隔了多少千米的距离。为什么要除以3呢?340m乘以3等于1020m,也就是约等于1000m。这就是关系所在。下次雷雨把你困在家里的时候,试着这样找点乐趣。

　　这种科学看起来很不精确,但是这确实是动物王国中与人类近邻的动物所赖以生存的行为指导原则,如蝙蝠、果蝠、鼩鼱、某些穴居鸟类,以及海豚等。所有这些物种的共同之处在于其与生俱来的通过声波进行空间定位的本能。尤其是蝙蝠,可发出超声波频率的声音,并根据回声的强度、时间差、相移和方向,想象出它们当前所处的环境,这一过程被称为"心智模式化"。

　　当欣赏了很多类似《海豚飞宝》之类的电影后,我不想说海豚对于其听觉能力的利用,除了把"谷粒从谷壳中分离出来"外,别无他用。也就是说,海豚的听觉系统主要用在其栖居的海域内,分辨出哪些是可口的美餐,哪些是它们讨厌的鱼类。鲸鱼发出次声波,次声波的波长更长,且覆盖面无与伦比,有助于鲸鱼进行定位和导航。

　　虽然早在1793年意大利生物学家拉扎罗·斯帕拉捷(L. Spallanzani)就已经发现了蝙蝠具有非凡的方向感,但直到1940年,美国研究员格里芬(D. R. Griffin)和高拉姆博什(R. Galambos)才成功揭露了其背后隐藏的原理。正是人们关于蝙蝠是如何将声音信息转换成适当的肢体运动的研究,促进了控制学成为一门独立的科学学科。

4.3 声音和超声波

在人类取得的各种成就中,高尔顿音笛被认为是第一个可达到超声频率的乐器(最高可达 100kHz)。高尔顿音笛还在工业上用于清除废气中的灰尘。

另外,警报器可产生 200W～300W 的声功率,且一些警报器的性能十分出色,足以通过声学波束点燃一个棉球。但是警报器的频率是由转子的转速决定的,而转子限制了音高的绝对上限。

大多数的扬声器有一根纵向可移动的线圈,如图 4.7 所示,在永久性强磁体的磁场中受到电磁感应,促使扬声器受力进而使膜片振动。该装置在 20Hz～20000Hz 的音频频段产生的效果最好,但是在超声波相关的应用领域就稍逊一筹了,只有磁制伸缩扬声器才能达到 300kHz 的频率。

自无线电广播问世以来,石英晶体的压电特性在频率稳定方面有着举足轻重的作用。一块厚 1mm 的石英板,其固有频率为 3MHz。然而,从这些基波频率演化生成的谐波可产生更高的频率。

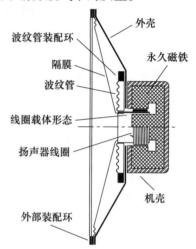

外壳
波纹管装配环
隔膜
波纹管
永久磁铁
线圈载体形态
扬声器线圈
机壳
外部装配环

图 4.7 动圈式扬声器

自此以后,诸如石英、罗谢尔盐之类传统压电材料已经被冶金陶瓷粉末和塑料复合材料代替,见表 4.1。1-3 型复合材料是一种具有一定柔性的压电材料,而其他的均是刚性材料。

表 4.1 压电材料性能(来自 Robert A. Day,GE)

部件	耦合系数		声阻抗/声欧	谐振频率/MHz	最高温度/℃
	厚度振动模态 k_t	径向振动模态 k_p			
共聚物聚偏二氟乙烯(PVDF)	0.2	12	3.9		80
钛酸铅铂金	0.51	<0.01	33	<20	350
偏铌酸铅 $PbNb_2O_6$	0.30	<0.1	20.5	<30	570
1-3 型复合材料	0.6	≈0.1	9	<10	100

耦合系数 k_t 是压电探头的声能输出与电能消耗之比,由于能量转换出现损耗,$k_t < 1$。"厚度"振动模态和"径向"振动模态这两个术语,可通过与手电筒的光线进行比较来加以解释。即使直接对准前方(厚度振动模态),光线的一些射束也会

向侧面偏离(径向振动模态)。理想情况下,值 k_t 应趋近于 1,k_p 值趋近于 0。

相对于石英而言的传输效率 Y_t 和接收效率 Y_r 分别列于表 4.2 中。径向发射超声波会产生干扰,这使得径向耦合系数低的材料更为可取。

表 4.2 相对于石英的传输和接收效率

性质	材料					
	石英	铌酸锂	PZT-4	PZT-5A	亚硫酸镉	氧化锌
相对传输效率 Y_t	1	2.8	65	70	2.3	3.3
相对接受效率 Y_r	1	0.54	0.235	0.21		1.42
脉冲/回声效率 Y_t/Y_r	1	1.51	15.3	14.7		4.7

压电扬声器使用两个压电陶瓷材料制成的正方形薄块,夹在其有效晶体轴之间,呈 90°,如图 4.8 所示。压电板只有一组对边在扬声器的基板上受到支撑力;另一组对边则支撑着切去顶端的音盆,音盆的窄端为此做了压平处理。如果一个压电块受到推挽电路的交流电压浪涌的驱动,那么这个压电块会膨胀,而另一块压电块不受影响,反之亦然,所以压电块变形的幅度就是两者相加。

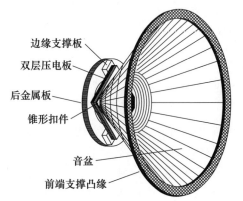

边缘支撑板
双层压电板
后金属板
锥形扣件
音盆
前端支撑凸缘

图 4.8 压电扬声器

夹在中间的压电板的性能可以与传统的双金属温度开关进行比较,如图 4.9 所示。不同金属薄片被叠合在一起,然后切割就形成双金属片。双金属片根据其受到的温度会出现弯曲现象。最好的双金属片由铁和黄铜组成,其热膨胀系数分别为 $11.6 \times 10^{-6}/℃$ 和 $20.3 \times 10^{-6}/℃$。如果一根长 50mm 的双金属条在 100℃ 下进行加热,则钢膨胀为

$$11.6 \times 10^{-6} \times 50 \times 100 = 0.058(\text{mm}) = 58\mu\text{m}$$

而黄铜膨胀为

$$20.3 \times 10^{-6} \times 50 \times 100 = 0.1015(\text{mm}) = 101.5\mu\text{m}$$

$101.5\mu\text{m} - 58\mu\text{m} = 43.5\mu\text{m}$,这样的数值差表明金属条的黄铜一侧发生了弯

曲,如图4.9所示。通过添加一小块磁铁可产生瞬时作用,磁铁将开关锁在闭合位置,直至热膨胀超过磁力,双金属舌断裂为止。

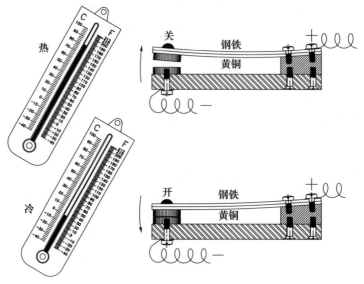

图4.9 双金属控制开关的原理

4.4 回声探测

　　回声探测的兴起可以追溯到第二次世界大战时期,那时超声波定位设备,如潜艇探索器和声纳,在水下物体(特别是潜艇)的定位方面最为重要。超声波换能器安装在船体的底部,向下发出声脉冲,声脉冲到达海底后反射回来,或者被沿途经过的物体反射回来。第二个换能器则用来接收回声,并将其转换成电信号。如今海钓船上的深度测量仪是此类技术在和平年代的产物。

　　声波在水中的传播范围远远超过了无线电波,因此,即使在今天的电磁环境下,回声定位也发展得如火如荼。具有显著波长优势的回声定位技术使得人们能够对广阔的海洋进行监测,但是此类强信号对环境带来的副作用引起了人们对海洋生物和海洋生态的普遍关注。

　　在20℃的海水中,声音的传播速度为1520m/s,因此如果是在760m深的水体中,那么需要1s才能听到回声从海底返回。如果是高精度测量,还必须考虑由于水的温度和盐度引起的声速变化。

　　在理想状态下,超声波发射器发出的脉冲应当时程短、振幅高。脉冲发射与接收之间的时间差可以在示波器上显示出来,同时示波器上的"外同步"终端与脉冲发生器相连接,且回波脉冲显示在"输入"终端上。这将显示出两个连续的波峰,其间距与发射器和接收器的脉冲发射与接收之间的时间差成正比。

在早期的回声定位中,由一盏明亮的霓虹灯照亮的旋转盘常常用来显示这样的时间延迟现象,这就好像频闪仪可以让我们看到发动机的活动元件好似在时间中定格了一样。霓虹灯也是由发射脉冲和接收脉冲启动的,两个闪光的角间距与这两个脉冲之间的时间差成正比,这使得旋转盘每转一圈,磁盘的转速与脉冲频率可同步显示出来。如果两个闪光的角间距超过了180°,那么旋转盘的转数减半,读数翻一倍。

从历史观点上说,旋转盘也是最早的电视发射器和接收器上的关键扫描元件,而发射器与接收器必须同步转动。因为接收器磁盘的同步是靠底部制动盘完成的,所以图像的稳定性取决于制动盘操作人员的熟练程度。

无论如何,当二极管控制的电路(鉴相器)使制动盘操作员集体失业时,这一切都成为历史了。但是旋转盘经改良后的产物以旋转镜组件的形式再度出现在人们的视野中时,逐渐成为了某些顶级投影式电视机的分色器。

在超声波的众多应用中,其中一大应用是对块状材料内部裂缝(钢锭和铸块等)的不均匀性进行无损检测,因为隐藏的瑕疵往往会反射超声波。由几根炸药棒引爆后产生的超声波可以对地下矿藏、石油、煤炭和天然气进行定位。

随着扫描电子束超声波仪的推行,医学取得了重大突破。超声波仪可以显示出人体的软组织,而 X 射线图展现的是人体的骨骼结构。

4.5　压电探针

在质量管理和其他工业领域的应用中,压电探针有各种各样的结构。图 4.10(a)显示的是一个直管换能器,它通过一个"低部 z"保护层向工件发出振动信号。"z"为声阻抗,与电阻抗相对应,是一既定表面上 10^5 Pa 的压强除以通过该表面的声波体积速度(m^3/s)的值。声阻抗的单位也是从电子技术学中借用过来的,称为声欧姆——10^5 Pa/(m^3/s)。沿着这一思路,我们可以用欧姆定律解释声音的流动法则:"声阻抗越低,声波流速越高"。

帕斯卡(Pa,简称帕)是国际单位制(SI)中的压强单位,其定义为 $1N/m^2 = 1Pa$。由于 $9.80665N = 1kgf$,我们就得到了非常简单的换算因数:

$$10^5 Pa = \frac{10^5}{9.80665} = 1.0197 kgf/cm^2 \approx 1 kgf/cm^2 = 1 atm$$

所以得出的声欧姆是气压(atm 或 kgf/cm^2)与体积速度(m^3/s)的比值,即(kgf/cm^2)/(m^3/s)。

第二个变量是声压,不要和静压相混淆,声压是大气平均压力受到声波扰动后产生的变化。

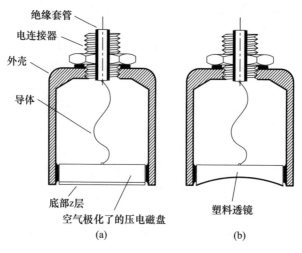

绝缘套管

电连接器

外壳

导体

底部z层

空气极化了的压电磁盘

(a)

塑料透镜

(b)

图 4.10　压电探针

在种类繁多的超声换能器中,图 4.10 所示为一对工业传感器。图 4.10(a) 中的探针采用了一个圆柱形压电晶体,有一层低声阻抗材料进行保护。图 4.10(b) 显示了带有一透镜状晶体的换能器,该晶体负责产生一聚焦声束,能够准确定位管道和不规则物体中的裂纹与杂质。

图 4.11 显示了一种压电复合换能器,这种换能器可自行设计,以适应特定应用领域的特殊需要。它含有一批嵌入聚合物基体中的压电陶瓷棒。对于频率为 5MHz 的探针,缝隙宽度必须控制在较小范围,通常为 0.1mm(0.004in),并填充可塑型高分子塑料(如环氧基树脂)。在制作这样的矩阵时,首先从顶部向下至板底部以上约 1/5 处,对一长方形压电陶瓷板进行纵横分割,然后将陶瓷板注塑成一个巨大的聚合物块,直到里面的所有空隙都被填满为止。当铸件硬化后,对矩阵的实心部分进行打磨,直到里面所有的六面体彼此分离,这样就形成了一个耦合因数高达 0.65 的多元换能器。

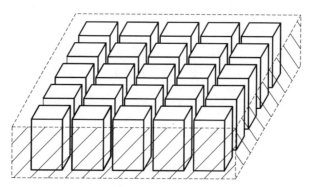

图 4.11　嵌入聚合物基体中的压电陶瓷薄棒

4.6　雷达

雷达是一种无线电探测和测距装置,也是与声纳装置相对应的电子设备。雷达使用无线电波,而声纳使用的是超声波。与声纳一样,雷达也是在第二次世界大战时期发展起来的,但两者相似之处止步于此了。声波是物质在空气、水和其他物体中的机械纵向振荡,而无线电波是电场和磁场交替的振荡。声波需要一个载体(如空气或水)使传播继续,而无线电波(包括光)还可以在真空中传播。

与声纳一样,雷达的工作原理也是根据信号发射到接收反射信号的时间差来测量物体的距离。有了电磁波的帮助,我们对于时间差的测量可以精确至几微秒,甚至是几分之一微秒以内。光和无线电波在微秒内可传播至300m(约1000ft),这么短的时间差是无法直接进行测量的。但是如果一个人冒着生命危险,带着一个工具箱,抱着一堆喷铝配件,爬到自家屋顶上准备将其组装成一根高科技电视天线,那么此时他已在不知不觉中向此类测量迈出了第一步。为什么呢?

因为这可以测量出双重图像。双重图像是指从发射器到接收器的过程中,由建筑物和其他障碍物反射出的杂散信号所引起的杂像。双重图像与其直接接收而形成的"孪生图像"相比,略显暗淡,因为光束在其反射过程中损失了大部分能量。

发光斑点扫描电视屏幕并通过其强度的变化产生图像,从屏幕左边移动至右边所需的时间为53.5μs。如果副图像超出原图像1/5的屏幕宽度,那么我们就可以推测出干扰对象(如高楼)引起的时间差53.5/5 = 10.7μs。由无线电波的速度为300m/μs可知,从发射器到接收器的直接路径与反射路径,其长度相差了10.7×300 = 3210(m)。如果在不同的地点使用电视机重复进行这一试验,我们可通过三角测量[①]对干扰建筑进行定位。

这主要在于电磁波反射。然而,与无线电视不同的是,无线电视的工作频率范围为54MHz~216MHz,而雷达通常以每毫秒一脉冲的速度,传送宽度为1μs的脉冲。波长在1in~10in(0.0254m~0.254m)之间变化,这是雷达典型的频率波段,即

$$\frac{300 \times 10^6}{0.254} \approx 1200 (\mathrm{MHz}) \sim \frac{300 \times 10^6}{0.0254} \approx 12000 (\mathrm{MHz})$$

雷达信号可以在示波器上显示出来。如果水平扫描频率为每进行一次扫描,需要50ms(20kHz的频率),那么1μs在4in的示波器屏幕上则显示为4/50 = 0.080in的位移。从3km外一建筑反射回来的电波在抵达时显示时间差$2 \times 3000\mathrm{m}/(3 \times 10^8 \mathrm{m/s}) = 20\mu s$,因此产生的峰值比输出信号慢$0.080 \times 20 = 1.600\mathrm{in}$。这就形成了显示器的数值:

　　　　1.600/3 = 0.533 in 或者 0.533×25.4 = 13.54mm

---

① 从基线的长度和两个角的大小推断三角形顶点位置的方法。

4.7　多普勒频移雷达

用两个连续读数之间的差值除以其时间差,可以得出一运动物体的径向速度。但是在大部分的应用中,这一相当笨拙的方法被多普勒频移雷达所取代,后者仅对速度进行一次检测。即可得出径向速度结果。这一方法可追溯至奥地利物理学家克里斯蒂安·多普勒(Christian Doppler)的实验,他于 1842 年首次解释了当火车接近观察者,随后又疾驰而去时,火车头上的汽笛为什么发出了不同的音高。声音通常以 340m/s 的速度传播,如果这个声源朝向听者移动,那么它的传播速度会更快,这点不足为奇。例如,一辆速度为 17m/s 的火车朝着观察者的方向驶去,其声音抵达的时间肯定会快上 17/340 = 0.05 = 5%,因此波长也变短了 5%,这使得汽笛声越发刺耳。同样的,当火车经过观察者并离开时,汽笛声的音高会下降 5%。由以下公式对上述现象进行论证:$f_o/f_s = (v \pm v_s)/v$,其中 v 为声速,v_s 为声源(如汽笛声)的速度,f_o 为观测频率,f_s 为声源频率。

从上例中,我们得出 $f_o/f_s = (340 \pm 17)/340 = 1 \pm 0.05$,频率分别增加或下降 5%。

如果你保持声源的位置不变,让观察者以 v_o 的速度靠近或者后退,那么公式就变成 $f_o/f_s = v/(v \pm v_o)$。此时,观察者在前进和后退时相对应的频率上升及下降速度略有不同,分别为 $f_o/f_s = 340/(340 \pm 17) = 1.05263$ 和 0.95238。

4.8　粗谈相对论

直到 20 世纪,人们还期望用类似的方程式来表示光的传播,而太空则被想象成是"以太世界"的家园。以太是一种观念上的无处不在的稀薄物质,其作用是光波的载体。但是,令大多数科学家意外的是,这个与迈克尔逊 – 莫雷实验一样闻名的实验证明了光速是不变的,而爱因斯坦运用了这一原则,发展了其狭义相对论。如果将传统的多普勒公式以相对论的方式重新计算,那么该公式则演化为以下的相对论多普勒方程,即

$$\frac{f}{f_o} = \frac{\sqrt{1 + v/c}}{\sqrt{1 - v/c}} \qquad (4.2)$$

式中:$c = 300000 \text{km/s}$ 为光在真空中的传播速度;v 为光源与感光器之间的相对速度;f_o 为光源的频率,而 f 为接收端光的频率。

式(4.2)符合相对论的原理,只包含了声源相对速度以及接收器相对速度的项,未考虑外部参照系的影响。

该方程适用于恒星与星系的光谱中,选定发射谱线与吸收谱线的波长变化 $\Delta\lambda$,从而计算出此类天体的径向(沿视线)速度。$\Delta\lambda$ 称为红移,可从 $\lambda = c/f$ 和以下相对论多普勒方程中计算得出 $\Delta\lambda/\lambda = (\sqrt{1+v/c}/\sqrt{1-v/c}) - 1$,为式中各项重组变为

$$\frac{v}{c} = \frac{(1 + \Delta\lambda/\lambda)^2 - 1}{(1 + \Delta\lambda/\lambda)^2 + 1} \tag{4.3}$$

我们可借助天体的红移来推算出天体的径向速度。由于氢和钾的谱线(H 谱线和 K 谱线)十分显眼,即使在最暗的恒星和星系光谱中也能分辨出来,那么由此测量的红移现象其精度高得惊人。

人们发现各星系的径向速度大致与各星系与地球的距离成正比,由此,爱德文·鲍威尔·哈勃(Edwin Powell Hubble,1889—1953)认为世界是膨胀的。哈勃常数,即每百万秒差距 73km/s,是测量该膨胀程度的一个指标。例如,某星系以 1/10 的光速($c/10 = 300000/10 = 30000$km/s)飞驰而去,该星系离地球的距离为 $30000/73 \approx 4.11 \times 10^8$pc。由 10^8pc = 3.26×10^6ly 可知,上值等于 1.34×10^9ly。人们已经注意到高达 $0.8c$(即 240000km/s)的径向速度,这种速度来自距离我们非常遥远的某种物体,与地球的距离可达宇宙半径的 80%,不考虑该物体与距离地球很近的星体有什么相似之处。

让我们回到地球上来,多普勒原理致使人们设计出直接显示目标速度的雷达探测器,其身影一直出现在"前方道路施工,注意车速;雷达监控,罚款加倍"之类的路标中,一些人以此作为证据,认为更先进的技术并不总是意味着生活更幸福。让我们看看事情光明的一面,在如今和平年代的应用领域里,雷达仪表是十分便携的工具。即使是柜台交易的模型也能使人类免去一些繁重的工作,如用卷尺测量房间的尺寸。

雷达设计原理可追溯至无线电技术的早期。在 20 世纪二三十年代,拥有老式收音机的电子发烧友们就体会到了那些早期收音机在电台转换间产生的刺耳噪声。根据 FCC 的规定,AM(广播)频率的间隔必须为 10kHz,以免互相干扰;然而,从一个电台调到另一个电台时,可以在 10kHz 的拍频下,把两个电台的转换信号叠加在一起。如果发射机的信号调制严格控制在指定的 10kHz 以内,且接收机也没有超过这一限制,那么一旦电台接通,噪声就会减弱。然而,当时的接收器的频道宽度常常在 530kHz ~ 1650kHz 的广播频率之间变化,所以更大的频率范围总是不可避免地与更高的噪声级相耦合。

随着超外差式接收机的发明,这一情况得以缓解。超外差式接收机以传统的噪声发生器拍频为中心,设计了一种新型的接收机。这个超外差装置在接收机前端增加了一个本机振荡器,且无论接收频率为多少,振荡器的频率必须一直比接收频率高 455kHz。例如,某电台发出的 1000kHz 的信号,经本机振荡器调整后信号变为 1455kHz。这两个频率重叠后,产生了 1455 + 1000 = 2455kHz 和 1455 - 1000 =

455kHz 的拍频。后一个频率更高的电台,发射出 1010kHz 的信号,遇到本机振荡器后其频率调整为 1465kHz,并生成 2475kHz 和 455kHz 的拍频。将频率较高的拍频过滤后,整个广播波段的所有信号都以 455kHz 的"中频"从接收机前端发出,整合并将进一步进行频率的放大。照此方法,随后产生 2 ~ 3 个中频级,全程以 455kHz 的频率运行,所以不会产生干扰彼此的杂散的拍频信号。

这使我们需要再次探索雷达车速探测器。就好像超外差接收机的中频是两大频率(接收频率与本机振荡器频率)叠加后的产物,多普勒雷达输出的结果是由发射和反射波束频率形成的拍频 Δf。如果是逐渐靠近的目标,Δf 为正;如果是逐渐后退的目标,Δf 为负。

例如,将一束 5000MHz 的光束射向一辆行驶速度为 108km/h(30m/s) 的汽车,其发射波的频率 $f \pm \Delta f$ 可由下式计算:

$$\frac{\Delta f}{f} = 2\ \frac{v}{c} = 2 \times \frac{30}{3 \times 10^8} = 2 \times 10^{-7} \qquad (4.4)$$

最终得到

$$\Delta f = 5 \times 10^9 \times 2 \times 10^{-7} = 1000\text{Hz} \qquad (4.5)$$

式(4.5)中的乘数 2 是因为入射波束与反射波束经过多普勒位移后叠加在一起了。由于 108km/h 对应 1000Hz 的拍频,得出 100km/h 对应的频率表示为 1000 × 100/108 = 926Hz,随后得到该仪器的比例因子为 926Hz/100km/h。

人们不停地讨论,说把频率计数转换成以 mile/h 或 km/h 为单位的数字读数,这一切是"全靠镜子"完成的,或者换句话说是"全靠芯片"完成的。但是,这仍然不构成一个解释。的确,研究芯片的电路图从而理解芯片的运作过程是"内行人的事",我们在之后的章节中会对逻辑电路的原理稍加分析。

早在雷达波束开始扫描海洋之前,远航船只上的驾驶员就运用航位推测法(根据船的速度和方向在海图上绘制出船的航线)来确定自己的位置。他们选择的仪器是(非电子的)手持计程仪。这是一种笨重的三角板,一边加重,然后系在"计程仪绳"上,计程仪绳从船后面的"计程仪绳卷车"上解开。

今天,我们会使用秒表来测量这条仪绳解开并伸至终点需要多长时间,然后用仪绳的长度除以仪绳的展开时间就可以得到此船的航速。但是,我们的先辈们所制作的精密最高的计时器还是 15s 钟漏完的沙漏,不过沙漏没有分区读数。这就产生了逆算法,水手们在沙漏漏完的 15s 内放开仪绳,使其自行快速松解,然后测出该仪绳解开的长度。为了达到该目的,仪绳上都有间隔相等的绳结作为标记,就像今天卷尺上的基准刻度一样。航速单位为"节(kn)"(1kn = 1n mile/h),便是以此来纪念昔日的这些绳结。

4.9 速度与加速度

加速度是单位时间产生的速度变化,根据 $a = (v_2 - v_1)/\Delta t$ 进行定义。例如,一辆在 5s 内速度将达到 72km/h(20m/s)的车,其平均加速度为 $a = (20 - 0)/5 = 4m/s^2$。

我们可使用公式 $a = 2s/(\Delta t)^2$,根据初速度为 0 的移动物体在一段时间 Δt 内行使的距离 s 计算出对应的加速度。以一辆 5s 内加速驶向 50m 处的汽车为例。其加速度 $a = 2 \times 50/5^2 = 4m/s^2$,该速度与前面的例子相同。

最后,考虑到移动距离为 s 的物体的速度增量为 Δv 后,我们根据 $a = (\Delta v)^2/2s$ 得出加速度。在前例中,汽车在离出发点 50m 处的速度达到 20m/s,那么可以得出 $a = (20 - 0)^2/(2 \times 50) = 4m/s^2$。

到目前为止,所有的例子都假定加速度恒定,就像接近地球表面的自由落体一样。然而在太空中,重力加速度满足平方反比定律,加速度的瞬间值可从微分加速度公式 $a = dv/dt$ 得出。

在没有参考点的情况下,可以根据惯性力得出加速度。惯性力和加速度是成正比的,F 代表力,m 代表质量,a 代表加速度,可用牛顿第二定律 $F = ma$ 对此进行解释。得出的结果单位是牛[顿](N),牛[顿]是国际单位制中的力的单位。将力除以重力加速度 $g = 9.80665m/s^2$,就转换成了千克力(kgf)。例如,我们可从此公式得出一艘质量为 1000kg 的航天器要获得 $a = 10m/s^2$ 的加速度所需的推力 F,即 $F = 1000kg \times 10m/s^2 = 10000N$。

如果要快速得出结果,可运用以下比例关系来计算惯性力,$F_1/F_2 = a_1/a_2$。在上述加速汽车的例子中,设 $a_1 = a$ 且 $a_2 = g \approx 10m/s^2$,并得到相对于其体重为 W 的驾驶员的惯性力 F_1,即

$$a/g = F_1/W = 4.00/10 = 0.40 \tag{4.6}$$

当汽车加速时,一个体重为 150lb(约 68kg)的人会感觉到 $150 \times 40\%$,也就是 60lb(约 270N)的推力把他往后推。

在宇宙飞船里进行了一个有趣的实验,采用摆钟来测量加速度。根据 $T = 2\pi\sqrt{L/g}$(见第 3 章),一个单摆来回摆动一周的时间 T 与 $\sqrt{g}$ 成反比。在一艘火箭发动机持续以 am/s^2 的速度加速行驶的航天器中,我们得到 $T \propto \sqrt{1/a}$。如,一只在航天器中以 $g/3$ 的加速度不断加速的摆钟,其速度比在地球上要慢 $\sqrt{3} = 1.732$ 倍;无论巡航速度多么快,一旦航天器以巡航速度稳定下来,摆钟就会完全停止。但当你暂停并返航时,不要忘记将时钟倒过来。

重力和惯性力产生相同的作用,这使得人们可使用类似的仪器测量两者。即

使是一个厨房秤,也可通过其内部弹簧的挠度,显示出线性加速度和向心加速度。应变计在触发安全气囊等应用领域中可兼作加速计。重力仪可以通过计算真空容器内金属棒自由落体的时间,推导出高精度的重力值,但它实际上是计算加速度的。

在没有窗户的客机上,乘客们也许没有办法推测出飞机飞行的速度。但是,很容易感觉到加速度,这是由于他们的身体在座椅上前后倾斜。当我们紧紧地依附在地球上时忽略了一点,我们居住在一个围绕太阳以 30km/s(108000km/h)速度运行的地球上。以 20km/s 的速度沿着太阳运动,同时银河系的自转速度为250km/s,如果航天员没有明确说明宇宙空间中的参考点,我们无法判断两个物体 A 和 B 谁在运动,有可能是一方运动一方静止,或者 A 和 B 都以各自的速度运动着。

举个例子,一条小溪以 v_A 的速度流动,而一只小船乘着溪流以 v_B 的速度急速前进,那么 $v = v_A \pm v_B$ 便是船只相对于河岸而言的速度。正号表示船只顺流而下,而负号表示逆流而上。到目前为止,我们在 $v_B = 0$ 的假设下讨论了各例,即静止环境中运动物体的运动定律。如果 $v_B > 0$,那么情况就会发生变化,这就提到了流量测量的问题。手持计程仪等装置可以测量在明渠中流动液体的水面流速,但是无法测量出其他的重要数据,如某航道的发电潜能,因为在此情况下,速度与深度的差异十分明显。

4.10　液体流量测量

用于此处及类似应用中的传统传感器为皮托管[①],基本上为一根折弯呈直角的玻璃管,延伸的一端呈喷嘴状,如图 4.12 所示。

在静水(以及其他液体)中,皮托管中的液位与液面高度 H_s 相重合。在流水中,喷嘴部分朝向水流方向,流体的动压力使皮托管内的液位升高了 H_D。将一个质量为 m 的流体提升至此液位所做的功(焦[耳],J)为 mgH_D,而做功需要的能量为流体动能,即 $mv^2/2$。令此两项相等就得到方程 $mgH_D = mv^2/2$,将 m 约掉,便得到 $H_D = v^2/2g$。

H_D 为该流体的水位差,即皮托管中的水柱高于水位的高度。在测量单位中,10m 水柱的

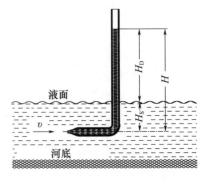

图 4.12　用皮托管进行流量测量

①　译者注:该皮托管为亨利·皮托发明。亨利·皮托(Henri Pitot, 1695—1771)。

压强等于 $1\mathrm{kg/cm^2}$。这是因为 $100\mathrm{cm} = 1\mathrm{m}$，那么 $10\mathrm{m}$ 高、$1\mathrm{cm^2}$ 宽的水柱，其体积便为 $10 \times 100 \times 1 = 1000\mathrm{cm^3}$。同时 $1\mathrm{g}$ 是 $1\mathrm{cm^3}$ 的纯水（在 $4\,^{\circ}\!\mathrm{C}$ 下）的质量，那么 $1000\mathrm{cm^3}$ 的水柱质量为 $1000\mathrm{g}$ 或 $1\mathrm{kg}$。简而言之，$1\mathrm{kg/cm^2}$ 的压强相当于 $1\mathrm{m}$ 的水位差。由此，我们可计算出一个 $50\mathrm{m}$ 高的水塔底部的阀门所受的压强为 $50/10 = 5\mathrm{kg/cm^2}$ 或 $5\mathrm{at}$（工程大气压），或约 $490\mathrm{kPa}$。

对于水以外的液体，压力与液体的比例 γ 成正比。例如，汽油每升重 $0.68\mathrm{kg}$，或者说 $0.68\mathrm{g/cm^3}$。因此，高 $10\mathrm{m}$，底面积 $1\mathrm{cm^2}$ 的汽油柱重 $0.68\mathrm{kg}$，而前面提到的水塔如果装的是汽油，那么其底部液体承受的压强为 $50 \times 0.68/10 = 3.40\mathrm{at}$（约 $334\mathrm{kPa}$）。

将情况归总，我们得出一个流体静力学的公式 $p = \gamma g H$。由 $H_\mathrm{D} = v^2/2g$ 可知，该项得到动压力 $p_\mathrm{D} = \gamma H_\mathrm{D} = \gamma v^2/2g$，也可得到流速 $v = \sqrt{2g p_\mathrm{D}/\gamma}$。

在图 4.12 的装置中，我们可以从皮托管的垂直支柱上直接读取 H_D 的数值，不用考虑喷嘴深度处的静压 p_S。然而，在一个管路系统中，皮托管的读数为静压和动压力之和。那么必须单独测量与水流方向呈直角处的静压值，从皮托管的压强读数 p 中减掉，即 $p_\mathrm{D} = p - p_\mathrm{S}$。此时，流速方程变为

$$v = \sqrt{\frac{2g(p - p_\mathrm{S})}{\gamma}} \qquad (4.7)$$

为了得到以 $\mathrm{m/s}$ 为单位的 v，式（4.7）必须使用公制单位，即 g 采用 $\mathrm{m/s^2}$、p 和 p_S 采用 $\mathrm{N/m^2}$，而 γ 采用 $\mathrm{kg/m^3}$。

选择统一的单位至关重要，如果我们使用工程大气压（$\mathrm{kg/cm^2}$）表示压差，用 $\mathrm{kg/dm^3}$ 表示重力加速度 g，同时使用 $\mathrm{m/s^2}$ 表示地面加速度，那么我们根据式（4.7）就会得到

$$v = \sqrt{\frac{(\mathrm{m/s^2})(\mathrm{kgf/cm^2})}{\mathrm{kgf/dm^3}}} = \sqrt{\frac{\mathrm{m} \times \mathrm{kgf} \times \mathrm{dm^3}}{\mathrm{kgf} \times \mathrm{s^2} \times \mathrm{cm^2}}} = \sqrt{\frac{\mathrm{m} \times \mathrm{dm^3}}{\mathrm{s^2} \times \mathrm{cm^2}}} = \sqrt{\frac{\mathrm{m} \times \mathrm{dm^3}}{\mathrm{s} \times \mathrm{cm}}} \quad (4.8)$$

式中：速度的单位是 $\mathrm{m/s}$，而不是 $\sqrt{\mathrm{m} \times \mathrm{dm^3}/(\mathrm{s} \times \mathrm{cm})}$。

所以，我们要严格使用国际单位制明确规定的单位。以一架大型客机为例，其翱翔在 $5000\mathrm{m}$ 的高空中，此时的环境压力为 $5500\mathrm{kg/m^2}$，空气的密度为 $0.736\mathrm{kg/m^3}$，皮托管压力读数为 $6225\mathrm{kg/m^2}$。驾驶员由此可得出此时飞机的巡航速度为

$$v = \sqrt{\frac{2 \times 9.807 \times (6225 - 5500)}{0.736}} = 139(\mathrm{m/s}) \text{ 或 } 139 \times 3600/1000 = 500(\mathrm{km/h})\text{。在}$$

航空学中，符合航空标准的皮托管通常直径为 $1/2\mathrm{in}$，长为 $10\mathrm{in}$。就像大多数的工业级皮托管一样，管身的中心孔是总压力 p 的进入口，管身两侧有一对纵向的盲孔，孔中带有横向开口，便于静压 p_S 导入。

为了补偿随着高度而下降的大气压，人们设计出带有高度补偿功能的飞机速

度计。这是一个带有杠杆机构的双波纹管测压表,在动压力的作用下使指针发生偏转,而静压使指针的旋转点产生位移,抵消了大气压的波动产生的影响。

4.11　孔板流量计

在石化行业中,工业流体常常会堵塞皮托管上的细小开口。因此,最好是计算出插入孔板或测流嘴前后形成的压力差,如图 4.13 所示,从而得出导管内的流量。因为皮托管与孔板的测量原理可以相互转换,所以可以根据式 $v = \sqrt{2g(p - p_{s})/\gamma}$ 计算流速,方法是用流体的速度 v_2 来代替 v,用压力差 $p_1 - p_2$ 代替 $p - p_{s}$,得到以下公式:

$$v_2 = \sqrt{2g(p_1 - p_2)/\gamma} \tag{4.9}$$

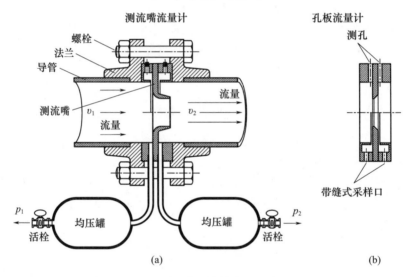

图 4.13　直列式管线流量计

与测量动压力的皮托管不一样,图 4.13(a)所示的测流嘴与图 4.13(b)所示的孔板是根据节流阀附近的上、下静压差得出流速。流体通过节流阀时得到来自流体静压产生的势能加速,这使得 $p_2 < p_1$。

图 4.13(b)从两个角度显示了旨在校对最靠近节流阀处的 p_2 的孔板:一个在中心线上方;另一个在中心线下方。第一个孔板有直接测量 p_1 和 p_2 的测孔,第二个孔板采用了狭窄的圆槽设计,连通环形平衡通道,该通道将液体送入测孔中。

流体通过测流嘴的流形比简易型开口的流形要规则很多,同时更接近理想状态。然而,v_2 的公式仍然需要一个校正因子 a,以便得出可用的流量数据,即

$$v_2 = a\sqrt{\frac{2g(p_1 - p_2)}{\gamma}} \tag{4.10}$$

式中:a 取决于节流阀大小与导管内径的比值 d/D。对于测流嘴型的节流阀,比值 $d/D = 0.46$,我们得到 $a = 1$,但 $d/D = 0.71$ 时,校正因子则为 1.10;同样,如果 $d/D = 0.32$,该因子为 0.99。对于孔板流量计,a 的值就严重不一致了。例如,若 $d/D = 0.50$,我们得到 $a = 0.625$。

输出口和压力计之间的均压罐用于平衡压力表的输入量,防止指针在涡流形成时和偶尔的压力波动时的振动。

4.12　变面积流量计

如果是较低的流速和较小的装置(如实验室流量计),那么可变面积流量计是一个非常实用的仪器,通常称之为转子流量计,如图 4.14 所示。该流量计由一根透明塑料(如丙烯酸塑料或聚砜类塑料)制成的斜管组成,管内有一个球形或圆柱形浮子。当液体或气体从管内狭窄的下端向上流出,通过内管和浮子之间的环形通道时,液体或气体会拖着浮子上升。在一个锥形管里,该通道会随着浮子升得越来越高而逐渐变宽,而浮子周围流体的速度在减小。当浮子的升力和重力达到平衡时,浮子在该位置保持稳定。

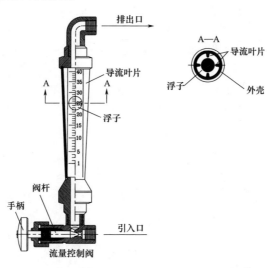

图 4.14　变面积流量计

在此类流量计上根据经验制成刻度尺,通常刻在其管壁上,呈现出惊人的规律性。通过使该锥形管略微膨胀,可以弥补与线性刻度之间的微小偏差。

4.13　容积式流量计

当流速转化成比值时(主要在气泵处),容积式流量计就成为标准仪器。通过对比齿轮传动与皮带传动,可以形象地理解"容积式"这一术语。时钟的指针通过1:12的齿轮传动链连接在一起,确保时钟在整个使用期间,每当大指针停在12这一数字上时,小指针都会分毫不差地指向钟面上的一个数字标记,这便是强制啮合。如果指针的传动方式是皮带传动而非强制啮合,那么皮带轮每转动一圈,就会产生非常细微的松滑,逐渐达到不可接受的地步。试想一下,如果一个直径为20mm的皮带轮,即使仅仅增加了1/100mm,那么在旋转了2000圈后,你会得出误差值为$2000 \times 0.01 \times \pi = 62.8$mm,相当于$62.8/20\pi \approx 1.0$圈。此处的关键词是"误差累积",这在齿轮传动中不存在(无论其保存状况如何),但却是摩擦传动和皮带传动本身固有的问题,即使其精确度非常高。

在水力学上,经典的活塞泵(而不是离心泵)是容积式机械的原型,即使转子已经停转,活塞泵也可以使流体通过。

容积式流量计包含了液体的全部流量,因此其工作原理本身就具有线性度。这种精度为0.02%的流量计并不少见。

其设计与泵的原理相反,不过也有例外,如古老的活塞泵难以进行逆向工作。图4.15所示的齿轮泵,如装在汽车发动机机座中的油泵,原则上可以通过强制流入的汽油来改变方向,但主要还是作为性能不高的流量计使用。

另外,带有三叶轮或四叶轮的齿轮泵是非常常见的容积测量仪器,其测量精度一般为±0.1%。这是因为三叶轮形成的囊比标准型气泵的更大,如图4.16所示,可以更好地储存和排放流体。其轮齿呈渐开线齿廓,这使得三叶轮在啮合点上相互转动而不是滑动,因此彼此之间的匹配度很高,公差范围很小。图4.17展示了带有三叶轮的容积式流量计运作的顺序。

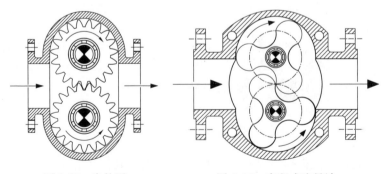

图4.15　齿轮泵　　　　　　图4.16　容积式流量计

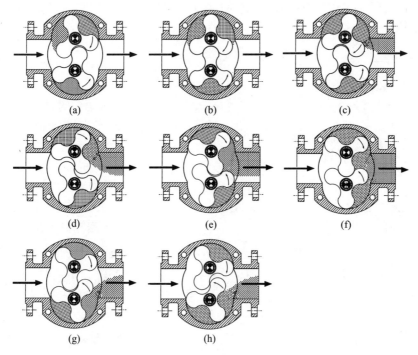

图 4.17　容积式流量计的操作顺序

如果是无噪声的操作,螺旋形转动的齿轮是常见的装置。其工作原理与正齿轮相同,但噪声小、振动少。

还有其他几种由齿轮泵演变而来的流量计。图 4.18 所示为一个简洁的设计,使用了一对椭圆形正齿轮,封装在一个带两个半圆形的壳体中。齿轮与壳体的内表面经过精密加工,使彼此之间达到密封状态,避免流体在啮合处发生回流。在图 4.18中的第一阶段,流体流入时产生的压力作用于上齿轮的左侧,使其顺时针旋转,而下齿轮则受到相等的正向和反向回转压力,且没有产生扭矩。

在图 4.18 中的第二阶段,下齿轮的下部即将锁住流体形成的囊,而上齿轮正准备将流体排出。第三和第四阶段则重复这一过程,只是上、下齿轮的作用相互替换。

随着对仪器无泄漏的需求,人们逐渐研发出了湿球气流计,如图 4.19 所示。由于甘油和轻油等液体必须要进行无摩擦密封,因此与咬合型同类仪器相比,湿球气流计的制造变得不那么关键。在国内暖气供应的早期时期,湿球气流计成为首选工具。

在图 4.19 中,带有 4 个空腔的叶轮围绕空心轴旋转,该空心轴兼作供气口,使气体进入左边的空腔,而出口孔仍然低于液面。进入该腔室的气体使叶轮顺时针旋转,直到该腔室的排出口将液量排空并将积聚的气体排出为止,同时紧接其后的腔室开始填充。这一切循序进行,使得叶轮始终保持有规律的旋转。

然而,旋翼转速不得超过某一水平,在该水平上,流体会随着旋翼的旋转形成漩涡。这就限制了该仪器的容量,同时还需要定期进行二次填充,因此该仪器在今天用得越来越少了。

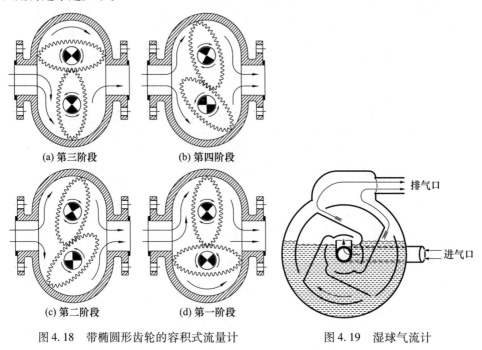

(a) 第三阶段　　(b) 第四阶段

(c) 第二阶段　　(d) 第一阶段

图 4.18　带椭圆形齿轮的容积式流量计　　　图 4.19　湿球气流计

4.14　气量计

气量计是传统的工业储气装置,负责测量抽气量,但不直接显示气体流量。可嵌合的锥形管将工业气罐的储存容量扩展至普通容器的好几倍,而实验室用气量计为单一锥形管构造,如图 4.20 所示。

将锥形管的重量减去砝码质量之差除以锥形管的横截面积 $D^2\pi/4$,得到气流压力。通过选择适当的砝码,可将其设置为所需的值。

在一些对气流压力的稳定性有重要要求的装置中,管壳水下部分的浮力必须计算在内。当气量计填满时,浮力使气体压力达到最高值,并使其随着导管的下降而下降。通过选择控制链条的砝码,可以与液压升力保持平衡,所以链条下降部分的重量等于锥形管外壳的液压升力。

管壳被淹没的长度越长,压在锥形管上的链条长度也就越长。例如,一条长5/8in、质量 2.06lb(约 3kg)的滚子链,每下降 1m,锥形管的质量增加 3kg。一个直径为 500mm(0.5m)的锥形管,由 0.0747in 或 1.90mm 厚的(14MSG)钢板制成,管

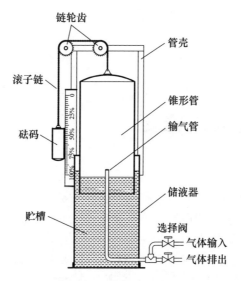

图 4.20　实验室用气量计

壳每移动 1m 的高度,对应的体积为 $0.500 \times \pi \times 0.0019 \approx 0.003\text{m}^3$。因为水的密度是 1000kg/m^3,所以产生的升力是 $0.003 \times 1000 = 3\text{kg} \cdot \text{f}$,等于悬挂链每移动 1m 带来的重量。

对于其他的尺寸,还是会存在这样的巧合,如果将锥形管的直径定为

$$D = \frac{\text{管壳每移动 1m 带来的质量}}{\pi \times \gamma \times \text{壁厚}} \qquad (4.11)$$

式中:γ 为气量计中流体的密度,水的密度为 1000kg/m^3,而甘油的密度为 1261kg/m^3。用之前的结果再检查一下式(4.11),我们得到

$$D = \frac{3\text{kg/m}}{\pi \times 1000\text{kg/m}^3 \times 0.0019\text{kg/m}^2} \approx 0.500\text{m}$$

这便是管壳与链条尺寸的一组可用数据,参照该数据,能够使气流压力随着锥形管的下降保持稳定。锥形管每移动 1m,气量计内的气体容量为

$$V = 0.500^2 \times \pi/4 = 0.196(\text{m}^3) \approx 200\text{L}$$

让我们以简易装置(如该气量计)为例,提醒我们直接测量通常是最可靠、最有成效的方法,因为复杂的测量装置中的每个组件都会产生一系列的不确定性。

第5章
力、质量、重力与扭矩

物理学中的力构成了我们日常生活中的一部分,但是力的概念本身仍然是一个抽象概念。各种各样的力既看不见也摸不着,但是由于人类对其赋予一系列特征,力的概念始终符合物理定律。

人们认为力能够使固体产生形变,这一特性使我们能够对力进行物理测量。在此,连接力的哲学概念与现实世界形变现象的桥梁在胡克定律中得到了表述,该定律说明了施加的力与其引起的弹性形变之间的比例关系,更具体地说,是应力和应变之间的线性关系。

应力是单位面积上的力,即力除以其所作用的面积。因此,应力是用两个单位合起来表示,本质是力除以面积,如磅/平方英寸(psi),千克力/平方厘米(kgf/cm^2),或在国际单位制中的牛/平方米(N/m^2),又称为帕斯卡(Pa)。

另外,应变指的是形变。它是在应力作用下物体的压缩量或伸张度与横截面大小的比值。

胡克定律描述的是应力与应变之间的线性关系,可以很直观地理解,你拉橡皮筋越用力,橡皮筋就拉得越长。胡克定律的公式表述为

$$应变 = \frac{\Delta L}{L} = \frac{1}{E} \times 应力 \tag{5.1}$$

式中:L 为被测样本的长度;ΔL 为其伸张度(或压缩量);$1/E$ 为比例常数,其倒数 E 称为弹性模数。

对于商品钢材,$E = 30 \times 10^6$ psi,或 21000kgf/mm^2。

例如,$\Delta L/L = 0.001$ 表示 1m 长的杆伸长或压缩了 1mm,或者说 0.1%。如果是一根钢棒,则根据胡克定律所需要的应力为 $S = 0.001 \times 30 \times 10^6$ psi = 30000psi,你可以想象成需要 30000lb 的力才能将一根横截面积为 1in^2、长度为 100in 的棒材拉伸 0.001×100in = 0.1in。

注意,在胡克定律中使用 E 的倒数作为比例常数,只是为了方便起见。毕竟,3000 万还是要比 0.0333×10^{-6} 好记很多。

钢的永久变形(物质流动)在 40000 psi 左右,即弹性限度,这是胡克定律中的边界值。超过弹性限度的应力会对材料造成永久形变,同时应力/应变关系也会变

得难以预测。

简而言之,胡克定律将力的测量问题归结为确定长度差这样的简单工作。拉应力试验机使样本相继承受不断增加的负荷,并在读数盘(数字显示器)上显示出相关的伸张度,或者用曲线图表示。

5.1 应变计和惠斯通电桥

应变计是一种敏感元件,根据测试棒电阻的变化得出测试棒长度的变化。大多数的测压元件使用电阻应变元件,其优点在于坚固耐用、安装简单、价格低廉。

众所周知,一根电线的电阻与其长度 L 成正比,与其横截面 A 成反比。另一个直观易懂的物理定律便是,短而粗的电线,其导电性能比长而细的电线更好。如果用数学术语来表述,我们可将 1m 长、横截面积为 $1mm^2$ 的导线的电阻定义为该电线材料的电阻系数 ρ,从而假设导体的电阻为

$$R = \rho L/A \tag{5.2}$$

在 20℃时,铁线的电阻率为 $\rho = 0.12\Omega \cdot mm^2$,铝线是 $0.0283\Omega \cdot mm^2$,电解紫铜丝是 $0.0172\Omega \cdot mm^2$。电阻丝(如用于吹风机、炉灶和室内暖气的电阻丝)则要高得多,镍铬合金(20%/80%)的电阻率为 $1.1\Omega \cdot mm^2$,赛卡可镍铁铬合金细丝和铬铝钴耐热钢丝的电阻率分别为 $1.4\Omega \cdot mm^2$ 和 $1.45\Omega \cdot mm^2$,康铜(一种热稳定性的合金)的电阻率为 $0.4965\Omega \cdot mm^2$。注意,ρ 值所对应的长度 L 的单位是 m,横截面积 A 的单位是 mm^2。

如果一根电线受到拉伸力,其长度增加了,但其直径缩短了,也就是说,这根电线变长、变细了。因为一根电线本身所含的材料用量和电线的体积是不会改变的。因此,如果把一根电线纵向拉伸 1%,它横截面同样会收缩 1%,其横截面积为原来的 0.99。这不会改变电线的体积,因为 $1.01 \times 0.99 \approx 1$。然而,这根电线的电阻 $R = \rho L/A$ 增加至原来的 $1.01/0.99 \approx 1.02$ 倍,增加了 2%。换言之,导线的伸长度最终使导线的电阻表现为原来的 2 倍,这使得电阻应变传感器成为测量力的设备(如应变计、测压元件等)中应用最广泛的元件。

电阻的最佳测量工具是惠斯通电桥,如图 5.1 所示,这是一种用于比较未知电阻 R_x 和已知电阻 R_3 的电路,当通过检流计的电流为零时,该电桥"达到平衡"。如果我们使用相同的电阻,即 $R_1 = R_2 = R_3 = R_x$,那么事实更为明显。否则就必须满足这一等式 $R_1/R_2 = R_x/R_3$。

开始时,在"无应力的情况下"调整 R_2 与 R_x,确保读数归零。一旦 R_x 后续产生变化,仪表的指针就会发生偏转。当使用合适的电阻替换 R_3,直到恢复零位读数时,我们就得到了变化的范围值。将 R_3 赋予新值,可以根据 $R_1/R_2 = R_x/R_3$ 这一关

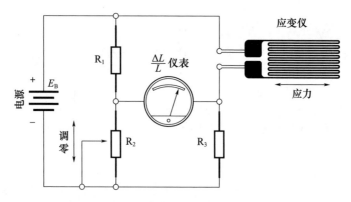

图 5.1　带应变计的电桥电路

系式得出，即

$$R_x = R_3(R_1/R_2) \qquad (5.3)$$

一个绕线式电位计对 R_3 大有作用，但是一个由一组精密电阻器组成的电阻箱（可以串联或并联起来）精确度更高。

在图 5.1 中，当施加应力时，应变计的电阻 R_x 在重要性上次于其电阻的变化 ΔR_x。我们没有根据加压前后 R_3 的差值得出变化幅度，而是直接测量该差值，因为这样得出的结果更为精确。为了这一目的，R_3 由一个固定电阻器组成，该电阻与一电阻箱串联。如果该电阻箱在检流表调零期间短路了，电阻箱随后会显示出数值变动 ΔR_3，而不是 R_3 的最终值。由此，R_x 的变化量可以表示为

$$\Delta R_x = \Delta R_3(R_1/R_2) \qquad (5.4)$$

例如，如果用精度为 0.1% 的检流计测量 R_x 从 100Ω 到 101Ω 的变化值，那么所得的误差为 $100 \times 0.001 = \pm 0.1\Omega$。但对于 R_x 的 1Ω 变化量而言，上述误差就占了 10% 的量。如果采用直接测量，那么结果将使精度提高至 $10/0.1 = 100$ 倍。

为取得快速和相当准确的结果，图 5.2 展示了对惠斯通电桥电路所做的非常实用的改良。这一电路将 R_1 和 R_2 结合为一根长度为 l 的电阻丝。通过一个滑动触点或指针，如图 5.2 中的 SC，将此电线分接起来，指针的位置决定了 R_1 和 R_2 的值与滑动触点左右的导线长度成正比。如果在中心处，我们得到 $R_1 = R_2$ 及 $R_x = R_3$。如果触点位于 l_1 的位置，通过这一比率 $R_1/R_2 = l_1/(l - l_1) = R_3/R_x$，可以计算出未知电阻的值，即

$$R_x = R_3(l - l_1)/l_1 \qquad (5.5)$$

该电路需要一个限流电阻器 R_s 与电源串联起来，因为仅仅将 R_1 和 R_2 这两个电阻合并起来，仍不足以防止电阻丝发热，而且也不足以防止电源过度损耗。

惠斯通电桥的秘诀在于其不受电源电压 E 的影响。即使是一个用过的但性能良好的电池，仍能像新电池一样发挥优良作用。这样的优势可不是其他仪器所

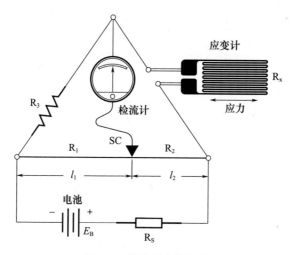

图 5.2　滑线式电阻电桥

能比拟的。但如果手动平衡非常烦琐,且又需要直接读数,那么在此情况下,这一优势就不复存在了,同时一个调适得当的电源就成为必备元件。尽管稳压二极管作为调压器而言,其精度往往不足,但目前来看,精密稳压芯片的精度仍适用于大多数的应用场景。

如果将电桥调零并采用合适的刻度盘,则可以从表的扰度中读取图 5.1 中的应变计电阻 R_x。在上述情况下,触点左边的电压为 $E_1 = E \times R_2/(R_1 + R_2)$;同时,如果仪表是高阻抗型(10MΩ 起),那么该电压几乎对 R_x 的变化不产生反应。对于触点右边的电压,$E_2 = E \times R_3/(R_x + R_3)$。所以,$E_1$ 与 E_2 的仪表读数可以表示传感器电阻。

引入一辅助变量,可以对 $E_1 - E_2$ 的公式作出完美表述,即

$$\varepsilon = \frac{E_1 - E_2}{E} \text{或} \varepsilon = \frac{R_2}{R_1 + R_2} - \frac{R_3}{R_3 + R_x} \tag{5.6}$$

将这些分数加起来,并去掉 R_x,得到

$$\frac{R_x}{R_3} = \frac{R_1 + R_2}{R_2(1 - \varepsilon) - \varepsilon R_1} - 1 \tag{5.7}$$

在图 5.3 和图 5.4 中的曲线分别由两个 100Ω 的电阻 R_1 和 R_2,在 10V 电源的配置下,根据式(5.7)绘制成形。这在电源电压值达到 1/2(此例中为 5V)时固定住仪表的左触点,为正、负输出都留出相等的空间。

只要 R_x 是应变计的电阻,就必须只考虑曲线的正值部分,但对于其他类型的传感器(如对温度变化灵敏的变阻灯泡),负读数可能与正读数一样。

在式(5.6)中,ε 与电源电压 E 成反比,这使得一个调适得当的电源至关重要,精密稳压芯片在此时发挥了重要作用。

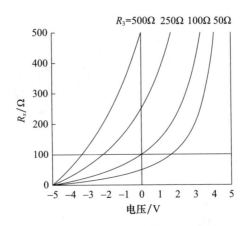

图 5.3　惠斯通电桥电路的仪表读数

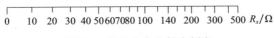

图 5.4　图 5.3 中的仪表刻度

非线性刻度在电工测量仪表中很常见,比如,热线式伏特计和瓦特计,以及常用的模拟万用表。模拟万用表显示的电阻值位于左边的压缩刻度上,该刻度的右端通常为每格 0.2Ω,中间为每格 1Ω,左端为千欧区,每格 500Ω。就像计算尺一样,读取这些读数时,必须考虑到其不同分区的不同意义。该刻度根据图 5.4 中的 $R_3 = 100Ω$,将第一分区的每格划为 10Ω,中间区每格为 20Ω,右区则为 100Ω。

如果敏感电阻器 R_x 放置的位置较远,那么电阻器与电桥电路其余部分之间的温度差将在仪表读数中显示出来,因为任何材料的电阻都会随温度产生变化。温度每上升 1℃(1.8℉),铁线的电阻将增加 0.50%,镍铬铁合金的电阻将增加 0.04%,锰镍铜合金为 0.0001%,而康铜则是 0.0028%。虽然,选择正确的应变计电阻材料可以将温度波动的负面影响降至最低,但更好的方法是将整个电桥电路蚀刻在同一个印制电路板上(对于电源和电表都是安全的),使其处于同一温度下。

图 5.1 和图 5.2 中的 R_x 是经黏合的金属应变元件,由一个导电栅极组成,用电阻材料制成的衬底蚀刻在柔性绝缘载体(如印制电路板、塑料薄膜或丝带)上。由于栅极的平行部分经过串联相接,其电阻加起来等于一根长而平的电线的电阻。R_3 通常是"假负载",与 R_x 相似,但与后者呈 90°角相对。当敏感电阻器在负荷下纵向拉伸时,虚假电阻器的横向挠度不会对其本身的电阻造成重大改变。

尽管非线性输出在过程控制系统中引入了一个附加变量,但是数字信号处理(DSP)几乎可以对从模拟输入中提取的数据进行无限操作。这些与微处理器相结合的芯片就像计算机一样工作,所使用的算法适用于数字输入数据信号,以便获得所需格式的输出。这些芯片可进行人为设定,"拉长"或者重塑非线性函数。各自的算法存储在一个可擦除可编程只读存储器(EPROM)中,或者最近常用的快闪存储器中;如果使用的是可编程信号处理器芯片,则储存在其内部存储器中。

5.2 测量挠度

图 5.5 所示为一个应变计,负责测量一种美国标准式(8×4)in 工字梁的挠度,该梁支撑点之间的长度 $l = 5$m。在一内径为 3in 的液压千斤顶的作用下,荷载产生了。

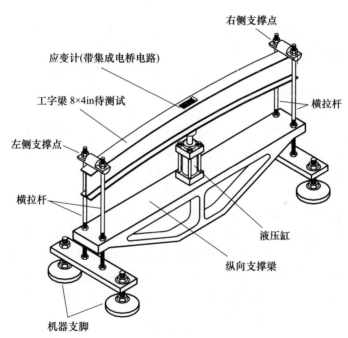

右侧支撑点

应变计(带集成电桥电路)

工字梁 8×4in待测试

左侧支撑点

横拉杆

横拉杆

液压缸

纵向支撑梁

机器支脚

图 5.5 测量横梁和大梁中相关应力与挠度的试验机架

当下凸缘被压缩时,液压千斤顶使横梁向上弯曲,从而拉伸上凸缘。该横梁的中心线处未受影响。如果一液压缸内径为 3in,油压为 1000 psi,那么该横梁所受荷载为

$$F = (\pi/4) \times 3^2 \times 1000 = 7069 (\text{lb}) \text{ 或 } 7069 \times 0.4536 = 3206 (\text{kgf})$$

横梁各支撑点上的反作用力占其荷载的一半,即 $F/2 = 3206/2 = 1603$kg。

由于支撑点之间的长度 $l = 5\text{m}$，因此，横梁中心点处的弯矩为

$$M = (F/2) \times (l/2) = 1603 \times 5/2 = 4007.5(\text{m} \cdot \text{kg}) = 400750\text{cm} \cdot \text{kg}$$

紧接着的是应力，等于此弯矩 M 除以梁的截面模量 Z。在有关参考书中，$(8 \times 4)\text{in}$ 标准工字梁的截面系数为 14.2in^3。由于 $1\text{in} = 2.54\text{cm}$，上述值即为 $14.2 \times 2.54^3 = 232.7\text{cm}^3$，所以应力为

$$\sigma = \frac{M}{Z} = \frac{400750}{232.7} = 1722(\text{kg/cm}^2)$$

对于 4.6 的安全系数，钢材（此受试横梁的强制性选材）的极限抗拉强度则为 $\sigma = 4.6 \times 1722 = 7920\text{kg/cm}^2$。

此处，4.6 的安全系数是由 4 种材料特性得出的，即 a、b、c 和 d。a 是屈服强度与极限抗拉强度之比。对于稳定荷载，$b = 1$；对于可变荷载，$b = 2$；对于反复荷载，$b = 3$。如果是缓慢施加的荷载，$c = 1$；如果是疾速施加的荷载，$c = 2$；如果是冲击性载荷，$c = 3$。最后，d 涵盖的是突发情况，比如，意外性荷载及材料缺陷产生的影响。

在此例中，我们使用的是用商品钢材制成的横梁，钢的屈服强度通常为 3500kg/cm^2，而常数 a 便为 $8000/3500 \approx 2.3$。因为液压缸的作用力是缓慢而又稳定性上升的，所以我们得出 $b = 2$。同样地，由于是缓慢施加的荷载，我们得出 $c = 1$，同时不存在意外性荷载的情况，我们又得出 $d = 1$。综合起来，我们得出安全系数 $F_\text{S} = 2.3 \times 2 \times 1 = 4.6$。

在此例中，应变计读数与计算出的应力值相当吻合。如果应变计的读数超过了通过计算得出的估计值，则表明该横梁所用钢材的强度偏低了。

而横梁中心处的挠度 d，则可根据下式进行估计

$$d = Fl^3/48EI \tag{5.8}$$

式中：$E = 30 \times 106\text{psi} = 2100000\text{kgf/cm}^2$，为商品钢材的弹性模数；$I$ 为横梁的面积惯性矩，参考有关资料为 59.9in^4，即 $59.9 \times 2.54^4 = 2493\text{cm}^4$。

将 $F = 3206\text{kgf}$ 以及 $l = 500\text{cm}$ 代入式(5.8)，得出横梁中点的抬高度为 16mm。

对于此幅度的挠度可以进行直接测量，并用来计算应力。但是对大型建筑（如桥梁和高楼）的框架进行实地检测是一项艰巨的工作，这就需要使用胶合式应变计才能轻松而又完美地解决这个问题。

5.3 晶体应变计

应变计的一大替代性工具是压电式力传感器。如果我们将压电式力传感器与电阻式传感器作对比，那么就可以参考真空管与晶体管的比较。在此层面上，真空管的基本作用是放大电压，而晶体管是放大电流。同样地，压电式传感器产生的是

电压,而电阻电桥输出的是电流。

1880 年,皮埃尔·居里和雅克·居里在某些各向异性晶体中发现了压电效应。所谓的压电效应可以理解为是当一晶体沿电轴方向受力时,晶体发生了电极化。通常如果施加的压力为 $500kgf/cm^2$（7000psi）,则电场强度为 5000 ~ 15000V/cm。但反过来,电场的作用会使压电晶体发生机械形变。

石英和电气石都是传统的压电材料,不过后来又加入了新成员——钛酸钡、锆钛酸铅系陶瓷和聚偏二氟乙烯。从那些老式的唱片机里能找到罗谢尔盐,只要我们将其保持在干燥状态,并置于 −18℃ ~24℃ 的温度区间内,其压电作用要比上述材料高出 10000 倍。这些材料有一个共通之处,它们都是通过积聚起两个相对表面上产生的正、负电荷,以此对沿电轴方向产生的受力形变做出反应。

与电阻电桥传感器不一样,电阻电桥传感器需要一个电源,而压电式传感器本身就能产生电压。如果用一个霓虹灯将一块罗谢尔盐的两个相对表面连接起来,每当轻轻敲击一下该晶体时,霓虹灯便闪烁一次。同样,气体打火机在其颈部的晶体装置上装有弹簧螺栓,在弹簧螺栓的作用下,打火机会将一股可燃气体点燃。

通过将声频发生器的输出端与一大块罗谢尔盐相连,我们可以观察到晶体在外加电压的作用下产生形变,称为逆效应。此时,该晶体的功能类似于扬声器,即某种程度上有点像扬声器,即使声音不大,也能听得很清楚。不过,这种压电式麦克风的突出优势在于声音再现时的保真度,甚至有时对不那么和谐的声音（非音乐声）也能保真。

压电晶体对外加电压做出形变反应,使其成为无线电发射机和超声波仪器中经久不衰的稳频元件。在消费品领域,最熟知的应用是石英手表。石英晶体在超声仪器中也处于核心地位,用于广泛的场景中,如材料的无损检测、液体乳化（否则不会相溶）、塑料焊接和金属钻孔（与研磨粉的作用相结合）。

5.4 从杠杆到天平

"给我一根足够长的杠杆和一个可以站立的地方,我就能撬动地球!"这位希腊哲学家、科学家和发明家阿基米德（Archimedes,公元前 287—212）在信中对锡拉库扎的国王希伦二世欣喜地欢呼道。阿基米德对杠杆在理论上具有无限承载力的顿悟使其口出此言,即便如此,国王并不相信这话,要求切实的证明。阿基米德没有撬动地球,而是同意在使用特制船具的情况下,将一艘满载货物和旅客的货船拖上岸,往往这是一项需要几百个奴隶合力才能完成的任务。据传说,阿基米德"手里攥着滑轮的前端,慢慢地收紧绳索,使船在一条直线上慢慢往回返航,就像在海上一样平稳"。

带有 n 个动滑轮的滑轮组使作用在绳索上的拉力增至 2^n 倍,如图 5.6 所示。

因此,有了这样一个装有 3 组滑轮、由人力驱动的装置,理论上可赶上 $2^6 = 64$ 个码头工人所做的功。如果阿基米德用大约 50kgf(110lb)的力用力拉绳子,其产生的牵引力为 $50 \times 64 = 3200$ kg·f,再减去摩擦损耗,大概还是足以移动一艘船。但这艘船在这一过程中会走多远呢? 如果要将船拖动 100m(约 300ft),阿基米德手中绕过的绳索必须达到 $100 \times 64 = 6400$ m $= 6.4$ km(4mile)才足够,且不停地施加 110lb 的力。

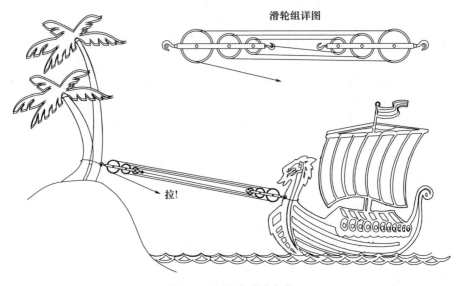

图 5.6 阿基米德式归航

到目前为止,一切还好。不过史书还是忽略了这位哲学家那满是擦伤的手,以及因为力竭导致的最后心脏病发作。因此,那位仁慈的国王很可能看到他那艘船只挪动了 2ft 左右,就感到非常满足了。但即使是这样,阿基米德很可能用双手不停地将那绷紧的绳子拉动了足足 128ft,希望他生活的时代里有比现在更有效的消脓药膏。

勒内·笛卡儿(René Descartes,1596—1650),以其名言"我思,故我在"(Cogito——ergo sum!)而闻名,很可能会对皇家书吏产生质疑。毕竟书吏手中的羽毛笔必须对皇室十分忠诚,否则脖子就会被套上绞索,或者说头顶上悬着的那把众所周知的达摩克利斯之剑。

对阿基米德而言那把剑是站在根据其设想制造的装置后的罗马军团的士兵。这些装置有重型石弩和能够将罗马舰队的船只直接吊离水面的巨型起重机。也正是这样的装置帮助锡拉库扎城抵御了罗马人长达数月的猛攻。但是阿基米德没有意识到敌军已经越过了城市的路障,还在沙滩上全神贯注地画几何图形,甚至还对入侵的罗马军团士兵厉声呵斥,令其不要踩了脚下的沙画,这让他的生命在这位士兵的手中终结了。

但又有一个疑问,一个普通的士兵真的敢决定一位世界名人的生死吗?难道他是罗马指挥官马塞勒斯(Marcellus)派来除掉那个讨厌的小发明匠的人吗?毕竟他让罗马军队在征服这座城市的过程中经历了如此艰难的时刻。我们永远不会知道答案,但值得高兴的是,即使阿基米德努力争取,还是在敌人阵营中丧命了,可是他的发现并没有从历史的记载中抹去。

5.5 天平和砝码

史前天平的发现可以说明,早在阿基米德之前,人类就凭直觉理解了杠杆定理,但是阿基米德是将杠杆定理用等式进行表述的人。假如有一个跷跷板,如图5.7所示,一边是重 W_2 的小孩,另一边是重 W_1 的成人。如果小孩比(更重的)成人坐在离支点更远的位置,那么这个跷跷板就能保持平衡。我们可将上述现象写成等式,即 $W_1/W_2 = s_2/s_1$,这表示左、右支杆的长度与其各自的荷载成反比。将此式交叉相乘,便得到阿基米德杠杆定理的等式

$$W_1 s_1 = W_2 s_2 \tag{5.9}$$

自那时起,这便成为天平和秤的工作原理。

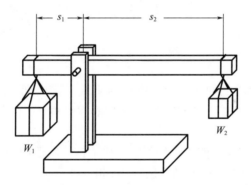

图5.7 阿基米德杠杆定理

这一等式还衍生出扭矩 T 这一概念,即 F(力)与 s(各端到旋转轴的距离)的乘积。对于称量这一特殊情况,力由荷载的重量和砝码的重量决定,所以关于扭矩的等式变成了 $T = Ws$。根据杠杆定理,我们可得到 $T_1 = T_2$,处于平衡状态下的跷跷板的左右力矩相等。这与能量守恒定律相吻合,将秤杆从水平方向倾斜 α 角度,杠杆左端所做的功为 $W_1 s_1 \sin\alpha$,杠杆右端所做的功为 $W_2 s_2 \sin\alpha$。由于两边都有相同的 α,所以将 $\sin\alpha$ 约掉,那么由功推导出的方程最终演变为静力学公式 $T_1 = T_2$。改写成 $T_1 - T_2 = 0$ 后,这就变成了静力学一般定律中的特殊情况,$\sum T = 0$。

像跷跷板这样的装置不能用在杆秤中,因为即使砝码或负重物轻轻移动了一点点,也会改变称重结果。悬盘式台秤避免了此类不足,如图5.8所示,这是因为无论负重物和砝码放在称盘的什么位置上,负重物和砝码均各自作用于称盘的悬挂点上。

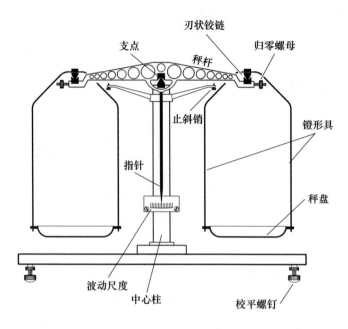

图 5.8 悬盘式台秤

杆秤和等臂的天平都可测量出某物体的质量,只要与事前校准好的标准质量作对比。例如,一组包含 1g、$2 \times 2g$、5g、$2 \times 10g$、20g、50g、$2 \times 100g$、200g 和 500g 的砝码。

人们在公元前5000年的埃及墓葬中发现了杆秤的遗迹,一些杆秤据称精度可达1%,这对于一个由木制秤杆制成的装置(带有3个孔和绳索,用于连接中心点和悬挂秤盘)而言很了不起了。

另一个关于滑动杆秤的概念,可以追溯到公元前1400年的埃及,但同样也归功于伊特鲁里亚人,他们在罗马人之前就居住在亚平宁半岛上。在另一个领域,伊特鲁里亚被认为是最早大量生产铁的人类。在古代还出现了不等臂天平这一发明,这种天平通过滑动支点的位置,使称重物和砝码处于平衡状态,而弹簧秤则是在17世纪末才问世。

在古罗马时代,天平的旋转架基轴和悬挂点都带有孔,孔穿过了天平的秤杆。虽然发现的一些罗马天平在其支点处有刃状支承轴承,不过到了18世纪,这种刃状支承轴承才成为惯例,如图5.9所示。

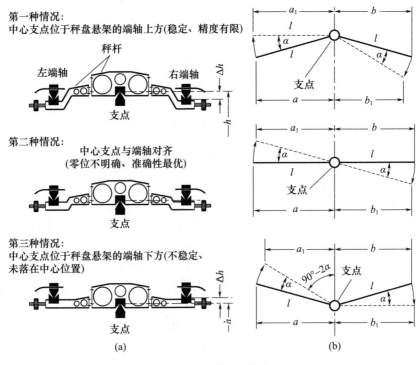

第一种情况：
中心支点位于秤盘悬架的端轴上方(稳定、精度有限)

秤杆

左端轴　　　右端轴

支点

第二种情况：
中心支点与端轴对齐
(零位不明确、准确性最优)

支点

第三种情况：
中心支点位于秤盘悬架的端轴下方(不稳定、
未落在中心位置)

支点

(a)　　　　　　　　(b)

图 5.9　杆秤的稳定性

由于小孔之间的间隔一经钻好后便无法改变了,埃及人便把秤杆的两端磨圆,在两端挂上绳索。随后,人们通过小心地将秤杆的两端锉成适当的长度,对天平进行微调。

天平的灵敏度取决于秤杆的旋转架基轴和秤盘支架的垂直位置,图 5.9 展示了这些基点的 3 个相互位置。第一种情况是支点的位置高于秤盘支架;第二种情况是支点与秤盘支架齐平;第三种情况是支点的位置低于秤盘支架。每种情况的几何结构都在图中的右边给出,如果秤杆处于平衡状态,用黑色粗线表示;如果秤杆倾斜 α 角度,用稍浅的虚线表示。重力只作用于垂直方向,因此在长度为 $2l$ 的秤杆的两端,由扭矩产生的有效力与 $l\cos\alpha$ 成正比。

只要支点与各转动点齐平(第二种情况),那么秤杆无论处于什么位置,左边和右边的 α 值都相等,$l\cos\alpha$ 的值也一样。由于位置无差别,秤杆自由摆动,没有预先确定某一个水平点。

如果是秤盘高于支点(第三种情况),那么秤杆倾斜 α 角使右臂的有效长度从 $l\cos\alpha$ 增加至 l,而左臂的有效长度则从 $l\cos\alpha$ 减小至 $l\cos(2\alpha)$,这样便加大了两力臂的有效长度的差距。这种天平不会在中心点保持平衡,而是最终固定在两边的某一极端位置上。

将支点置于枢轴点之上(第一种情况)有利于保持中点位置。比如,将秤杆沿顺

时针方向倾斜 α 角,得到左力臂的有效长度为 l,右力臂的有效长度为 $l\cos(2\alpha)$。由于余弦函数始终小于1,且随着 α 的增大而减小,我们得到

$$l\cos(2\alpha) < l\cos\alpha \tag{5.10}$$

因此,秤杆右力臂的有效长度小于左力臂的有效长度,从而往回摆动。同样,如果秤杆一开始沿逆时针方向倾斜,秤杆也会朝向中心位置,往回摆动。

在两个秤盘上承重相等的情况下,天平经过几次振荡后最终在中点处保持稳定,因此成为天平的首选设计。由于天平的灵敏度取决于支点和秤盘支撑点之间的相对位置,因此此类天平旨在对天平的灵敏度进行预先确定。然而,天平的灵敏度得到了保证意味着其稳定性遭受了损失,反之亦然,这也是为什么使用化学家的天平称重比厨房秤要花费更长时间。

天平的枢轴完全置于中心位置,这是决定天平性能的要素。滚花螺母在图5.8中标记为"归零螺母",主要用于补偿秤杆左右力臂、秤盘和镫形具质量上的微小差异;但是,滚花螺母不能对偏离中心的枢轴进行调整。

例如,如果中心点向右偏离了0.1%,那么右力臂测量出的长度是其标称长度的99.9%,而左力臂测量出的长度是其标称长度的100.1%。如果左秤盘的承重为100g,那么在此情况下,右秤盘需要的承重为 $100(100.1/99.9) = 100.2$g 才能保持平衡,也就是说,需要多增加0.2g。依此类推,如果秤盘的承重只有50g,那么校对的幅度只有0.1g。换言之,校正量取决于承重量。这就是为什么纠正误差的唯一方法是重置秤杆上的刃状轴承。

如果出现最坏的情况,我们可以暂时忽略这个问题,照常称重,然后进行第二次称重。在这第二次称重中,我们保持砝码的位置不变,用一套备用砝码将称重物替换。当天平再次保持平衡时,备用砝码的质量等于称重物的实际质量,无须考虑秤杆对称与否。

现代的天平带有人造蓝宝石制成的刃状铰链和一根长指针,指针用来指示刻度盘上秤杆振荡的幅度,通常其刻度尺每格表示 0.1mg(1mg $= 0.001$g)。例如,如果指针停留在中间偏左3格处,那么左边秤盘上的称重量需要多记上0.3mg。通过这种方式,我们即使不使用这么小的砝码,也能达到0.1mg级的精度。

精密天平需要经历长时间的等待才能保持稳定,因此,操作人员常常从左右两端挠度之间的中点位置推导出承重与砝码的质量。因为我们要解决的是阻尼振荡(每次振荡便会损失能量)的问题,因此半摆次数必须采用奇数以得出平均数。见表5.1,共收录了11次半摆动。阻尼假设为每完整摆动一次,即为1单位的振幅。

预估的平衡位置是 -7.5 和 5.0 的平均数,即 $(-7.5+5)/2 = -2.5/2 = -1.25$,这表示右秤盘中的砝码比左秤盘的重了0.125mg。

为了达到最高的精度,必须考虑砝码和称重物所受的大气浮力。例如,如果我们使用一组密度为 8.6g/cm^3 的黄铜制砝码,去称1根密度为 2.7g/cm^3 的铝棒,那么天平两端所受的力不等。1g黄铜的体积为 $1/8.6 = 0.116$cm^3,而1g铝的体积为

$1/2.7 = 0.370cm^3$。根据阿基米德的浮力定律,物体的升力等于物体所排开的周围介质(在此例子为空气)的质量。在 20 ℃,$1cm^3$ 的空气重 1.20mg,因此,黄铜砝码所受升力为 $0.116 \times 1.20mg$,铝所受力为 $0.370 \times 1.20mg$。差值为 $(0.370 - 0.116) \times 1.20 = 0.30mg$,这表示称重物每称有 1g,就必须加上这一差值,以弥补后者所受的较大的力。如果该铝棒的视质量为 100g,那么实量应为 $100 + (100 \times 0.00030) = 100.030g$。

表 5.1　平衡位置的测量

振幅(左秤盘)	平均数	振幅(右秤盘)	平均数
− 10		7	
− 9	− 45/6 = − 7.5	6	25/5 = 5
− 8		5	
− 7		4	
− 6		3	
− 5			

　　还记得厨房小发明等臂天平吧,如图 5.10 所示,由法国科学院院士兼教授吉勒斯·佩尔松·德·罗贝瓦尔(Gilles Persone de Roberval)于 1669 年设计。天平采用了形似平行四边形的杠杆机构,使秤盘保持水平并从上方进料。杠杆机构使秤盘的支撑架保持垂直位置,并使秤盘本身保持水平,模拟了重力在悬盘台秤中的作用,因此砝码的位置与称重物的位置都不影响称重的结果。为了达到最高精度,图 5.10 所示的旋转销被刃状支架所取代。

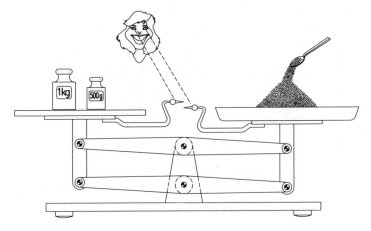

图 5.10　经典的罗贝瓦尔厨房秤

　　虽然等臂天平多年来一直作为传统的厨房用具得以延续,但商用刻度盘秤在 20 世纪中期逐渐流行起来,如图 5.11 所示。杂货店纷纷抓住这个机会,摆脱了与砝码纠结的苦差事。不过澳大利亚的麦尔连锁店是个例外,因为消费者购买商品时其称量往往超过实重些许,所以在澳大利亚的家庭主妇中很受欢迎,同时天平只是小幅度偏离平衡点,也不至于使该公司破产。白得了一匙糖的澳大利亚主妇们,脸上洋溢着欢乐的气息走出了麦尔连锁店,心中一定感觉是得到了"免费的午餐"。

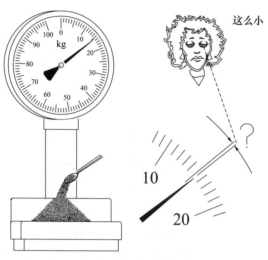

图 5.11　商用刻度盘秤

　　相比之下,商用刻度盘秤显示的质量就是实际质量,没有什么额外质量。罗贝瓦尔的等臂天平显示的是砝码与称重物质量之间的差值,而刻度盘秤显示的是总重,就像我们在惠斯通电桥中看到的那样,直接测量差值比用两个总数相减来计算差值要精确数倍。此外,老式厨房秤通过两个指标(一力臂上升时,另一力臂下沉)的相互重合以显示平衡点的位置,从而使人们看到的额外质量加倍清楚。麦尔先生是意识到了这些机械的复杂之处,还是仅仅遵循了其敏锐的商业直觉,这点尚不可知,但值得肯定的是他非常了解消费者的本性。

　　创新是多面的,同时由于历法的革新,天秤座出现了,天秤座在黄道十二宫中位列第七,也是黄道十二宫中最不显眼的星座之一。与备受关注的那些星群不同,这些星群的形状与其名称的所指物相似,如天鹅座形似一只天鹅,而天秤座是一个简单的梯形。天秤座发挥出创造力,使天秤两个相对的侧边看起来像是悬挂在秤盘上的弦,并在中点上端插入一个假想的枢轴。其他大多数星座起源于希腊传说,而天秤座是新人,直到公元前 46 年尤里乌斯·凯撒进行历法改革才被引入黄道十二宫中。邻近的天蝎座就因此付出了代价,损失了 2 颗星。在历法改革前,这两颗星星准确地代表着蝎子两螯上的尖刺。

　　但天秤座拥有的恒星比你肉眼观察到的要多。希腊哲学家埃拉托色尼曾测量过地球的周长,其精度在公制出现前无人能及,同时也给我们留下了大量关于天秤座中某些恒星的数据。在他的记录中,位于天秤座最北端、亮度为 2.61 的恒星氐宿四比心宿二的亮度还要亮。心宿二位于天蝎鼻子上的红色尖端处,属于一等星。除非埃拉托色尼完全弄错了,否则心宿二一定从他的时代起就开始变亮了,这标志着该恒星逐渐膨胀为"红巨星"。而当一颗恒星将其氢燃料耗尽,然后膨胀时,就变为一颗红巨星。持悲观态度的宇宙学家预计,在大约 50 亿年后,我们的太阳也将面临这样的命运。赫赫有名的剑桥大学卢卡斯数学教授斯蒂芬·霍金博士曾在一相关主题的演讲中建议人们现在就应立即建造星际飞船。

5.6 扭矩

在希腊神话中,西西弗斯(Sisyphus)象征着对劳动成就感被剥夺的悲剧。西西弗斯是埃托利亚城镇的创始人,该城后来发展成为新兴城市科林斯城,但最受人民钟爱的是西西弗斯在解决日常问题时展示出的杰出才智。

某日,西西弗斯怀疑他的邻居奥托吕科斯(Autolykos)引诱西西弗斯的牛群走进了自家牛棚里,于是便在其牲畜的蹄上印上了"被奥托吕科斯偷走"的字样,随后,他循着牛的脚印走进了邻居的牛棚中。这个小妙招带来了双重效果。西西弗斯不仅把丢失的家畜找回来了,还抽时间去勾引他那可怜邻居家的女儿安提克勒亚(Antikleia),他们的后代还包括荷马史诗中的航海英雄奥德修斯(Odysseus)。

当西西弗斯在世的日子将尽时,冥王哈迪斯(Hades)出现了,亲自为他引路。然而,西西弗斯对冥王许下的关于来世的缥缈承诺并无憧憬之意,他注视着冥王手中的一副手铐,对那个新颖的工具假装非常感兴趣的样子。西西弗斯不停地询问手铐是怎么制成的、如何操作等问题,一个接着一个,冥王因其流露出的赞美之情而心生喜悦,便让西西弗斯手持钥匙,而哈迪斯自己则在手腕上展示了如何使用。如果这副手铐是人类制作的,哈迪斯这位神祇会在一瞬间把它们甩掉,但是这些来自来世的小玩意却无论如何也无法取下。

突然,哈迪斯发现自己被西西弗斯摆布了,被锁在一个小房间里,永远成了一个阶下囚。除了西西弗斯以外,在这古老的世界里也再无人死去,甚至那些在激烈的战场上被砍成碎片的士兵也没有死去。当奥林匹斯山的众神一听到人间的人口呈爆炸性增长的风声时,便立即赶去解救冥王,并毫不客气地把西西弗斯送进了地狱。

在地狱里,西西弗斯为自己摆布了统治阶级中的一个神祇而受到惩处,他必须单独一人将一块巨大的圆石推上一座山的山顶。但这里有个陷阱,就在石头快要到达山顶的那一刻,它总是从西西弗斯的手中逃脱,一路滚了下去,西西弗斯别无选择,只能重新开始。西西弗斯是否还在推石头上山,我们无从知晓,不过时代在变化,曾经被称为西西弗斯式的任务现在有了新名字,即"朝八晚五工作制"。

与此同时,我们可以来分析西西弗斯的惩罚到底有多么可怕,以及其雇主是否在过去和现在都违反了劳工立法。人们已发现自己能够完成 1 匹马 1/7 的工作量,同时由于缺乏有力的证据来证明地狱特有的度量衡制度,我们暂且使用地球上的马力做单位吧,即 $75\,\mathrm{kgf\cdot m/s}$,估算出西西弗斯的工作能力为 $75/7 \approx 10\,\mathrm{kgf\cdot m/s}$。

另一方面,西西弗斯在自重为 W_s 的情况下,将重力为 W 的大圆石推上高度为 H 的山顶,需要做的功为 $(W + W_s)H$。同时假设他每天工作 8h,即 $t = 28800\,\mathrm{s}$,为了完成该任务,西西弗斯必须做功 $P = (W + W_s)H/t$。

假设这块巨石的重力为 $W = 500\,\mathrm{kg\cdot f}$,西西弗斯本人的重力为 $80\,\mathrm{kg\cdot f}$,那么我们得到了他每天推石头上一次山所做的功为 $P = 580H/28800$。已知可用的人力是 $10\,\mathrm{kgf\cdot m/s}$,那么 $P = 580H/28800 = 10\,\mathrm{kg\cdot f\cdot m/s}$,同时西西弗斯永无止境地攀登的那座山的高度 $H = 10 \times 28800/580 = 496.6 \approx 500\,\mathrm{m}$。

如果西西弗斯的推力为 $F = 40\,\mathrm{kg\cdot f}$,岩石的半径为 R,那么他在岩石与地面之间的接触点上所施加的扭矩 $T = F \times 2R$。同样,作用于岩石正中央的等效力 F_o 所产生的扭矩 $T = F_o R$。将这两个公式等价,得到 $T = F_o R = F \times 2R$,进一步推出 $F/F_o = R/2R = 1/2$。

这是否意味着西西弗斯将其刑罚的严酷程度减半,从而又一次智胜了众神?

无论如何,知道了 $F_o = 2F = 80\,\mathrm{kg\cdot f}$ 可以使我们由公式 $F_o = W\sin\alpha$ 计算出该轨道的上坡倾角 α,如图 5.12 所示,得到 $80 = 500\sin\alpha$,即 $\alpha = \arcsin(80/500) = 9.20°$,等于 $1:6.17$ 的斜度。试比较,州际公路的坡度常常低于 $1:25$。可怜了西西弗斯,不得已用 1/7 马力(1 马力 $=745.7\mathrm{W}$)来击败如今的跑车!

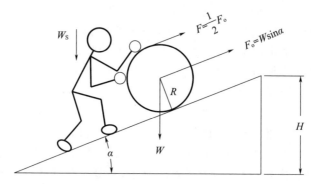

图 5.12　岩石一点一点地向山上滚动

至于西西弗斯所推岩石的大小,我们可以这样假设:为追求完美,众神之间争吵不休,还是把岩石塑造成一个高度和直径相等的圆柱体,这是所有圆柱体中最坚实的一种。假设圆柱体半径为 R,则高度为 $2R$,体积 $V = R^2\pi \times 2R = 2\pi R^3$。由上可知,半径为 $R = \sqrt[3]{V/2\pi}$。

使用这个公式必须要知道该岩石的体积 V,体积可根据岩石的重力 $W = 500\text{kg} \cdot \text{f}$ 及石头的密度得出,而石头的密度可参考有关资料为 $\gamma = 2900\text{kg/m}^3$。由于重力等于体积乘以密度,即 $W = V\gamma$,该巨石的体积一定是 $V = 500/2900 = 0.172\text{m}^3$,而半径等于 $R = \sqrt[3]{0.172/2\pi} = 0.30\text{m}$。

因此,西西弗斯的岩石直径只有 $2 \times 0.30 = 0.60\text{m} = 60\text{cm}(2\text{ft})$。如果你觉得这块岩石小得令人失望,那你把它滚上山试试! 或者在 $9.20°$ 的斜面上,巨石往往会以 $F_\circ = 500 \times \sin9.20° = 80\text{kg} \cdot \text{f}$ 的作用力滚下来。

5.7 电动机转矩和普罗尼制动测功器

以直流发电机为例,假设其皮带轮的半径为 R,皮带的运行速度为 $v(\text{m/s})$,皮带驱动皮带轮运动。F 是皮带的拉力,我们得出驱动力的功率 $P = Fv$。

同时,发电机的转数为 n,皮带轮的滚动周长为 $2\pi R$,由此可计算出 $v = 2\pi Rn$。因此,我们得到该直流发电机的功率 $P = 2\pi nFR$。但是,2π 是单位圆的周长,而 $2\pi n$ 是单位圆在单位时间(每秒旋转 n 次)内所走的弧度(rad),即皮带轮的角速度 ω。

将皮带轮的扭矩 $T = FR$ 及上述项代入功率公式中,我们得出 $P = \omega T$。

注意,n 表示的是每秒转数(r/s),这与常用的单位每分钟转数(r/min)不一样。将 n 扩大 60 倍后,n 就转换成 r/min 这一常用单位了。因此,上述公式就变成

$$P = \frac{2\pi n}{60}T = \frac{\pi n}{30}T \qquad (5.11)$$

式中:$\pi n/30$ 这一项也表示的是皮带轮的角速度 ω,这里的 n 却是每分钟转数。

因此,我们可以通过测量扭矩和每分钟转数来计算出发动机或电动机的功率。1821 年,加斯帕尔·里奇·德·普罗尼(Gaspard Riche de Prony,1755—1839)根据这一原理设计出了制动测功器,如图 5.13 所示。拿破仑·波拿巴采用了这一装置,监督彭甸沼地的排水情况和保护意大利北部菲拉拉省不受波河淹没的工程的进展。

在另一领域,普罗尼与勒让德(Legendre)、卡诺(Carnot)还有同时代的其他数学家们,以及 70~80 名助手一起工作,将对角函数表及三角函数表上的值至少精确至小数点后 14 位,有时达到小数点后 29 位。尽管普罗尼集结了大量的帮手,他还是花了好几年的时间才在 1801 年完成了这些表格。悲剧性的是,由于卷幅太短加上惨淡的销量前景使这些表格未能得以完整出版。

顾名思义,普罗尼制动测功器的核心是一个传统的摩擦制动器,其作用力由弹

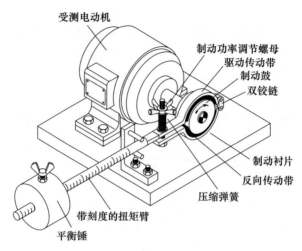

受测电动机

制动功率调节螺母
驱动传动带
制动鼓
双铰链

制动衬片
反向传动带
压缩弹簧

带刻度的扭矩臂

平衡锤

图 5.13　普罗尼制动测功器

簧加压的翼形螺母进行调节。

　　普罗尼制动测功器可以在两种不同的模式下保持平衡。我们可以拧紧闸瓦,直到电动机慢慢降到预期的转速为止,然后将平衡锤移动至平衡点。在平衡点的位置上,制动杆徘徊在上防转销和下防转销之间,两者均不接触。当然,我们也可以这样开始,调整平衡锤的位置,得到所需的扭矩,然后拧紧制动器,直到制动杆在两个防转销之间再次空转。

　　电动机转速采用传统的转速表进行检查,方法是将转速表轴端的斜面(有时是开槽)端紧紧压入电机轴端的中心孔内。

　　在两种情况下,电动机的扭矩均与平衡锤的质心与电动机轴中心线之间的距离成正比,并且可以根据平衡锤落在制动杆上的刻度位置,读取扭矩的读数,扭矩刻度尺应包括制动杆自身重力产生的扭矩。

　　假设电动机的转数为 1800r/min,测量出的扭矩为 5.41m·kgf,然后根据公式 $P = T\pi n/30$,计算出电动机的功率为 $P = 5.41 \times 1800 \times \pi/30 = 1020$m·kgf/s。再除以 75(1hp = 75m·kgf/s),上式转化为 1020/75 = 13.6hp。尽管马力(hp)这一单位不属于国际单位制,但人们仍然常常用马力来表示主要原动力(如发动机和电动机)的功率输出。另一方面,电动机的耗电量只能使用公制度量衡中的单位进行测量,即千瓦(kW)。大家对 kW 这一单位都不陌生吧,这多亏了我们每个月都要缴的电费单,上面的电量是按 kW 计费的。如果采用 hp 作为电费的计量单位,那么计价就是另外一回事了,不过费用单底部上的付费总额还是一样的。

　　如果要将 1020m·kgf/s 这一结果转换为公制单位,我们就乘以 $g = 9.807$m/s^2 的重力加速度就可以了,这是因为国际单位制中的力的单位牛(N)与千克力(kgf)相关联,即 1kgf = 9.807N。由此,我们得出受测电机的输出功率为

$$1020 \times 9.807 = 10000(\mathrm{W}) = 10\mathrm{kW}$$

如果还是这一台电动机消耗了 12kW 的电力,那么其效能是 $10/12 = 0.83$ 或 83%。如果一位竞争者的出价包含了同样价格、但效能只有 86% 的机器,你会选择购买哪一台呢?这便是普罗尼制动测功器做出的测量贡献。许多的发电机和交流发电机在当时一经制造便被誉为伟大的成就,但由于人们发现了这一比例,它们最终被扔进了废品堆放场。

5.8 电涡流测功机

电涡流测功机是相当于普罗尼制动测功器的电测功机,如图 5.14 所示。顾名思义,这个机械采用的是电制动器,而不是机械制动器。为防止机器过热,普罗尼制动测功器的有效使用范围限制在 50hp 和 200r/min 内,相比之下,涡流制动器和电涡流测功机就没有这样的限制。这是因为机械制动器摩擦时生热,必须依靠周围的空气降温,而电制动器的元件之间无须接触,通过强制气流及制动器箱的水冷却方式进行散热。

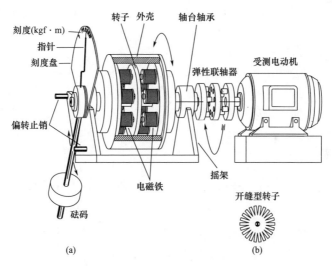

图 5.14　电涡流测功机

还记得在讨论模拟速度计时我们提到的涡流,在模拟速度计中,涡流产生的扭矩将输入轴的转数转化为仪表指针的偏转。图 5.14 中的涡流制动器,其工作原理相同,但适用于更重的负载。图 5.14 所示为八对电磁铁及涡流黄铜盘,铜盘在电磁铁的极靴之间旋转,但在工业模式中,人们往往在这给定的圆形空间里,塞入尽可能多的电磁铁。铜盘上有数个径向槽,旨在增加涡流流经的路径,如图 5.14(b)

所示。磁铁的极化是这样的,磁铁的北极朝着铜盘另一边对应磁铁的南极。

外壳由具有高磁导率的材料(俗称钢)制成,负责关闭电磁铁背部的磁通量线的通道。

弹性联轴器将受测电机与涡流部件相连,同时允许一定程度的线性偏差和角度错位,如图 5.14(a)所示,联轴器的中心磁盘由橡胶或耐磨柔性塑料制成。

整个制动系统安装在一个摇架内,并渐渐倾斜直到平衡锤产生的扭矩等于电机的扭矩为止。我们可以将平衡锤滑动到平衡位置上,通过普罗尼制动测功器的测量方法来测量扭矩。然而,更便捷的方法是保持平衡锤固定,如图 5.14 所示,由制动外壳的角摆动得出扭矩。通过刻度尺上的分格,可以将倾斜角转换成扭矩,不过刻度间隔并不规律。毕竟,即使是很小的扭矩也足以使平衡锤偏离其垂直位置(零位),而平衡锤上升得越高,所需的扭矩就越大。然而,平衡锤的反力矩只在挠度达到 90°时才有所增加,并随着挠度的继续上升而下降,所以才需要防转销,防止制动系统意外超过该临界点并打转。

如果我们用旋转编码器(见第 2 章)与信号处理器替代指针的话,那么该测力计可用于数字读出。这些额外添加的设备使测量的精度大大提升,且只有一个局限性,即摇架轴承会产生摩擦损耗。如果我们将制动系统用凸轮从动件进行支撑,那么摩擦损耗会降至最小,因为凸轮从动件只产生滚动摩擦,而径向轴承则会产生高得多的滑动摩擦。

图 5.15 所示为扭矩和功率曲线,显示了普通型测力计对内燃机的读数。如果气缸内空气燃料混合气燃烧产生的压力在整个工作循环中是恒定的,那么扭矩也将是恒定值,同时根据功率等于力乘以速度这一定义,功率将上升,与发动机的每分钟转速成正比。在图 5.15 中,这种情况存在于 2000r/min～3500r/min 之间,此时扭矩保持恒定。如果我们降低发动机的转速,那么吸入的空气燃料混合气的密度会降低,同时发动机的功率和效率也会降低。在顶端,发动机转得越快,发动机的功率则因活塞和气缸壁之间的摩擦而降得越多。

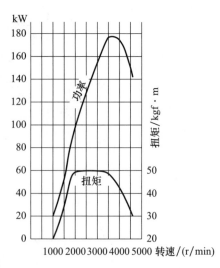

图 5.15　内燃机的扭矩及功率

图 5.15 还显示出了混合动力汽车为什么常常被视为汽车的未来。其理念是使发动机永远保持某个速度,在这一速度下,发动机的效能达到最高,而且排出的气体最清洁。就图 5.15 所示的发动机而言,它需要保持在恒转矩范围(如 2500～3000r/min)的中间地带。在此范围内,发动机可以同时为两种情况提供充足的动力,在

高速公路行驶及为电池充电。在拥挤的城市交通中,电由电池供电的高扭矩电动机提供,而汽油发动机继续以最高的效率工作,但这次汽油发动机驱动交流发电机,发电机再次为电池供电。

通过再生制动,可以进一步节省燃料。再生制动可不是一个新奇的事物,这早就是一种降低老式有轨电车速度的方法,这种电车带有串联式直流电动机。再生制动既能作为发动机工作,也能作为发电机运行,主要取决于是供电还是通过外部电源(如车辆的制动扭矩)来驱动转子转动。如果是后者,那么驱动电动机的动力耗尽了车辆的动量,从而使车辆戛然而止。在过去没有能量回收技术,这一过程中产生的电被电阻耗尽,然而混合动力汽车能使电循环利用,继续给蓄电池充电。

发动机、交流发电机和电动机通过差动齿轮箱实现协同工作,而差动齿轮箱是经典差动装置的进一步改良版,数字控制系统已引入对所有元件之间的相互作用微调环节中。

在日常生活中,扭矩无时无刻不出现在人们的眼前。当我们在街上听到轮胎发出尖叫声,接着传出轰隆的爆胎声时,也不要忘了扭矩。不过最重要的,是多亏了空调的电动机产生的扭矩,你才能舒舒服服地躺在椅子上阅读此书,不用忍受闷热,以及那漫长而又寒冷的冬夜。

第6章
振动

南十字星座的两侧是半人马座阿尔法星,这是天空中亮度排第三位的恒星。赤道以南的天文观测者对南十字星座的熟悉程度,不亚于北纬地区的观测者对北斗七星和北极星的熟悉度。半人马座阿尔法星是距离太阳最近的恒星,由两部分组成,即半人马座 A 星和半人马座 B 星,两者在大小和表面温度都与太阳相似。

因此,我们可以假设,在一颗有着地球大小的半人马座阿尔法星上,如果也是绿草青青、白云悠悠、天空湛蓝,那么其环境就可能与地球相似。不过一件事除外,那就是寂静,一种包罗万象的幽灵般的寂静。洲际公路上没有车辆的隆隆声,头顶上也没有飞机的轰鸣声,没有吱吱作响的割草机,没有哀鸣的警笛,而且还没有刺耳的音响,甚至也没有孩子们的欢笑声在空中回荡。一切是如此寂静,你甚至无法感觉到一片树叶落在地上的微微颤动,一阵微风拂过草地的沙沙响声,也察觉不到晨露正从树叶上滚落,还有那远处无法看清的珍异的食肉鸟的呐喊声。

很久以前,你无须穿越外太空便可体验这般沉寂,如果我们相信希腊神话,这种情况一直持续到某天。脚上长有翅膀的宙斯之子赫尔墨斯(Hermes)发现自己沉浸在一段旋律中,似乎是风吹过一具动物尸体发出来的声响,它那干枯的筋骨每根仍然绷得紧紧的。声音的魔力激发了赫尔墨斯的灵感,他制作了一架竖琴献给阿波罗(Apollo)。这位音乐之神,希望阿波罗忘记失去的牛群,那是自己在出生当天从阿波罗手里偷走的。

这架竖琴以埃俄罗斯(Aeolus)的名字命名,他是希腊民间传说中的风之神。就像赫尔墨斯之后的许多发明家一样,这架琴被他抛在了一旁,后来,根据赫尔墨斯的乐器结构原理所设计出来的乐器被称为风弦琴,独特之处在于琴是由微风而不是音乐家的手演奏的。

埃俄罗斯帮助误入歧途的著名航海家奥德修斯在特洛伊战争结束后返回家乡,随后通过人们口口相传的方式,被大家广为皆知。埃俄罗斯以不分国界的团结姿态,把所有不受约束的风都收集在一个袋子里,确保他心爱的客人能顺利航行。但是眼看就要抵达家乡时,船员们抢了那个袋子,寻找隐藏的财宝,结果任性的风都逃走了,还将船扔回汹涌的大海,把他们带上危险重重的新旅途。

另一方面,希伯来语的历史记载了一个关于大卫王(King David)的故事。某日,他躺在床上享受着午夜的微风吹来的竖琴(或基诺尔琴)声。"其他国王整夜酣睡……但我在黎明时分便已醒来……北风吹过我的房间,使竖琴自己演奏出声响。这些声音唤醒了我,我用剩下的时间唱着诗篇赞美上帝。"

6.1 风弦琴——音乐的曙光

在另一种语境下,伊奥利亚指的是希腊音乐中的一个调式,即现代小调的前身。风弦琴是唯一一个由大自然而非人类演奏的乐器,那么是什么使风弦琴有别于其他的弦乐器呢? 窍门在于风弦琴第 4 根至第 12 根的弦。弦粗不同,但长度相等,全部都调为一个音调。相比之下,小提琴弦的有效长度取决于小提琴演奏者将手置于弦上的哪个位置。如果小提琴发出了纯净的音调,则说明演奏者具备良好的能力,能推测出正确的把位;这样的能力是需要多年的刻苦训练才可练就的。另一方面,拨弦乐器有一排间隔呈对数关系的琴马,琴马标记出正确的弦长,以便弹奏者弹奏出和声音阶的各个音符。

图 6.1 中风琴的有效弦长是该乐器音板上两个横截面呈三角形的硬木琴马之间的自由空间。琴弦可以是肠线、钢弦或尼龙弦,琴弦的一端固定在琴上;另一端则系在调音弦轴上。

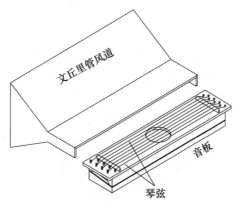

图 6.1　风弦琴

除了赫尔墨斯打造竖琴的努力外,图 6.1 中所示的竖琴还可追溯至另一人身上,此人便是 1602 年出生在德国富尔达的耶稣会成员阿塔纳斯·珂雪(Athanasius Kircher)。在 18 世纪早期,德累斯顿的考夫曼(Kaufmann)和海因里希·克里斯托夫·科赫(Heinrich Christoph Koch)使用 Windfang 或 Windflilgel 为其制作的系列竖琴命名。这些竖琴的音板上有一个漏斗状的风道,如图 6.1 所示。风道引导并平衡与琴弦相垂直的气流,风道的大小还可以调整,与环绕竖琴的琴框宽度相适应。

6.2 无所不在的涡流

风在平行气流中产生了音调,这是因为琴弦向下倾斜的一侧形成了涡流(即围绕中心的快速旋转运动)。在流速一定的情况下,涡流随着琴弦的谐振频率同步产生,使谐振频率一直保持为横向振荡,而横向振荡反过来引发了空气中的纵波运动,又称为声波。琴弦横向振荡的传播速度 c 可根据下式得出

$$c = \sqrt{S/m} \tag{6.1}$$

式中:m 为琴弦每单位长度的质量;S 为所施加的张力。

对于一根直径 $D = 2R$、长度为 l 的琴弦,我们可以将弦的体积 $R^2 \pi l$ 乘以琴弦所用材料(如金属或肠线)的密度 g,得出琴弦每米或每英尺的质量,由此得到

$$m = \gamma l \frac{D^2 \pi}{4} = 0.25 \pi \gamma l D^2 \tag{6.2}$$

当气流在琴弦向下倾斜的一端遇到障碍(此处为不良流线体)时,便产生了涡流,而涡流也是微风振动产生的原因。当层流转换成湍流时,涡流便开始形成了,一直持续并产生更高的流速,直到流型呈现出杂乱状态,图6.2形象地说明了这一过程。左上角是典型的层流流线场,在流速低至足以使相邻层的流体不能混合的情形下普遍存在。此处,上游和下游的流型彼此之间相差无几。

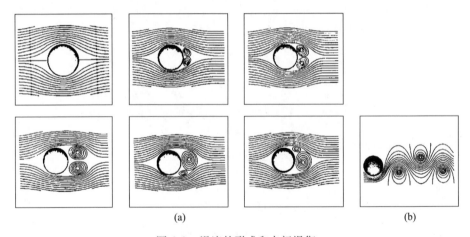

(a)   (b)

图6.2　涡流的形成和卡门涡街

在第一排图像中,接下来的两幅则显示了涡流开始形成的过程。在第二排的流线谱中,涡流逐渐发展到不稳定的状态,同时随着流速加快,涡流的整体大小超过了不良流线体背后的涡流空间界限,因此涡流开始呈周期性的膨胀与收缩。到目前为止一直得到周围流体补充的涡流,开始互相吸取对方的流体。任何一个涡

流都可以以另一涡流的收缩为代价,使自己的规模得到增长,直到后者几近枯竭才使情况发生逆转。

流体运动时产生的动压力使不良流线体(此处为琴弦)的摆动与旋涡方向相反,同时,其反应性弹力增加了脱落涡流的振幅,促进了涡流的振动。

图6.2(a)中的流线谱是以一个观察者相对于不良流线体的静态视角得出的,这就好比一个人站在桥上注视着桥下的水。而图6.2(b)显示的是观察者随气流干流的流动所观察到的流线谱。对观察者来说,琴马逆流而上,而琴柱后面旋转的漩涡则形成了一个模式,即卡门涡街。

斯特劳哈尔(V. Strouhal)测量出在一圆柱形不良流线体(如琴弦)的作用下,空气中逐渐缩小的涡旋的频率f,等于气流流速v的0.185除以不良流线体的直径D,即

$$f = 0.185v/D \tag{6.3}$$

因此,一阵徐徐不断的微风如果以0.357m/s(1.285km/h)的速度吹过,那么会导致直径为1mm(0.001m)的琴弦以$f = 0.185(0.357/0.001) = 66Hz$的频率振动,而这恰好是和声音阶中"C"音调的频率。如果不是该频率振动以及其他的低频率谐振使风弦琴发出美妙的音响,可能我们连嗡嗡声都听不到。此外,将式(6.3)重新组合为

$$v = Df/0.185 \tag{6.4}$$

我们便发现了一种测量管道流速的有趣方法,其中D是常数,所以v和f是仅有的变量。根据这一等式,我们可从卡门涡街中涡流通过的时间间隔来推导流速,为此,涡流流量计沿着流量运动,将一束光传送到另一边的光电池上。当经过的涡流对光束强度进行调节时,光电池产生了脉冲直流电,从而触发了电子脉冲计数器。涡流流量计必须根据所应用的不同流体进行调节,因为斯特劳哈尔数及其与频率–速度的关系因特定的物质而具有差异性。

6.3　波和正弦线

对于一根振动的弦,产生的波形与正弦线相似,如图6.3所示。此图展示的周期是2π,与单位圆的周长相等,y的最大值都是一样的($\sin \frac{1}{2}\pi = 1$)。值得记住的是正弦波每瓣所形成的平方面积正好为两个长度单位。

但反过来,图6.4中的波形与正弦曲线相似,是弦或细绳以波长λ和振幅a进行振荡而得到的瞬时图像。通过将正弦曲线的x值拉长至$1/2\pi$倍,y值拉长至$a/1 = a$倍,我们推导出上述图像,并得到如下转换式

$$y = a\sin\frac{2\pi}{\lambda}x \tag{6.5}$$

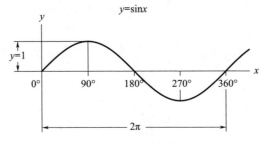

图 6.3　正弦曲线

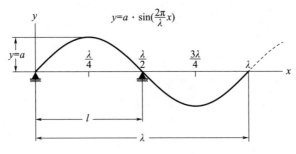

图 6.4　正弦波

根据式(6.5)，我们将 x 替换成 $x-ct$，推导出速度为 c 的某行波在图6.5中的等式，得到

$$y = a\sin\left[\frac{2\pi}{\lambda}(x-ct)\right] \quad\quad\quad (6.6)$$

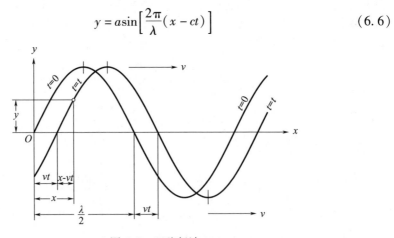

图 6.5　正弦行波

对于一条摇摆中的绳索，其悬吊点之间的距离 l 等于正弦曲线的节点间距，并因此得到半波的长度为 $\lambda/2$，所以一根线振荡时发出的声音实际上是波长为 λ 的虚拟波的二次谐波。对此，图6.4在 $x=0$ 及 $x=\lambda/2$ 的交叉点位置上做出标记，作为支撑点。图6.4中的坐标 y 可表示为

112

$$y = a \cdot \sin\left[\frac{2\pi}{\lambda}(x - vt)\right]$$

通过与明轮轮船相比较,我们可得出某振荡的传播速度。明轮轮船的速度(在能量没有损失的情况下)等于明轮翼划一下的长度 λ 乘以每秒划桨的次数 f,即 $c = \lambda f$。将上述等式换项后,可得出频率 $f = c/\lambda$。在此基波频率的基础上,可触发其他频率为 $2f$、$3f$、$4f$ 等的振荡,又称为谐波。在乐器中,谐波的产生取决于音板的物理性质,同时作为各个类别的特有音色而具有可辨认性。例如,吉他发出的声音不同于小号发出的声音,即使这两种乐器以相同的频率进行演奏。同时,通过麦克风和示波器人们从经验中发现了音叉和某些口哨能产生最完美的正弦波,而其他大多数的乐器发出的波形则更为复杂。

因为谐波的频率是其振动源固有频率的倍数,所以其波长永远不会超过振动源的波长。可以说,谐波的形成是单向的,如果一根振动的弦,其悬挂点两端之间的距离 l 是 $\lambda/2$ 的整数倍,那么出射波和返回波(反射波)将重合。图 6.6 用 8 个"快照图像"描述了这一过程,图像之间的时间间隔为 $T = 1/f$。在图 6.6(a)中,出射波(细线)的正波峰与返回波(中宽线)的负波峰相匹配,并且相互抵消(粗直线)。在图 6.6(b)中,$T/8$ 后出射波向右移动,而返回波也以相同的速度向左移动,合成矢量的振幅比之前更低。在图 6.6(c)中,相位滞后了 $\lambda/4$,返回波和出射波叠加的振幅已经超过了振荡的初始振幅。

在图 6.6(e)中,返回波列和出射波列重叠,而合成矢量的振幅达到峰值 $2a$。

在图 6.6(f)~(h)中,相位差逆向增加,直至恢复到图 6.6(a)的直线状态。

在所有这些过程中,合成波穿过基线的节点位置永远不会改变。这就产生了一个驻波,类似于图 6.9。该图显示了在 10 个相同时间间隔内的各波波形,同时其 y 坐标范围大大延伸了。

对于一条长度 $l = \lambda/2$ 的绳索,其基本驻波[①]由绳子中间的上下两条简单曲线组成,如图 6.7 顶部所示。由于 $l = \lambda$,我们得到一个波瓣为两瓣的驻波,又由于 $l = 3\lambda/2$,我们得到一个波瓣为三瓣的驻波,依此类推。

当 f/f_0 的商没有余数时,驻波便产生了。只有这样,出射波和返回波才能相互维持,如果来自不同振动源的驻波,在乐器开始弹奏到听众接收声波的这一过程中相互干扰,那么驻波逐渐形成复杂的波形,正如我们在连有麦克风的示波器的屏幕上所看到的一样。约瑟夫·傅里叶(Joseph Fourier,1768—1830)是法国欧塞尔的一位裁缝的儿子,他采用数学方法证明了任何一种波形都可以由一系列连续的高频率和低振幅的正弦波叠加产生。在此基础上,可以把小提琴的琴身想象成是若干音域的总和,每个音域在其固有频率上处于正弦振荡状态,从而对小提琴的音色加以理解。要是斯特拉迪瓦里制作的小提琴有个示波器,那该有多好!

---

① 位置保持不变的波。

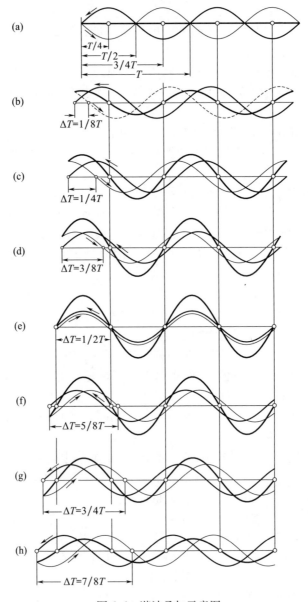

图 6.6　谐波叠加示意图

　　即使某人没有这样的幸运,可以拥有斯特拉迪瓦里制作的小提琴,他仍然可以观察到一根线发出的更高次的谐波,如一端固定而另一端在抖动的晾衣绳。有了一定程度的灵活性后,可以以此绳众多共振频率中的某个或另一个频率,对此绳进行摆动,摆动的速度越快,振荡的周期越多。

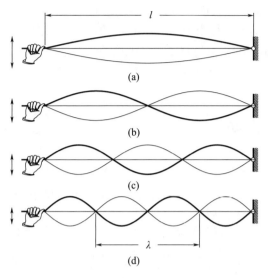

图 6.7　弦的基波振荡与谐波振荡

6.4　弦理论

我们可以从等式 $c=\sqrt{S/m}$ 及 $c=\lambda f$ 推导出一根质量为 m，拉紧至张力为 S 的弦的频率，即

$$f=\frac{c}{\lambda}=\frac{1}{\lambda}\sqrt{\frac{S}{m}} \tag{6.7}$$

因为对于某既定的乐器而言，d 和 m 是不变量，因此式（6.7）可写成 $S \propto f^2$ 或者 $f \propto \sqrt{S}$，这说明了琴弦的音高与施加的张力的平方根成正比。

例如，为了使弦发出 A 音，我们将一根有效长度为 25cm、直径 $D=1\mathrm{mm}(0.1\mathrm{cm})$ 的尼龙弦拉紧后，可得到该相关频率为 440Hz，计算过程如下。

由于琴马之间的有效长度 $l=25\mathrm{cm}$，得到完整的波长 $\lambda=2l=50\mathrm{cm}$，波速 $c=\lambda f=50\times440=22000\mathrm{cm/s}$。

对于一根密度 $g=1.1\mathrm{g/cm^3}$ 的尼龙弦，每厘米的质量 $m=(\pi/4)D^2\gamma=(\pi/4)\times0.1^2\times1.1=0.00864(\mathrm{g})$。

现将公式 $c=\sqrt{S/m}$ 重组成 $S=mc^2$，得到

$$S=0.00864\times22000^2=4.18\times10^6\mathrm{dyn}=41.8\mathrm{N}=4.26\mathrm{kgf}$$

就像 N 一样，dyn（达因）是一个公制力的单位，但是属于最开始的厘米、克、秒单位制。换算关系为 $100000\mathrm{dyn}=1\mathrm{N}$，$9.807\mathrm{N}=1\mathrm{kgf}$。

为了测量出该琴弦是否能够发出 A 音,我们采用尼龙弦的极限抗拉强度(通常为 $800kgf/cm^2$),得到直径为 $1mm(0.1cm)$ 的琴弦的张力 $S_{max} = 0.12 \times 800 \times \pi/4 = 6.28kgf$,因此所施加的张力与琴弦的极限抗拉强度之比为 $100 \times 4.26/6.28 \approx 68$。那么,精神错乱的音乐家们会将其琴弦弄断,也就不足为奇了。

6.5 微风振动

无论带有或者不带有铁芯,铝制电线在微风的作用下会产生振荡(微风振荡),这是振荡运动定律在经济领域上的一大应用。该应用起源于 20 世纪初,那时的人们对于电线杆有规律的声响早已是耳熟能详,如果人们将耳朵紧紧贴在电线杆上,声响还会变得相当响亮。当时这一现象未能得到合理的解释,因此当铝线成为连接水电站与用户的巨型线路网的基本构件时,该现象产生了问题。

不需要消耗任何原料,动能便可生成水力发电,只要来自太阳的辐射热使海洋的表层海水汽化,水变成蒸气上升至对流层的较高层处,在对流层又以雨的形式回到地表。雨水滋润着泉水,而泉水则把发电厂的大水库填满,就好像米德湖填满了胡佛水坝,类似的还有巴西西部的杜伊瓜苏水电站,奥地利的卡普伦水电站和中国的长江三峡大坝等,不一而足。水首先在水电站的最高处被吸收,然后又回到地平面上,无论人们有没有对势能加以利用,水终究会又回到地平面上。

但是,如果你认为这一切都是"免费的午餐",那么不如再好好想想"配电"这一问题。虽然,燃煤和燃油发电厂的位置可以设在靠近消费中心的地区,但是水力发电站的地点却是大自然的选择。这便解释了水力发电站为什么有如此庞大的配电网,而这些配电网往往比实际发电硬件的投资还要高出 1/3,但话说回来,人们可以在自家门前直接产生热电。

在电气化发展的"美好旧时代"里,连接各发电站和消费者的配电线路呈放射状展开,其结果便是一旦电塔意外倒塌或者电缆断裂,受此影响的分区用户便陷入困境,直到损坏的地方得到修复。当各输电线路在横向进行互联,同时每个使用中心都可以通过不同的支路线路获取供电时,上述情况得以改观。由此形成的配电网,即所谓的电力网,几乎消除了电力断供期。但是,直到计算机出现之前,提升电力网的性能一直是数学家们的一大难题。

虽然,木杆和轻质测量线足以满足适度的输电需求,但世界各大水电站仍旧大规模使用笨重的铝制电线作配电网。这些铝芯电缆常常由两根、三根或四根捆扎而成,电压有时可达 1×10^6V,甚至更高。铜是传统的导电材料,而铝的重量不仅只有铜的 30%,导电性还能保持铜的 60%。也就是说,1lb 重的铝线的输电量是 1lb 重的铜线的 2 倍,加之铜的价格更高,而用铝制电缆输送每千瓦时电量的平均成本是同等铜制电缆的 4 ~ 5 倍。

随着 ACSR 电缆的引入,像跨越挪威峡湾这样的大跨度输电网则变得可行。

ACSR 电缆由高强度钢芯组成,嵌在螺旋形铝线罩内,钢缆负责承担机械负荷,而铝线罩是电力的载体,与此同时,ACSR 电缆已成为输电线路的首选导体。

然而,铝十分容易疲劳磨损,因此铝制电线所受的张力不得超过其极限抗拉强度的 18% ~ 20%。除了上述局限性外,人们还发现铝线在开始使用的前几年里,常常因微风振动而发生损坏,最早的一例便是 1917 年美国中西部的一条 ACSR 2 AWG① 配电线路。该线路的电缆由木杆支撑,木杆之间的间距为 55m,在此跨距内,半波振动非常强烈,以至于木杆的顶端来回摇摆,直至木杆发生断裂。

在 1923 年,美国加利福尼亚州比格克里克的输电线路在仅仅使用了十年后便出现了裂缝,引发了对这一现象的广泛研究。

间距宽的电缆重量太沉,因此除了由短路产生的作用力或者突如其来的大雪等意外之外,电缆在整个跨距间无法振动。随机振动并不持久,因为入射波(黑色阴影线)及其反射波(黑线)耗尽所有的能量以加强声波的叠加(细线),如图 6.8 所示。声波的叠加与涡旋脱落的节律并不同步,因此无法持久。

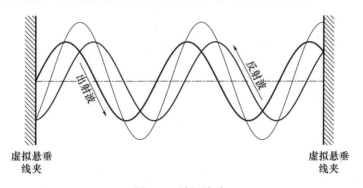

图 6.8　随机波动

因此,微风振动只能在谐振频率的条件下聚集,并通过出射波与从支撑点返回的反射波叠加而变得稳定。出射波和反射波频率相同,但持续时间不长,除非两个支撑点之间的空间包含整数个半波(对于声带而言则是 1),而长跨度的电缆可以容纳大量的谐波。驻波以涡旋脱落的频率聚集起来,不断向风能吸收动力,如图 6.9 所示。

人们在两条输电线路观察到了有趣的现象,第一个是穿越挪威峡湾、宽 650m 的输电线路,第二个便是第二个例中长 965m 的输电线路,其电缆直径为 29mm,每米重达 2.45kg。

_____

① 美国线规。

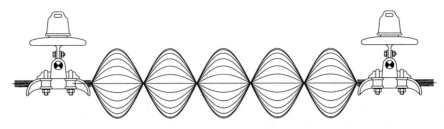

图 6.9　电缆中的驻波波形

　　尽管应力仅占导体极限抗拉强度的 13%，在谐波（基频 0.1Hz 的 250 倍）处仍然产生了振动，由此得到谐波频率为 $0.1 \times 250 = 25$ Hz，以及两个相邻频率为 $249 \times 0.1 = 24.9$ Hz 和 $251 \times 0.1 = 25.1$ Hz。这些频率过于接近，因此风速的微小变化常常导致振动模式从一个频率跳到另一个频率，然后又回到原来的频率，交替产生了相消干涉与相长干涉。其结果便是图 6.10 所示的脉冲波形，与调幅无线电波相似，不过后者的振幅由麦克风发出的电子信号控制，而不是由风吹引起的波干扰。

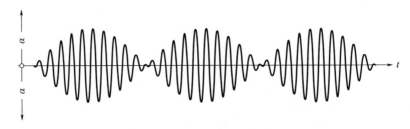

图 6.10　脉冲波形，由两相邻振荡叠加形成

　　这一现象由振幅为 a_0、频率为 f 的基本振荡以及两个相邻频率为 $(f+1)$ 和 $(f-1)$ 的振荡叠加而成。t 代表时间，a_1 代表谐波的振幅，那么波动方程如下：

$$\begin{cases} a = a_0\cos(2\pi ft) & \text{表示基波振荡} \\ a = a_1\cos[2\pi t(f+1)] & \text{表示高次谐波} \\ a = a_1\cos[2\pi t(f-1)] & \text{表示低次谐波} \end{cases}$$

把上面三个方程加起来，并加入以下公式

$$\cos(\alpha+\beta) + \cos(\alpha-\beta) = 2\cos\alpha \cdot \cos\beta \tag{6.8}$$

可以得到

$$a = a_0\cos 2\pi ft\left(1 + 2\,\frac{a_1}{a_0} \cdot \cos 2\pi t\right) \tag{6.9}$$

式（6.9）为一个关于调制波的等式。

118

6.6 实践遇见理论

振动为人们提供了一个简易的方法来测量两个悬吊点(如电杆与电塔)之间电缆的下垂度。所要做的就是用木棒敲击一下电缆,然后紧紧握住,这样你的手就能感觉到它是否在振动。计算感应脉冲经过距离 l 到另一个悬吊点,然后再反射回来的所用秒数 t。因为波的行走距离为电缆的净长度 l_c,来回的速度为 c,所以我们可设 $2l_c = ct = t\sqrt{S/m}$,由此得到

$$l_c^2 = \frac{t^2}{4} \cdot \frac{S}{m} \qquad (6.10)$$

在此基础上,根据悬索的基本曲线悬链线的计算公式,得到了电缆的垂度为

$$\text{sag} = \frac{l_c^2 mg}{8S} \qquad (6.11)$$

在式(6.11)中引入 l_c^2 项,得到简单项

$$\text{sag} = \frac{t^2 Smg}{4 \times 8 \times mS} = \frac{g}{32} \cdot t^2 = 0.306t^2 \qquad (6.12)$$

这样,与电缆的质量及张力均没有关系,我们只需计算某振动从一电杆到另一杆,然后返回的时间,就能得到电缆的垂度。举个例子,假设击打电缆和脉冲返回之间的时间间隔为6s,那么可计算出电缆的垂度为 $0.306 \times 6^2 = 11\text{m}$。可以试着比较一下,即使有经纬仪和激光枪的协助,测量员在测量跨河电缆或者其他偏远地区的电缆的垂度时仍需投入巨大工作量。

6.7 三级风

微风振动造成的破坏范围并不局限于电线,还包括各类高架线缆。1940年11月7日上午11时,塔科马港市纽约湾海峡的塔科马桥突然倒塌了,这是微风振动造成破坏领域中最广为人知的一个案例。这座横跨普吉特湾的悬索桥连接着华盛顿州的海港塔科马市与奥林匹克岛,桥全身长7400ft,桥墩碛距为2800ft。

塔科马桥自1940年7月1日通车起,便因极容易来回摆动和剧烈扭动而闻名,后来被人们戏称为"跳舞的格蒂"。追求刺激的人常常赤脚走到桥的另一头,只为体验桥的奇特反应,然而4个月后,不幸就接踵而至了。不过这座桥可不是被飓风刮倒的,事实上,桥是在徐徐晨风中轰然倒塌,这也说明了微风振动便是幕后元凶。

纽约湾海峡桥倒塌事件并非独一无二。早在20世纪30年代晚期,许多大桥

（其中不乏金门大桥）都需要额外的构架进行加固，以防止因微风振动造成意外损害。塔科马大桥的倒塌标志着结构设计工程学的一个转折点，原有计算时仅考虑了振动力和金属疲劳，但没有单独考虑风力因素。

6.8 疯狂的风力

飓风和龙卷风仅凭强大的动态气压便可摧毁大多数建筑，这点无须赘言，但是微风振动也可产生同样的效果，这个事实就要加以阐述了。伯努利方程给出了风力作用下的动压力：

$$p = \gamma v^2 / 2g \tag{6.13}$$

式中：γ 为空气在 0℃（32 ℉）下的密度为 1.29kg/m^3，以及在 20℃（68 ℉）下的密度为 1.20kg/m^3。

对于直径为 D 的电缆线，每单位长度（1m）所受风力等于风压 p 乘以受压面积的乘积，即

$$F = \frac{\gamma v^2}{2g} \times D = \frac{1.20v^2}{2 \times 9.807} \times D = 0.061Dv^2$$

实验证据表明，由涡旋脱落产生的卡门作用力 F_K 是风力直接冲击程度的 1.04 倍，由此得出

$$F_K = 1.04 \times \frac{1.20v^2}{2 \times 9.807} \times D = 0.0636Dv^2$$

例如，一个直径为 22.4mm 的导体（如 ACSR 477 – 30/7），重量是 1.111kg 裸露在 $v = 5$m/s 的风中，然后得到

$$F_K = 0.0636Dv^2 = 0.0636 \times 0.0224 \times 5^2 = 0.0356\text{kgf/m}$$

与导体自身的质量（1.111kg）相比，这一作用力仅为 0.0356/1.111 = 0.032 或者 3.2%。如果这是恒定负荷，那就没什么好担心的。但是，对于一个在 0 与 a 之间交替的作用力而言，问题在于振动产生的能量。我们先估算出平均风力为 $F_A = F_K/2$，然后得到

$$F_A = 0.0636Dv^2/2 = 0.0318Dv^2 \tag{6.14}$$

将式（6.3）中 $f = 0.185 \times v/D$ 重组为 $v = fD/0.185$，这样便得到

$$v^2 = \frac{f^2D^2}{0.03423} = 29.22f^2D^2$$

所以，$F_A = 0.0318Dv^2 = 0.0318 \times 29.22Df^2D^2$，或者

$$F_A = 0.929f^2D^3 \tag{6.15}$$

我们将每周期的平均风力 F_A 与每周期中电缆的任意一点的位移之和相乘，便计算出微风振动产生的能量。

如果 a 代表微风振动的振幅,则这些位移包括由 0 到 $+a$、到 0、再到 $-a$、再回到 0 的横向运动,共计 $4a$。

有了这个数值,可通过式(6.15)计算出微风振动每周期产生的能量为

$$W = 4 \times 0.929 af^2 D^3 = 3.716 af^2 D^3 \mathrm{m} \cdot \mathrm{kgf}$$

或者转换成电单位(瓦秒每周期),有

$$W = 3.716 \times 9.807 af^2 D^3 = 36.44 af^2 D^3 \qquad (6.16)$$

因为 D 是常数,所以振动能量与振幅乘以频率平方的乘积成正比。

6.9 控制微风振动

式(6.16)可用来判断是否需要减振器。根据爱德华兹(Edwards)、博伊德(Boyd)等的测量结果,铝制电线在临界应变下的抗疲劳强度为 $s = \Delta l/l = 75 \times 10^{-6}$,或者说也是该材料在临界应力下的相关伸张度。如果应力高于 s,那么电缆很可能因为金属疲劳发生断裂。

根据胡克定律 $\Delta l/l = \sigma/E$ 及 $E = 7000 \mathrm{kgf/mm}^2$(铝的弹性模量),我们得到 $\sigma = E \times \Delta l/l = 7000 \times 75 \times 10^{-6} = 0.525 \mathrm{kgf/mm}^2$。因此,电缆所受应力不得超过 $0.50\ \mathrm{kgf/mm}^2$ 这一近似值。

另外,悬链线支撑点附近的应变可由公式 $s = af/406$ 得出,代入上述值,可得

$$af = 406s = 406 \times 75 \times 10^{-6} = 0.0304 \mathrm{m} = 30.4(\mathrm{mm})$$

由于微风振动的范围为 2Hz ~ 30Hz,所以振幅容许范围为 1mm ~ 15mm,超过上述界限值的输电线路必须配备减振器。

将上述项代入式(6.16)中,得到

$$W = 36.44 af^2 D^3 = 36.44 \times 0.0304 fD^3 = 1.11 fD^3 \qquad (6.17)$$

式(6.17)表示在没有减振器的情况下,电缆能承受的最高振动能量。

6.10 减振器

$W \leqslant 1.11 fD^3$ 表达的是在不破坏结构的情况下,一根电缆所能承受的最大能量值与微风振动的频率成正比。因此,理想的减振器应与频率成线性关系,但是到目前为止,这样的情况只存在于汽车模型中。

一个简单的阻尼元件由螺旋状扭卷的硬拉铝线(即铠装杆)组成,铝线从悬垂线夹向外延伸的两个方向上紧紧地包裹导体,约缠绕 1m。当铠装杆无法满足需求时,图 6.11 ~ 图 6.13 中的装置应运而生。每个装置都有其独特的阻尼功能,悬杆使出射振荡和反射振荡不同步,如图 6.11 所示。悬杆由一根规格低于主导线的电

缆组成,并在深凹陷处用夹具夹在主导线上,随着支撑点向外延伸,间距逐渐增大。

驻波进入支撑点之间的空间后,便被困在长度不等于半波长整数倍的区域上;同时,由于悬杆的非相位振动使其无法接受来自外源(如风力)的能量反馈,所以驻波便渐渐减弱并消失。最长的波消失在悬杆电缆上间隔较宽的区域里,而较短的波则被困在距离电缆悬挂点较近的、间距较窄的夹具之间。

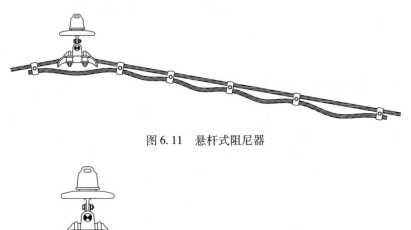

图6.11　悬杆式阻尼器

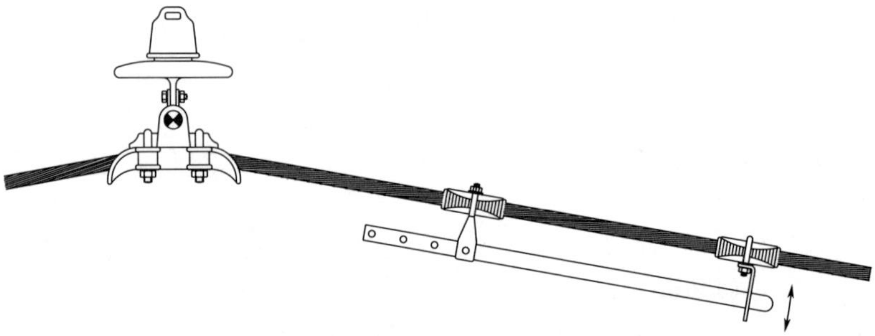

图6.12　悬臂式阻尼器

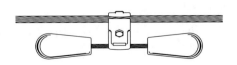

图6.13　防振锤

悬臂式阻尼器的工作原理关键在于能量分散,如图6.12所示,装置由一个铰链连接的制动杆组成,其远端在固定支架的垂直槽中自由摆动。在振动存在的情况下,制动杆的顶端向槽的上边缘和下边缘处交替撞击,从而分散振动产生的能量。该装置所控制的频率取决于支点和槽托架之间的距离。

图6.13显示的是大受欢迎的防振锤。防振锤的有趣之处在于,它从电缆的振动中吸收能量,以此为自己的特定振动补给能量。这种振动有两种方式:第一种,钟形的重物在硬钢电缆(吊线缆)两端的安装点上依次振动,如图6.14阻尼曲线的第一个峰值所示;第二种,重物整个上、下摆动,使吊线缆绕着中心点旋转,如图6.14阻尼曲线的第二个峰值所示,看起来就像海鸥在飞行。该装置的本征频率

依赖于吊线缆的弹性特性及重物的间距和质量。

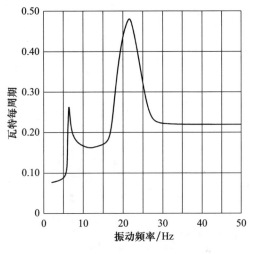

图 6.14　防振锤的特征

在某些范围内,有些古怪的阻尼曲线仍可近似为通过曲线图零点的一条直线,此时与式(6.17)成比例关系。人们发现在这一范围下,广泛使用的防振锤运作良好。

6.11　减振监测

类似于图 6.15 中的线式微风振动监测仪记录了电缆相对于大圆筒的位移情况,大圆筒的惯性防止其振动,检测仪和一个传统电缆夹一道被安装在预期振幅最高值处。

一个定位栓从夹具头处向下伸出,插入惯性块的孔中,在一对预先加压的、反向缠绕的螺旋弹簧之间支撑大圆筒的重量。固定在定位栓前部的是十字栓以及一对两边带有齿轮的立式齿轮传动系,从定位栓的末端向下延伸,保持惯性块沿直线运动并始终与自身平行。一对小齿轮则是由两个啮合的扇形齿轮连锁在一起,图 6.15 未显示。这样的齿条和齿轮传导机构不会损坏,同时其工作原理依赖于滚动摩擦而不是滑动摩擦,因此与传统齿轮相比更容易滑动。为了使齿轮传动的连锁反应降到最低,左齿条与右齿条之间的齿距消除了半距,左边的小齿轮指导并驱动记录笔,在条形图上记录振动情况。

在另一种安装方法中,压电应变仪连接在电缆夹和重物的支撑销之间,重物的惯性与电缆的运动方向相反,导致晶体变形,使其极化。根据牛顿第二定律,上述情形使应变仪发出的信号与加速度成正比,而不是与电缆的位移成正比。这是可以接受的,因为理想的振荡状态为 $y = a\sin(\omega t)$,其产生的加速度 $\mathrm{d}^2 y / \mathrm{d}x^2 =$

123

$-\alpha\omega^2\sin(\omega t)$ 同样与 $\sin(\omega t)$ 成正比。

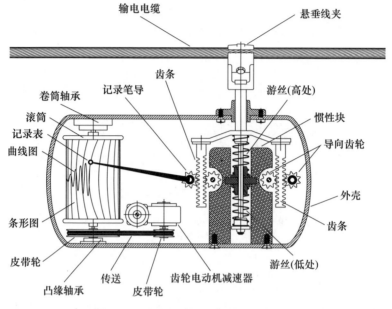

图 6.15　微风振动记录仪(现场试验用)

　　应变仪发出的信号可通过无线电的方式传输至地面卫星接收站,或者传输进入适当的高压电网,虽然这看起来就像金刚和其魅力四射的女主角一样不般配,不过没有关系。早在 20 世纪 60 年代,一种从"壁插座发出音乐"的装置就通过电源线路传播调频节目而风靡一时,其关键在于频率,电力的频率为 60Hz,而调频音乐的频率为 88Hz ~ 108MHz。因为电容器的电抗 $Z = 1/(2\pi fC)$ 与频率成反比,因此一个电容器就能将这两种电源区分开。对于 $0.01\mu\mathrm{F}$ 的电容器,60Hz 的阻抗 $Z = 1/(2\pi \times 60 \times 0.01 \times 10^{-6}) = 265000\Omega$,如果频率为 100MHz,这一公式得到的结果是 0.16Ω。这说明噪声比为 265000/0.16 = 1650000 : 1,足以使 60Hz 的嗡嗡声听不见,同时使经过的无线电信号"清晰且响亮"。

　　这一原理早就不是新闻了,因为各电台之间常常通过输电网相互通信,并且性能与仪表信号一样出色。

6.12　并不牢固的陆地

　　电缆和绳索的振动具有唯一性,因为它们是一维的,而其他多数波动(如声音和光)在三维空间中呈球状传播。地震波也是如此,虽然地震波局限于地球内部。大多数人将脚下的陆地视为不可剥夺的与生俱来的权利。因此,如果说人们在地球上生活实际上更像是在"火山上跳舞",这可能会让很多人感到惊讶。提醒一下,每年人们可感知的强烈地震足足有 5000 多次,其中有 100 多次造成了实际损害。根据地震仪记录的数据,平均每年有超过 10 万次地震。

欧洲最早有文献记载的地震(实际上是山体滑坡)发生在 1348 年,地点位于奥地利维拉赫的卡林西亚镇。但是,人类已知的最具破坏性的地震发生在 1950 年 8 月 15 日,地点是在智利—秘鲁地沟一带。地震的震级为 9.5 级,致死人数达 2000 人,并造成高达 25m 的海啸。

大多数的地震源于地壳构造板块的运动。由于板块运动,极其重的板块位于海洋之下,而较轻的板块则支撑着大陆。还有些地震来自火山爆发和偶发性的地下空间的塌陷,不过这并不常见。

尽管构造板块每年漂移所产生的位移几乎不会超过 1cm ~ 2cm(3/8in ~ 3/4in),但一旦超过板块基底材质的极限抗压强度,其影响就会逐渐累积,直到发生大规模的质量重组。

正是板块基底材质具有极限抗压强度,才使得地球上的山脉不至于"伸到天上去"。如果将青藏高原包围的陆地板块继续挤压的话,原则上,8848m 高的珠穆朗玛峰每上升 1in,随后就会下降 1in。相比之下,火星上的第一高峰奥林帕斯山比火星的半径中位数还要高 25000m,但是由于火星上的重力只有地球上重力的 38%,因此奥林帕斯山的重力相当于地球上一座 $0.38 \times 25000 = 9500m$ 高的山的重力。这表明珠穆朗玛峰下的地面所受压力几乎与奥林帕斯山下的地面所受压力相等。

地震强度最大的地方为震中,而地球内部引发地震的地方,即震源通常位于地表以下 100km 处。不过有时候,震源的位置深入地底,可达 700km(约 440mile)。

从震源发出的波称为 P 波(来自首波的概念),和声波一样都是纵波,但是传播速度则高出很多,通常为 5km/s ~ 15km/s。如果 P 波穿过了震源与观察者之间密度不同的地层,衍射会使 P 波的传播路径产生明显的曲率。

S 波也称为次级波或横波,传播速度可达 4km/s ~ 7km/s。P 波与 S 波之间的比较,就像微风振动与声波一样。与此同时,还有表面波(瑞利波),这种波局限于地壳表面,使地表隆起或下陷。与之 90° 相对应的波称为爱波,在水平方向上横向振动。

在地球内部不同圈层(如地壳、地幔、外地核和内地核)之间的边界处,P 波和 S 波的传播状态成不连续性。内地核被认为是由高浓缩、铁镍比例各为 85% 和 15% 的熔融合金组成,其也是地球密度如此之高的原因所在,密度高达 $5.5g/cm^3$,在太阳系各天体中最高。

地壳的物理勘探受到热梯度的限制,此处温度随着深度的增加呈阶段状递增。为了获得天然气,人们在俄罗斯摩尔曼斯克附近的科拉半岛开凿出迄今为止最深的钻孔,深达 12260m,钻孔底部的温度高达 300℃(572℉)。为研究用途而开凿的钻孔中,最深的一个位于德国的上普法尔茨,于 1994 年达到 9101m(29860ft)。

6.13 地震探测

在大多数的测量中,你所在的观测点是稳定的,而观测对象处于运动状态,但在地震的测量中,情况却恰好相反。观测者自己在不断晃动,还有他们希望紧紧抓住的周遭事物也在剧烈晃动。

因此,地震仪的设计以一个平衡的重物为中心,如图 6.16 中标记为"测量锤"。在我们生活的这个震动不断的世界中,测量锤就像一个死点一样静止。此处的关键词是惯性,根据牛顿的第二定律 $F = am$,可以写成 $a = F/m$,这就说明了物体的加速度 a 与其质量 m 成反比。简而言之,物体的质量越重,物体就越难以移动。这听起来像是在解释一个显而易见的事实,但是要知道米制是建立在牛顿第二定律的基础上,很多力学方程也是如此,就这一点而言,物理学均是如此。如果将此定理运用到地震的测量中,那么重物就相当于参考点,其惯性不涉及位置的突然变化。重物越重,受地震力的影响便越小,那么仪器所得的结果就越精确,因此老式且功能完备的机械地震仪使用了重达 20t 的测量锤。电子记录装置运行所需功率只有机械记录器的几分之一,因此当电子记录装置问世时,人们才得以使用只有几千克重的测量锤;而微型电子记录装置常常用等重测量锤进行测量工作。

公元 136 年,一项地震探测技术被证实,这就是张衡于公元 132 年发明的地动仪。这是一个边缘处镶有 8 个龙头的缸状铜仪,每个龙头都用牙齿咬着一个石球,即使是最轻微的倾斜,石球也会从龙口中滚落。虽然,该装置仅仅能指出地震发生的方向,没有指明震级,但是该装置所示的地震方位精度为 360/(2 × 8) = ±22.5rad,十分之高,我们应当给予其应得的赞誉。

值得注意的是卢伊吉·帕尔米里(Luigi Palmieri)于 1855 年采用的装满水银的 U 形软管。在土木工程中,我们仍然使用这种方法,使两个或两个以上相距较远的测量点保持水平一致(不过填充物是水而不是水银罢了)。帕尔米里 U 形管分为两支管,一旦地层移动,其中一支管的水银柱会降低;另一支管的水银柱则升高。此时,支管与一电极相接触,电极使时钟停止并使记录滚筒运动。令人感到惊奇的是,水银表面上漂着一个浮子,浮子驱使记录笔工作。有人可能会说水银的密度为 $13.6g/cm^3$,几乎是铁的 2 倍,这会给装置带来一定程度的惯性力,因此可能会削弱该装置记录整个地震波频段的能力。然而,诸如此类的直接测量本身不受众多误差源的影响,而这些误差源却不时萦绕在那些所谓的精密仪器中。

图 6.16 中的地震仪负责感应垂直方向的地面波动。如果是对水平方向的位移进行探测,那么我们还需要两个地震仪,一个朝向南北方向,另一个朝向东西方向。这一测量原理在任何情况下都是一样的,只不过横向地震仪在一个类似相框的折叠格栅上装有一个惯性块(测量锤),其中心轴(从一个铰链到另一个铰链)略

微偏离垂直线。因此,惯性块在弹动结束后,便可恢复至平衡位置。

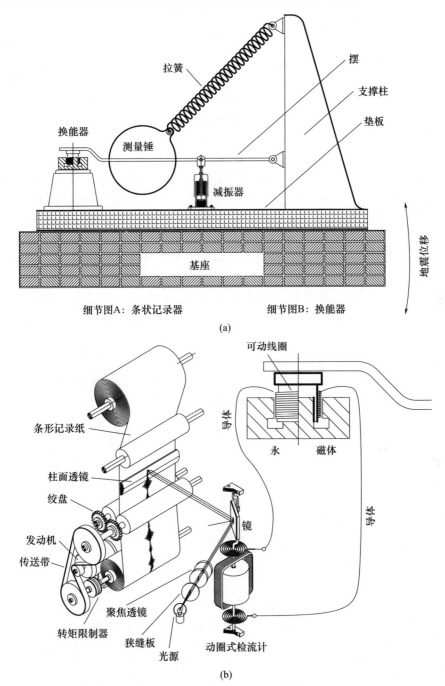

图 6.16 带条形图记录装置的地震仪

地震仪的基座必须足够厚重才能下沉，与地面融为一体。基座通常是砖块、天然石或者混凝土结构，架置在基岩中，而对应的大陆板块中间没有地质裂缝。地震仪的结构与动臂起重机相似，因为立柱的顶端支撑着弹簧，弹簧可以平衡测量锤的重量。

该装置的感应器由某种单层铜线圈组成，如图6.16细节图B所示，线圈插入一个强性永磁体两极之间的空隙中。它就像是一个反向的扬声器，在一个扬声器中，电流使线圈随着调谐摆动；而在一个地震仪中，线圈的运动产生电能。

图6.16中的光束检流计通过安装在检流计机轴上镜子反射的光线方向，显示出感应电流的强度。这种简易装置将放大器与指针融为一体，本质上它使检流计线圈的挠度加倍，因为镜子的任意转动都会使反射光束的角度呈2倍变化。同时，它模拟了检流计的灵敏度，而检流计的指针与镜子到记录滚筒之间的距离一致。

自动记录通常在感光底片上进行，但是这么一来就有必要保护这种条形记录纸，使其免受环境光的照射。来自投光灯或者激光源的光束穿过垂直的狭缝孔径，通过柱面透镜聚焦在记录纸上，保证在记录纸的整个宽度范围内有一个清晰的焦点。每次倒带后，将卷轴的位置平级移动，该卷记录纸就可循环利用。对于这个连续数年昼夜不停运转的机器而言，这是一个很重要的特征。尽管大多数的记录都属于背景噪声，但是必须保证记录笔的速度足够快，才能在丧钟敲响之时，将迹线彼此区分开来。

除了图6.16中的元件外，地震仪还需要一个时基或者时钟，以便定期在记录纸上标记记号。在全球通信网中，当我们知道地震从一个测点影响至另一测点的确切时间，就可以建立地震波传播的空间模型，大部分关于地球内部的研究均基于此类估算。

为了防止测量锤跟随弹簧及其相关组件随机抖动，记录线圈中反电动势产生的阻尼作用可能不足，因此还需要添加一个机械减振器，如图6.14所示。

人们已经尝试设计了大量形态各异的地震仪，最简易的由一个测量锤组成，测量锤挂在一根几英尺长的钢丝上。此处，同样有一面镜子与钢丝相连，镜子使光线发生偏转，使其在读数屏上绘制出振动的情况。

近年来，有了灵敏的线性转换器，人们可根据一对桥墩的间距直接测量地震运动，桥墩间距从1m到1km。

信息时代的记录装置，毫无疑问当属计算机了。信号从模拟变换器转到数字变换器，然后输入计算机中，而多数自动记录声卡已经装有数字变换器了。

查尔斯·弗朗西斯·里克特（Charles Francis Richter, 1900—1985）提出了里氏震级的概念，对地震的震级M加以表述。里氏震级将地震的强度分为0～10级，就像声音的分贝一样，由对数演算而来。5级地震的强度是4级地震的10倍，是3级地震的100倍，依此类推。对于不太显著的地壳运动，对应的地震震级在1～5级之间，而具有破坏力的地震，其震级往往在6～8.7级之间。1964年，在阿拉斯加州安克雷奇附近的威廉王子湾发生了美国历史上最强烈的地震,震级为8.4级。如果震级为10级,地震会产生类似于圣安德烈亚斯断层的断层带,断层带将绕地球一圈。如果假设有震级为12级的地震,它将撕开一条裂缝,直直地深入地下,逼近地球的中心。就能量而言,4~4.7级的地震相当于核裂变炸弹爆炸产生的能量,而核聚变炸弹(俗称氢弹)对应的震级为7~7.5级。

地震的内在波能 E 与里氏震级 M 有关,其计算公式为 $E = 12 + 1.8M$,单位为erg(尔格)。erg是有史以来第一个绝对测量系统,厘米、克、秒单位制中表示能量的单位,它与焦(J)相关联,$1\,erg = 10^{-7}\,J$。

6.14 振动传感器

几乎每个旋转的物体都能进行某种程度的振动,其中也包括曾经引发了工业革命、随之传播了文明的工业和家用机器。开过老式汽车的司机们都还记得"临界速度"吧,通常在 70mile/h~80mile/h 的范围内,在此范围内整个车辆会发生振动。胆大的司机可能还记得,车子以更高的车速行驶时,振动会奇迹般地平息下去。当然,不是因为收到了超速罚单,而是因为谐振。在正常情况下,处于运动状态下的汽车,其各个元件都会以各自的频率振动。但在临界速度时,汽车的大部分元件以一致的频率摆动,一些零部件达到本征频率,还有一些零部件跟随本征频率的谐波频率振动。

由于工业中需要无振操作,因此机床的机身比单独控制静力所需的材料要重上好几倍。要知道,正是振动的产生才限制了切屑机的切削深度,同时如果车床或铣床的床身稍有振动,那么其精度就会下降。

多亏了人体皮肤上的梅氏小体和帕西尼安小球,人类才能察觉到 10Hz~800Hz 的振动。梅氏小体位于人体表皮与真皮层的交界处,对 10Hz~60Hz 频段的振动有反应。表皮是皮肤的最外层,厚度从0.05mm(眼睑处)到1.5mm(手掌和脚底处)不等。真皮位于皮肤表层的下面,由活细胞组成,虽然真皮的主要功能是呼吸(因为细小的血管在真皮层处就停止向下延伸),以及向外层皮肤输送养分,但是位于真皮深处的帕西尼安小球能感觉到高达800Hz的高振频率。

与电子设备相比,这种感官对振动的检测范围就显得微不足道了,此类设备包括唱机拾音器、麦克风,以及各种各样的工业和研究性传感头。有些对位移产生反应,有些对位移的速度产生反应,还有一些对振动元件的加速度产生反应。

由来已久的晶体拾音头对位移起作用,这是因为拾音头产生的压电电压取决于晶体所受压力的大小。类似于图6.16中的地震仪上的感应式拾音器,则是根据线圈位移的速度产生电压。最后,还有一些传感器受惯性力驱使,比如,汽车突然减速时释放安全气囊的传感器。

6.15　信号的显示

大多数修理工和电子实验员的工作台上都放有传统型示波器,这是一种通过波形、频率和振幅等方式,对电信号进行可视化处理的理想仪器。该仪器内部有 $\pm 0.5V$ 的方波参考,可以对电压进行检查。同时,可以计算出相对于水平扫描频率的峰值数量,并以此来测量频率。

有了非线性的时基,比如,来自壁插座的 60Hz 交流电在转化为 6V 或 12V 的交流电压时,可以生成有趣的波形。公共事业设备将其电路的频率精确控制在 60Hz 交流电上,使电压产生的正弦波形不受谐波的影响,因为谐波的存在会使电动机嗡嗡作响,有时还会发热。

连接到示波器的 x 轴输入端后,电路的交流电构成 $x = a\sin(120\pi t \pm \alpha)$ 这一类型的时基,其中 a 表示峰值电压。诸如 $y = b\sin(\omega t \pm \beta)$ 之类的谐波振荡在示波器上显示为利萨如图形,其范围包括一条直线到一个圆、再到多个循环的圆环,如图 6.17 所示,这表明输入频率为图中正峰值的 60 倍。

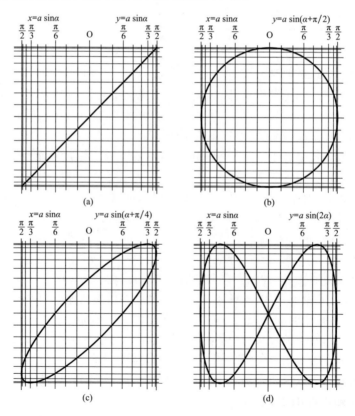

(a) (b) (c) (d)

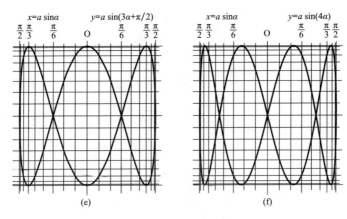

图 6.17　利萨如图形

毫无疑问,与 60Hz 的扫描电压同相的等赫兹信号,其显示的迹线为一条倾斜的直线,如图 6.17(a)所示;有 2、3、4 个峰值的圆环表明频率分别为 120Hz、180Hz和 240Hz,如图 6.17(d)(e)(f)所示。

一个 90°的相位差将直线转变为圆形,如图 6.17(b)所示,其他相位差则使图形显示为椭圆状,如图 6.17(c)所示,同时我们可改变相位角将该椭圆变得细长。

6.16　频率测量仪器

图 6.18 所示为手持式机械频率计,主要用于检测网络的频率。仪器的核心是一排振动舌(即舌簧),舌簧对强电磁铁的交变磁场产生反应,就好比音叉会对力作用下的刺激产生反应一样。由于中间簧片的谐振频率为 60Hz,所以左边的簧片分别调整为 59Hz、58Hz、57Hz,而右边的簧片调整为 61Hz、62Hz、63Hz 等,依此类推。如果左、右相邻的簧片振荡时振幅相等,那么摆幅最大的舌簧就代表了激励频率,如果两个相邻的簧片振幅相等,那么就取其频率的中间值。例如,如果 60Hz和 59Hz 的两相邻簧片摆动一致,则取其中间值 59.5Hz。逐渐积累经验后,人们甚至能判断出 1/4Hz 的频移。

数字式频率计测量精度高、使用范围广,采用一个由音序器芯片控制的电子计算器,在计算信号的频率方面,可与秒表和脉冲频率计相媲美。首先,将脉冲频率计归零,然后同时启动秒表和频率计,接着当秒表到达预定时间(如 10s)时,立刻关闭频率计。与墙上插座相连后,频率计将显示 10s 内的计数为 600,毫无疑问,该插座的应用频率为 600/10 = 60Hz。在某些电源频率标准为 50Hz 的国家中,你会发现频率计的读数为 500。

在电子频率计中,秒表被一个电子时钟所取代。时钟的设计常常以经典的

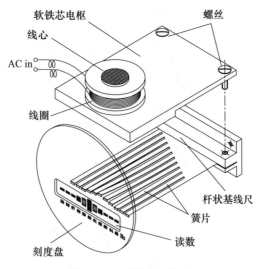

图 6.18　舌簧式频率计

555 芯片或者现代芯片和一些外部组件为中心,其数值决定了时钟的频率。接下来是音序器芯片,该芯片在开始时将频率计归零,并在计数过程结束后中止频率计。由于时间基准为 1s,频率计的读数直接显示为频率值。对于较高频率的信号,可适用 0.1s 或者 0.01s 的时基,并且在需要的情况下,可用一个或多个十进制转换芯片输入信号。

受噪声污染的输入信号和杂散信号必须通过比较仪输入,比较仪能够阻挡低于某一阈值的所有输入,无论是噪声还是信号,这点与我们熟悉的杜比电路有所不同,随后就只剩下远远高于噪声区的频率最高信号了。比较仪还可设置频率计的输入阻抗,高达 35MHz 的输入阻抗避免了对信号源造成重大负荷。除此之外,还必须考虑高频和超高频传输的特殊性,尤其是电缆的终端阻抗(如 50Ω、70Ω 或 100Ω),防止反射发生。如果是弱信号,只要噪声放大不会导致输出不稳定,那么就可以接上 741 型运算放大器。

长时基频率计的精度最高,但是这种仪器的响应时间应当控制在合理范围内。一个时基为 1s、频率为 1kHz 的信号,其计数精度为 1/1000 = 0.1%。但是,如果是 10Hz 的信号,在时基不变的情况下,那么误差范围将会是 10%,这就令人难以接受了。

6.17　强制振荡

从根本上不同于"有固有周期"的振荡,强制振荡是由力引发的周期运动。通过一种挡车轭的装置,如图 6.19 所示,或者更科学的说法是曲柄和槽形十字轴,可产生谐振(正弦振荡)。当曲柄匀速转动时,滑块在十字轴的槽内来回移动,引导十字轴左右移动,形成书中的正弦线形,如图 6.19 右下角波形所示。

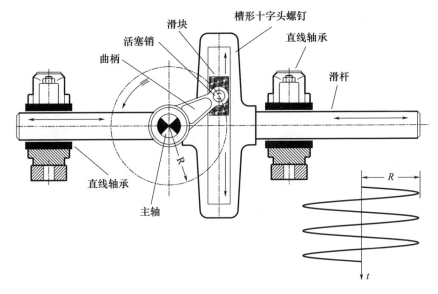

图 6.19　简谐运动发生器

　　挡车轭比内燃机和柴油机的曲柄机构更加复杂,主要用于特殊用途,如蒸汽泵,其活塞位于同一柱塞的两端,安装在往复路径一端的蒸汽活塞为该装置提供动力,而另一端的水泵活塞则负责泵送能量。

　　飞轮的作用是使机器平稳运转,并负责能量储存和能量回收。这是因为飞轮在前半冲程中吸收能量,使活塞和柱塞加速运行,而该能量又在后半冲程中得以恢复。同时,在后半冲程中,活塞和柱塞的质量产生的线动量也有助于飞轮加速运转。如果没有飞轮,那么活塞和柱塞来回加速和减速所需的能量会遭受损失。

　　由于角速度 $\omega = 2\pi f$, α 表示振幅, f 表示频率,那么谐振的等式可写作 $y = \alpha\sin(\omega t)$。位移的速度为

$$\alpha \frac{\mathrm{d}y}{\mathrm{d}(\omega t)} = \alpha\omega\cos(\omega t) \tag{6.18}$$

加速度为

$$\alpha = \frac{\mathrm{d}^2 y}{\mathrm{d}(\omega t)^2} = -\alpha\omega^2\sin(\omega t) \tag{6.19}$$

　　三角恒等式 $\cos\alpha = \sin(\pi/2 - \alpha)$ 及 $-\sin\alpha = \sin(\pi + \alpha)$ 证实,函数 $\sin x$、$\cos x$ 和 $-\sin x$ 之间的区别仅仅在于相移,而各自的正弦波形状保持不变。因此,谐振的位移、速度和加速度符合正弦曲线这一规律,只是相位不同。

　　在图 6.20 中,用粗线绘制的曲线代表的是位移,双重曲线表示的是速度,而三

重曲线表示的是加速度。上述三种曲线的形状完全一致,不过也只有形状一致而已,因为曲线的单位不同,分别是 m、m/s 和 m/s^2。

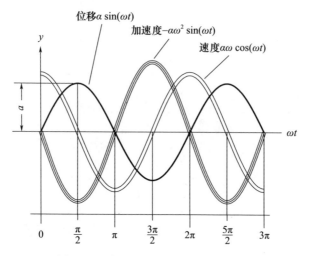

图 6.20 谐振中的位移、速度和加速度

在引入弧频 $\omega = 2\pi f$ 这一项后,谐振的相关等式可简化为 $y = \alpha\sin(\omega t)$、$v = \alpha\omega\cos(\omega t)$ 以及 $A = -\alpha\omega^2\sin(\omega t)$,其中(A)表示加速度。

6.18 曲柄机构

由于其简易性,图 6.21 中的曲柄机构已经成为日常搭载我们往返办公地点机械的核心元件,要不是詹姆斯·瓦特的竞争者在早些时候尝试制造热机时,就拥有了曲柄机构专利,瓦特可能早就将曲柄机构用于其蒸汽机中了。但是瓦特是一位非常机智的发明家和工程师,他使用了一套双齿条棘轮传动系,以此将蒸汽机活塞的线性位移转换成飞轮的旋转运动。尽管瓦特遭遇了诸如此类的法律障碍,但是他制造的蒸汽机及其后来的接替者内燃机为日益渴求能源的人类打开了世界热能资源的大门。仅 2001 年,就有 2.26 亿辆汽车挤满了美国的高速公路,并且数量还在不断增加,新增车辆每月在 80 万辆左右。

尽管如此,内燃机在早期应用中一定都是非常符合原理的设计,可在现实世界中根本行不通,要知道,这是有合理论据支持的结论。以气缸为例,其内部在承受爆炸性气体的热量和约 1000psi 的压强,而外部却由水进行冷却! 还有活塞,一面承受钎焊的高温,还能同时获得足够的润滑油以进行滑动运动和密封处理,这样不是会很快磨损吗?

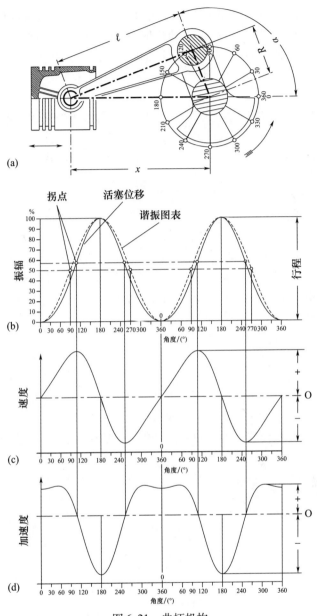

图 6.21　曲柄机构

　　最后，就是外部设备！在空气燃料压缩混合气中操作的火花塞，在数亿次放电后，还能保持其电极的清洁度吗？点火开关以相同的速度启动，还不会对触点造成磨损吗？还有当时被称为汽化器的装置，其功能是在每一循环中将适量燃料汽化，使燃料与空气的比例在冷热环境中均保持在 1∶16。那么，当机器空转或者全速运转时，汽化器还能达到这一目的吗？

最重要的是,这个人们倡议的发动机甚至不能像蒸汽机或者电动机那样启动,而是必须冒着折断手臂的风险,在发动机时有发生反冲的情况下给机器装曲柄!"所有罪名均成立"便是对所有同等复杂的机械的判决。只不过并非"任何机械"都背负这样的"罪名",满足个性化需求的交通工具,这才是地球上大多数人梦寐以求的机器。

只有如此巨大的需求才能激发数千名顶尖工程师和机械师投入长达1个世纪的工作量,完成一项"不可能完成的"工程任务。当我们看到汽车发动机运行得如此宁静,甚至于很难分辨发动机是在运行还是在休息时,让我们在心里对这一群默默无名的发明家致以感谢。

蒸汽机的十字机轴沿着一条直线引导活塞运动,内燃机与此不同,其曲轴传动机构使拥有足够长度的活塞(防止磨损)自行达到这一目的。在图6.21中,曲轴的有效半径(离心率)用 R 表示,连接通道的长度用 l 表示,x 代表了活塞销相对于曲轴中心轴的位移。在本例中,f 表示频率或转数,那么曲柄相对于下止点的角位置为角度 $\alpha = 2\pi f$。在由 R、l 和 x 组成的不等边三角形中(用加粗中心线表示),相应的内角为 $180° - \alpha$,根据 $180 - \alpha = -\cos\alpha$ 及余弦定理,我们得到关于该三角形的等式为 $l^2 = R^2 + x^2 + 2Rx\cos(\omega t)$。由于 $1 - \cos^2\alpha = \sin^2\alpha$,上述等式变换成了一个混合二次方程式,其解为

$$x/R = -\cos(\omega t) \pm \sqrt{(l/R)^2 - \sin^2(\omega t)} \qquad (6.20)$$

用 $f(\omega t) = \sqrt{(l/R)^2 - \sin^2(\omega t)}$ 置换后,式(6.20)简化为

$$x/R = -\cos(\omega t) \pm f(\omega t) \qquad (6.21)$$

式(6.21)将活塞位移(相对曲柄半径 R)分解成一个调和函数项 $-\cos(\omega t)$ 和非调和函数项 $f(\omega t)$。

活塞位移的速度 v 是微分式 $dx/d(\omega t)$。式(6.21)第一项 $-\cos(\omega t)$ 的微分式为 $\omega\sin(\omega t)$,将第二项微分后得到

$$f'(\omega t) = \frac{-\omega\sin(2\omega t)}{2f(\omega t)} \qquad (6.22)$$

则

$$\frac{v}{R} = \omega\sin(\omega t) - \frac{\omega\sin(2\omega t)}{2f(\omega t)} \qquad (6.23)$$

在式(6.23)中,得到调和项 $\sin(\omega t)$,后接一校正项,校正项是由这种曲柄机构的特殊设计决定的。

由于振动是由加速度而不是速度引起的,因此我们需要从下式中得出此微分式 $dv/d(\omega t) = A$,即

$$\frac{A}{R} = \frac{1}{R} \cdot \frac{dv}{d(\omega t)} = \omega^2 \cos(\omega t) - \frac{2\omega^2 \cos(2\omega t) \cdot 2f(\omega t) - 2f'(\omega t)\omega \sin(2\omega t)}{4f^2(\omega t)}$$

$$(6.24)$$

式(6.24)可简化为

$$\frac{A}{R} = \omega^2 \cos(\omega t) - \frac{\omega^2 \cos(2\omega t)}{f(\omega t)} - \frac{f'(\omega t)\omega \sin(2\omega t)}{2f^2(\omega t)} \qquad (6.25)$$

或者

$$\frac{A}{R} = \omega^2 \cos(\omega t) - \frac{\omega}{f(\omega t)}\left(\omega \cos(2\omega t) - \frac{1}{2}\sin(2\omega t) \times \frac{f'(\omega t)}{f(\omega t)}\right) \qquad (6.26)$$

在式(6.21)~式(6.26)的曲轴等式中,第一项都是谐振的表达式。只是第二项引入了理想谐振与实际曲柄传动机构之间的偏差值,与位移、速度和加速度相关。如果偏差值在活塞位移图中看起来很小,如图6.21(b)所示,那么这些偏差值在我们引入速度时会不断增加,如图6.21(c)所示,对于加速度则更是如此,如图6.21(d)所示。最重要的是,加速度曲线图有四个波幅不同的峰值和谷值,而其他曲线只有两个。

由于加速度与惯性力互成正比,因此所有这些数学关系归结为一点,就是振动。活塞的摆动是线性振动的一个来源,其中活塞的质量与发动机的质量成比例关系。如果一个总质量100kg、活塞质量1kg的单缸发动机可以自由移动,那么发动机每行走10cm的冲程,便会随着活塞的位移,反向摆动1cm。这便是我们所熟知的由吸能材料(如聚氨酯)制成的发动机架存在的理由,人们在电力线路的硬件中会用到这一配件。

扭转振动就另当别论了。根据角动量守恒定律,即 ωR^2,一辆自由悬浮的车辆会随着曲轴及其相关元件的转动而旋转。如果 R 表示旋转半径,ω 表示角速度,那么 $\omega_1 R_1^2$ 就表示曲轴和传动轴的角动量,$\omega^2 R_2^2$ 表示与该车辆车身相反的动量。由于发动机启动前,这两个物理量均为0,因此当发动机运行时,仍要保持这一状态,即 $\omega_2 R_2^2 - \omega_1 R_1^2 = 0$。也就是说,如果整个车身悬浮在稀薄的空气中,那么该车辆的旋转方向与发动机的旋转方向相反,速度之比为 R_1/R_2^2。这也解释了为什么直升机必须要在尾部装有一个螺旋桨,这是为了防止机身在水平方向上打转。

实际上,在一个单缸式四冲程发动机中,曲轴每转动两圈,只有一个半圈推动发动机运转,而发动机在剩下的三个循环中由飞轮供应能量。因此,发动机的转速随之波动,而整台车辆的反扭矩也进入不稳定的振动状态。

四缸发动机则没有此类振动源,其中有一个汽缸随时保持活跃状态。不过在这4个汽缸中,因燃烧空气燃料混合气而产生的压强随着活塞运动的冲程长短而变化。我们必须防止此类残余振动随着曲轴的本征频率与曲轴共振,因此,人们在设计曲轴时,其共振频率远远高于发火次序产生的频率。

虽然在双缸和多缸发动机中,垂直方向上的惯性力随着活塞各自朝相反方向移动而相互抵消,但由于活塞沿曲轴运行的位置不同,电机机座仍然会纵向倾斜。这种采用空气冷却的"甲壳虫"小汽车带有所谓的箱式发动机,通过将发动机的4个气缸两两相对放置来减少振动。对于直列式发动机,6个汽缸的配置被认为振动最低。更为稳定的发动机采用更多的汽缸,汽缸通常呈V形排列。

6.19 迷人的曲柄传动机械装置

除汽车环境外,材料搬运机械中也存在强迫性简谐运动,如振动加料器和振动筛。还有步进梁式运输机,它采用一对摆动的边梁逐步运送货物。有些环境会对其他类型的装料设备造成破坏,因此步进梁在此类环境中逐步占据上风。其中一例便是图6.22中的连续输送机,用来对经过热处理的工具钢棒退火。这一工艺流程降低了钢棒的脆度,同时在一定程度上牺牲钢棒的硬度。

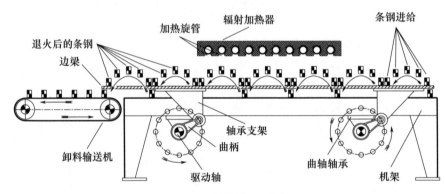

图6.22 步进梁式运输机

退火的温度范围为180℃~300℃,这取决于人们对于韧性的需求,同时可通过毛坯钢件的表面颜色做直观检查。钢件呈淡黄色表示温度在200℃,此时硬度开始轻微下降;青灰色表示温度为350℃,这就发出了一个警示信息,接下来钢材会发出深红色的光芒,且硬度大大降低。

步进梁式运输机(分步加料)的部分示意图如图6.22所示,运输机通过退火炉进给钢材。机座可兼作固定输送台,同时摆动的边梁(第一个位于输送台前面,第二个在后面)由双曲柄传动机构驱动,传动机构确保边梁的任意点都能模仿曲柄销的循环路径,并在整个周期中与自身保持平行。在此例中,装载量实际上由条钢(图中的黑白方格)构成,条钢放置在边梁上,与边梁呈直角相对。装载的功能与上文一致,即在上半周期中,边梁将条钢从输送台上抬离,继续输送,当边梁降到输送台面以下时,边梁就会把条钢放在冷却辊道上。当边梁从下方再度出现时,下半个输送周期就开始了。

有了这一装置,货物在一半时间内可保持静止状态。由于某些工序规定了材料必须在加热和冷却等环境下曝光一定时间,因此这点十分可取。不过如果使用该装置对材料进行快速处理,那么效果便适得其反了。因此,图 6.22 中的原理必须进行适当改进,才能实现不间断的运作,方法是再次引入一对边梁,固定以反向的方式振动。第二对边梁在第一对下降至固定输送台下方时,拾取货物,反之亦然。

为了达到这一目的,图 6.23 中的一对曲轴代替了图 6.22 中的曲柄。这个部件分解图可能给人一种设计非常复杂的印象,不过这里的曲轴并不比汽车的 4 个汽缸发动机的曲轴复杂多少,只不过这里还有一根曲轴,使两机轴的转动保持一致。机轴与其他曲轴呈 90° 角相对,其推动力在边梁的死点处达到最大,因此使转矩波动最小化。

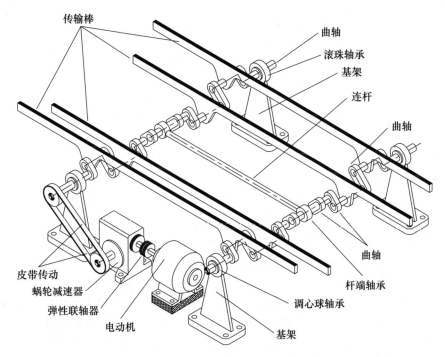

图 6.23　步进梁装置(部件分解图)

电机通过蜗杆减速器和正时皮带驱动其中一曲轴运作,另一曲轴则是通过不断振荡的边梁和连杆(位于与机轴呈 90° 的两曲轴之间),由刚性联轴器带动运转。

6.20　模拟频率计

虽然我们可以从传动装置的每分钟转数中推导出机械生成的周期运动频率,

我们仍须使用适当的仪器(如微风振动记录仪或者舌簧式频率计)测量独立振动。个别调簧片的存在表明情况并非如此,不过由于不间断地追踪着频率的变化,因此调簧片也称得上是一种模拟仪器。

真正意义上的模拟计数器还是你家后院里的电量表。其五个刻度盘上的指针表明了自仪器最近一次重置以来或者自安装以来,你家所消耗的千瓦小时,如图6.24所示。刻度盘彼此用齿轮连接,齿轮传动比为1:10,这与时钟的指针相似,不过后者的传动比为1:12。因为啮合齿轮的转动方向是相对的,因此电表的每个指针的转动方向都与其相邻指针相反,第一个指针顺时针方向转动,下一个为逆时针方向。在第一个刻度盘中,数字1表示10000kW·h,第二个刻度盘上的数字4表示4000kW·h,而第三个刻度盘上的数字7则表示700kW·h,依此类推。因此,你读取一个刻度盘上的整数,并找到右边下一个刻度盘上的整数,作为下一位数的值。至于最右边刻度盘上的小数部分,就用"猜测法"估算吧。

图6.24 电表刻度盘的读数

6.21 数字频率计

模拟仪器不间断地追踪被测变量的变化,相比之下,数字式频率计即使是在低频率下,也能对读数进行更新。除非数字变化得非常快,至少和电影放映机跳帧一样时,我们才会产生显示屏在连续自动校正的错觉。

汽车速度计面板中嵌入的里程表是数字仪器,因为每个圆柱形表盘都保持固定不动的状态,直到右边的表盘转了一整圈,并启动某个档器,使对应的左表盘前进一个节距。这一排圆柱形刻度盘便这样循环往复地运转,并通过组合的方式显示汽车自上路以来的总里程数(这一数字受法律保护)。

类似的机械计数器曾经是不同层级的计算器的标准部件,从收银机到手摇装置等等,皆是如此。但如果机械计数器由精通算法的操作员进行操作,那么该装置可用来计算对数,甚至是三角函数。

6.22 计算机问世了

在电子工业和电气工程中,你再也找不到像机械计数器那样传动比为1:10

的基本构件了,设计师可以选择各种双位开关逻辑元件。

如果将开关连接到5V的电源上,那么开关会生成两个不同的信号。一个在打开位置,为0V;另一个在关闭位置,为5V。

如果将一组开关(两个)正确相连,则起着门电路的作用,如图6.25所示。如果串联,这组开关则合成一个与门,因为两者都必须关闭才能处理信号,如为面板灯供电。如果用电线并联在一起,各个开关都能独立处理信号,因此得名为或门。如果用常闭开关替换常开开关,那么其功能也就倒置了,相应变成了与非门和或非门。

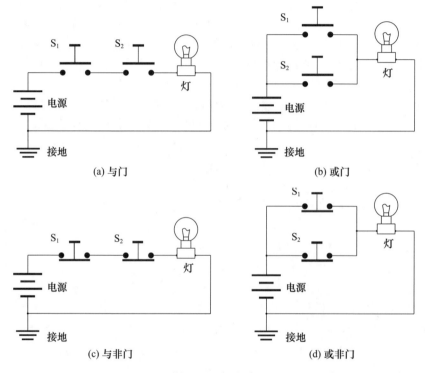

图 6.25　门电路

继电器等装置的开关由电磁铁驱动,这为制造以缝纫机般的敲击声而闻名的初级计算机提供了可能。当多通道电子管(如 6AU7 双三极管[①])取代了继电器后,噪声虽然平息了,但是电子管的灯丝使用寿命有限,因此,那些装有成千上万根灯丝的装置也面临着使用期减半的命运。现代漫画展示了一名工程师正在费力地操作一台墙壁大小的计算机,直到面板灯显示出 2×2=5 的字样。与此同时,另一幅漫画描绘了一名销售员试图让一个杂货店老板在他已经人满为患的店里再塞进一台墙壁大小的计算机,并极力说服道:“尽管一开始投资花费不小,但可以享受

_____

① 双真空三极管,带有 3 个活性电极,如阴极、栅极、阳极。

电子记账的便利啊"。

这便是当时的情形。有了半导体,人们总算可以在一块芯片上塞入数以万计,甚至百万计的元件,其中一个便是触发器。当触发器生成脉冲信号时,这种双态装置便会互换状态。由双态电路组装而成的计数器按 1∶2 的元件比例工作,这与 1∶10 的机械计数器有所不同,同时前者的输出由数字 0 和 1 的字符串构成。这种计数器根据十进制中数字 0~9 的运算方法,组合成二进制数。两个计数系统中的数字 0 和 1 是相同的,不过在二进制中 2 记为 10,3 输出为 11,而 4 则转换成 100。

二进制数(如 1、2、4、8、16、32 等)相加可得到任何想要的值,并且不会重复。很久以前,一位立法者提议采用二进制的方式铸造货币,他希望借此将政府对国家铸币局的开销降至最低。懒怠的收银员们最终使这一想法宣告破产,不过他们没有想到二进制注定会取代他们的工作,而且就业市场非但没有萎缩,反而创造出远远超过失业人数的新岗位。

为了以十进制显示二进制数,一种被称为十进制解码器(如 TTL 7442)的芯片可将其 4 个输入(权重为 1、2、4 和 8)的状态转换为 10 个输出(编号为 0~9)的位移。这个装置不考虑 10~15(1010~1111)的计数,因此被称为二进制编码的十进制(BCD)解码器很是恰当。在数字显示管中,1~10 译码器的 10 个输出连接到对应的十个管脚处,管脚在内部的玻璃圆顶处与微型气体放电管相连,放电管根据 1~9 的数字形状,形成对应的数字。

如果采用七段 LED 显示数字,如图 6.26 所示,那么译码器输出的每个计数必须点亮显示器上七段笔画中的对应笔画,从而呈现对应的数字。数字 1 由两竖直笔画构成,数字 2 由两竖直笔画

图 6.26 段读出芯片

及三横线笔画成,像问号一样排列。矩阵变换器是一种只使用二极管的无源芯片,它实现了这一功能。据说,有一位头脑灵敏但又胆小的电子实验员,随着多级旋转开关的转动,构造出了一个二极管矩阵,矩阵相继亮出下列字符:I LOVE YOU(我爱你)。

6.23 非接触式测量技术

我们常常理所应当地认为,被测现象的能量量级远远超过探测和测量所需的能量量级。我们可以选择性地忽略用于使检流机指针偏转的电能,或者舌簧式频率计中使簧片振动的能量,就像我们几乎不会为里程表持续转动所需的汽油量而操心一样。但是,事情并不总是那么简单,如果对各种缩小尺寸的原型机进行振动测试,从机身到汽车底盘,那么测试结果可能会因接触式传感器的惯量明显改变。

非接触式信号传感技术消除了此类结果失真的风险。这些简单又牢靠的设备

就在我们的身边,如在电影院、体育馆、火车站、行李提取处和大部分公共场所的建筑物门口的计数器和开/关触发器。更先进的应用还包括数控机床、自动输送装置,以及压力机和车库门的安全系统等。

最常见的无触点传感器包括光源和光传感器,后者以光敏电阻、光电二极管或光电晶体管为中心,如果一个单独的光源不实用的话还可采用反射面技术。

声纳和雷达系统采用辐射声或无线电波的反射,探测和定位目标物体。在这里,辐射信号的频率很重要。例如,早期的警用雷达很容易和汽车保险杠前的一根拉紧的钢丝相混淆,因为当电线对产生的涡流做出反应(振荡)时,其频率与警车的雷达相当,导致读数错误。当我们使用频率更高的雷达,问题便轻松解决了,不过响应时间仍然有限。

光波的频率仍然是最高的。如果光波用于长度测量,这将具有无可比拟的优越性。当阿尔伯特·迈克尔逊(Albert A. Michelson,1852—1931)与爱德华·莫雷(Dr. Edward W. Morley,1838—1923)设计出迈克尔逊干涉仪时,光波的特性逐渐变得清晰。这种装置旨在测量地球通过恒星空间的速度(30km/s)是否会使地球光源发出的平行定向光束的速度从300000km/s增加至300030km/s。

迈克尔逊使用的光源是一个具有管状灯芯的灯头,这是一个巨大的突破,因为在当时,大多使用的还是带有红色低温火焰的传统油灯。阿尔干灯的管芯被控制在同心金属套之间,为火焰提供了来自内外的大气氧气,同时外部的玻璃量筒使燃烧着的燃气与空气的混合物不会消散。深绿色火焰常常代表混合燃料过于饱和,而这种灯头有所不同,其呈现出明亮的"蓝色火焰",代表着典型的富氧可燃混合气体。阿尔干灯甚至还成了灯塔的信标,如果没有阿尔干灯,迈克尔逊和莫雷也许就不会对物理学的一些基本概念做出一番新的阐释。

虽然迈克尔逊的实验似乎是专门为了"证明显而易见的事实"而设计的,但是其实验结果明确地指出"不是这样的"。他的实验导致爱因斯坦提出了狭义相对论,即在不考虑光源和/或光接收器处于运动还是静止状态的情况下,根据光速不变原理推导出的一组方程式。

也许有人会说,要不是因为迈克尔逊的实验结果与光子(携带光量子穿越空间的能量包)的传播有关,这种独立性会阻止人们利用光线对物体运动或振动进行检测。根据路易·维克多·德布罗意(Louis Victor de Broglie)于1924年提出的二象性原理,与物质相互作用的光子能可转变为波能。这一原理多年来被设计光学仪器的研究人员有意或无意地加以利用,其中也包括多普勒测振仪。

6.24 多普勒测振仪

图6.27中的多普勒测振仪与迈克尔逊干涉仪相似,只不过反射测量光束的是

某一振动物体而非镜子。测振仪还使用了一个氦氖(He－Ne)激光器,其激光频率为 $474 \times 10^{12} Hz$,波长为 $0.6328 \mu m (6328 Å)$。位于仪器的中央是分束器,一面半透明的(镀银)镜子,与主激光束呈 45°相对而置。镜子的反射涂层非常薄,足以使 50% 的光束直接穿过镜子,同时剩余的 50% 则弯曲 90°再反射出去。因此,光束的水平分量成为目标光束,而垂直分量则成为参考光束。参考光束射向一共面镜,然后又反射到光电探测器上。与此同时,振动物体穿过的光线造成反射,使其射向分束器涂层的下方,然后光线形成 90°屈折,又射入光电探测器上。此时,对于物体位置每次变化 $\lambda/2$ 个单位,都会交替产生相长干涉和相消干涉。由于氦氖激光器的波长为 6328Å,这一数值则是每单位 $0.3164 \mu m$。那么,目标的总位移便是 0.3164×10^{-6} 乘以光电探测器的电压脉冲数的乘积。

这一长度测量的原理用于量块的比较中,但如果是周期运动,那么结果将会不明确。因为在周期运动中,同一组脉冲可能来自物体向前或者向后的运动,如图 6.27 右边的振动膜。

可以使用 45°的偏振激光,并在参考光束的路径上放置 $\lambda/8$ 厚的光减速板,使该装置对方向具备灵敏度。光束首先向上经过感光底片,然后又向下穿过,使相移增加了 1 倍,变成 $\lambda/4$。接着偏振光束分光器生成两个正交波分量,这两个类似于正弦波和余弦波的分量射入对应的探测器上。

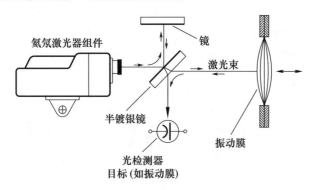

图 6.27　多普勒测振仪

更为复杂的则是扫描激光束测振仪,在高达 25000 个测量点上测量振动位移和振速,其过程类似于电视摄影机中扫描光束的使用。最后,激光测振仪组合在一起进行操作,生成物体(如汽车原型机)的三维图像,这些图像就好像随着其表面弹性形变的节律一同呼吸一样。

第7章
热力学

高中物理老师常常向我们提出对每天最高温和最低温进行跟踪查验的概念，并建议我们成为温度计的监视者，带领我们踏上新的学习之路。对这一想法的落实需要足够的毅力，每天24h（夜间除外）阅读和记录室外温度计的显示情况，如图7.1所示。

发明悉氏温度计的原因，并不是因为缺少有此意愿的研究者，而是由于售价太高，不适用于大多数家庭，就像哥伦比亚咖啡的价格只有少数人群消费得起一样。悉氏温度计有三大特征，当日最低气温、中间气温和最高气温，如图7.2所示。

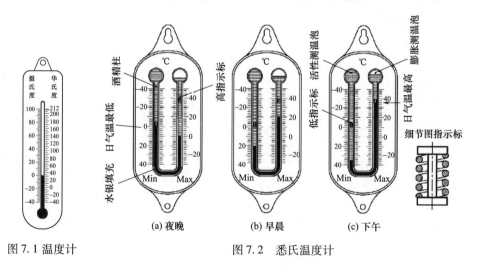

图7.1 温度计

图7.2 悉氏温度计

7.1 悉氏温度计

这一温度计的发明者是詹姆斯·悉克斯（James Six，1731—1793），它由U形毛细管组成，在弯道处装满水银，而测温流体（如酒精）则填满毛细管的上部。在水银镜面的上方,左边的测温泡充满了测温流体,而右边的测温泡则保持在悲观主义者定义的"半空状态"。

实际上,温度测量是由左边的测温泡完成的,其工作原理仿效标准温度计,然后上下颠倒安装。测温泡经调整后,所能容纳的体积是 10mm(约 3/8 in)长的毛细管的 100 倍,若酒精的体积膨胀系数为 $11.1 \times 10^{-4}/℃$,那么液柱将随之升高 $100 \times 11.1 \times 10^{-4} \times 10 = 1.11$mm/℃,或者 4.5 in/100℃;前提条件是我们忽略玻璃(即毛细管管身材料)因热膨胀产生的细微影响。温度上升产生了以下现象,流体膨胀迫使左支管的水银柱降低,右支管的水银柱抬高,如图 7.2(b)所示。在右支管中,我们可以从水银柱的弯月面(上端)位置读出相应的温度。因此,水银上面的酒精被迫进入顶部"半空"的测温球中。在图 7.2(c)中,指示标会上升,好似一直漂浮在水银柱的顶部,直到最高点。到了最高点,指示标会保持位置不变,每当温度下降,水银柱的位置也随之下降。与此同时,液体通过螺旋弹簧线圈之间的间隙,预先加压的弹簧对毛细管的内壁施加轻微压力。

相比之下,如果温度下降,左边的液柱会收缩,而右边膨胀测温泡中的蒸汽压迫使水银柱也随之收缩。因此,左支管中的指示标受力向上推动至最低温度的位置,表明了左侧刻度线的划分及从上向下的读数顺序,即水银柱越高,温度越低。

如果简易性的优点也会带来误导性的缺点,那么两端带有测温泡的悉氏温度计就是一例。实际上,这是一种复杂的仪器,需要满足一系列的条件才能工作,包括滑动指示标的尺寸和间隙,如图 7.2 所示。事实上,这个哑铃状金属线轴的周围环绕着螺旋弹簧,弹簧对毛细管的内壁施加合适的压力。因此,当水银柱退却,测温液体(酒精或矿油精)慢慢流过时,指示标的位置还能保持不变,而且在外部使用强性永磁体的情况下仍能复位。

7.2 气体温度计

到目前为止,我们没有特别提出以下假设,即水银和测温液体随着温度上升而线性(有规律性地)膨胀。摄氏度的定义是冷水与沸水之间的温度跨度的 1/100,记为摄氏温度计上的一度,即热量常数,实际上就是水银的体积膨胀系数 $0.18 \times 10^{-3}/℃$。

如果"常数"正如其含义所示,或者说应当称其为"标准",那么这仍然是一个次要的问题,只要所有的测量均按照这一准则进行。这就好像米的标准定义一样,它的定义是子午线上从地球赤道到北极点的距离的 1/10000000,即使这一距离比预期长 1954.5m 时,米的长度标准还是未发生改变。一个理想的温标应对相同的温差显示出相等的能量输入。例如,将一定量的水从 10℃ 加热到 11℃ 所需的能量应刚好等于此等量的水从80℃加热到81℃所需的能量,其他的范围也是如此。

正是由于对此类"理想"温度计的研究,人们开始将"理想气体"用作测温介质。按照定义,理想气体必须正好符合盖 – 吕萨克(Gay – Lussac)定律和波义耳 – 马略特定律(Boyle Mariotte's laws)。他们认为理想气体的体积 V 与其气压 p 成反比,并与其热力学温度 T 成正比,即 $pV \propto T$,或者对于恒压气体 $V \propto T$。在此关系中,T 从热力学零度(合理的最低温度)开始计算,即低于水的凝固点 $-273.15℃$。

气体温度计由一个玻璃制或者铂制测温泡组成,测温泡与一灵敏压力计相连接。如果气体温度计使用了传统的装满水银的 U 形管压力计,那么气体的体积就必须包含 U 形管内排开的水银的体积,这就使计算结果复杂化了。现代气体温度计使用的是膜式压力计,其体积增量可以忽略不计;更甚者,还可采用压电传感器。

7.3 热电式温度传感器

热 – 电的直接转换可追溯至托马斯·阿尔瓦·爱迪生(Thomas Alva Edison),他于 1883 年发现了真空中加热的灯丝可以释放出电子,随后研究出第一台真空管整流器,后来又研究出电压和电流放大管。金属一经加热可以释放出电子,这表明了金属晶格中自由电子的存在。当能量输入(也就是我们所感知的热)促进晶格中原子核的振动时,自由电子被迫向外移动,从受热的阴极流向正极,也就是阳极。

在不同金属的连接处,金属内部的自由电子形成电子云,其密度有所不同,自然而然便产生了阴极 – 阳极电势差。自由电子脱离一个原子核的束缚,进入另一原子核的范围,为后面的电子留下"空穴"去填补。空穴模拟正电荷,但不能与正电子相混淆;在基本粒子中,正电子与负电子相对。电子转移的概念解释了电荷在导体中的缓慢运动,不过驱动电荷的电场则是以光速传播。

各个金属有其特殊的"电子密度",由单位体积内自由电子的数目决定,密度不同也解释了两种金属的连接处为什么会产生接触电势。如同真空管一样,电子的接受方是正极,发射方是负极。有人认为这不是与电流从正极流向负极的学术观点相矛盾了吗?是的。但是早在我们知道负电荷的存在之前,人们就对极性进行定义了,而且当我们察觉的时候,这一概念已经根深蒂固,难以改变了。

热电偶将热能直接转换为电能。与热力发动机中的转换不同,这一过程是可逆的。图 7.3 描绘的是铁 – 康铜热电偶中两个连接处的情况,在第一个连接处消耗了热量,而在另一连接处则产生了热量。在图 7.3(a)中,右烧杯装的是热水,其温度有待测量。热水使电流从铁丝流向康铜丝并通过电流计,再回到第二个连接处,后者的温度一直保持在水的凝固点不变。电流的强度随着热水的温度而增加,然而,这种关系远远达不到正比例。每一种类型的热电偶有其特征曲线,因此按摄氏度或华氏度对刻度尺进行校准时,必须对该曲线加以考虑。数字仪器可以做到这点,通过内置的电路,转换成各种不同类型的热电偶。

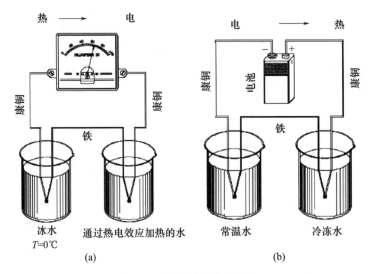

图 7.3　热电转换的可逆性

图 7.3(b)描绘的是相反过程,即热能通过电流的流动从一个烧杯转移到另一个烧杯中去,这就好像安装在窗户外的空调吸收房间里的热量,并将其排放到外面。这种根据热电学制成的电冰箱,其容量天生就很小,但如果与 10 ~ 50 个热电偶串联,就可以扩大容量。在现实中,互连配线中的电压降限制了串联的数量,尽管如此,此类设备在空间技术中找到了自己的用武之地,因为在这一技术领域,相比较效率而言,人们更重视部件是否可以灵活更换。

冰水参考结的使用,确保了最精准的温度测量,但这主要局限于实验室的研究。在工业应用领域,参考结是将热电导线和电线一起连接到电流计的线圈上的连接件。由于此类连接件隐藏在热电偶保护管的连接头内,因此读数就变成了热电偶本身与连接头之间的温差。只要连接头的温度保持在一合理的常数值上,那么人们常常(有时无意中)就将这一温差作为实际的加工温度。

热电效应,即在不同金属的接合点上产生电势差(俗称电压),是由托马斯·塞贝克(Thomas Seebeck)于 1821 年发现的,并因此推动了工业上最常用的温度传感器热电偶的发展。

铁线的对接焊缝处用一根镍铜合金线(镍和铜各占 45% 和 55%)相结合,如图 7.4(b)所示,这使得电线的温度每加热 100℃,电线的开口端之间便产生 5. 269mV 的电压差。

148

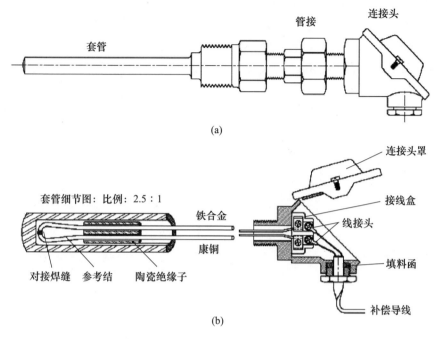

图 7.4 热电高温计

热电偶即使与价格低廉的低阻抗电流计一起使用,也能保持其电压特性。低阻抗电流计的优点在于不受寄生性漏电电压的影响,而漏电电压则会在高阻抗电流计的顶部读数处显示为假性读数。

热电偶具有相对较高的电流,因此,导线的长度和电阻十分重要。在20℃时,横截面积为 $1mm^2$、长度为 $1m$ 的铁线,对应的电阻是 0.12Ω;如果是康铜,则对应的电阻为 0.496Ω。一对 $1m$ 长的铁 – 康铜导线,横截面积为 $1mm^2$(直径为 $0.785mm$),则其电阻为 $0.12 + 0.496 = 0.616\Omega$。根据欧姆定律以及 $5.369mV$ 的电压差,我们得到电流 $I = E/R = 5.369/0.616 = 8.716mA$。

如果此例中的热电偶安装在距离指示式仪表 $2m$ 而不是 $1m$ 的地方,那么输出电流减半。因此,商用热电偶带有标准的导线,导线的长度既不能减短,也不能延长。当热电偶导线(如成对的铂 – 铑线)价格过高时,那么这种导线就不符合实际应用,应当使用价格更低的材料做成的电线。这种电线的特性应当加以调整,使之与热电偶导线的要求相符合,但是不能与原先的导线一样具有耐热性。

电子仪表电路将热电偶的电压输出转换成脉冲交流电,后者可与运算放大器一起使用,而达到任意期望的增益,从而克服了直流放大的固有问题。起初,根据电门铃的相关原理建造的机械断续器是标准元件。在其他地方,人们使用机械断续器,使车用蓄电池的12V直流电增加数倍,至115V交流电,为车载收音机供电,而机械断续器也是频繁更换、价格昂贵的电子配件。

作为一种放大器仪器,无论行业如何努力改进,机械断续器的性能依旧不可靠。但事实证明,如果用晶体管斩波电路替代机械断续器,这是难以实现的。因为锗晶体管的正向电压降通常为200mV,常常会阻塞受测的低电压,而硅晶体管更糟糕,其正向电压降为600mV。只有当人们发明出单结晶体管时,晶体管直流/交流转换器才得到应用。

表7.1列举了常用热电偶导线的材料构成、温度范围以及每100℃温差下的电压。

表7.1　工业用热电偶数据

类型	正极端的成分	负极端的成分	最低和最高温度/℃	每100℃温差下的电压/mV
J(铁/康铜)	铁	45% 镍	−40	5.269
		55% 铜	750	
K(镍铬合金/镍铝金)	90% 镍	95% 镍	−270	4.096
	10% 铬	2% 铝		
		2% 锰	1350	
N(镍铬硅/镍硅)	14% 铬	0.4% 硅	−270	2.774
	1.4% 硅	95.6% 镍	1300	
	84.6% 镍	4% 镁		
T(纯铜/铜镍)	纯铜	45% 镍	−270	4.279
	(铜/康铜)	55% 铜	400	
E(镍铬/铜镍)	90% 镍	45% 镍	−270	6.319
	10% 铬	55% 铜	1000	
S(铂/铑)	90% 铂	100% 铂	−50	0.646
	10% 铑		1700	
R(铂/铑)	87% 铂	100% 铂	−50	0.647
	13% 铑		1700	
B(铂/铑)	70% 铂	94% 铂	50	0.033
	30% 铑	6% 铑	1800	

7.4　电阻测温法

大多数金属的电阻随温度变化而变化,且近乎规律性,这使得电阻温度计通常比热电仪器更可取。因此,一段给定长度的导线在 T 时的电阻 R_T 可由等式 $R_T = R_o(1 + \alpha_1 T)$ 得出。在此式中,R_o 表示0℃时该导线的电阻,而 α_1 表示的是温度每上升1℃时对应的电阻增量。如果令 $\alpha_1 = 1/273$，将 R_T 与 R_o 替换成各自的气体容积，那么上述公式便与波义耳定律相似。然而，当波义耳的体积曲线穿过零位线，接近热力学零度 -273 ℃，R_T 曲线就没那么幸运了。由于大对数金属的 α_1 平均值为 0.004，因此只有在更高的温度点 $-1/0.004 = -250$℃ 或者 23K 时，R_T 曲线才会穿过零位线。这表明在低温水平上，温度与电阻曲线会呈现一定程度的曲率，只有 $\alpha_1 = 4.274 \times 10^{-3}$ 的铜在 -50℃ ～150℃ 温度范围内仍然是拟线性。

最受欢迎的电阻测温器(RTD)是带铂丝的测温泡，这多亏了铂宽温域、高稳定性的特点。铂电阻测温泡在 0℃ 基极电阻时，可用标准为 100Ω 和 1000Ω。如果是铜测温泡，则对应为 10Ω(在 25℃)；镍测温泡，对应为 120Ω(在 0℃)。一个 100Ω 的铂测温泡的电阻变化范围为 100(0℃) ～138.4Ω(100℃)。

如果是更高的温度，最好在基本方程中引入二次项来表述电阻与温度的关系，因此得到 0～850℃ 温度范围内的公式为 $R = R_o(1 + \alpha_1 T + \alpha_2 T^2)$。由于制造商不同，这一常数在具体的曲线上略有不同，其平均值在 $\alpha_1 = 3.95 \times 10^{-3}$ 和 $\alpha_2 = -0.583 \times 10^{-6}$ 之间。为了使这一公式的适用范围扩大至 -200℃，增加第三个常数 $\alpha_3 = -4.14 \times 10^{-12}$，得到 $R_T = R_o[1 + \alpha_1 T + \alpha_2 T^2 + \alpha_3 T^3 (T - 100)]$。

镍丝的使用率仅次于铂丝，其突出优点在于其灵敏度以及 -100℃ ～260℃ 的使用范围。其温度系数 $\alpha_1 = 0.00672\Omega/℃$，不过对于镍丝的温度与电阻之间的关系，目前还没有公式已经过验证，此类数值是从制造商的表格中获取的。

如果功率来自某一恒流电源，我们可直接根据传感器电阻上的电压降，得出温度导致的电阻变化情况。但是由此产生的温标的起始点不是 0℃。例如，一个铂电阻，在 0℃ 时为 100Ω，100℃ 时为 139Ω，将其与某一 100mA 的恒流电源相连。根据欧姆定律 $E = IR$，电压降分别为 $E_1 = 0.1 \times 100 = 10$V，以及 $E_2 = 0.1 \times 139 = 13.9$V。差值为 3.9V，仅占 20V 电压表量程的 20%，因此读数的精确度非常低，电桥电路就没有这类不足。电桥电路有两种版本：一种是零交叉式；另一种是指示型。

图 7.5(a)展示的是传统惠斯通电桥，电阻泡的 R_b 在右下角的支线上，可调式平衡电阻 R_V 在左下角的支线上，其中 R_V 是线绕式精密电位计或者装有刻度盘的变阻器。刻度尺可以欧姆为单位显示，或直接以摄氏度的方式呈现，但在这两种情况下远不是线性刻度。

如果传感器安装的位置距离电桥电路很远，就像车间地面上的炉子由控制室的面板控制一样，那么导线就会过长，使温度读数失真，这是因为导线本身的电阻会加至传感器的电阻上。传感器与仪器之间的三线连接法补偿了导线的电阻受变化的影响，如图 7.5(b)所示。在此图上，电桥上的点 D 被带至传感器的位置，因此 R_{L1} 和 R_{L2}(细节图中的双细线)的电阻值相加等于 R_2 和 R_V 的和。连接电源负极和远处点 D 的导线的电阻 R_{L3} 不重要，不过如果使用标准三芯电缆的话，其值在任何情况下都等于 R_{L1} 和 R_{L2} 的和。

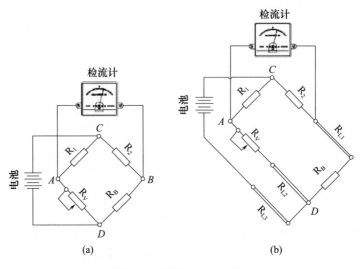

(a)　　　　　　　　　　　(b)

图 7.5　惠斯通电桥温度计

　　如果不能对变阻器进行手动调零设置,那么类似图 7.6 的直读式仪器便是一种解决之道。同样,其原理与惠斯通电桥温度计的原理相同,不过这里的电阻器是固定的,仪表直接显示不平衡量。电桥臂 R_1 和 R_2 等值,R_3 是绕线式精密电阻器,等于普通电阻器的电阻(如 100Ω)。R_4 在预期的最高温度下与测温电阻器的电阻相匹配,比如,100Ω 的铂测温电阻器在 $100℃$ 时为 139Ω。S_1 是双刀双掷(TPDT)开关,用于对电路进行初始校准。开关在图 7.7(a)中的位置标记为"标"(标准),因此,该电路仅由四个电阻器 R_1、R_2、R_3 和 R_4 组成。令 $R_1 = R_2$,因此点 C 的电压是电

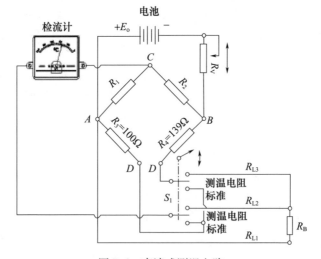

图 7.6　直读式测温电路

源电压的一半,即 $E_o/2$。然后,点 D 的电压便为 $E = E_o R_4/(R_3 + R_4)$。根据10V的电源电压及图7.7中标注的电阻器,我们得到点 C 的电压为 $E_o/2 = 5V$,点 D 的电压为 $10 \times 139/(100 + 139) = 5.816V$。现在,必须对 R_V 进行调整,使点 D 至点 C 的差值电压,为0.816V,迫使指针向右满标偏转。

在"测温电阻"位置的开关 S_1 处用测温电阻器的电阻代替 R_3,如图7.7(b)所示。根据测温电阻器0℃时电阻为100Ω,这一情况应当使电流表的指针产生满标偏转的情况。

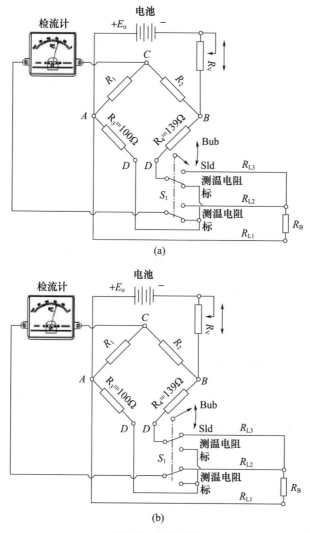

图 7.7　电路校准

将测温电阻器加热至100℃,电桥电路应在139Ω电阻器(如 R_4)的作用下与电流表的零压电流保持平衡。如同标准的万用表一样,电阻/温度刻度尺必须从右向左读出。

"持续平衡装置"是一种有趣的读数仪,它将穿过电流表的电流输入到伺服电动机中,后者驱动读数仪的指针转动。惠斯通电桥的电桥臂上有一个滑线电位计,与指针机械耦合。它对指针的位置做出反馈,并使电机在又一次达到平衡状态时停止运行。截断放大器电路不断放大误差信号,并最终使电机转动。

由于伺服电机驱动的仪器具有很强的抗振功能,在工业领域中几乎无处不在。传统型温控仪根据其轻型指针的位置不断导通和阻断电荷,同时振动也可使指针不时地来回转动,而电机驱动的指针无论发生什么情况,都在电桥电路的平衡点上保持位置不动。

测温电阻器和热电偶特别容易受到电炉内温度的腐蚀,可能造成氧化、还原或者酸性反应。在铸造厂,把一批熔融金属和热电偶材料一起铸成合金也会产生上述不良反应。在高温情况下,铁系热电偶容易结垢并裂开。

裂损的热电偶会使温控仪的指针徘徊在零位附近,也不能防止过热情况,那么有时就会带来严重的后果。因此,大多数的仪器都装有自动关闭装置,避免指针无偏转产生的不良后果。如果该装置就像早上结冰的汽车发动机一样始终不肯启动,那么请记住这点,不要慌乱。温控仪将临时分流器与定时器或者按钮开关连接在一起,而临时分流器会保证仪器再度正常工作。

保护性管道、电灯泡和套管使电炉的炉内空间远离传感器元件的工作区域,同时极大地延长了炉内高温抵达温度传感器的时间,这一情况就是所谓的该装置的热惯性。电路的延迟断开使得实际炉温超过设定值,同样,电路的接通时间也过慢。屏蔽效果甚至可能使原本稳定的控制系统变得不稳定,因此成为早期设计过程中的一大缺陷。

7.5 辐射测高温法

电炉的炉内环境可以对传感器元件产生一定的危害,那么我们可采用辐射高温计进行远距离温度测量,从而避开上述情形产生的问题。根据斯特藩·玻尔兹曼(Stephan Boltzmann)提出的热力学定律,温度为 T_2 的物体向温度为 T_1 的另一物体辐射出的总能量为 Q 时,其速率与两物体的四次方温差成正比,即

$$Q \propto \left[\left(\frac{T_2}{100} \right)^4 - \left(\frac{T_1}{100} \right)^4 \right] \tag{7.1}$$

系数为100,目的是方便公式的使用;如果没有这一系数,绝对温度(如0℃对应的273K)的四次方将会很难计算。相比之下,比例常数 $C_s = 4.95 \text{Cal}/(\text{m}^2 \times \text{K}^4)$,是原来那个常数的 100^4 倍。K为热力学温度的单位。

这一公式表明,辐射传热对温度的变化比传导传热更为灵敏,因为导线传热与温差的一次方成正比,而非四次方。例如,假设一电炉温度为 1000℃,炉料为 900℃,则电炉内壁之间的热交换以 1000 - 900 = 100 的速率进行。α 是传热系数,可由 $\alpha = \sqrt[4]{24\Delta T + 14}$ 得出估算值,式(7.1)给出了 100℃ 的温度梯度 $\alpha = \sqrt[4]{24 \times 100 + 14} = 7.0\text{Cal}/(\text{m}^2 \cdot \text{h} \cdot ℃^4)$。因此,我们可由式(7.1)得知每小时的热传导为 $7 \times 100 = 700\text{Cal}/(\text{m}^2 \cdot \text{h})$。

在同一个条件下,辐射传递的热量为

$$C_s\left[\left(\frac{1273}{100}\right)^4 - \left(\frac{1173}{100}\right)^4\right] = 7329.3 \times 4.95 = 36280\text{Cal}/(\text{m}^2 \cdot \text{h}) \qquad (7.2)$$

是热传导传热的 $36280/700 \approx 50$ 倍。

临床红外线耳温计在世界范围内的成功证明了上述倍数的真实性,因为它只需 100ms ~ 300ms 就能得到病人的血液温度,而早期的水银温度计需要花费 10s 才能得到可靠(以及复验)的结果,即使是用在人体解剖学最难以测量的领域内也是如此。

红外线体温计对耳膜(紧靠人体体温调节器官下丘脑)发出的热辐射进行检测,奠定了该仪器对热量测量的可靠性。因为辐射是积聚式的,所以体温计采用了一个调节板,在严格控制的短时间段里打开,使一热电晶体薄片充满辐射。然后,晶体对内置的电子电路进行放电,使之放大并转换成读数。

这种电子施加的魔法仍然是一个世纪以后的事了,在 1899 年,美国画家兼发明家塞缪尔·莫尔斯(Samuel F. B. Morse, 1791—1872)获得了他的隐丝高温计专利,如图 7.8 所示。这一仪器的构造与望远镜有些相似,但它在目镜的焦面上安装有一碳丝电灯泡,而传统的望远镜带的是十字光标。首先,目镜聚焦在灯泡的螺旋形灯丝上;然后,带有齿轮齿条传动机构的目镜管调整成合适的角度,对辐射源形成清晰的图像,辐射源包括退火炉的内部、高炉排出的钢水等。为了获得最佳结果,我们可在目镜上放置过滤器,过滤器由氧化铜染成的红色玻璃制成,以此从红外光谱中挑选出一段窄带,以供观察。物镜是由含氟化钙的玻璃制成,利于长波辐射透过。

调整变阻器直至辐射源的温度和灯丝的温度相同,灯泡的灯丝逐渐消失在发光的背景中,此时电路达到平衡。在这一时间点上,对电流表进行读数,并在换算表中查取各自的温度。

直读式高温计将辐射源的成像投射在一个凹面镜上,如图 7.9 所示,凹面镜成像并进行反射,将像进一步集中在热电堆的中心。热电堆是一组串联的热电偶,其电压等于单独的热电电压相加。

热电堆各元件之间的接合处经过压平和加黑处理,使吸收的能量达到最大值。"参考结的温度"指的是安装用法兰的温度,通过将加热管内部加热到严格控制的预定温度来保持温度恒定。预定温度通常为 50℃,这一数值必须计入最后的读数

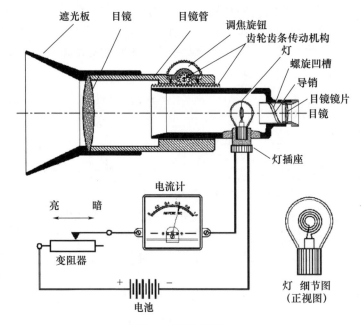

图 7.8　隐丝高温计

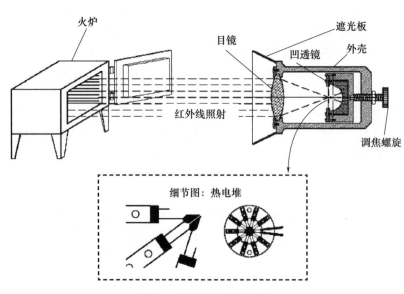

图 7.9　热电辐射高温计

中;另一种选择是使用镍线线轴,将热电堆的输出端并联起来,镍线线轴具有特定规格,使电阻的变化能够补偿环境温度的变化。

　　请注意,辐射体的尺寸必须满足一个条件,即布满高温计的视野。对于大多数的商用型号,这一尺寸等于仪器辐射体与目镜之间距离的 5% 以上。安装在炉式结构上的高温计必须用水进行冷却防止过热,目的是维持参考温度。

辐射高温计的重要应用是测量极高的温度,这种温度可能会对传统传感器造成严重损坏;还可以对移动物体的温度进行检测,比如,从坩埚中流出的金属熔液;以及用于高腐蚀性和有毒环境中的测量。

虽然热电堆组的接头经过加黑处理后,会吸收所接收到的全部辐射能,因此其作用与黑体一样,但是对于辐射源而言,情况却有所不同。在室温下,大多数的材料对部分入射辐射进行反射,因此受热程度比预期值要低。接受的能量与发射出的能量之比称为某种材料的辐射系数。带有反射面的金属,辐射系数就很低,比如,铝(0.03)、镍(0.05)和铁(0.08)。氧化反应使这类金属的辐射系数提升至0.11、0.31 和 0.80,这意味着不同程度的偶发性氧化反应可能会对测量造成极大影响。某种物体的辐射系数还取决于观察的角度,并在 30rad ~ 40rad 的范围内呈现显著变化。

天文学家称天文物体(如月亮和行星)的发射率为星体反照率。水星的反照率最低,仅为 0.06,接着是月亮(0.14),然后是火星(0.16)。金星的反照率最高,为 0.76,而地球(0.39)、木星(0.34)和土星(0.33)则居中。

如果我们一开始用黑色胶带将高达 260℃ 的热体进行遮盖,那么其热量的测量结果相对可靠,这样一来,胶带和热体的辐射系数平均在 0.95 左右。铂黑(一种稀有金属的氧化物)最常用作化学催化剂,是一种"能使中间合金变黑的作用剂"。如果加热至足够高的温度,所有辐射体都将与黑体相似。

7.6 热敏电阻

令电子电路设计者大为沮丧的是,半导体的传导性随温度升高而增加,这是其固有特点。这样一来,晶体管便会因所谓的雪崩效应而烧坏,即一个电荷量轻微超载的晶体管会逐渐发热,增加其热传导性,并携带比正常情况下更高的电流。这反过来又会使晶体管进一步加热,然后想必你已经猜中故事不那么美好的结局了。

然而,半导体这一有些荒谬的特性却在带有半导体元件(热敏电阻)的热探测器中得到了良好的应用。热敏电阻对温度变化的反应远远比电阻探头更为强烈,因此人们将这一元件用于特定的应用场景,显示出低至 0.001℃ 的温差变化。

热敏电阻由过渡金属(如铜、镍、钴和锰)的氧化物制成,此外还有钛酸钡。热敏电阻可分为两大类,这取决于其温度系数的符号,如果符号为负,那么就是负温度系数(NTC),反之便是正温度系数(PTC)。负温度系数使电阻随温度升高而逐渐减小,正温度系数则相反,不过后者可在预先设定的温度阈值下发生突变。这使得这两类系数成为热敏开关的理想特性,比如,位于电机绕组和变压器绕组之间的热敏开关,一旦出现过度加热的情形,便会立即关闭机器。在摄影学中,"智能的闪光枪"便采用了热敏电阻,使底片曝光的时间与闪光的强度相匹配。

NTC 类型的热敏电阻,由于其负温度系数,常常用来补偿铜线的正温度系数(主要用于电流计的线圈中)。如果将一根 NTC 线与线圈串联,仪器可进行"温度硬化"。因为 NTC 材料的温度曲线比铜的温度曲线更为陡峭,所以 NTC 导线的长度只需是线圈绕组的一小部分。

如果将 NTC 热敏电阻安装在高空气球上,便可测量高空大气的温度。功率型 NTC 热敏电阻常常用作限流器,在电机启动时抑制住那些汹涌的电流,这些电流通常超过电动机额定电流的四至五倍。一些人可能还记得当重型电机接入电网时,灯光会立刻变得昏暗。所以,NTC 热敏电阻作为电涌抑制器,应用广泛。

热敏电阻的电阻 R 与温度 T 之间的关系,可由斯坦哈特和哈特方程(Steinhart – Hart equation)$1/T = a + b\log R + c(\log R)^3$ 得出,其中 a、b 和 c 是具体设备的常数。

7.7　热量测定

一些物理定律可通过逻辑推理(又称为常识)直观地推导出来。例如,如果我们将压强想象成是水在单位横截面积的垂直管中的重量,那么流体静力学定律也就不言而喻了。

鉴于球体的表面积与半径的平方成正比例,我们甚至可推测出重力的平方反比定律;如果我们假设来自一中心(如太阳)的重力,其强度下降与其包括的面积相当,那么平方反比定律便是符合逻辑的结论。

相比之下,热能和动能的相互转换并不是人们脑中天生就有的观点。能量的概念完全是"剽窃"自一位医生自然而然的思考结果! 他的名字便是朱利叶斯·迈尔(Julius Mayer,1814—1878),而这一重大突破发生在他前往巴达维亚的旅途中,即当时爪哇岛的首都。在那里,迈尔对同行者进行放血治疗,发现在颜色对比上,静脉血液和性病感染者的血液较暗。

与来自动脉的非常鲜红的血液相比,迈尔在热带地区采集的性病感染者的血液颜色变暗了,比他在家乡所目睹的要暗很多。他得出结论,人体要耗费一番功夫才能在寒冷的环境中维持体温,而在热带环境中,人们维持体温相对比较容易。正是这个于 1842 年首次提出的概念包含了热能与机械能守恒的思想。尽管这些思想一开始似乎有些简单,不过迈尔随之又推测出热功当量的关系,使一定量的水增加 1℃ 温度所需的热能等于从 365m 高下落的相同质量的物体所产生的动能。

令水的质量等于 1kg(或者相当于 1L),那么就得到了对应的卡路里,迈尔认为其等于所做的功为 365kgf·m。初步估计,这一值竟然与 1kcal 的真实值 427kgf·m 相差无几。随后,卡路里被定义为 15℃ 时,1kg 纯水(脱气)的每摄氏度热容,单位为千卡(kcal)。相比之下,cal 表示 1/1000kcal,参考量是 1g 的水。我们在旧式物理教科书中经常发现这个单位,与之相对应的则是 cm/g/s 的度量衡制。1cal = 4.186J 或 4.186ws(watt – second,瓦特秒),或者 427kgf·m,与电单位和力学单位有关。860kcal 相当于 1kW·h 的电。

这是不是意味着,我们在三餐中所吸收的那可恶的每一单位卡路里,就能让我们将 427kgf 的重物举起 1m 高,或者将 1000lb 的重物抬高 3ft。人体大部分的能量输入都是为了维持人体的体温(这点非常像汽车油箱里 1/3 的昂贵汽油用于使冷却系统中的乙二醇保持高温,这是不可避免的),只有 5% 的能量输入通过生物反应转化为机械能。不过,即使将这一比例算在内,那么每一单位的卡路里还是能让我们将 50lb 的重物举起来。

撇开卡路里在饮食中的应用不谈,卡路里作为一个单位,为解决与热能有关的简单问题开辟了道路。例如,你可以计算出在电熔炉里,将 80kg 的铝(比热容为 0.214kcal/kg)加热 100℃所需的热能,只需做个乘法就可以了,0.214 × 80 × 100 ≈ 1712kcal。引入 860kcal/kW·h 这一转换因子后,我们得到耗电量为 1712/860 = 2.0kW·h,如果按工业计费(如 5 美分/kW·h),那么只需花 10 美分。

但是正是基于这些原理,詹姆斯·瓦特理解了热能,并根据其物理意义转化为可用的动能。你或许认为或者不认为瓦特是蒸汽机概念的提出者,但是毋庸置疑的是,正是瓦特对蒸汽机这一主要动力源的无数细节进行构思时,研发出了一个可行的设计,才由此推动了文明的前进。如果人类没有利用储存在丰富的煤炭和石油资源中的热能,人们的生活方式可能依旧停留在类似于荷兰田园诗般的画中,农民们用肩扛着一袋谷物前往风车处。阿尔伯特·爱因斯坦曾有过这一设想,世界上任何一个国家的发展潜力都取决于其煤炭储量的大小。

但是并非所有的热能源天生都是相等的。氢气排在最高,为 33900kcal/kg,但是地球上没有哪一种物体能够储存氢气,除非你算上大气层中脆弱的最外层。人们可供利用的氢要么通过水的电解产生,这一过程与国际空间站的供养方式相似;要么通过一系列相当复杂的化学反应,首先对煤或焦炭进行气化,归根结底是利用其本身蕴含的热能来获得较少量的氢键热能;但是,以上方式的投入可能高于回报。

相比之下,最纯净无烟煤的比热容为 8400kcal/kg;而石油衍生品,如汽油和柴油的比热容分别为 11900kcal/kg 和 10600kcal/kg。木头的比热容只有 2800kcal/kg,屈居第 3 位,不过它曾经在农业和伐木作业中是轮式蒸汽机的首要燃料源。

在你将此类数字乘以 427,并对每千克可燃物蕴含的巨大能量感到无比惊奇之前,请记住地球上的热力发动机对热能利用的效率最高只能达到 40%,这是其固有局限。还有一点是,煽动火焰、加快燃烧的空气,80% 由惰性气体氮气组成。无论你喜欢与否,氮气与活性反应成分一起加热,可达到最高的加工温度。

为了让这一切成为现实,可以想一下功率为 1000kW 的燃煤发电厂的布局。燃烧 1kg 的煤可产生 6600kcal 的热量,根据 860kW·h/kcal 的转换因子,我们得到

6600/860 = 7.67kW·h/kg。如果每小时的发电量为1000kW·h,那么我们每小时需要燃烧的煤为1000/7.67 = 130kg(假设燃烧率为100%)。鉴于发电厂设备的真实效率一般为35%,那么煤每小时需消耗130/0.35 = 371kg,才能保证产生所需的1000kW的电力。这也是室内电取暖器为什么比旧式燃煤或烧木的生铁炉贵那么多的原因。

7.8　贝特洛的弹式热量计

对可燃物热量的"真实"测量,前提是使用纯氢,在280psi(20kgf/cm²)的压强下能提供良好的测量结果。人们需要对氧气进行"强制进给",原因在于化学反应式的可逆性。即使是 C + O₂ = CO₂ 等直接的反应过程,也与 CO₂→ C + O₂ 这样的分解过程同时发生。在室温环境下,第一类反应式居于主导地位,但随着温度的升高,第二类反应逐渐变得强烈起来。结果便造成了燃烧不彻底,因此汽车发动机排出的废气总是带有人们口中常常议论的杂质,其中便有一氧化碳。

在1877年,皮埃尔·尤金·马塞兰·贝特洛(Pierre – Eugène Marcelin Berthelot,1827—1907)设计了"弹式热量计",如图7.10所示。这一热量计的工作原理在于试样在充满压缩氧的压力容器中燃烧。压力容器内有一个装有探针的坩埚,以及

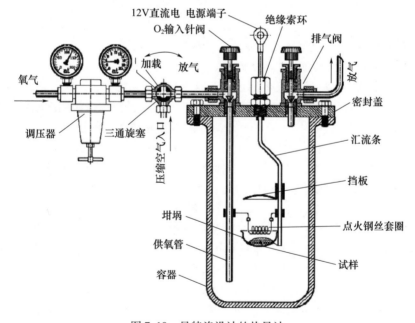

图7.10　贝特洛设计的热量计

一根电熔丝,负责点火。将压力容器放入一水浴槽中(图中未显示),可对这一过程产生的热量进行测量。水浴槽内的温升与试样的燃烧所产生的热量相当。但遗憾的是,升温的不仅仅是水浴槽。实际上,从压力容器本身到热量计的其他组件,所有元件均以各自的速率升温,并吸收了一定量的热量。如果使用一个根据热水瓶的原理制作的水容器,那么就能防止热量流失到周围的环境中,同时一个电动循环泵也能使整个水容器的温度相等。不过,热量损失的机理仍然过于复杂,无法进行理论预测。我们必须通过实验研究,才能针对各个仪器推测出热量损失的绝对量。为了这一目的,首先对众所周知的燃烧热物质进行加热燃烧,如萘($C_{10}H_8$)或者糖,并将水容器的实际温升与理论计算值进行比较,得到仪器常数。

碳氢化合物燃烧后形成的最终产物包括二氧化碳和汽化水;萘对应的反应式有 $C_{10}H_8 + 12O_2 = 10CO_2 + 4H_2O$,煤和油等碳氢化合物(C_nH_m)的一般反应式有 $C_nH_m + (m/4 + n)O_2 = nCO_2 + (m/2)H_2O$。在这一过程产生的水仍然保留着汽化热(539.2 kcal/kg),通常与废气一起损失了。但在热量计中,最终生成物可以一直冷却,直到超过100℃的临界值,而在这一情况下,水蒸气在凝结过程中又释放出这一部分的热能。因此,弹式热量计的数值比我们在现实生活中测出的温度值要高,这就像你支付的贷款利率总要高于存款利率一样。

为此,我们对可燃材料产生的燃烧热赋予了两个不同的值,即总热值和净热值。前者是热量计的显示值,后者是实际条件下的热量值。两者之间的差值是反应中生成的定量水的蒸发热,例如,萘的总热值和净热值分别为9600 kcal/kg和9260 kcal/kg。

用于热值测定试验的氧气可压缩至2200 psi,装在常用容量为1.625ft^3的钢瓶中。由于 1atm = 14.696 psi,所以 2200psi = 2200/14.696 ≈ 150atm (1atm = 0.1MPa),因此我们可估计出上述钢瓶装满时,瓶内氧气的体积为150 × 1.625 ≈ 244ft^3。调压器将气缸压力降低到可控制的水平,如图7.10左上方所示,通常为20kg/cm^2或者280psi。三通阀有选择地往热量计容器里输氧,或者当试验结束时,用压缩空气清除容器中的气体。进气口的针形阀控制着通过漏斗管的氧气的流量,漏斗管通向容器的底部 。在放气阀打开的情况下,比空气重的氧气的含量会逐渐上升,慢慢地将瓶内原有的空气挤压出去。

在点燃电熔丝和试样的过程中,供氧管还兼作导电的"接地导体"。为了得到正极,使用的是一根绝缘铜棒或者不锈钢棒,同时还可以支撑坩埚和挡板。不锈钢棒在燃烧过程中可以限制火花飞溅的程度,因为在纯氧的大气中燃烧的火花比日常空气中燃烧的火花更为猛烈。这不禁令人想到宇航员维吉尔·格里森姆(Virgil Grissom)、爱德华·怀特(Edward White)和罗杰·查菲(Roger Chaffee)的悲剧。他们在地球上的一个实验舱里丧命了,原因是飞行员座椅下的电线发生了短路。因为舱内的环境含有大量氧气,使得大火迅速蔓延,以至于外面的救援人员还来不及打开舱门,便错过了拯救被困人员性命的良机。

点火线圈可以是细铁丝,因为细铁丝自身的电阻可对电源(如12V车用蓄电池)产生的电流浪涌发生作用,使细铁丝加热。另一种选择是裹有钢丝的铂芯加热线圈,钢丝在不影响铂丝的温度下熔化并汽化,从车用蓄电池汲取的点火能量必须计入最终的计算结果中。

请时刻记住这一点:弹式热量计的测量本质是在恒定体积下进行的,恒定气压下的燃烧(如在火焰中)产生的热量较少,两者之间的差值在于废气在膨胀时消耗了能量。

绝热量热计通过将水浴槽中的水预热至某一温度,使反应过程中的热流保持在零度温度,以此避开对热量损失进行量化的问题。这对温度的测量精确有着很高的要求,不过绝热量热计可以与燃烧热极低的易燃材料一同使用。

7.9 比热容

正如瓦格纳(Wagner)的每位歌剧爱好者所回忆的一样,少年英雄齐格弗里德(Siegfried)使他的魔法之剑温度升高到在几秒钟内就能将刀刃锻造完毕,全然不顾水壶和剑都是从明火中获取热能的。

不管你相信传说与否,造成这种差异的原因在于除了其他因素外,加热1kg水所消耗的能量几乎是加热同等质量的钢铁的十倍。水土的比例(约5:1)是关乎人类福祉的重要因素,也是温和的海洋气候和严酷的大陆气候的成因。海水将夏季高温的热量保留至冬季;同时反过来也是如此,在炎热的夏季保持温凉的水温。

某种特定材料的比热容可通过以下方法测量,将一定质量的材料加热,放入聚苯乙烯制成的水杯中(或者为了获得更好的隔热效果,放入两个相互嵌入的水杯中),然后测量水温的升高结果。例如,取一根质量为200g的铜棒,比热容为 $c_{铜}=0.094kcal/kg℃$,加热至100℃。那么铜棒产生的热量为 $Q_{铜}=0.200×0.094×100=1.88kcal$。将铜棒放入温度为20℃、体积为100$cm^3$的水槽(其热能为 $0.100×20=2.00kcal$)后,该装置储存的总热量为 $1.88+2.00=3.88kcal$,而各部分的热容之和为 $0.200×0.094+0.100×1.00=0.1188kcal/℃$。因此,加热的铜棒将使水温上升到 $3.88/0.1188=32.66℃$。在这一过程中,铜棒损失的热量为 $Q_{铜}=0.200×0.094×(100-32.66)=1.266kcal$,而水槽获得的热量为 $Q_{水}=0.1×1×(32.66-20)=1.266kcal$。因此,$Q_{铜}=Q_{水}$满足能量守恒定律,在这里称为热力学第一定律。

根据同样的原理,推导出的铜的比热容为

$$c_{铜}=\frac{(T_W-T_0)×c_W×m_W}{(T_{铜}-T_W)×m_{铜}} \tag{7.3}$$

式中:T_0 和 $T_{铜}$ 为水和被测物体的初始温度,而 T_W 为预先加热的试样浸入水后的水温。

我们可根据该公式得出此例结果,即

$$c_{铜} = \frac{(32.66 - 20) \times 1 \times 0.100}{(100 - 32.66) \times 0.200} = 0.094 \text{kcal/kg} \times \text{℃} \qquad (7.4)$$

可以利用动能加热探头(电加热探头)达到最佳的精度,因为在电阻器中,电能转化为热能的效率几乎是100%,从浸水的电阻到水槽周围的热量传递也是如此。而且,实验室等级的数字仪器允许精度为0.025%或者更高的测量电输入。

7.10　能斯特热量计

图7.11中是由瓦尔特·赫尔曼·能斯特(Walther Hermann Nernst)设计的能斯特热量计,电热丝缠绕在圆柱形受测材料上,后者又嵌入尺寸更大的同种材料的圆柱形中心孔中。电热丝采用薄玻璃纸包裹,确保内外层的电气绝缘效果;如果需要达到更高的温度,可采用铁氟龙导热膜。为了获得最佳的传热效果,剩余的空隙用固体石蜡进行填充,样本挂在一个排空的容器或气罐里,与周围的环境尽量隔绝热传递。

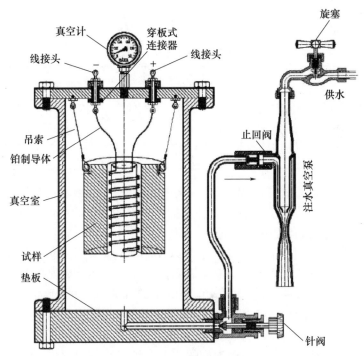

图7.11　能斯特热量计

如果螺旋电热丝由细铂丝制成，那么电热丝可兼作电阻温度计，在本章中我们对电阻温度计的原理有过描述。这样一来就避免了提高水银温度计与探针的温度的问题。同样，试样与灯丝之间的紧密接触确保了两者之间的温度梯度几乎为零。

$c \times m \times \Delta T$ 是质量为 m 的试样的热值，可根据探头温度提高 ΔT 所消耗的电量推导出来。

如果在试验期间电压和电流均能保持恒定，那么用于加热探针的电能应为 $IEt = I^2Rt$，其中 I 表示安培数，E 表示电压值，R 表示电热丝电阻。然而，铂丝的电阻 R 随温度而变化，因此 I 的读数在时间间隔 t 期间，也会随之变化。所以电能必须用这个积分公式 $E\int_0^t I \times dt$ 进行合计。方法之一是在整个实验过程中，取每 30s 间隔的安培数 I。那么 I 的平均值是 n 个读数的均方根，用公式表示为 $I_{\text{eff}} = \sqrt{I_1^2 + I_2^2 + I_3^2 + \cdots}/n$。

一台程控仪器可连续执行此类操作，注意功的计算结果必须采用 ws(J) 作单位，换算关系为 4.186J = 1cal。

在低温条件下，比热容测量的精确度尤为重要。因为低温环境下，c 受温度的影响程度很大，如表 7.2 所列的铜和铝。

因此，热能的标准公式 $Q = c \times m \times \Delta T$ 只在相对较窄的温度范围内，才能得出准确合理的结果。

表 7.2　金属的比热容

金属	在下列温度下的比热容/(kcal/kg)							
	-200℃	-100℃	0℃	20℃	100℃	200℃	300℃	500℃
铜	0.040	0.082	0.0906	0.0915	0.0947	0.0969	0.0994	0.1049
铝	0.075	0.175	0.210	0.214	0.224	0.235	0.241	0.26

在卡路里的定义中，"加热 1℃"一词并未考虑到这一点，所以改为温度由"14.5℃升至 15.5℃"，这是因为在其他温度水平下的测量会得出不同的结果。这就是能斯特热量计据有较高精度重要的原因所在。

图 7.12 所示为测量输入电能的电路以及能斯特热量计的温度增量。用高阻抗数字化仪器测量电压，用低阻抗电流表测量电流。可以用任意类型的电池作为电源，只要该电池容量够高，能在灯丝电流开始接通时保持电压稳定。

如图 7.12(a) 所示，电流表与加热丝串联，电压表与加热丝并联。当灯丝加热时，加热丝电阻越大，电流表读数越小。虽然 ΔI 这一下降值表明了加热丝温度的变化，但还是不能精确表示加热丝温度的减少。然而，图 7.12(b) 中的桥接电路将差值 ΔI 单独显示出来，从而得到了期望的精度。

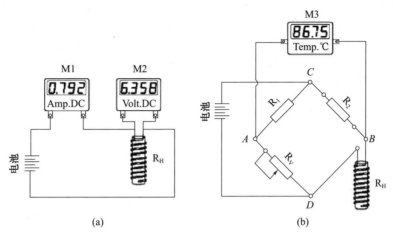

(a)

(b)

图 7.12　能斯特量热计的电路图

如果同时接入,加热电路和桥电路会相互干扰。不过,我们可以用两位开关,交替打开和关闭它们,连续不断地切换开关,就如交流电那样,如图 7.13 所示,负半波进入电源电路,其中包括加热丝,而正半波提供给测量电桥。以 60Hz 的频率计算,则电流每 1/120s 流经一个支路,断开的时间间隔也是 1/120s。

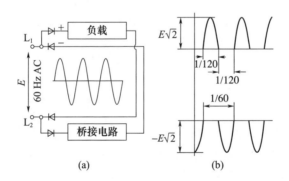

(a)　　　　　　　(b)

图 7.13　电源与测量电路分离

如图 7.13 所示的电路中,以一对硅二极管一前一后接入,实现了这一功能。图中的第二对二极管是为了平衡上述硅二极管在整个电路的正负极之间固有的0.6V 正向压降。

图 7.14 中的电路正是基于这些原理工作。粗线表示电导体,细线表示测量电路。测量仪表 M1、M2 和 M3 分别表示电流表、电压表和温度计,但必须给交流供电的测量电路采取某些预防措施。

交流仪表的读数通常显示与直流电流能效相同的能量转移。在正弦交流电的情况下,其值分别为电压和电流值的均方根,但这并不代表其他波形也是如此。例如,来自商用无线电变压器的交流电,其波形受铁芯非线性磁化曲线的影响而受到扭曲。虽然带有空气磁芯的自耦变压器避免了这样的缺点,但是它的绕线组较为笨重。并且只要没有负载接入,如图 7.14 所示的"经济型变压器"的入网电压在美洲地区一般为 115V,在欧洲地区一般为 220V,图中右下角加热器上缠绕的双螺旋线圈结构,避免了线圈的电阻和电感矢量求和而导致错误,并将起始和结束线圈绕组,简化它们的连接。

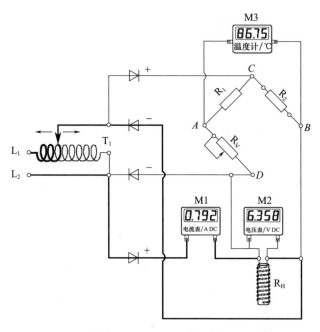

图 7.14　能斯特量热计的混合功率和测量电路

　　如果将浸没加热线圈的测量液体存储在一个保温容器,如双层杜瓦瓶中,能斯特量热计的原理同样可以应用到测量液体的比热能量,液体在给定电能下的温升衡量了该液体在此容量下的热容量。

　　如果设备的加热器电绝缘良好,则可以接入直流电源,但如果加热器和液体之间的绝缘性能并不是那么可靠,那么最好接入交流电源,避免产生电解的影响。如果使用温度计测量腔内液体的温度,必须考虑其热值。

7.11　蓄热装置

　　因为一般仪器使用的部件数量越少,操作性越好,要想在仪器的前面板使用水银气压计,而不是一个电子气象站,那么必然用到蓄热器,如图 7.15所示。

可以想象有这样一个温度计，腔体内径 5.76cm，里面有高达 100cm³（1.36kg）的水银。这样一个庞大的球将仪器的读数精度提高至 0.01℃，但是如果要控制球体不至于太大，其毛细管就必须很长。这个温度计没有刻度，只有两道标记，分别表示受测物体比热区间的低温和高温。前者位于突出部的上方，后者位于突出部的下方仅此而已。

高温
标记
低温
标记

最初，慢慢加热球体，直到水银柱刚好漫过上方的那个标志，立即停止加热。然后水银柱会往下降，当它刚好离开上方标记的那一刻，将蓄热器球体浸入待测比热容的液体中，当水银柱面到达下面的标记时，又迅速地移走蓄热器球体，以此法，读取到该液体的温度。

图 7.15
蓄热器

预先需要用去除了空气的纯水对蓄热器进行校准，如果水的温升为 ΔT_w，相同重量的受测液体的温升为 ΔT_x，则该受测液体的比热能为 $c_x = \Delta T_w / \Delta T_x$。

以水的比热能 1.000kcal/kg × ℃ 为基准值，则乙醇为 0.550，汽油为 0.531，丙二醇为 0.598，汞为 0.033，液体比热能的最高纪录是由 $c_H = 6$kcal/kg × ℃ 的液化氢保持的。

7.12 气体的比热能

我们认为固体和液体的比热容与压力无关，与此不同的是，气体在恒定（不变）体积和恒定压力下相比较，其比热容测量值存在差异。这是因为一定体积 V 的气体吸收一定量 dQ 的热能后，其温度会升高，体积会膨胀，因此体积膨胀所消耗的热能为 $p \times dV$。在密闭容器中，$dV = 0$，因此 $dQ = dU$，其中 dU 表示将气体加热使其温升 dT（℃）所消耗的热能。

然而，如果在气体体积允许变化的情况下保持压强不变，则应用热力学第一定律 $dQ = dU + p \times dV$。将该方程移项得 $dU = dQ - p \times dV$，气体吸收相同的热量，保持其恒定压力的温度增益要比其在恒定体积下小，即要获得一定的温度增益，压力不变比体积不变要消耗掉更多的热量，换而言之即 $c_p > c_v$。

c_p / c_v 用 k 表示，对于氧气、氢气、氮气等双原子气体，k 值在 1.40 ～ 1.41 之间，而氯、溴、碘等卤素族已经属于三原子气体，k 值在 1.26 ～ 1.32 之间。

通过将计量过的预热气体通过浸没在水槽中的螺旋形铜或银管的方法来测量气体的比热能，由此产生的水温升高和相应的气体温度下降，能够使用如下公式计算气体的比热能。

从 T_{in} 和 T_{out} 得到被测气体的输入和输出温度，则流过螺旋管的气体 m_G 传递的

能量为 $Q_g = m_G \times c_p \times (T_{in} - T_{out})$。这应该等于将水槽温度从 T_1 升高到 T_2 所需的热量。对于水的质量为 $m_W, c_W = 1\text{kcal/kg}$，于是 $Q_W = m_W \times (T_2 - T_1)$。以上两个方程进行等量代换，得出气体的比热容计算公式如下

$$c_p = \frac{m_W}{m_G} \times \frac{T_2 - T_1}{T_{in} - T_{out}} \tag{7.5}$$

通过系统的气流必须足够慢，以使得有足够多的可测量到的热量从气体转移到水槽中，为此螺旋管塞满了细小的金属碎片，其间仅够气体能挤过。这增加了气体通过管道的通道长度，而气体分子和碎片之间的摩擦使气体流速变慢。

7.13 克莱门特和德索姆斯装置

"理想"气体的状态绝热变化方程为

$$p_0 V_0^\kappa = p_1 V_1^\kappa \tag{7.6}$$

在克莱门特和德索姆斯装置中应用该方程，可求出气体的恒定压力与恒定体积下的比热能之比 $k = c_p / c_v$。

克莱门特和德索姆斯装置包括一个气体容器或气罐(一个 U 形管压力计)和一个将气体压缩的装置，如图 7.16 所示，该装置类似于我们印象中的香水喷雾瓶和血压检查中用到的橡胶球。

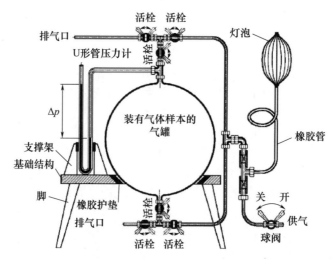

图 7.16　用于测定 c_p / c_v 的克莱门特和德索姆斯装置

根据被测气体比空气更轻或更重的不同情况，分别从容器的上方或底部的端口将气体填充进去。在第一种情况下，较轻的气体(如氢)积聚在气罐的上部区域，并逐渐迫使剩余的空气通过下部的阀门排出。对于比空气重的气体(如二氧

化碳),情况正好相反,进入的气体在底部沉降,迫使空气从顶部溢出。必须在每种情况下设置上端口和下端口上的三个活栓以适应这些条件的变化,应使用大量(过量)的待测气体填充进汽缸,以排出所有空气或先前实验中的气体残留物。

准备工作完成后,就可以开始测量 c_p/c_v 的值了。首先关闭排气口并往气缸中泵入大量的气体,直到 U 形管压力计读数约为 $40mmHg$,相当于 $40 \times 13.6 = 544mm$ 的水柱的压力。如果使用比水重 1.831 倍的硫酸作为气压流体,则相同的压力将显示为 $544/1.831 = 297mm$ 硫酸柱。

然后瞬间打开并关闭上排气口,在我们认为是绝热的过程中使内部压力降至零,因为打开和关闭活栓之间的时间跨度太短,以至于不允许任何显著的热量在气罐与环境之间的交换。因此,给气体逸出提供的动能是从气体内部能量中提取的,这表现为其温度从 T_1 下降到 T_2。

随后,气体升温至周围的温度 T_1,这使得气罐中的压强从 p_1 升高到 p_3。这一步骤不会改变容器中的气体量,因此得到 $V_3 = V_2$。由于整个过程结束的温度与其开始时的温度相同,因此它是等温线,可以得出等式:$p_1 V_1 = p_3 V_3 = p_3 V_2$。

为了推导 k,我们将这个等式提升到 k 的幂,得到方程:$p_1^\kappa V_1^\kappa = p_3^\kappa V_2^\kappa$,然后除以绝热方程 $p_1 V_1^\kappa = p_2 V_2^\kappa$,重新调整后我们得到

$$\frac{p_1}{p_2} = \left(\frac{p_1}{p_3}\right)^\kappa \text{ 和 } \kappa = \frac{\log p_1 - \log p_2}{\log p_1 - \log p_3} \tag{7.7}$$

在改进后的该装置中,U 形管压力计由数字压力表代替,数字压力表由膨胀膜或压电晶体的电压驱动,避免了由于 U 形管中的液柱移动而导致的气体体积的轻微增加。

已知对于 $18℃$ 的空气,其系数 $k = 1.4053$,这个常数和声速之间存在有趣联系,即 $v_声 = \sqrt{\kappa p/\rho}$,其中 p 代表 $0℃$ 时的 1 个标准大气压的压力(或者每平方米 $101320N$),ρ 表示空气的密度, 在 $0℃$ 为 $1.293kg/m^3$。代入后,我们得到 $v_声 = \sqrt{1.4053 \times 101320/1.293} = 331.8m/s$,与通过直接测量声速获得的值非常一致。

7.14 熵和热寂

尽管对于世界末日的说法存在可怕的预言,但地球上未使用能源的存量却是巨大的。举个例子,让我们来看看海洋表层水与海底水流之间的温度梯度。水在 $4℃$ 时密度最大,倾向于沉入海底并积聚,而温度稍高的水则在阳光加热的表面聚集。如果可以建造一种热能机器来将水的内部能量转换成动能,那么我们的船只就不必依靠烧油来驱动了,仅需要把一根长软管伸入 $4℃$ 的海水区域,并用一个泵来使海水上下循环即可。

原则上,詹姆斯·瓦特这种古老蒸汽机的奇特衍生装置可以通过用合适的液体替换锅炉水来实现,例如,二氯氟甲烷(CHCl$_2$F),其沸点为 8.9℃。发动机的排气将被泵入 4℃ 区域并冷凝成液体,然后又被泵入一个漂浮在海水表面的锅炉之中,此时温度 24℃,超出该工作液沸点 24 − 8.9 = 15.1℃。该温度梯度转换成 CHCl$_2$F 蒸汽绝对压力为 1.72atm,或相对于周围环境的压力为 (1.72 − 1) × 1.033 = 0.74kg/cm^2,足以驱动为满足该压力条件设计的往复式发动机。

但是,在 273 + 8.9 = 281.9K 和 273 + 24 = 297K 的绝对温度之间运行的发动机的热效率 η 将是 (297 − 281.9)/297 = 0.051 或约 5%,几乎不足以让泵在寒冷和温暖的区域之间上下抽水。95% 的可用能量无法转换,即使有的话,又有多少能量用于驱动船舶螺旋桨呢? 只有我们每个人去猜测罢了。

工作介质得到的能量越高,η 的值越高,这就导致了对热能的"值"的分配。除非你参加某种北极熊俱乐部,否则你会发现一个装有 40℃(100℉)水的浴缸比两个装有 20℃(68℉)水的水管更有用,尽管这两种情况的热能量都是一样的。

热能的值被命名为"熵",符号为 s,并由 $ds = dQ/T$ 定义,因此工作介质的温度越高,熵越低。熵最低的储热库是发电的最佳选择。

根据热力学第二定律和每个人的个人经验,热流是单向流动的,且从较热的区域或物体流向较冷的区域或物体。除非注入来自外部热源的能量,否则平均温度的下降趋于稳定,而熵的增加不可阻挡。如果把整个世界看作一个整体,熵必须随着时间的推移而上升,直到达到一个一致的总体水平,这种世界事物的不可逆转状态被称为热寂。

核能的发现也许可以解释为什么宇宙自诞生 150 亿年以来仍然不会发生热寂。但是,即使能以 mc^2 的转换因子将质量转换为能量,也不会永远能转换下去。在未来的某个地方,恒星将耗尽其内在的核引擎,具有超新星潜力的恒星即将爆炸并冷却下来,到那时,最高的熵将统治世界。

但是沿着这一逻辑,我们可以预想到,在"宇宙大爆炸"的瞬间,世界处于最低的熵的状态,这就留下了一个问题,即在"我们所知的"世界诞生之前,熵是如何从之前一个能量消失的世界的最高水平跳跃到最低水平的。如果我们无法对这类问题给出答案,那是由于问题是在"我们所认知的世界"中产生的,在我们认知的世界之外无法解释。

因此,让我们保持积极的态度,无论生活在世界的哪个地方、在任何时候都对生活充满希望,即使熵可能正在不显眼地萎缩之中。

第8章
压强

　　1654 年,在雷根斯堡市,奥托·冯·格里克(Otto von Guericke)进行了物理学史上最著名的实验。他拿了两个直径约为 14 英寸的铜半球,并抽出它们之间的空气(图8.1),两支各由 8 匹马组成的队伍被拴在两个半球上,两队试图将它们拉开,但无济于事,这就是著名的马格德堡半球实验,以格里克的出生地马格德堡命名,并取得了成功。当天的观众中有费迪南德三世国王(King Ferdinand Ⅲ),他后来成为工程师的守护神。后来,格里克多次重复了这一实验:1657 年,他在奥地利维也纳的皇宫里重复这个实验,后来又向德国的选举人展示过这个实验。

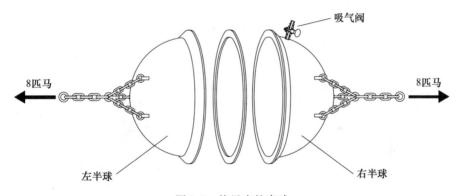

图 8.1　格里克的半球

　　格里克成功的秘诀在于充分利用了空气压强。地球是被一层厚厚的、纵深为 10 英里的空气层包裹着的球体。空气大部分是由氮和氧组成的,因此其自身具有重量,这个重量会在地球表面形成压力。在海拔约 29000 英尺的珠穆朗玛峰的顶部,气压比海平面低得多。在大约 6 英里的高度,登山者的上方只有一层薄薄的空气可以施加力,因此气压较小。这给登山者们带来了一个问题,即物体沸腾的温度取决于当地的大气压力。任何爱好喝茶的人都知道,泡茶的水应该在 100℃ 下煮沸时使用。但在高海拔地区,水在低至 70℃ 的温度下可能会发生沸腾,这让在夹杂着碎冰、飓风般的强风中经历了一天的登山者大失所望。

　　在格里克的实验中,两组各八匹马的力量都不足以拉开半球,而球体内仅仅是真空而已。球体外表面的空气的压强是 p，球体的半径为 7in。雷根斯堡海拔 342m，其气压平均为 14lb/in²。因此，空气对球体施加的力为气压 p 和表面积的乘积，即 $7^2\pi \times 14 = 2155$（lb）。假设格里克所使用泵的抽空率达到 90%，则半球上的外部和内部压力之差为 $0.90 \times 14 = 12.6$psi，则半球表面所受的力为 $2155 \times 0.90 = 1940$lb。

然而，奥拓·冯·格里克并不是第一位对压力着迷的科学家。几十年前，意大利物理学家埃万杰利斯塔·托里拆利（Evangelista Torricelli）就想出了一种装置——气压计，这种装置将成为现代气象学家不可或缺的工具。他在 1644 年写给科学家朋友利玛窦的信中所说："我们制造了许多玻璃容器……管长两腕尺。这些管子里充满了水银，用手指将开口端封闭，然后将管倒置在有水银的容器中……我们看到形成了一个空旷的空间，而且这个空间中没有发生任何事……"

图 8.2 为一套简单装置。空气压力推动碗中的汞，致使一些汞在倒置管内上升。气压越低，管内上升的液体就越少。通常管中的汞会比碗中的汞水平高出约 760mm。由于汞的化学符号是 Hg，因此标准气压为 760mmHg（这通常也称为 1 个大气压（1atm））。

布莱兹·帕斯卡（Blaise Pascal）既是哲学家又是科学家，用托里拆利装置进行实验。他把这个新气压计带到了位于法国的中央山脉多姆·德·普伊（Puy de Dome）的山顶，这是一座闻名于法国的高峰，山顶的海拔大约 407m，此时水银柱面大幅下降。

但关键是要使气压计能感应到气压的微小变化。气压计读数下降时，预计会有暴风雨或飓风。如果读数上升，就要给花园植物浇水，可能会面临干旱的天气。增加灵敏度

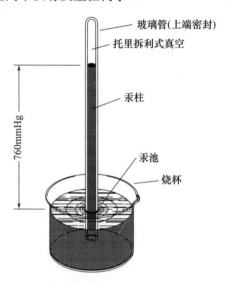

玻璃管（上端密封）
托里拆利式真空
汞柱
760mmHg
汞池
烧杯

图 8.2　托里拆利气压计

的一个简单方法是将管子以一定角度倾斜放置，然后压力的轻微变化会使水银柱弯月面的位置发生更大的变化。因为 $\sin30° = 0.5$，将管子以 30° 的角度放置，就能使水银柱的位置的变化量加倍。

8.1　水银气压计

尽管此时表盘和数字仪器已经变得流行，但人们仍然使用经典的充满水银的 U 形管气压计测量大气压力，如图 8.3 所示。在读取顶部密封的气压计左半部分

中的水银柱所表示的气压之前,必须使 U 形管的右半部分的顶部开口的水银面与刻度的零点重合,如仪器基板上的标记所示。这一步骤用 U 形管支架上的调零螺丝来进行调整。

将传感器信号转换成更高复杂度的仪器的读数需要复杂的机构,U 形管气压计之类的基本测量装置避免了这种机构带来的误差和不准确性。水银气压计是一体式的传感器和读数器,可靠性高,便于维护。

使用水银来填充也有缺点,一方面它很重,另一方面它有毒,如果有可替代的液体就理想了。水既便宜又安全,但水的密度远低于水银,因此 760mmHg 的压力会使水柱上升约 33ft。对于典型的 U 形管气压计,使用水来填充可能更安全,但会更麻烦。

水压力计有一个作用。试图用肉眼观测 0.1mmHg ~ 0.2mmHg 之间的变化是非常困难的,因此,在低压下更换气压计的工作液是一个好主意。为了测量 1mmHg 的压力(称为 1 Torr,以纪念意大利科学家托尔),水压计工作液面将上升 13.6mm。

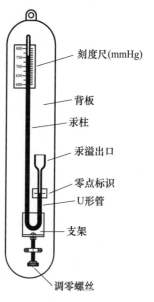

刻度尺(mmHg)

背板

汞柱

汞溢出口

零点标识

U形管

支架

调零螺丝

图 8.3 U 形管气压计

但是,在低温下不能使用水压计,因为水会冻结。于是,苯也可作为低压、高真空的工作液体使用,据传弗里德里希·奥古斯特·冯·凯库勒(Friedrich August von Kekule,1829—1896)在梦见一条蛇吞了它的尾巴后发现了苯的化学结构。因此,除了密度外,任何气压计中使用的工作液体还将取决于它将使用的温度范围,以及该液体的腐蚀性、毒性和闪点。

通过选择合适的工作流体,西格诺尔·托里拆利(Signor Torricelli)制作的气压计可用于低至约 1mmHg 压力的普通大气压。由于其测量范围非常宽,这种气压计成为流体力学实验中的理想选择。在经典物理学发展的一个高峰点时,伯努利认识到流体的压力 p、其密度 ρ 和速度 v 可以通过简单的表达式联系起来,即 $p + \rho v^2/2 =$ 常数。因此,如果可以测量流体施加的压力,就可以推断出流体的速度。受托里拆利启发我们有了一种直接测量层流或湍流流速的方法。伯努利的原理也预测到随着速度的增加,在某一点上压强可以变为负值。这标志着气穴现象开始得到人们的关注,其中气泡的产生伴随着嘈杂的噪声。对于战舰和潜艇制造人员来说,最大的挑战之一是设计螺旋桨的同时避免发生空穴现象,否则船只会以较低的效率运行并发出极强的噪声。

托里拆利通过这一科学过程获得了高真空,他用水银填充一头密封的玻璃管,然后慢慢将其抬起到垂直方向。随着水银下降到 760mm 时,上面的空间几乎完全处于真空状态。

即使远离高等科学的象牙塔,类似的效果可以防止地下污水管道的气味通过厨房水槽泄漏出来。一种被称为虹吸管的低技术含量的设备比最复杂的阀门更有效,如图 8.4 右上所示。水槽排空后,水堵住排水管道的 U 形部分,密封住污水管,这一想法使虹吸成为抽水马桶的基本设计特征。

在 20 世纪上半叶,虹吸管在冲水厕所中重新铺设,作为顶部清洗水箱排水阀塞中的 U 形通道,如图 8.4 左上所示。当通过链条提升阀塞时,水开始沿管道自由流入冲洗通道和抽水马桶。但是,即使在链条释放后水仍在继续排出,而阀塞封住了冲洗水箱的出口,因为水现在从阀塞中的 U 形通道上升,溢出并进入排放管道中。像在 U 形管气压计中一样,水下降,上方留出真空,最终将所有的水浸出水箱。

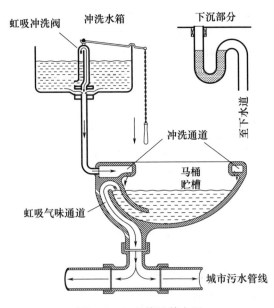

图 8.4 虹吸管及其应用

可以说是"浸泡",因为真正发生的事情是水箱内作用于液面的大气压力迫使水上升到虹吸管,并下降到排水管中气压降低的区域,不要被"真空吸力"所蒙蔽。这是一种表达方式,因为自然不允许负压的存在,而"吸力"这个术语实际上代表了在较高压力环境中的较低压力区域的影响。绝对真空中的压力为零,压力只能变高。某些压力计的刻度会有不同,与平时所见的相反,它们的刻度盘是从 1atm(1atm $= 1.013 \times 10^5$ Pa)向下绘制的。实际上没有错,在 760mmHg 的标准气压下分配刻度零点只是为了方便,而不是物理学定律。如果是,仪表应该在气候异常很大的月球上显示 0atm ,但是实际会这样吗?

然而,人们有可能出于某种目的,故意制造出高真空。假设有一个装满 10L 空气的容器,接上一个容量为 1L 的泵。随着活塞的第一次拉起,这 10L 空气膨胀,塞

174

满了11L的泵缸/容器的组合。由于止回阀使空气不会从泵缸回流到容器中,因此随着活塞的向前冲程,把剩余的空气通过另一个止回阀挤压到环境中。

保留在容器中的空气浓度现在是原来容器中空气浓度的10/11。经过两个循环后,将获得10L空气,其浓度仅为原始的100/121。这看起来似乎是一个缓慢的过程,仅在50个循环后空气降至其原始密度的0.0085。这意味着,如果空气最初的压强为760mmHg,则在50次冲击后,它直接下降到仅6.5mmHg。在100次循环后,压强将为起始值的72.5×10^{-6},0.055mmHg。

在原理上,真空泵可以看作普通脚踏或手动压力泵的倒置版本,例如,给儿童自行车轮胎加压或在路边遇到紧急情况的汽车轮胎加压的压力泵。但令人感到震惊的是,在推拉手柄时,只有一半的做功转化为压力增益,其中一些能量会转化为热能(俗称为"热"),而不是压缩。如果加热的空气"按原样"泵入空气罐,则随着空气冷却,压力下降,密封容器中的压力与热力学温度的升高和降低保持着同样的趋势,这就是空气压缩机气缸上设置散热片的原因。工业模型甚至可以用水冷却,并且散热器类似于在汽车发动机盖下的散热器。

实际上,压缩机和汽车发动机之间的相似之处使得人们在手动改装汽车时会利用废旧汽车发动机组装成专用的低成本压缩机。但在此之前可以在特价超市购买到不到50美元的压缩机(包括电动机和额外长度的电源线)。

要更换的部件是气缸盖,每个气缸上都有圆顶凹槽,称为燃烧室。这些腔室中包括大约1/8的气缸容积,以确保在点火和燃烧之前空气和气体混合物的压缩比为1:8左右。相比之下,压缩机的活塞应该将空气完全从气缸中推出到空气罐中,这意味着用平板替换气缸盖,上面的阀座需要钻孔。

可以看到电机和压缩机之间的第二大差异,前者的阀门是由凸轮轴上的凸轮控制的,后者是自动执行的。在压缩机中,当活塞后退,在气缸中产生部分真空时进气阀打开,排出阀通过活塞向前行程产生过压而被推开。

压缩机制造商可以废弃凸轮轴及其辅助部件,但需要付出代价。自动阀门的尺寸必须正确,以便处理预期的空气流量,并且必须保持平衡,以确保正确的时间设定并对流量变化做出及时反应。此外,太强的阀门弹簧使阀门无法运行,而太弱的弹簧会使阀门变得无力。

也许坚持使用原来的凸轮控制阀操作系统,并用1:1传动驱动器替换曲轴和凸轮轴之间的1:2静音链或正时皮带传动装置可能更加安全。另外,这可能相当于进入另一个复杂的系统。

虽然压缩机的作用是使空气压力高于当前的大气压,但托里拆利气压计则利用大气压力来提升液体活塞水银柱。当然,即使不考虑其简单性和可靠性,托里拆利基础气压计及后来的U形管壁气压计都笨重且受位置影响程度大,本身不适合各种应用(如航空速度计、高度指示器等),也不适合意图征服世界顶峰的人们随身携带。

8.2 表盘气压计

图 8.5 所示的表盘气压计有一个更广的名称——无液气压计,这是一种轻便的仪器,其原理可追溯到法国律师,同时也是后来的工程师路辛·维蒂(Lucien Vidie,1805—1866)。但是,他 1844 年的设计不被当时的法国市场接受,虽然在英国取得成功并赚了钱,但又面临竞争对手的激烈诉讼。

通常在 29in ~ 31in 汞柱之间工作的无液气压计,通过一对面对面安装的承压膜(波纹管)的变形来感应气压。这些波纹管排空后,构成一个覆膜腔,为应对周围大气的变化而"吸气"。覆膜腔牢牢地固定在仪器主框架的隔板上,而上部覆膜腔上的刀刃铰链驱动位移传递机构(图 8.5),这包括杠杆、系杆和曲柄;曲柄拉动一根绳子或细链子缠绕在鼓室上,使指针旋转。

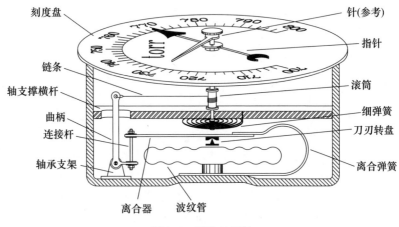

图 8.5　无液气压计

这种多级机构可以增强波纹管的小幅膨胀和收缩,并最终启动缠绕在指针轴上的鼓室周围的绳子。在指针轴上还有一个细弹簧,保持绳子的张力并补偿传动系部件之细弹簧间的松弛。气压计透明玻璃上的可手动设置指针可以表示出昨天的天气,以便与现在的进行比较。

围绕覆膜腔的 U 形片簧弹性地预加载在波纹管上,使它们响应正压力和负压力波动。由于膜响应气压变化的挠曲本质上是微小的,因此对于老式仪器,需要使用者轻轻敲击观察镜来提高其灵敏度,因为一个下雨的星期天下午,指针可能拒绝在此天气模式中朝着正确方向摆动。

8.3 初级真空

初级真空范围为760mmHg ~ 100mmHg之间。真空吸尘器通常在低于环境压力约2inHg(50mmHg)下工作,是典型的初级真空装置。然而,使真空吸尘器摆动的是动压力,$p = pv^2/2g$,产生于大量高速(v)气流的尾流中。在飓风(威尔玛,2005年10月)中人们能观测到的最低气压为662mmHg或低于正常大气压13%,这不足以解释造成的损失。真正让奶牛飞起来的是动压力,这和吸尘器的原理是一样的。

图8.6中真空吸尘器的核心是鼓风机,中央进气口通过可拆卸的过滤器单元面向吸嘴,过滤器单元包括过滤器和多层滤纸或布料,在它们到达风扇之前留下灰尘和杂质。

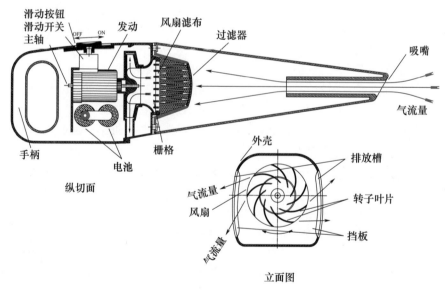

图8.6 吸尘器

图8.6右下显示的是风扇的表面,通常有9个叶片,其表面适合由离心加速度$R\omega^2$和切向速度$v = \omega R$的组合作用产生的气流。R为距离转子中心的距离,n为转子的转速,角速度变为$\omega = \pi n/30$。因此,切向空气速度与中心距离成正比,这使得叶片的曲率在中心附近几乎是径向的,并且越远越接近切向,如图8.6右下所示。

与为真空吸尘器和工业旋风除尘器提供动力的动态压力不同,无论我们是默默地享受饮料还是紧张地吞下它,通过吸管狂饮软饮料所需做的功是基本不变的。无论如何,必须产生 6in ~ 8in 的水位差(约 0.5inHg),才能把饮料经由吸管吸到嘴里。勇敢的纪录创造者声称,他的肺部压力达到 0.5atm(380mmHg),足以给玩具气球充气,尽管他想要通过吹布尔顿管式或膜式压力表的方式把数据载入吉尼斯世界纪录大全,但要注意气压,除非颈部的截止阀被气压计填充阀中的阀杆推开,否则会堵塞通道。

8.4 压力计的诞生

人类对压缩空气的需求远远早于测量其压力的仪器的诞生。公元前 1000 年之前,由于铜、锡和锌熔点很低(不高于 1000℃),就能使用简单的烤箱来熔化某些合金,如青铜(铜锡合金)和黄铜(铜锌合金)。部分原因是合金的熔化温度始终低于其成分的熔化温度。

我们可能永远也无法知道,在什么时候什么地方,某个无畏的人类成员发现,往篝火堆吹气会使休眠的火焰冒出来。但对机械风力发电机的需求必须与公元前 1000 年左右铁的出现有关,因为如果没有强制通风,铁矿石加工的温度是无法达到的。虽然赤铁矿、磁铁矿等铁矿石在 800℃左右的温度下会发生还原反应,以碳的形式存在,但是火炉至少需要 1200℃才能吸收碳并生成生铁。

在罗穆卢斯(Romulus)和雷穆斯(Remus)用第一铲土和碎石砌造未来的罗姆城的城墙之前,埃特鲁里亚人就在亚平宁半岛上生产了大量的铁,出口到地中海沿岸的许多国家。显然,他们拥有一些高炉,但是如果没有对铁的生产和加工这一复杂行业的深入了解,单凭高炉是不够的。中世纪铁匠仍然坚定地相信,在生活和工作中人类永远得不到炼钢的终极秘密。

由于人们对埃特鲁里亚文化知之甚少,只能想象早期的制铁者使用兽皮缝制的密封袋,以便将空气挤入炉子的火堆中。操作员不断地劳作,从一个气袋到另一个气囊周而复始。但是,一个止回阀仍然是必不可少的,它可以防止空气在回程时从烤箱中被吸出并回到气囊中,我们可能永远也不会知道埃特鲁里亚人在大约 3000 年前是如何制作止回阀的。

中世纪的冶炼厂和铁匠使用手动风箱,水力驱动的鼓风设备 14 世纪至 15 世纪才出现,近代的火车发动机的蒸汽喷嘴也是将空气喷射到锅炉下面的火堆中。

压力计是在优化蒸汽机性能的过程中出现的,主要用于防止爆炸,这在早期的火力发电中很常见。水银压力计已经不适用了,因为大约 10atm 的蒸汽压力会使水银柱上升 $10 \times 0.760 = 7.60m$(或 25ft)于是诞生了表盘压力计。

8.5 波登管式压力计

图 8.7 所示的波登管式压力计是通过硬拉技术,由磷青铜或铍铜制成的扁平新月形管的变形来响应压力变化的。半圆管外壁和内壁的长度差异,使得从中心向外产生的压力总和超过了向内产生的压力总和。简而言之,压强的增加使管子自身的曲率开始"显露"。

图 8.7 中所示的特殊类型的仪器将波登管的下端焊接到底座上,使上端可以随着管的增压而自由地移动。T 形框架固定机构驱动插图下方的针,带动齿条小幅运动,其幅度等于环形齿轮的节圆直径与小齿轮的节圆直径的比值,乘以环形齿轮的节圆半径和环形齿轮旋转点与定位销之间距离的比值。

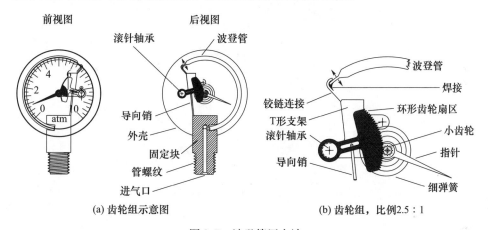

图 8.7 波登管压力计

环形齿轮扇区的中心轴承位于轴心式 T 形支架(而不是仪表外壳)上,而同一T 形支架的上边缘刚性地连接到波登管的自由端。穿过环形齿轮中槽的固定导销使环形齿轮扇区与 T 形框架同步转动。简而言之,实际上是环形齿轮相对于 T 形框架的角位移驱动了小齿轮和指示针。

其他设计将小齿轮和环形齿轮扇区的中心铰接在仪器壳体上的固定位置上,这意味着环形齿轮和波登管的自由端之间是以铰链连接的。图 8.7 中的浮动 T 形框架设计实现了可靠的连接,不利之处是带来了一些相互影响的偏差,然而指针轴位置的偏差是微小的。

波登管压力计适用的压力范围为 $0 kgf/cm^2 \sim 0.5 kgf/cm^2$,最大范围为 $0 kgf/cm^2 \sim 1000 kgf/cm^2$。为了获得最高的灵敏度,波登管可以像弹簧或游丝那样的螺旋形缠绕。在这些情况下,指针的偏转角度与缠绕的匝数成比例地增加。

8.6　膜驱动压力计

膜驱动压力计比波登管压力计及其衍生压力计具有更高的灵敏度,并且抗腐蚀性气体侵蚀的能力更强,因为适当的膜可以隔离压力源。膜通常由 AISI 316 制成,AISI 316 是一种高合金奥氏体不锈钢,含有 25% 的铬元素和 20% 的镍元素。

图 8.8 是膜压力计的后视图,省略了仪表盒的背板,这解释了表盘的镜像"重影"。从传感元件(膜)到指针轴的传递机构与波登管压力计中的相类似,但环形齿轮扇区的中心由滚针轴承支撑在固定位置。为了抵消间隙,通过游丝的扭矩给齿轮预加载。

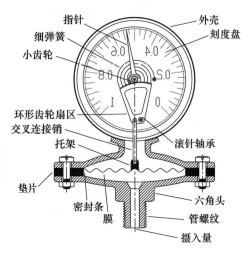

图 8.8　膜压力计的后视图

膜驱动压力计和波登管压力计一样,可以用甘油填充物封装,用于阻隔污染物和阻尼振荡。

8.7　隔空传递能量

铁自从发现以来一直是人们广泛使用的材料,而且在 19 世纪的工业革命中地位飙升。自从蒸汽动力取代风力和水力,世界就进入一个新的纪元。蒸汽动力已经成为许多世纪以来的动力源。有了蒸汽机,人们可以比以往任何时候都钻得更深,能更好地开采矿山,从此煤炭突破了简单的露天开采模式。随着煤炭的增加,人们需要生产更多的机器来完成更多的工作,生产更多的产品。

詹姆斯·瓦特（James Watt）发明的蒸汽机对文明的影响是双重的。首先，机器结束了千年来能源紧缩的现象，但同时又阻碍了发明家和工业家的创造；其次，除了生物界的马外，蒸汽机是有史以来第一个与所处位置无关的源动机。风车仅适用于具有强大且大多时候都稳定的气流区域，例如，荷兰、德国北部的一些地区、波罗的海和斯堪迪纳维亚半岛。而水轮必须要位于河流沿岸，且河床上有一个突出的斜坡，用于建造堰。

在采矿业中，从矿井中抽取的地下水主要由马驱动的环形管道负责，从而驱动更深处的水泵。实际上，最初的蒸汽机是双列直插式活塞泵，蒸汽活塞和泵活塞连接在长而垂直滑动的活塞筒的上下端。它们没有飞轮，蒸汽活塞依靠塞上方封闭空间中的冷凝蒸汽产生的吸力来提供动力。

虽然采矿业是使蒸汽机蒸蒸日上的最重要的行业，但小型企业（如村庄锻造厂、工厂和谷物厂）缺乏投资这种未来机器的资金，因此能源分配成为下一个障碍。一开始蒸汽机被安装在工厂屋顶的线轴下，这些线轴带有许多起动滑轮，成对的动力滑轮组之间有自由旋转的滑轮，与下面每台机器上的类似装置对齐。第二次世界大战之前的几年，这种装置偶尔存在，只不过动力源变成了巨型（50～100PS，1PS＝735.499kW）电动机。糟糕的是，当没有什么比在某些钢零件上钻一个单孔更有价值的时候，这些发动机必须具有很大的功率。尽管如此，只有当小型电动机便宜时，单独驱动的机械才成为必然。

随着蒸汽机的出现，蒸汽压力逐渐用于其他目的，通常类似于目前气缸的应用。旋转式屋顶梁（Dachwippe）在19世纪的炼铁厂很常见，它将一块烧热的铁板前端从铁砧上抬起，然后在内史密斯（Nasmyth）或康德（Condie）蒸汽锤的作用下将其旋转到一个新的位置。将这样一块平板连同摇臂的重量一起举起需要相当大的力，这个力来自一个蒸汽缸，它安装在建筑物的结构支撑墙上。

更有趣的是一些电影制作者对蒸汽压力进一步应用的看法，在詹姆斯·韦斯特的剧集中，主人公面对大量由反派布置的面露凶光的蒸汽式机器人，横扫了看似不可战胜的西部，这无疑是最好的结局了。毋庸置疑，即使机器人在那场不平等的战斗中输了，如果不是主人公怀揣着坚定不移的目标，那么猜测也要感谢机器人四肢上充满了冷凝的水滴。

压缩空气没有这些问题，1860年前后，当人们在法国东南部和意大利之间的塞尼斯山下修建铁路隧道时，压缩空气首次被用作配电工具。经过3年的人工破岩尝试后，工人们安装了湿式压缩机来驱动气动凿岩机，从隧道的两端挖洞。两端的工人各在4mile的岩石中工作，直到他们在中间相遇，这足以证明以压缩空气为介质进行远距离能量传输的可行性。

这样的结果促使奥地利工程师维克多·波普（Victor Popp）于1886年在巴黎安装了一个压缩空气网络，为手艺人商店、公共时钟甚至一些电梯提供服务。1888年，一家工业工厂安装了一个1500kW的压缩空气动力分配系统。它的成功使许多工程师认为压缩空气比电力更可取。正如我们现在所知道的,最终电力赢得了胜利,但压缩空气继续驱动各种各样的手动工具(如钻头、磨床、磨砂机、钉钉机、订书机等),并在驱动预示着自动化时代到来的机器元件方面重新获得了突出的地位。

18世纪中叶,在爱尔兰和法国建造了短距离的空气驱动铁路之后,气动铁路系统的支持者设想了压缩空气的不太现实的用途,而英国甚至尝试建造从新克罗丝(New Cross)到克罗伊登(Croydon)的长达7.5mile的线路。据报道,这两条线路上的火车在1845年达到了惊人的速度70mile/h。其中的薄弱环节是管道中的活塞与上面的车厢之间的耦合。为此,在管道的上侧开有一个纵向槽,沿着这个纵向槽活塞杆的扁平部分向上延伸与车厢连接起来。沿着插槽的一对软皮条是用来密封的,活塞杆通过的地方除外。

该系统必须在部分真空环境下运行,因为对管道加压会吹开密封条。相反,真空使它们保持密闭。但是,活塞杆周围不可避免的泄漏使得该系统运行的成本太高,无法持续。同样,只是昙花一现的还有连接埃克塞特市和牛顿·阿博特市的同一系统。

托马斯·韦伯斯特·拉梅尔(Thomas Webster Rammell)于1860年发明了专利,将整节车厢置于一个充气管道内。其显著特点是在车厢前部施加吸力,而在车厢后部施加推力。他在一台货物搬运车上展示了自己的想法,搬运车置于地面上的直径达30in的宽大的弯曲管道中。在伦敦尤斯顿站和埃弗肖尔特街邮局之间的1/3mile内,该系统运行良好,可用于邮包运输。装有多达35袋邮件的邮筒不到1min就能送达,而每天13次的旅行已经成为常态。但是,其运营成本仍然高于传统的邮车。其他的一些想法,比如,用刷毛圈把引线车和隧道的墙壁密封起来,只处于试验阶段。

在1863年,伦敦就有一条由蒸汽机驱动的地下铁路,但在铁路隧道封闭的环境中运行这些喷烟的"怪物"肯定是一件危及生命的事情。直到1867年,高架轨道电缆运输系统的发明者查尔斯·T.哈维(Charles T. Harvey)才说服参议院特别委员会授权从炮所(Battery Place)向北修建0.5mile试验段。施工于同年开始,并于1867年12月7日,哈维亲自在格林尼治街上开了一辆试验车,由一根绕着蒸汽机驱动的地下滚筒的缆绳牵引。在滚筒上方,电缆越过引导轮直到线路的高架结构,在那里它拉动了一系列旅行者,四轮行走在位于结构中央的小轨道上。它们具有向上突出的啮合角,钩挂在位于货车下侧的可伸缩从动支架上。

货车在平面车轮的滚动带动下,并达到15mile/h的额定速度后,该线路获准延伸至科兰特(Cortlandt)街附近。1868年6月6日,委员们以及后来加入的州长芬顿(Fenton)和市长霍夫曼(Hoffman)终于有机会亲自测试这一新鲜事物。然而,这种缆车并没有流行多长时间,只有著名的旧金山缆车幸存至今,还有一条缆车在高800m的马尔山(Serra do Mar)至巴西港口城市桑托斯的海滩之间往来。在山上的车站把缆绳挂在一个大皮带轮上,缆绳的两端各有一节车厢,这样就抵消了它们的重量,上行或下行时两边车厢搭载的乘客的数量也应相等。只有上行的乘客超过下行的乘客时才会消耗能源。这是一个基本但又明智的节约能源的方法。

1904 年,第一条地下隧道也就是后来的纽约地铁才刚刚开通,1890 年,已将伦敦的地下隧道命名为"地铁"。

8.8 "不可压缩"的流体

当我们离开地球表面前往外太空时,气压迅速下降。如果探测海洋深处,情况恰恰相反。人类迫切地想知道在那里会发生什么,弗里德里希·冯·席勒 (Friedrich von Schiller)的诗《潜水者》(Der Taucher)中也反映了这种早期的探索尝试。在海洋学家这个词尚未家喻户晓的时代,一个被他自己的好奇心所吞没的国王,为检验他的骑士团,在冲击皇家城堡下方悬崖的浪花中抛出一枚纯金酒杯,看谁能找回金杯。

没有人能接受他的这份慷慨,这时一个流浪汉站了出来。人群敬畏地看着他消失在波涛汹涌的浪花中,而国王的女儿,一位迷人的年轻公主,默默地、偷偷地为他祈祷。当然,在人类闭气的极限时间之前,这个年轻人浮出水面,手里拿着杯子走向国王。但是,他并没有沉浸在各种新闻报道的光环中,而是用令人回肠荡气的声音宣布:

> 不要挑战神灵,哦,伙计;
> 因为下面有一个神秘洞穴;
> 也不要擅自闯入;
> 优雅地隐藏在黑夜和黑暗中。

事实上,这只充满争议的圣杯掉在了一座浸没在水下的山崖顶,在那里,这位年轻的英雄只是匆匆瞥了一眼在深海中引诱着他的尼斯湖(Loch Ness)式的怪兽。国王对潜水者的简单介绍感到沮丧,他提高奖赏,但即使是无畏的流浪汉也对再次潜入汹涌的海浪之中毫无热情。只有公主嫁给他作为奖赏时,他才第二次下水寻找皇家圣杯。

毫不奇怪地,他的运气已经耗尽,人群徒劳地等待,而公主发誓要在修道院度过她的余生……席勒的诗中没有这样说,只是译者的幻想在诗人的灵感上狂奔而已。

事实上,潜水的艺术是从潜水钟开始的,潜水钟是一种类似倒扣水桶的装置。把一个倒置的玻璃杯放到满水的水槽里,水不会进入杯子,因为里面的空气已经被困住了。

像许多精巧的装置一样,潜水钟出现在公元前 4 世纪亚里士多德的著作中。但是 1000 年过去了,直到 1535 年,古列尔莫·德·洛雷纳(Guglielmo de Lorena)发明的一个钟帮助罗马皇帝卡利古拉在意大利内米湖的湖底打捞了他的游乐船。它的体积很小,只是把潜水员的上半身围了起来,使他能够从下面伸出下臂。

在更深的地方,潜水钟里的空气会随着上方水的重量加大而被压缩,每 10m 上升 $1kg/cm^2$。这意味着,在 10m 的深度,潜水钟里的空气会被压缩到原来体积的 1/2。为了保持钟里面是空的,必须泵入压缩空气,使绝对压力上升到上面空气压力的 2 倍左右。越往深处走,保持钟的干燥就需要越来越大的压力。

一个用于奠定桥梁支柱基础的潜水钟(称为沉箱),放置在地面上,受到足够的压力使工人的脚保持干燥。人类拥有一种惊人的能力,能够在这样的压力环境中作业,这源于我们的身体能够建立与周围环境相适应的内部压力。注意,如果没有内部和外部压力的平衡,即使正常的大气压力为 $1kg/cm^2$,也会把我们大部分的体重(除了骨头)压缩成糖蜜。然而,仍然存在一个问题,刚浮出水面的潜水员的身体以与自己身体适应的速度释放内部压力,但突然的减压会引起关节、四肢和腹部的疼痛,这种情况被称为减压症。严重的病例可导致眩晕、窒息,最终死亡。减压室为完成轮班的工人提供帮助以逐渐适应环境条件,而此时下一班工人已经在沉箱中忙碌地工作。

越往下沉,水压就越高。在第二次世界大战中,许多潜艇人员丧生,因为他们的船只无法承受水的压力,特别是当深水爆炸产生强压力波。海底通常位于海平面以下几英里处,为了探索海底,人类需要发明能够承受巨大压力的坚固的深潜工具。为此,潜艇由两部分组成,内部通常是圆柱形的压力船体,由很厚的高强度钢板(如 HY-80)制成,被流线型的、未密封的因而不受压力影响的外部船体包围。

在深度较大的情况下,随着静压的增大,液体体积的收缩是不可忽视的。水具有可压缩性,每单位压力增加,其体积成比例减少,已证明等于 1atm 气压减少 46.4×10^{-6},或 1at(1at $= 9.8 \times 10^4$Pa)气压减小 $46.4/1.033 = 44.9 \times 10^{-6}$。基于这些数据,在 20℃ 下,1L($1dm^3$)水的体积在高达 10000atm 的压力时,变化情况如图 8.9 所示。

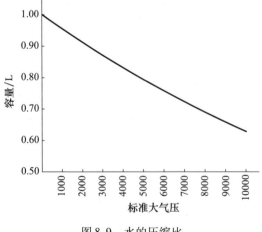

图 8.9　水的压缩比

海洋的最深处,低于海平面约11km,位于西北太平洋的马里亚纳海沟内。如果水不可压缩,因为10m水位差换算为1工程大气压(kg/cm^2,或atm),11000m处的压力为$11000/10 = 1100(kg/cm^2)$。但是,不可压缩状态和可压缩状态之间的微小差别足以使地球上海洋的实际水位比水不可压缩时低30m。否则将有$5 \times 10^6 km^2$(约$2 \times 10^6 mile^2$)的陆地被淹没。

液压缸就是一种基于水的抗压缩性的装置。

8.9 水锤泵

水锤泵是一种类似泵的装置,它利用水库或油井下游管道中水柱的惯性,将部分水流向上推至高于其源头的位置。

水锤泵的关键部件是一个自动平衡阀,它将供水管设置为足够长,使水流达到全速,然后关闭供水管,同时打开一条旁通管进入上山的油管到达所需位置。由于惯性会阻止下降水柱随时停止,而止回阀会阻止回流,所以向上流动是水流的唯一途径。但任何事情都是有代价的,水锤泵消耗的水量远远超过其产量。

水的不可压缩性是更换活栓的原因,活栓只需转动四分之一圈就会关闭,要使用常见的慢丝旋塞。如果在公共供水系统中仍然广泛使用活栓,那么同时关闭大量的排水口(这迟早会发生)将导致压力激增,其严重程度足以使城市管道破裂。

8.10 统治世界的轮回

不必到水下去寻找高压,深入挖掘地下,情况也是如此。当人类试图发现和开发更深层次的自然资源时,经常会发生这种情况。古希腊神话通过三位早期权力掮客——宙斯、波塞冬和哈迪斯——对各自势力范围的争论来解释我们脚下的世界。在抽签中,宙斯成为首席执行官,而波塞冬则获得了七大洋的控制权,哈迪斯手气最差,不得不满足于地下的世界。

哈迪斯并没有控诉选举受到操纵,而是勇敢地面对命运赋予他的挑战。他让死神的化身塔纳托斯(Thanatos)作他的副官,并绑架了可爱的珀尔塞福涅(Persephone),即阿波洛多洛(Apollodoro)的妻子,因为她是世界上最具魅力的女人。

一旦他在自己的统治中站稳脚跟,就会因为地方势力为他提供的领地带来的人口增长而对他们施恩,并且为以防万一还戴上一顶头盔,使他在必要时隐身,比如,受反战分子攻击时。他支持富人,我想想会不会是因为富人们希望每年4月15

日借他的头盔一用①。

哈迪斯用冥河上经营渡船的收入来平衡冥界的预算,他对每个来到冥界的移民所携带的钱数有着绝对正确的直觉,为单程票分别定价。但是神话并没有告诉我们哈迪斯的王国到底这样运作了多久,而是留给我们现代人去发现。

截至 2005 年,位于斯堪迪纳维亚半岛附近的俄罗斯科拉半岛是人类钻过的最深钻孔所在地,钻孔深达 12km。目前正在钻探的钻井深度为 15km。但反过来想想,如果与地球半径 6372km 相比,仍然是微不足道的。这些洞底部温度在 300 ~ 500℃之间,来自头顶土地的巨大压力达到 4000kg/cm²。

国际钻探项目的日本科学家甚至计划在太平洋最深的地壳(也是最薄的地方)钻探,以突破地壳。到目前为止,海床已钻探到海底以下 2111m,但要到达地幔,还必须穿透 7000m 的地壳。

人类在未来技术的帮助下能进入地下多深,仍然是一个悬而未决的问题。但即使是儒勒·凡尔纳(Jules Vernc)的科幻小说《地心之旅》也停留在了人类未涉足之处。探险者们在早期探险中就发现了一个巨大的地下圆顶,它覆盖在看起来像沃斯托克湖一样的水面上。当他们乘着匆忙组装的筏子航行在这片水域时,海啸将他们淹没在地中海死火山斯特隆波里迷宫般的洞穴中,然后又把他们曝露在阳光下。这对他们来说是件好事,因为要到达从地心 1229km 外开始的地球固态铁内核,将会使他们曝露在 7000℃的高温和大约 374.3×10^4 kgf/cm² 的压力下。在这些条件下,如果他们仍然能够存活,无疑会使教授对他们在物质性质方面的深入了解感到满意。

在现实的灰色灯光下,冲击波成为获得超高压和高温下物质的状态数据的手段。但是,冲击波产生的压力峰值的持续时间本来就很短,这妨碍了把这种测试的结果应用到一个状态方程中。这个方程相当于气体状态方程,即 $pV \propto T$,它的特点是在一个方程中包含了三个变量,即压力、体积和温度。从历史上看,这个方程第一次相当准确地预测了温标的 0K,但它仍然忽略了其中的相变,比如,蒸汽凝结成水。

可靠的状态方程必须涵盖压力和温度的宽频谱,并需要大量可复现的测量数据来论证。随着核技术的发展,对这类学科知识的需求变得越来越迫切。虽然核裂变装置仍然可以用试错法来开发,但核聚变装置被证明要困难得多。实际上早期核聚变装置的爆炸产生了核裂变和核聚变的混合物的能量,远远落后于纯核聚变的能量输出。因此而起的一系列核试验让我们回忆起军备竞赛的概念,周一早上巴西官方电台广播简洁地播报:"当我们的人周末在足球场时,苏联用它来引爆核弹。"

---

① 译者注:每年 4 月 15 日为美国的报税截止日,而哈迪斯的头盔可以隐身。

实际上,大约有1000次这样的核试验是在铁幕之外进行的,直到超级大国同意禁止在大气层和水下爆炸,1963年7月26日,肯尼迪总统宣布了这一禁令:"这是第一次,我们将核销毁部队置于国际社会监督之下达成了协议,同时这也是1946年伯纳德·巴鲁克向联合国提出一项全面控制计划时首次寻求的目标。"

这将人类从未来呼吸放射性空气的可能中拯救出来,但也增加了迫切需要其他方法来预测材料在类似于核爆炸中心条件下的行为,最接近的装置是金刚石砧腔(DAC)。

8.11　金刚石砧腔

金刚石砧腔通过使用一个非常小的增压区域产生极压。例如,一对顶部直径为0.6mm的截顶金刚石,如图8.10所示,多面体的表面积为0.283mm^2,(约为0.003cm^2),施加一个1000kgf的力,就已经产生了1000/0.003 ≈ 330000(kg/cm^2)的压力,这只需要拧紧装置上半部分的6个艾伦(Allen)驱动螺丝就可以实现。

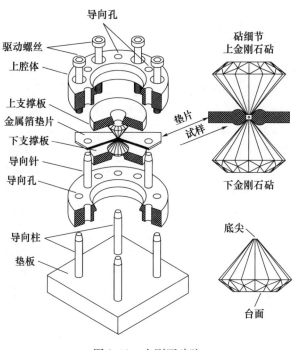

图8.10　金刚石砧腔

据报道,在超高压如3500000atm和高达6000℃的温度,即类似于地球内部和太阳的热量的条件下,施压面积更小,负荷必然更高。最重要的是,DAC允许使用1μg的样品。

因此,在相对的金刚石的底面之间加压的待测样品由一个中心开口的金属垫圈侧向容纳,该金属垫圈优选铼、铍,或者用于高温测量的铬镍铁合金。样品周围的压力流体将由金刚石尖端施加的单侧压力转换成静液压力,从所有侧面作用于该样品。

金刚石是最坚硬的固体,是理想的压力元件,因为在压力下它们不会变形或断裂,而且在X射线下呈现透明状态。

在压力测试中,X射线可以自由地穿过金刚石,但金刚石之间的样品材料薄层会对射线产生衍射。在压力区有一片红宝石色的激光标记,同时作为压力指示器。样品本身用常规显微镜检查,或者仍然通过光谱和衍射技术检查。

底座与下框体上的导柱和销钉,通过上框体和压板上的珩磨孔滑动,确保垫圈和钻石精确对齐。

8.12 硬币的另一面

低于0.1mmHg的区域称为高真空和超高真空,达到10^{-9}mmHg~10^{-6}mmHg。这种真空空间在日常生活中很常见,在普通的灯泡中也是如此。如果打破灯泡并开灯,灯丝会在几秒内烧掉。杜瓦瓶也称为热水瓶或保温瓶,于1892年由苏格兰物理学家詹姆斯·杜瓦(James Dewar)发明,因此开启了高真空低温物理学时代。双层杜瓦瓶具有明亮的涂层表面,可以减少辐射加热或冷却的影响。其双壁之间的真空度非常高,以最大化地减少对流对加热或冷却的影响。

利用杜瓦瓶能够测量包括金刚石在内的材料在低温下的比热容。结果,人们长久以来对杜隆-珀蒂(Dulong-Petit)比热容定律的信赖被瓦解了。1907年,阿尔伯特·爱因斯坦(Albert Einstein)提出了一种描述固体比热容的新理论。很快,爱因斯坦和彼得·德拜(Pieter Debye)改进了这一理论,创立了固态物理学。

高真空和超高真空技术的工业应用包括在玻璃或塑料等非导电材料上沉积精细金属涂层,这些材料不能用传统的电镀方法进行电镀。物理气相沉积(PVD)是汽化的金属(源材料)冷凝在被镀物体上的过程,被镀物体称为基板。就像普通的水在低气压的地方(比如,在山峰上)沸腾得更早一样,金属在真空中蒸发的温度比在大气压下要低。真空蒸发的典型气体压力在10^{-5}mmHg~10^{-9}mmHg之间。

源材料的蒸发可以是直接的,也可以是间接的。第一种情况称为阴极电弧等离子体(CAP)技术,涂层金属成绞合线的形式,并通过电流浪涌而蒸发。间接加热是在位于电阻加热钨丝上的微型坩埚中进行的。熔化锡的坩埚底部有一个洞,可以让金属液滴落在下面螺旋形的加热器上,立即蒸发,高科技的蒸发器利用高能电子束扫描来加热针头。

真空汽化是PVD工艺中成本最低的一种,用于手电筒和汽车前照灯的反射器,甚至包括尺寸达 $2 \times 3m^2$ 的平面镜反射器表面金属化。在此,铝蒸气在真空室冷凝后,如果涂上二氧化硅保护层,就会产生像镀铬一样光亮的涂层。

可采用气相沉积的方法制备选择性滤光片。对于光学仪器来说,商用镜子由于前后表面的双重反射而不适用,因此必须使用反射率高达96%的前表面镀膜镜。例如,一个带有45°商用斜镜的直角目镜会显示出物体(如金星)的三个图像,中间的图像是一颗明亮的金星,上面和下面的图像则较暗。反射天文望远镜,如牛顿和卡塞格伦反射镜,都有表面做了涂覆的主镜,甚至印制电路板也是通过在塑料基板上真空沉积导电金属而产生的。

蒸发金属涂层工艺的进一步应用还包括电子元件对电磁场的屏蔽。示波器中因为有直列式阴极射线管,其精度将受到来自无线电和电视发射机的电磁场干扰(EM1)。屏蔽可以直接与关键部件相关,也可以涉及整个外壳。老式仪器的金属外壳用作天然的电磁干扰屏蔽,而塑料外壳(聚乙烯和聚氨酯外壳除外)无法实现PVD屏蔽。通过屏蔽降低电磁干扰强度的强制性标准是,商用屏蔽30dB,军用屏蔽60dB,专用屏蔽90dB。

真空沉积在钻头、铣刀、板条车刀等工件上的锡和 TiC 硬涂层,使工件使用寿命成倍增加,并大大缩短了加工时间。如果没有高真空技术,就不会有电子显微镜、同步加速器和其他的核粒子加速器的诞生。

10^{-7}Torr 以下即为超高真空。一台普通电视机、一台计算机显示器和标准的阴极射线管中都必须是超真空,因为它们都必须允许电子从阴极流向阳极或流向闪烁的屏幕。在一个近乎完美的真空中,太多的电子会从空气分子中散射出去,从而被送到任何地方。但即使在 10^{-9}Torr(1Torr $= 133.32$Pa)压力下,在一个 17in 的电视显像管中仍然有大约 10^{12} 个空气分子。

8.13 电容式压力计

电容式压力计可从平面电容电极下安装的膜的变形中,获得超高真空下的气体压力,如图 8.11 所示。它由陶瓷底座上的圆形和环形金属箔层组成,这种电极排列的电容随膜片膨胀的程度而变化。

测量绝对压力时,膜和电容器之间的空间是真空,胶囊密封。但是,需要采取某些预防措施,以便在一段时间内保持这种真空环境。老化的垫片材料可能失去

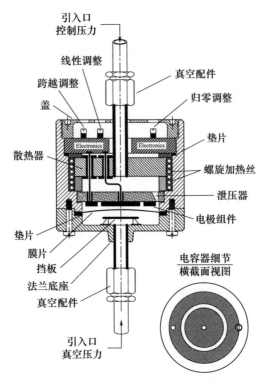

图 8.11　电容式压力计

了弹性,气体分子从外面进来,排出的气体释放了许多以前吸附在套管壁和内部部件上的气体分子。

托马斯·爱迪生困扰于灯泡的超高真空度受到气体的污染,从而影响了灯泡的生产,尽管灯泡的熔合密封防止了外界的渗透。

在这里,以及射电管的制造过程中,人们发现一种"吸除"的方法可以消除这些残留物。在射电管的头部放置了一个吸收盘,里面装有易氧化的材料,如钡或钛钼合金。在密封好玻璃外壳后,吸气材料受热汽化和升华,释放出金属云,这些金属云作为气体污染物的吸附剂凝结为外壳上部的深色或银色涂层。

随着时间的推移,人们发现不可熔吸除材料,如某些铝锆合金具有相同的效果。在"卡西尼—惠更斯"(Cassini – Huygens)号前往土星及其卫星"泰坦"(Titan)的航天任务发射时激活的吸气材料,在 7 年的飞行中保持了某些设备的初始真空值。

检测电容微小变化的常用方法是将电容器连接到射频振荡器电路中,如图 8.12(b)所示。一旦电路在谐振频率上同步,任何微小变化就足以破坏谐振状态的平衡,并引起阻抗和感应电压的突然升高。

在无线电接收机中,类似的装置通过可变平板电容器提供工位分离,如果有最高输出,则是通过天线电路与发射台的载波同步振荡而获得的。

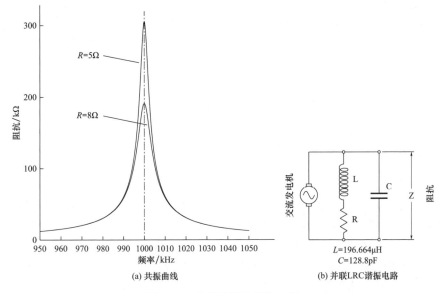

(a) 共振曲线　　　　　　　　　(b) 并联LRC谐振电路

图 8.12　共振曲线和谐振电路

在电容式真空装置中,这样"摇摆—非摇摆"电路使仪器如此敏感,它会随时间显示出膜的形状由于热膨胀而发生的变化,否则,整个装置将被螺旋加热器保持在预定的温度,一般为 50℃。传统的温度开关将温度保持在所需的水平,如图 8.11所示。

在化学制品、药品、食品和塑料颗粒的真空干燥过程中,温度远低于在大气中干燥所需的温度,对真空的要求不那么高。

"真空脱气"用于环氧树脂、聚氨酯、树脂、硅橡胶等的生产,水在除气室中除气,从而分散形成拉希格环或薄膜。"真空浸渍"过程保证了液体化合物(如防腐剂)渗入固体孔隙中,除食品防腐外,该工艺还具有工业应用价值,其中包括绝缘材料渗入变压器绕组之间的空隙中。在古生物学中,真空浸渍用来稳定标本,主要是化石,供以后研究使用。

木材的真空保存工艺,包括在周期性变化压力的局部真空中应用了部分化学物质,例如三丁基锡氧化物(TBTO)。这一过程可以防止尺寸膨胀,并在几天内使木材干燥到可以开始喷漆。软饮料与碳酸饮料的灌装瓶和灌装罐配有灌装阀,随着容器内溶液的排出,开始灌装循环操作。

真空成型工艺即加热一片塑料材料,如聚乙烯,直到它变得柔软,压入模具框架中,模具内的空间挤满塑胶。经过短时间冷却后,模型会变得足够坚硬,可以从模具中分离出来。购物中心和百货公司货架上的许多难以打开的电子元件和物品包装都是通过这一过程制成的。

减压蒸馏的应用包括润滑油和沥青的生产及炼油厂产品的鉴定。在这个过程中化合物可能汽化,这些化合物在大气压下会在低于沸点的温度下分解或被点燃。

真空铸造可以使用常用的砂型或壳型进行,将其放置在真空环境中,料斗可以从外部伸入进料。由于这个过程不依赖于重力来填充模具,而是让大气压力迫使熔化了的金属液体进入腔体,所以铸件会呈现出最完美的细节。

甚至对于塑料,如聚苯乙烯(ABS)、聚丙烯(PP)、丙烯酸酯(PMMA)、尼龙(PA),以及数个等级的橡胶往往应用真空铸造而不是注塑。

8.14 麦克劳德真空计

虽然大多数真空计都适用于检查这些应用中的气体压力,但如图 8.13 所示的麦克劳德真空计通过采用的巧妙测量方法脱颖而出,事实上良好的实验室玻璃鼓风机可以制造低成本的真空计而不必使用玻璃管。原则上,该仪器可以看作是古老的 U 形管压力计的升级版本,其使用的 U 形段的软管更加安全。U 形管的一端连接真空室,另一端连接水银烧瓶。例如,在 760mmHg 的大气压下,真空室中的 1mmHg 会使 U 形管脚中产生 759mm 的液位差。即使举起或放下装有水银的玻璃池,这个值仍然保持不变。

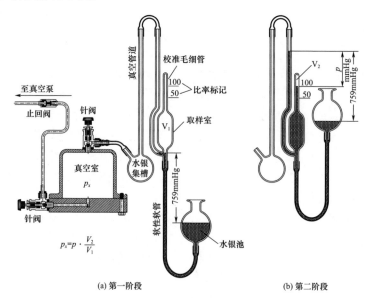

(a) 第一阶段　　　　　(b) 第二阶段

图 8.13　麦克劳德真空计

U 形管中的一个分接头连接到取样室,从取样室向上进入带有密封上端的毛细管。这里毛细管内的体积,从上端向下计数,等于采样室和毛细管全长的 1/100,用数字 100 表示。

当水银池引入 U 形管脚的水银柱面到达取样室下端的位置时,真空室的入口被封闭,如图 8.13 所示,记为第一阶段。此后,进一步抬高水银池,压缩困在取样室中的气体。

在第二阶段,水银柱已被调至 100 刻度,这使得真空室的压力(以 mmHg 计)是毛细管中的水银和通向真空室的管道中的水银之间位差的 1/100。因此,真空室中的每个 1mmHg 压力可以获得 100mm 的读数。换句话说,使仪器的精度达到 U 形管压力计的 100 倍。越高的压缩比可以获得越高的增益。

750mmHg ~ 0.0001mmHg,测量大范围气体压力的另一种方法是从真空室的热传导程度推导出来的。

8.15 皮拉尼传热压力计

皮拉尼传热压力计应用于许多加工过程中,如冷冻干燥,用于真空烤箱和真空离心机的真空镀膜,并与一系列分析仪器结合使用。

如图 8.14 所示,该仪器根据真空室中保持灯丝在 100℃或在某些情况下保持在 150℃时所消耗的电能来测量气压。室中的气体密度越高,更多的热量从灯丝传达到环境中,需提供更多的电力来维持灯丝的温度恒定。

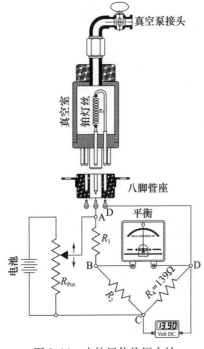

图 8.14　皮拉尼传热压力计

由于辐射、对流和传导等因素影响着热传递，所以气体压力与导线温度之间的关系相当复杂。辐射传热与环境温度的四次方和加热器之差成正比，但与周围气体的物理性质无关，相比之下，热传导随气体的类型和密度而变化，对流造成的损失仍然难以预测。

然而，在真空换能器中，通过实验确定的热流与气体压力之间的关系发现，二者在 1 mmHg ~ 0.001 mmHg 之间存在显著的线性关系。因此，通过比较未知真空和标准真空中加热丝的功耗能得到可靠的结果。

虽然热电控制器广泛用于保持灯丝的额定温度，但铂丝可以兼作热源和电阻温度计。图 8.14 中，加热器灯丝是由惠斯通电桥组成，包括电阻 R_1、R_2、灯丝和 R_4。惠斯通电桥的平衡与电源电压的独立性允许通过调节电桥电源电压将加热器温度设置在额定 100℃，而不使电桥失去平衡。这意味着，一旦检流计被调零，它总是保持在那个状态，而电压使铂丝温度保持在设定的额定温度。既然加热到 100℃ 需要把电子值从 100Ω 增加到 139Ω，相应地 R_4 必须设为 139Ω。

在这些条件下，真空测量的过程归结为首先设置分压器 R_{pot}，使电流表（图 8.14 中标记为天平）处于零位置，然后读取数字电压表（图 8.14 中为直流电压表）上灯丝上的压降 E。功率 P 从方程 $P = E^2/R$ 中求出，R 的值为把加热线圈加热到 100℃ 的电阻值，即 139Ω，然后在仪器制造商的 p/P 表中查找真空室的相关压力 p。

8.16 机器设计的新时代

我们曾经快乐地走在信息高速公路上，却发现这是一条死胡同，现在只能思考 20 世纪的其他科技成就，包括从蒸汽和烟雾喷涌的铁路发动机的宁静时代向柴油和电力机车的过渡，从收音机到电视机，从摩尔斯电码转到电子邮件，从一个满是脏盘子的水槽转到一个满是脏盘子的洗碗机的转变。碳化钨切割头并不引人注目，不过它的应用使金属切割操作的速度提高了一至两倍，这是使个人能胜任切割操作岗位的一个关键因素。

然而，最重要的变化发生在机器设计师的绘图板上，从独立运行的机器转向外部控制的机器。

从手表和真空吸尘器，到汽车发动机和自动车床，一体式机器都被锁定在特定的操作模式中，而外部控制的机器的构造方式则允许一台设备具有广泛的用途。

每个特定的应用程序都链接到一组预先定制的规则，称为程序。其触发机器各部分按顺序启动，使它们执行所需的任务。计算机控制的机床根据来自计算机程序的数字信号执行工作指令，如车削、铣削、钻孔、铰孔等操作。机器一旦被设置好，就会自行完成一系列生产，同时机器操作员的角色从主动变为被动，即从个人控制机器到监督系统操作、检查切削工具的状态和检查最终产品的质量。

同一台机器可以对内燃机的汽缸体进行铣削和钻孔,也可以加工船舶螺旋桨的叶片或任何其他需要的零件。例如,包装机,这一通常用于外部控制的机器,可以设置进行罐装、听装、瓶装等,几乎不限种类、尺寸和重量,装入纸板箱、木盒或塑料盒等。

外部控制的机器部件根据所择的程序顺序动作,该程序在每个步骤中为继电器、螺线管、电动阀、定时器或伺服电动机给出的多个位置供电。特别地,电动阀(其更为人所知的名字叫电磁阀)将压缩空气引导到汽缸中,汽缸又驱动机器元件,如杠杆、滑块或凸轮。

使这种系统执行的逻辑电路可以"连线"或在计算机的指导下操作,逻辑电路的复杂设计引导了特定的电路呈现模式,这一点参见梯形图术语词条。

8.17 梯形图

虽然传统的电路图已经示意性地表示出了各个部件,但是梯形图将每个部件描绘成能表达其原理的元件,并且设计者可以方便地将它们分开放置。例如,继电器的线圈可能出现在图的一个给定分支中,而它的每个触点在旁边。

用缩写词来标识元件,如控制继电器的标识用 C_R,变压器标识用 T_R,定时器标识用 T 等。每个组件的触点都是原始编号,例如,2 和 7 表示通向一个典型的波特和布鲁姆菲尔德(Potter &Brumfield)控制继电器的线圈,1 和 6 表示继电器的动合触点,1 和 3 表示动断触点。在此设置中,通常代表继电器的断电状态,也就是整个控制系统的断电状态。

定时器决定单次操作的持续时间和间隔。在其三种基本类型中,一是打开时计时,二是关闭时计时,三是通过独立的信号输入来控制。与继电器类似地,定时器也有动合触点和动断触点。

排序器使机器通过一系列连续的动作,就像计算器中的时钟芯片一样。典型的排序器在一个普通轴上有许多径向凸轮,由一个小型电动机驱动,每个凸轮驱动限位开关的活塞,限位开关的触点连接或断开一组或全部机械元件。凸轮的角位置可单独调节,以此确定了相关元件在机床工作周期内的动作点,较好的机械定序器品牌使用差动齿轮,以便在设备运行时调整角度凸轮。

无论触发器的操作是否已经完成,排序器都会继续运行,但是可以接入定时器来等待限位开关信号完成。

图 8.15 所示的简单硬连线逻辑电路的梯形图示例,实际上是指通过 ON 和 OFF 按钮来打开和关闭工业三相电动机。该基本电路可以扩展用于较重电动机的星形/三角形开启,以及用于将双速电动机从低转速转换为高转速或反向转换,从更广泛的意义上讲,它说明了逻辑控制电路的基本应用范围。

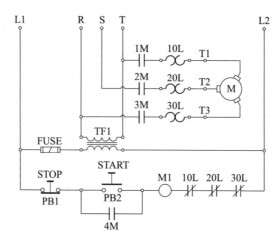

图 8.15　一种按钮电动机启动电路梯形图

电路图的上半部分包括电动机和三相功率继电器之间的连接,电动机启动器可以打开和关闭电动机。其触点 1M,2M 和 3M 显示在 OFF 位置。过载保护元件 10L、20L 和 30L 是双金属条,在过大的电流强度下受热并弯曲。它们构成电动机启动器的一部分,处于每相主电动机电流路径中。

该电路的这一部分通常由公用电网的三相 460V 交流电(AC)供电,熔断控制变压器 TF1 的初级绕组也是如此,二次绕组提供方便的 120V 交流工作电压(L1 和 L2 阶段)用于控制电路,如图 8.15 的下半部分所示。

由于停止按钮 PB1 为动断型,按下启动按钮 PB2 就可为电动机启动器线圈 M1 供电,电动机开始运行。电动机起动器的动合辅助触点 1M 缩短了 ON 按钮的触点行程,并在启动按钮被释放后,使电机继续运行。

与电动机启动器线圈串联的是热过载装置的动断触点,当临时过载和短路可能导致电流过大时,热过载装置就会发热并启动。将它们串联连接使得单个触点的打开足以使电动机启动器完全断开;对于三相电动机来说,如果缺少一相,而剩余两相的电流仍然流入绕组,则快速过热。

按下停止按钮就会切断电动机启动器线圈的电流供应。按下 1M、2M 和 3M,在不同回路打开和关闭电动机,辅助触点 4M 也打开,不再桥接 ON 按钮的两极。

8.18　不可缺少的连接

大多数应用中,连接逻辑电路输出(硬接线或计算机控制)的机器元件是古老的汽缸,包括双动式和弹簧复位两种。双动式汽缸的头部和端盖上有压缩空气连接,因此活塞可以从汽缸的前部或后部增压,如图 8.16 所示。切断双动式汽缸的空气压力将终止活塞的运动,而弹簧加载的活塞则根据弹簧安装在活塞的一侧,复位到伸长或压缩的位置。

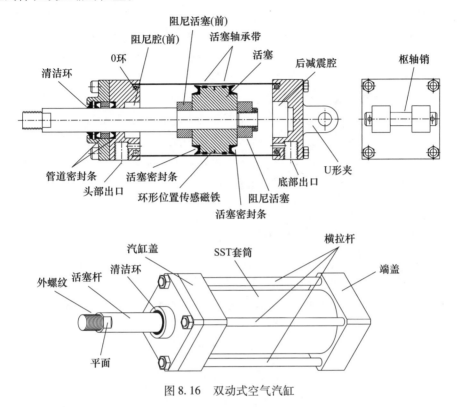

图 8.16 双动式空气汽缸

由于阻尼柱塞作用于活塞的两个表面,所以在行程结束时,活塞的运动逐渐减缓,直至停止。活塞与汽缸盖和端盖上的匹配腔体紧密配合,使活塞内部的压缩空气停止流动。

汽缸套由无缝精密金属和内部搭接的不锈钢管(SST)制成,铸铝合金活塞在低摩擦材料的模制圆形带上滑动,例如,聚四氟乙烯,其分离摩擦系数低,分离摩擦系数定义为让活塞保持不动与让其保持移动所需的力之差。

带有可调行程的汽缸在活塞的周围有一个模压的磁性环,虽然环不接触汽缸套,但它的磁场足够强,可以驱动外部传感器,如读取开关、霍尔传感器或电子拾音器等。然而,当切断空气供应时,截留在汽缸中的压缩空气继续膨胀并使活塞保持运转,直到活塞区域上的内部空气压力等于处于某个位置的负载的内部空气压力。在某一特定位置停止工作的汽缸有一对弹簧加载的半圆爪,跨越活塞行程,穿过汽缸盖。它们由一个常开的电磁阀控制,当汽缸的空气供应被切断时,它们就会发出"咔嗒"声。

活塞管道由浸油的烧结青铜衬套制成,通常镀铬,以优化耐磨性和达到最佳表面质量。管道和活塞密封条材料是丁腈橡胶 N[①] 在汽缸缸盖的中部装有与丁腈橡胶相同的管道刮水器,以防止活塞缸上的灰尘在回程时被吸入汽缸。

然而,颗粒微小的东西,如灰尘和油漆碎屑,特别是冷却了的油和水的泥浆等污染物可被吸入并积聚起来,直到它们进入控制阀内的狭窄通道,导致性能不稳定,最终应急停止。由于机器是为整条生产线供料的,因此后果可能是灾难性的。

进行频繁的预防性维护,如更换所有塑料和橡胶部件,以及在控制阀和汽缸之间的管道的低点处安装滴水管来排水,都有助于解决此问题。但是,防止问题发生的最安全的方法是将汽缸"头朝下"安装。当活塞管道的顶部处于固定位置时,汽缸本身就成为运动部件,这样,泥浆就会流出而不是流向活塞管道并滑过光滑的前缸盖。可用柔性管道与可移动汽缸的空气连接,例如,铠装 PVC 压力管,其比刚性管道更容易安装并且具有更高的抗振性。

8.19 汽缸的典型应用

图 8.17 中所示的旋转执行器也称为线性旋转转换器,由一对水平对置的汽缸构成,类似于甲壳虫大众(Beetle Volkswagen)原装的水平对置发动机气缸的结构。

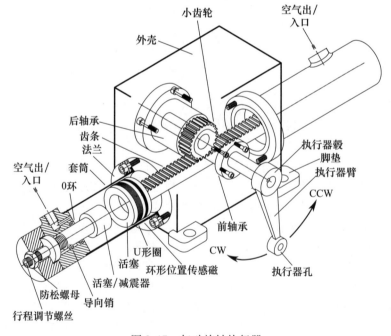

图 8.17 气动旋转执行器

① 对石油(汽油基油)和燃料具有抵抗力的标准腈。

活塞位于齿条的末端,齿条驱动主轴上与其匹配的小齿轮。对左汽缸增压,使主轴逆时针(CCW)旋转,顺时针(CW)旋转对右汽缸施压。

除了限程活塞外,这两个汽缸都与标准型号类似。限程活塞的位置决定了主轴的偏转角,当活塞在止位闭合时,较厚的密封圈关闭,空气进入活塞表面的凹槽,活塞内部被困住并逐渐致密化的空气缓冲了活塞的止动。

旋转执行器的一个有趣的应用是在线灌装生产线,如图8.18所示。在此,执行器周期性地打开和关闭,以便一步一步地推进输送带,输送要灌装的罐。

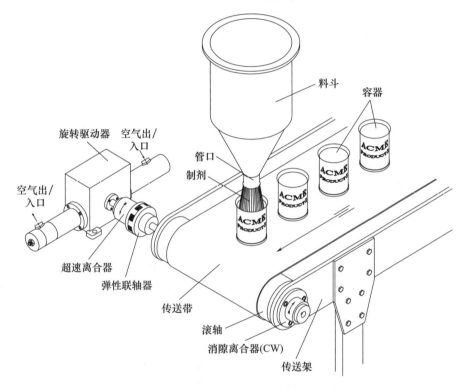

图8.18　旋转执行机构控制的在线灌装操作线

由于致动器和皮带传动装置之间的直接连接不会导致皮带的跷跷板运动,所以使用类似于自行车上的楔块式离合器的超越联轴器逆时针接合传送带的驱动轴并顺时针脱离。

第二个超速装置安装在输送带滚子驱动轴的另一端,其壳体固定在输送带框架上,可以阻止住齿隙,使轴在驱动器运转时不受阻碍地转动。

图8.18中没有显示的还有使产品容易移动出料斗的振动器,以及料斗颈部的灌装阀。计时器控制阀门打开的持续时间,因此控制了进入每个罐中的产品的数量。

执行机构和传送带轴之间的柔性联轴器可以补偿不可避免的失调。

这是反映外部机器控制设计灵活性的一个例子。无论是旋转执行器的设计者还是带式输送机的制造商,在开发他们的特定机器时都不知道这种特殊的应用,而这些机器也可能成为其他各种设备的构件。

8.20　阀门——低调的长者

图 8.19 中的手动三通旋塞将压缩空气输送到气缸活塞的一侧,同时将另一侧排出,反之亦然。办公椅就是通过这种阀门控制一个液压缸调节高度。

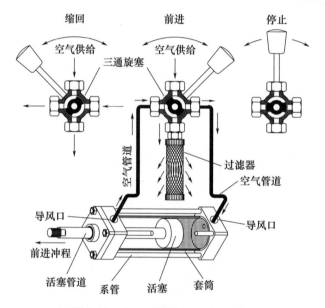

图 8.19　由三通阀控制的手动气缸

编程控制电驱动电磁阀①阀芯如图 8.20 所示。电磁阀可以直接作用在活塞上,也可以控制导向空气流向安装在末端的小活塞。后一种选择保证了足够的力,可以用更小的螺线管实现可靠的阀杆位移。但阀门的测试和维护是复杂的,因为只有在系统处于压力下时,先导操作阀门才会起作用。

另外,直接驱动要求更大力量的电磁阀,具有足够的拉力使柱塞离开静止位置,而不管空气供应中是否存在沉积物、灰尘和污染物。勇敢的电工克服重重困难,通过使用双电压电源触发电磁阀和电磁线性驱动器。

让定时器以高于额定电压的速度启动阀门,比如,对于一个 120V 的阀门,启

①　带活动铁电芯的多层线圈。

200

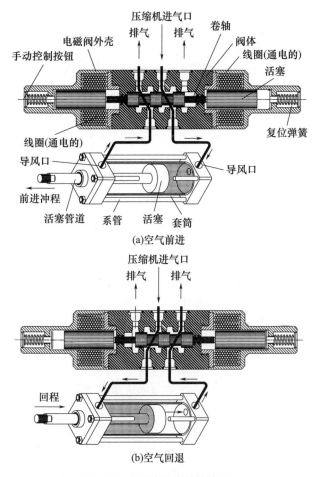

图 8.20　用于气缸控制的阀芯

动电压为 160V,然后在一两秒将其切换回 120V。相关的电流浪涌通常太短,不会损坏螺线管的 S 绕组,但提供了一个实质性的推动,因为螺线管的功率随着施加电压的平方增加而增加。但是,除非经过阀门制造商事先批准,否则不建议采用这种方法。

　　无论空气压力是否存在,直接操作的阀芯都是通过按压电磁阀外壳外端手动控制旋钮。如图 8.20 所示的双位阀,将关联气缸的活塞移动到完全展开或完全缩回位置。三位阀的活塞支承在一对压缩弹簧之间,使其回到中心位置,如果两个螺线管都断电,则切断对气缸的空气供应。

　　为了便于更换,阀门通常安装在歧管上,歧管是一块带有内部通道的金属块,将压缩空气输送到适当的阀门端口。有缺陷的阀门可以在保持空气管道完好的情况下从歧管上拆卸下来进行更换。

除了图 8.20 所示的二位单压阀外,阀芯还有二位双压阀、三位开式中心阀、三位闭式中心阀、三位增压中心阀等。

总而言之,压缩空气最适用于需要轻型动力的场合,例如,机器元件的驱动,以及电动工具,如手钻、钢锯、扳手和螺丝刀,还有带有流量控制气缸的气动台式压力机等。如果一个人曾经用工具箱里的扳手把车轮取了下来,而不是专业人士使用的气动套筒,那么他无法知道人们对气动手动工具的狂热是怎么一回事。

8.21　气动与液压

压缩空气装置的成本比液压系统要低得多,而且在许多行业,压缩空气装置是工厂基本设备的一部分,然而,气瓶的大量使用会抬高企业运营成本。空气压缩是一个能量密集消耗的过程,因为在气体压缩过程中产生了余热,并且在气缸中,压缩空气的能量会在排气冲程中损失掉。

例如,一个直径为 8in、行程为 12in 的活塞,其体积为 $8^2 \times 12 \times \pi/4 = 603in^3$($或 0.35ft^3$),在 60psi(或约 5atm)的典型工作压力下,这相当于每冲程消耗 $5 \times 0.35 = 1.75ft^3$ 的压缩空气。

通过增加空气压力来提高气缸容量会成倍地增加对压缩空气的消耗,并可能导致活塞运行不稳定,特别是在负载随冲程变化的情况下。这些原因使得气动控制机械通常在 40psi ~ 60psi($1psi = 6.89 \times 10^3 Pa$)气压范围内运行。万一发生概率极低的拉杆断裂情况,气缸的底板很可能会像火箭发射一样飞起来,而液压缸只会漏油,与泵的排量保持一致变化。因此,压力容器的破裂试验用的是水而不是空气。

最后,同样重要的是,空气压缩机是昂贵的机器,易受振动的影响。随着空气变热,压缩机本身也会变热,这就需要频繁地停机维护和更换部件。另外,液压系统需要更高的资本投入,因为当系统达到且超过额定压力时,系统必须含有油泵、油箱、油冷却器和超压阀,用于将泵的输出重新定向,导回储油箱。而且管道更重,也更复杂,因为它包括从缸体到油箱的回油管。

液压缸的设计与气动缸相似,只不过液压系统本身就是渐进操作,不需要在行程的末端增加阻尼。集中式液压系统(包括用于给油加压的蓄能器)大多是此前的产品。就像在其他领域一样,单机供电的装置是解决之道。

液压机压头的下降程度与泵的供油量相适应,而供油量可以通过阀门或改变泵的转速来调节。事实上由于液体(如液压油)的不可压缩性,因此人们可对液压系统施加高达 4000psi 的压力,不过 250psi 的"低压"系统也常广泛使用。

8.22 压力传感器

虽然 U 形管压力表将传感器和指示器集成在一个装置中,但大多数压力表都有独立的传感器和指示器系统,在同一个表壳下统一读取。波登管压力计的传感器为扁平半圆形或螺旋形金属管,而膜式压力计中的传感器是一种偏转膜。

如果传感元件的挠度与信号强度、读取压力成正比,则刻度盘具有规则的分级刻度;否则,可根据仪器的反应曲线绘制相应的比例尺。例如,来自皮托管的压力信号与流速的平方成正比,因此在绘制刻度时流速应与输入信号值的平方根相对应。更复杂的是用于显示锅炉水温的压力计的刻度,锅炉中的压力 p(hPa)和水的温度 T(℃)之间的关系由下式给出:

$$p = 6.1121 \times \exp\left[\frac{(18.678 - T/234.5) \times T}{257.14 + T}\right] \qquad (8.1)$$

在绘制温标时,应以该方程的反函数为准。

过程控制仪器与"只读"仪器配合使用时,它的输出量可根据其监控的系统要求进行调整。例如,可以控制锅炉中蒸汽压力,进而调节燃烧器的燃料供应,以此来改变锅炉中的环境条件。这种比例调节一旦适当地建立起来,只要操作条件发生变化(如蒸汽需求的任意变化),由控制器的动作来补偿,就能发挥作用。这种极限称为比例带。此外,需要手动或自动复位,以便重新建立与以前相同的压力环境。为此,控制仪表具有自动设定点恢复功能,该功能可以是累积的,或者对于时间延迟长的过程而言可以是衍生的。

由于为每个特定的控制系统开发合适的仪器将是一项艰巨的任务,因此所有种类的传感器都按输出电压、电流或压力的区间来进行设计,通常为 0V ~ 5V、4mA ~ 20mA 或 3psi ~ 15psi(1psi = 6.85kPa)。在这种情况下,传感器不仅仅对系统条件(如温度、压力、湿度等)做出反应,同时传感器将输出线性化,然后按上述某一标准对输出进行测量。随着 CPU 的尺寸不断缩小,价格持续降低,处理芯片装配到了传感器上,因此上述情况才成为可能。只有在恶劣的环境(如过热、酸性)中,传感器信号才会被忽略。

具有电输出的压力传感器类似于机械应力测量中的压力传感器,惠斯通电桥的一个电阻器用于响应压力改变其欧姆电阻,在先前平衡的电桥电路中产生误差电压,CPU 将其转换为 0V ~ 5V 的线性电压或 4mA ~ 20mA 的线性电流输出。

虽然桥接电路依赖适当的电源作用,但压电式压力传感器能根据压力的变化,产生适当的电压,然而压电晶体的微小尺寸使得接触气体或液体的面积非常小。由特定压力 p(即 ap)产生的力可能不足以产生精确可测量的电压,因此,需要使用一个机械放大器(包括安装在压力传感膜中心的活塞)来对晶体施加压力。如果膜的面积是晶体外露面积的 100 倍,那么放大器可将信号强度放大 100 倍。

信号标准化的优点在于,相同的仪器组具有多样化应用,例如,从简单的锅炉到合成汽油所用的 14000psi 高压釜。

卫星发射设施和核电厂的控制中心可使用相同的仪器。

8.23 大气和宇宙

在所有最低真空的记录中,无可争议的纪录保持者是星际空间(intergalactic space),这是一种每立方米只有几个分子的气体。星际 CRT 行业的潜在投资者即使以光速旅行,也需要 100 万年才能到达离我们最近的星系邻居之一——仙女座星云的半程。

在离地球更近的地方,大气层可能被视为一个没有边界的世界的原型,因为在太空中“有空气区”和“无空气区”之间没有明显的分隔。但是,在范艾伦辐射带中,地球的磁场线锁定在闭合的回路中;如果试探性地用范艾伦辐射带的核心来确定上述边界,那么大气层将被限制在半径分别为 220000km、60000km 的蛋形体内。

表 8.1 列出了海拔 1000km 以上的大气压。

表 8.1　大气压强

高度/km	压强/atm	高度/km	压强/atm
0	1.000	50	0.000788
5	0.534	75	23.6×10^{-6}
10	0.262	100	0.316×10^{-6}
15	0.120	200	0.836×10^{-9}
20	0.0546	400	0.0143×10^{-9}
25	0.0252	600	0.811×10^{-12}
30	0.0118	800	0.175×10^{-12}
40	0.00283	1000	0.0742×10^{-12}

北极光发生在 80km ~ 400km 的高空,而电离层 E、F1 和 F2 层位于 100km ~ 300km 之间,因其对短波波段无线电信号的反射率而最被人们所熟知。在大约 80km 的高空,人们观测到了夜晚会发光的云层。

平流层为 10km ~ 45km 的高空,其下层有卷云和层冰晶云,声音能在此层传递。商业客机通常在 13000m 的高度飞行,因此它们是在平流层巡游。向上仅 10km 的高空则是对流层,虽然这里常常聚集了飓风、龙卷风和释放出巨大能量的电层,但是对流层为地球上的生命提供了生存条件。

第9章
固体、液体和气体的密度

请快速回答：一磅铅和一磅羽毛，哪个更重？哈，哈，哈！哦！我听到有人说是铅吗？你上当了！一磅就是一磅嘛……所以你明白了吗？

如果在法庭上，这样的提问会遭到反对，理由是引导被告将思考的重心偏向了密度而不是重量上。根据国际单位制（SI），物质的密度等于每立方米体积的物质的质量（kg/m^3）。DIN 1306 增加了克/毫升（g/cm^3）作为"密度的法定单位"；此外，还有千克/升（kg/L 或 kg/dm^3）和吨/立方米（t/m^3），就水而言，所有这些 DIN 单位都表示 4℃（水的最高密度点）时，$1m^3$ 纯水的质量等于 1000kgf 或 4535.9237lb。

上述是公制创始人创造的标准，在 1901—1964 年仍然作为标准使用，但是随着测量方法的不断改进，这一标准得以修正。首先，水具有最高密度时的温度是 3.984℃而不是 4℃；其次，在该温度下，每立方米水的质量为 999.972kg 而不是 1000kg。

但我们没必要试图比教皇更懂宗教，让我们坚持前辈们制定的 $1m^3$ 和 1000kg 的标准，轻松摆脱这种困境，除非对精确度的要求特别高（例如，在校正密度标准时），否则还是照此标准。毕竟这种整数关系才让度量单位的计算比平时的计算更容易。我们仍然可以自由地使用最高精度的数字，而这些数字确实需要如此高的精度。

在这种情况下，人们提出了"相对密度"一词，即以前常说的比重，表示在 760mmHg 的大气压下，某体积的物质在 4℃时的质量与同体积的除氧水质量之比（单位为 g/cm^3）。然而，比重是一个无量纲的数字。例如，密度为 $7.85g/cm^3$ 的商品钢材比同体积的水重 7.85 倍，因此其比重为 7.85。

在更具包容性的术语中，密度的概念包括物理实体大小与每单位体积比值的所有表达式，例如，脉冲密度、能量密度、电荷密度等，甚至统计数学中的概率密度。电流密度，即电导体电阻加热的决定因素，定义为电流除以电缆横截面积。由于离心力和地球扁率对引力的影响，使得一个物体在两极附近比在赤道附近更重，所以旧的"比重"一词就不流行了。这就引出了标准引力的概念，即在具有标准引力加速度的地方，重力的标准引力由 $g = 9.80665m/s^2$ 定义。因此，图 9.4 中的弹簧秤必须置于此处,才能显示出 $1dm^3$ 体积的物体的真实比重。相比之下,两个盘秤不受重力变化的影响,重力对一个盘秤上的砝码和另一个盘秤上的砝码的影响是一样的,而且相互抵消。

9.1 密度和原子质量

在现代原子概念发展的早期,给定物质的原子重量定义为氢原子重量的倍数,但是氢原子核与所有其他原子的原子核不同,它没有中子。由于质子的质量1.007276 与中子质量 1.008665 不等,最终定义碳元素的原子质量的 $1/12$($_6^{12}C$)为基本原子质量单位(u),而原子核包含相同数量的质子和中子(各6)。在新的基准中,氢的重量为 1.008u,氧的重量为 15.999u,氮的重量为 14.007u。

人们会认为物质的密度会随着原子核中质子和中子的数量增减而增减。但是,只有当某种气体的密度估算为该气体分子质量的 0.0446 时,才存在这种相关性。举例如下表:

气体	预测密度	真实密度
H_2	$0.0446 \times 2 = 0.0892$	0.08988
O_2	$0.0446 \times 16 \times 2 = 1.427$	1.4290
N_2	$0.0446 \times 2 \times 14 = 1.2488$	1.2505

预测值和真实密度值之间的微小差异是样品中存在同位素造成的。

对于单原子(稀有或惰性)气体,如氦和氖,分子质量等于原子质量,这就决定了它们的密度,具体如下表:

元素	预测密度	真实密度
He	$0.0446 \times 4 = 0.1784$	0.1786
Ne	$0.0446 \times 20 = 0.892$	0.9002

9.2 气体密度测量

与固体的测量类似,气体的密度也可以根据给定体积的质量推断出来。一个1L 的球形容器(内径 124.07mm)由厚 0.5mm 的硬铝板制成,质量约为 64g,因此可以在标准的分析天平上称重,其精度 ±0.0001g,额定质量通常最大可达 200g。

首先对容器进行称重,然后让空气进入,忽略误差影响,这样就可以计算出在当前大气条件下 1dm³ 的空气的质量,即为空气的读取密度。

为了获得更高的精度,可以将容器内的气体压缩至原体积的 1/10,达到 10atm 的绝对值,或者绝对大气压以上 9.034 kgf/cm²(128psi),同时无须在容器壁上施加高于硬铝破裂应力 1/3 的压力。这样容器中的气体量为原来的 10 倍,因而需将计算结果小数位数增加一位。

这一切都是有前提条件的,实验室设备必须由训练有素的操作人员来处理。在工业环境中,特别是在煤气厂和焦化厂,气体密度通常用扩散计测量。

9.3 扩散计

扩散计通过测量预定体积的气体通过一个小开口或喷嘴逸出所需要的时间来得出该气体的密度。

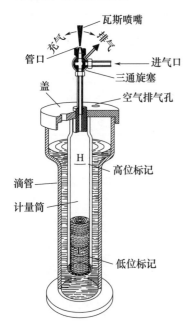

图 9.1 用于气体密度
测定的扩散计

根据这一原理制造的仪器如图 9.1 所示,由一个带有校准玻璃管的圆柱形容器组成,测量筒从盖子向下延伸。该管的上端通过管道连接到一个三通旋塞,该旋塞可以通过直径通常为 0.5mm ~ 1.0mm 的喷嘴在充气和排气之间进行选择性切换。

测量操作开始时,旋塞处于充气状态,被测气体从上方进入管并在下端冒出,直到管道内清除了早期使用的所有残留物并填充新气体为止。然后,将旋塞转换到其排气位置,并对管内水位的上升进行计时。水位从计量筒上的低位标记点升至高位标记点的时间间隔与气体密度的平方根成正比。反之,气体密度 ρ_G 与空气密度 ρ_A 的比值等于气体和空气的上升时间 t_G、t_A 之比的平方,即 $\rho_G/\rho_A = (t_G/t_A)^2$。

以空气为例,管内液面从低位标记点上升到高位标记点所用时间为 10.00s,而按 60%/40% 配比的丙烷丁烷混合气体所用的时间为 13.63s,则它们的密度之比为 $\rho_G/\rho_A = (13.64/10)^2 = 1.860$,因此计算出混合气体的密度为 1.860 × 1.293 = 2.406g/cm²。

纯丙烷的密度为 2.670g/cm²,丁烷的密度为 2.010g/cm²,这与计算混合气体密度的共混规则完全吻合,在本例中 0.60 × 2.670 + 0.40 × 2.010 = 2.406(g/cm³)。

9.4　氢气和氦气

虽然氦占宇宙质量的 23%，但它在我们的母星上曾经非常罕见，因此到了 1868 年，J. 诺曼·洛克伊尔（J. Norman Lockyear）才在日食光谱而不是在地球上的实验室中发现了这一元素。后来在天然气的产量增加后（天然气中氦气的含量高达 7.8%），氦气的储量才足以替代气球和飞艇中的氢气。

以前，充氢气的玩具气球只是玩具，因为即使是成年人，他们偶尔也会把香烟当作气球炸弹的引燃物。

法国物理学家查尔斯·雅克·亚历山大·塞萨尔（Charles Jacques Alexandre Cesar, 1746 - 1823）是第一个驾驶氢气球飞行的人，他在 1783 年达到了 3200m 的高度。早在 1931 年，瑞士科学家奥古斯特·皮卡德（Auguste Piccard）和保罗·基普费尔（Paul Kipfer）就曾驾驶一个充氢气球飞到 52000ft（约 16km）高的平流层。当时，对火灾的恐惧是热气球乘客的一种生活常识。据报道，皮卡德从一名旁观者的嘴里拽出一支点燃的香烟，这名旁观者一直在静静地等待着气球起飞。

同样，充氢气的飞艇"齐柏林伯爵"号（Graf Zeppelin）①于 1929 年在全球环绕，并在 1928—1938 年之间进行了 144 次海上穿越。1936 年 3 月 4 日至 1937 年 5 月 6 日，"兴登堡号"（Hindenburg）硬式飞艇在德国路德维希港进行了 10 次定期巡航，往返纽约。但是，飞艇在新泽西州莱克赫斯特机场着陆时发生的一场火灾，标志着重量轻于空气的充氢飞行器时代的终结，充氦成为常态。

令人惊讶的是，原子质量为 4 的氦气能如此轻易地取代原子质量为 1 的氢气，而没有显著的升力损失。其中一个原因是属于惰性气体的氦气以原子态的形式存在，而高活性的氢原子（化学上称为初生态氢）在与相邻原子（主要是它自己的原子）结合之前，存在时间不会超过 0.5s。因此，气态氢的化学式不是 H，而是 H_2，这使得氦与氢的分子质量之比为 2 : 1 而不是 4 : 1。

以氢气替代空气时，在 0℃ 下，$1m^3$ 空气重 1.293kg，$1m^3$ 氢气重 0.090kg，因而获得的升力为 1.293 - 0.090 = 1.203（kg/m^3），而用氦气代替空气时，氦气密度为 0.180kg/m^3，$1m^3$ 氦气产生的升力为 1.293 - 0.180 = 1.113（kg/m^3），仅减少 7.5%。这表明更高密度氦气并非造成空气飞行器过时的原因，而是商业飞机引入喷气发动机之后的惊人进步。

由于气体的状态随气压、温度等环境因素的变化而变化，基于此，气体密度通常定义在 0℃ 和 760mmHg 的单位标准立方米（normal - cubic - meter，Nm^3）条件下。密度不是在每个密度图上添加"在 760mmHg 和 0℃"这样的提示性结语，而是用

---

① 以斐迪南·冯·齐柏林伯爵的名字命名。

kg/Nm³ 表示。因此,空气密度为 1. 293kg/Nm³,二氧化碳密度为 1. 600kg/Nm³,一氧化碳密度为 0. 789kg/Nm³。这表明二氧化碳比空气重,一氧化碳比空气轻,并解释了为什么二氧化碳气体会流动至葡萄酒窖的深处,而剧毒一氧化碳的泄漏主要危害的是葡萄酒窖上方的物质。

在较重的气体中,大气污染物二氧化硫密度为 2. 93kg/Nm³,稀有(惰性)气体氙密度为 5. 894kg/Nm³。太阳本质上是一个压缩的热气体球,其平均密度达到 1410kg/Nm³。

9.5　声学气体密度计

气体密度与声波传播速度的关系有助于气体密度的测量。

在理想气体中,声速与声波的频率和振幅(音高和响度)无关,只随湿度略有变化,但是它取决于温度 T。对于空气,其关系为

$$c_{air} = 331. 5 + 0. 6 \times T \tag{9.1}$$

式中:T 的单位为℃。

例如,20℃(68℉)时空气中的声速为

$$c_{20} = 331. 5 + 0. 6 \times 20 = 343. 5 (m/s)$$

空气中声速的一般表达式为 $c = \sqrt{\kappa p / \rho}$,其中的 κ 为比热比,即恒定压力下的比热容与恒定体积下的比热容之比,其中物质的比热容由热能定义,以使 1kg 所述物质的温度升高 1℃,或者说从 14. 5℃~15. 5℃所耗的热能。

将 1kg 恒压下的空气加热 1℃需要 0. 2385kcal 的热量,而在一个密闭容器中同样数量的空气温升只需要 0. 1701kcal 的热量。这就得到空气的 $\kappa = 0.2385/0.1701 = 1.402$,这个数字对于大多数其他双原子气体(如氢、氧、氮)变化不大,对于三原子气体,κ 值在 1. 3 左右。

根据 $\kappa = 1. 402, p = 1atm = 101325Pa, \rho = 1. 293kg/m^3$ 可知,上式得出的 0℃时空气中的声速为

$$c = \sqrt{1. 402 \times 101325 / 1. 293} = 331. 5 (m/s)$$

与由温度公式得到的值相吻合。总之,1Pa 等于 $1N/m^2$ 或 $1/9. 80665kgf/m^2$。

因此,声速与气体密度的平方根成反比,气体的密度与声速的平方成反比,这一关系成为声学气体密度计的设计原则。图 9.2 为测量在受测气体中的声速与空气中的声速之比的测量仪器。

该仪器的核心是面对面安装的法兰箱,通过一个金属板舱壁用螺栓连接在一起,舱壁中央有一个容纳薄膜的开口,尺寸可以在预定的频率 1000Hz~5000Hz 之间产生共振。

音频(AF)拾音器位于腔室底部,与振荡膜隔离开。与传统的扬声器很相似,

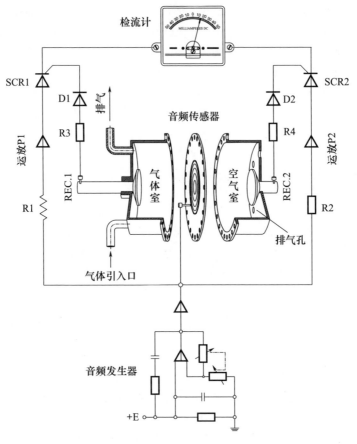

图 9.2　声学密度表

薄膜的振荡是由正弦交流电引起的。

如果两个腔室都充满空气,声波从源到接收器的传播时间将是相同的。但在不同密度的气体中,声波在高密度气体中的传播速度较慢,这导致声波在左右两侧的声波接收器之间发生相位移,体现在如图 9.2 所示的桥电路的电流读数中。

例如,一个腔充满空气($c_{air} = 331.5 m/s$),另一个腔充满二氧化碳,其中声音以 $c_{CO_2} = 259 m/s$ 的速度传播。

假设声源和声音接收器之间的距离为 50mm(0.050m),则信号传播到该距离的时间为

$$t_{air} = 0.050/331.5 = 0.1508 \times 10^{-3}(s) \text{ 或 } 150.8 \mu s$$

$$t_{co_2} = 0.050/259 = 0.1930 \times 10^{-3}(s) \text{ 或 } 193.0 \mu s$$

在这种情况下,薄膜开始振荡后,晶闸管整流器 SCR1 和 SCR2 的门分别变为正的 150.8μs 和 193.0 μs,这里假设频率为 1kHz。

由于 1000Hz 声源的振动周期 $T = 1/f = 1/1000s = 1000 \mu s$,或每半周期 500$\mu s$,

因此空气中150.8μs的时间延迟会导致空气侧150.8/500=30.16%的半波周期时间损失,而CO_2的193.0μs时间延迟会导致二氧化碳侧的半波周期时间损失193.0/500=38.6%。当半波的长度为π弧度或180°时,这些百分比分别转换为0.3016×180°=54.29和0.386×180°=69.48。

相关的电压降可以从正弦曲线$y = \sin x$下的面积计算得出,对空气值即

$$\int_0^x \sin x\,\mathrm{d}x = -\cos x\,|_0^x = 1 - \cos 54.29° = 0.416$$

对于二氧化碳,其值为$1 - \cos 69.48° = 0.649$。由于正弦波一半以下的面积等于2,所以剩余电压为$(2 - 0.416)/2 = 79.2\%$,$(2 - 0.649)/2 =$电源电压的67.6%。当工作电压为10V峰间电压时,仪表一端的平均电压为7.92V,另一端的平均电压为6.76V,因此读数为1.16V,可以直接用标准检流计测量,或者更好的方法是用桥接电路测量。

图9.3显示了该过程中产生的交流波形,从膜的驱动电压第一行开始。第二行中的波形与第一行相同,但有相位移的交流波形源于空气侧声传感器,并在150.8μs后开始,其上升触发晶闸管整流器SCR1,输出第三行所示的波,仍然是正弦波但在开始时省略了一部分并且没有负半波。

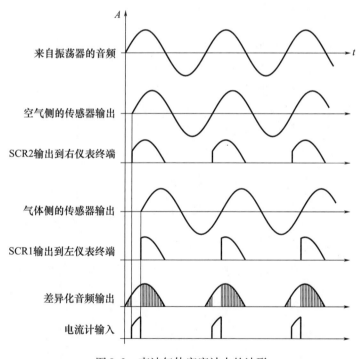

图9.3　声波气体密度计中的波形

第四和第五行重复前面两行的信号类型,即二氧化碳侧的 193.0μs 延时的数据。当第三行和第五行的限幅电压连接到电流计的端子上时,它们彼此相减(得出第六行),然后仪器测量第七行的脉动直流电。

为了得到正确的结果,来自驱动器和接收器的峰值电压必须相同。因此,需在图 9.2 中的电路加入自动增益控制(AGC)。各个误差电压取自电容器,通过二极管连接,该二极管将记录电源极的峰峰值电压。

直接数字合成器(DDS)芯片用正弦交流发电机之类的元器件取代了图 9.2 中传统的韦恩电桥振荡器。在外部或内部时钟的驱动下,DDS 以数学方法逐点生成正弦波,然后使用数/模转换器生成相关的交流输出。

该仪器的坚固外壳,典型的声学气体密度计,保护它免受冲击和内部压差的影响。就像老式麦克风一样,密度计悬挂在三脚架上的弹簧之间,弹簧呈环形,底座很重。

环境温度变化的影响可以通过将加热板包裹在外壳上加以预防,使其保持在略高于环境温度(如 35℃)的水平。

9.6 固体的密度

固体的密度取决于其原子质量和晶态或非晶态分子模式中原子之间的间距,密度和原子质量之间没有气体中那样简单的关系。

密度的定义(重量/体积)让我们想到了加工 1dm(100mm)边长的测试立方体并对其称重的案例,如图 9.4 所示。一种成本较低(但可能精度较低)的方法是将任意形状的试样浸入量筒中,并通过液位的升高值计算得到其体积。

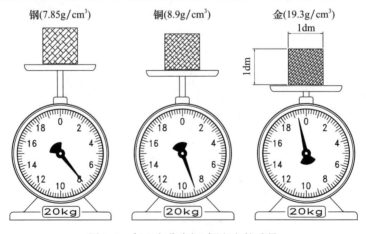

图 9.4 每立方分米钢、铜和金的重量

通过测量探头在液体(探头)所替代的液体重量,阿基米德量法测量的是试样在空气和水中的重量之差,只要使用公制单位(kg),它就等于该试样的体积(单位是 L 或 dm^3)。

在所有金属中,锂最轻,密度为 $0.534g/cm^3$,其次是镁,密度为 $1.74g/cm^3$,铝的密度为 $2.70g/cm^3$,钢的密度为 $7.85g/cm^3$ 左右,铅密度为 $11.34g/cm^3$,金密度为 $19.30g/cm^3$,铂密度为 $21.40g/cm^3$ 。其中最重的金属包括锇,密度为 $22.48g/cm^3$,铱,密度为 $22.65g/cm^3$ 。地球的铁核使它的平均密度达到 $5.52g/cm^3$,因此成为太阳系中最重的行星。

木材的平均密度为 $0.5g/cm^3$,因而木材能漂浮在水面上。在 19 世纪,不少国家的许多水路变成了伐木的交通道路,直到铁路运输接管替代。一些水系发达的城镇,如穆斯克贡、特拉弗斯城和密歇根州的米诺米尼,成为木材进入锯木厂的枢纽。

9.7 液体的密度

"轻于水的液体"还包括汽油(密度为 $0.68g/cm^3$)、煤油(密度为 $0.80g/cm^3$)、吡啶(最纯正的有机溶剂之一,密度为 $0.982g/cm^3$),而重于水的有甘油(密度为 $1.261g/cm^3$)、过氧化氢(密度为 $1.442g/cm^3$)、硝酸甘油(密度为 $1.596g/cm^3$)、硫酸(密度为 $1.831g/cm^3$)和溴(密度为 $3.119g/cm^3$)。最重的液体是汞(密度为 $13.6g/cm^3$),如果将其归类为液体而不是熔融金属。

液体混合物的密度可以用它们的密度乘以各自的浓度,然后相加得出。例如,40% 的硫酸溶液密度为 $0.40 \times 1.831 + 0.60 \times 1 = 1.332 (g/cm^3)$ 。

9.8 密度计

图 9.5 所示的密度计是一种测量液体密度的简单而精确的仪器,也称为密度瓶,它是一种球形或截锥状的玻璃烧瓶。同样,密度 ρ 等于质量 m 除以体积 V 的商,即

$$\rho = m/v \qquad (9.2)$$

密度计烧瓶或罐的容量由充入除氧水的容器重量得出,其密度取自相关表格,如瓦根布雷思和布兰克(Wagenbreth and Blanke)的表格,见表 9.1。

其他温度 t(单位℃),水的密度 ρ(单位 g/cm^3)由如下多项式给出。

$$\rho = a + bt + c t^2 + dt^3 + et^4 + f t^5 \qquad (9.3)$$

式中

$$a = 0.999839564, b = 6.7998613 \times 10^{-5}, c = -9.1101468 \times 10^{-6}$$

$$d = 1.0058299 \times 10^{-7}, e = -1.1275659 \times 10^{-9}, f = 6.5985371 \times 10^{-12}$$

表9.1　水在不同温度和1atm下的密度

$t/℃$	$\rho/(g/cm^3)$	$t/℃$	$\rho/(g/cm^3)$	$t/℃$	$\rho/(g/cm^3)$
10	0.999699	17	0.998772	24	0.997293
11	0.999604	18	0.998593	25	0.997041
12	0.999496	19	0.998402	26	0.996780
13	0.999375	20	0.998201	27	0.996509
14	0.999242	21	0.997989	28	0.996230
15	0.999097	22	0.997767	29	0.995941
16	0.998940	23	0.997535	30	0.996643

烧瓶内水的体积是水的重量和当前温度下的水的密度的商,当前温度由安装在密度计的塞子里的温度计显示。结果应该与烧瓶上标注的制造商的标准接近,但不一定完全一致,包括$5cm^3$、$10cm^3$、$25cm^3$、$50cm^3$、$100cm^3$。

当磨砂玻璃塞就位时,一直充填到有液体通过毛细管排出为止。盖－吕撒克密度计通过塞子内的狭窄通道排水,若尔姆(Jaulmes)密度计如图9.5(a)所示。

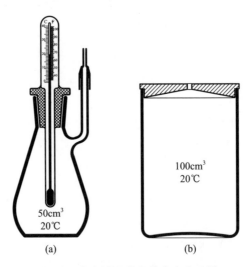

图9.5　密度计和特定的密度称重罐

若尔姆密度计采用横向排放管和喷嘴。通过一个狭窄的开口排出多余液体的基本原理,就像水银温度计一样,毛细管中液位的升高会使整个充填液体的体积发生非常小的变化。例如,若瓶口敞开,$1mm^3$ 的液体很难在瓶颈处的液位上显示出来,但是在一根 $0.5mm^2$ 的毛细管中,也就是说 $0.5mm^2$ 的开口中,就会引起 $2mm$ 的液位上升。

在最后称重之前,容器应保持垂直并擦拭干净。它的重量减去空密度计烧瓶的重量(包括塞子),得到内容物的净重。一些高精度密度计的模型可以精确到每 $0.00001g/cm^3$。

虽然测量原理相同,但在工业环境中重力称重罐比密度计更加适用,如图 9.5(b)所示。英国的品脱称量罐是英制度量衡制的产物,米制称量罐的尺寸通常有 $100cm^3$、$500cm^3$ 和 $1000cm^3$($1L$)等规格。它们的直壁使壶盖紧密贴合在一起,壶盖必须压紧,直到紧贴容器边缘。多余的液体通过盖子的中心孔流出,孔直径通常为 $2mm$。在这里需要强调的是,容器在称重之前必须被严格地擦拭干净。

与实验室用玻璃密度计吹制的容器不同,金属容器经过机械加工,使其真实贴在盖上的标称数据相符。在瓶盖和瓶身上附加识别号码,以确保看起来相似的盖子不会意外地从一个罐换到另一个罐。

这两种类型的密度计也可用于测定粉末或颗粒状固体的密度,例如,加工过程中产生的切屑,方法是将一定重量的固体颗粒混合到密度罐的水里。

用 w_S 表示固体的重量,w_{w+S} 表示固体与水混合后的重量,固体密度(ρ_S)与水密度(ρ_W)之比为

$$\frac{\rho_S}{\rho_W} = \frac{w_S}{w_S + w_W - w_{w+s}} \tag{9.4}$$

由此可见,固体留下的空隙中水的重量 w_W,是原先没有固体时罐中水的重量与加入固体时溢出的水的重量之差。

将这个不太显著的公式应用到实验中,假设密度计体积为 $100cm^3$,固体颗粒(如金属屑)干重为 $500g$。考虑水的密度为 $1g/cm^3$,固体密度为 $8.00g/cm^3$,得到固体体积为 $500/8 = 62.5cm^3$,罐内周围与固体混合的水的体积为 $100 - 62.5 = 37.5cm^3$。固体和水的重量变成 $500 + 37.5 = 537.5(g)$。

有了这些数据,应用开始测试的公式,比率值为

$$\rho_S/\rho_W = 500/(500 + 100 - 537.5) = 500/62.5 = 8$$

9.9　尼科尔森密度计

英国化学家威廉·尼科尔森(William Nicholson,1753—1815)于 1790 年推出了一种密度计,与比重瓶相比,人们可以更快、更省力地测试流体密度。当标准密

度计只浸入被测液体的一部分时,尼克尔森密度计的浮
子总是完全浸入水中。如图 9.6 所示,从铅垂线的上端
伸出一个薄薄的金属柱,支撑着一个托盘。阀杆上有一
个凹槽,通过在托盘上放置适当的砝码,标记出应该使该
装置下沉的位置。

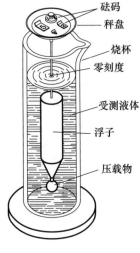

砝码
秤盘
烧杯
零刻度
受测液体
浮子
压载物

使用前需用除氧水校准,用 W_o 表示密度计的重量,W_w
表示使压舱物下沉到阀杆上标号的总压舱物的重量,设备水
下部分的升力变为 $W_o + W_w$。在水中,这等于浮体的体积
V 加上柱的浸入部分的体积,乘以试验条件下水的密度
ρ_W,即 $V_{\rho_w} = W_o + W_w$。

相反,在流体密度 ρ_L 的试验中,需要一个压舱水锤使
密度计再次下降到零点,从而进一步得到 $V_{\rho_L} = W_o + W_L$。

把这些方程式彼此分开,就得到了流体密度与水密
度之比

图 9.6　尼科
尔森密度计

$$\rho_L/\rho_W = (W_o + W_L)/(W_o + W_w) \tag{9.5}$$

如果一个 100g 重的尼科尔森密度计加了 20g 的砝码,让阀杆上的零点标志刚
好淹没在水中,而换成被测液体时,同样的方式需要 51.68g,则由方程得到

$$\rho_L/\rho_W = (100 + 51.68)/(100 + 20) = 1.264$$

因此,该液体可能是甘油,而甘油的密度恰好是 1.264。

9.10　莫尔(韦斯特法尔)天平

莫尔天平或韦斯特法尔天平是一种测量液体密度的精密仪器,就液体密度的
测量而言,与阿基米德的固体密度天平相对应。该仪器也称为流体静力平衡仪,它
根据已知重量和体积的浸入固体的浮力程度来计算液体的密度。

根据阿基米德定律,升力等于被固体排开的一定体积的液体的重量。例如,一
块体积为 100cm³ 的实心玻璃球,在单位密度 1g/cm³ 的水中浸泡时,重量只有260 -
100 = 160(g)。将其浸入汽油而不是水中,其显示重量将下降到 192g,因而得出汽
油的密度(260 - 192)/100 = 0.68。

图 9.7 所示的莫尔天平类似于滑动重量天平,在秤杆的左端有一个可调节的
配重,浮子悬浮在右侧。浮子的支点和悬挂点之间的空间被划分为 10 个相等的部
分,这些部分由带编号的凹口标定,用于放置悬挂重物。

例如,一组 5g、0.5g 和 0.05g 的悬挂物,与 5cm³ 的铅锤配套使用时,可以直接从
悬挂重物的位置读出烧杯中液体的密度。首先将 5g 的悬挂物挂在 6 号槽口,然后将
0.5g 挂在 8 号槽口,最轻的配重此时没有用到,被测液体的密度为 0.680g/cm³,再

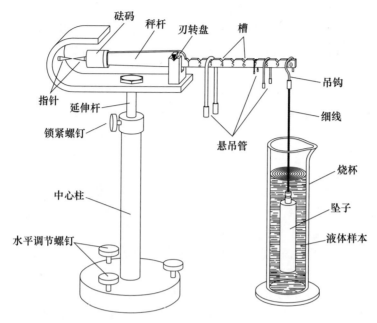

图 9.7　莫尔(韦斯特法尔)天平

次确定它可能(但不完全确定)是汽油。

　　底座上的三个调平螺钉,在设置配重之前,可确保仪表中心柱处于垂直位置。如果浮子的体积没有达到要求的精度,可以使用表 9.1 或其他相关来源的已知温度的纯水及其精确密度的静水天平来测出浮子的体积,而不是将其设置为 1。例如,一个标称体积为 V_o 的浮子浸入 20℃ 的水中,测出水的密度为 0.998201g/cm³。如果称重的结果不同,比如,为 0.900 时,那么铅锤比假设的要大 0.998201/0.9 倍,那么铅锤的真实体积 $V = 0.9V_o/0.998201 = 0.901622V_o$。

9.11　比量计

　　比量计也称为液体密度计,如图 9.8 所示,是快速检测液体密度的首选仪器。从浮子的浸没深度中获得液体密度的想法可以追溯到阿基米德关于重力和浮力的论文,现在的密度计由玻璃或透明塑料(如聚甲基戊烷)制成,是一个呈中空的圆柱体,它被分成一个较薄的部分和一个较厚部分,顶部有上小下大的刻度,最下方是一个球,球内充满了大量有重量的颗粒(通常是铅粒)。

　　密度计下降得越深,它排出的液体就越多。阿基米德定律同样适用于此,当密度计下沉,排出液体的重量 p_V 等于仪器的重量 W。

设 V_o 为密度计凸起部分的体积,包括压舱物部分,D 为颈径。$A = D^2\pi/4$ 为颈部的横截面积,y 为浸没深度,测量的密度计颈部以下的高度,则水下的关系遵循体积 $V = V_o + Ay$,比值 $\rho = W/V$,则液体密度为

$$\rho = W/(V_o + Ay) \tag{9.6}$$

该方程解释了图 9.8 中倒置的、不规则的刻度。分母中的 Ay 表示密度计颈部越小,其灵敏度越高。但是仪器颈部变小,仪器的量程也缩小。

为了随时修正温度,密度计往往在凸出部分装有温度计,以便同时测定被测液体的密度和温度。

由于密度计显示的是液体探头相对于水的密度比值,所以用户应该知道,他们的仪器可能没有使用 4℃ 的水进行校准,但是根据不同的标准,15.6℃ 的双氧水也是校准液体之一。

用于检查汽车电池酸性的电池注射器的注射圆筒中有一个密度计,可显示出电池的酸液的密度。电解液的密度随着充电程度而增加,见表 9.2,它给出了在 70℉ 时电池电压、比重和电解质质量分数与不同充电程度的关系。但是,这些数字可能因供应商的不同而有所差异。

图 9.8 密度计

表 9.2　密度计读数和电解质质量分数与电荷的关系

负荷状态/%	开路电池电压/V	密度计读数/(g/cm^3)	电解质质量分数/%
100	12.65	1.265	35.59
75	12.45	1.225	30.73
50	12.24	1.190	26.35
25	12.06	1.155	21.95
0	11.89	1.120	17.40

对于在较低温度下进行的测试,在 70℉ 以下每华氏度增加 0.012V。

应用型密度计(例如,具有刻度的醇密度计)可达到最高精度($0.001g/cm^3$),用于直接读出含水醇溶液的醇含量;酸度密度计显示乙酸、盐酸、硝酸、硫酸和磷酸的质量分数;对碱性的测量也类似,包括氢氧化钠、过氧化氢和钾碱。

此外,还有用于牛奶的乳糖计,白利糖度密度计用于测量蔗糖水溶液中糖的百分比,巴林密度计显示啤酒和麦芽汁(麦芽浆)的含糖量。但同样重要的是鲍默密度计,采用一个特殊的单位测量各种溶液的密度,单位称为鲍默度,记为°Bé。例如,美国 A 级蜂蜜必须在 60℉ 时至少达到 42.49 °Bé 才能获得 FDA 的批准,而用于平衡游泳池水 pH 值的盐酸浓度规定为 20°Bé。

有两种通用鲍默计,一种用于比水轻的液体,另一种用于比水重的液体。以下

公式给出了密度 G 与鲍默度的关系:

对于比水轻的液体——$G = 140/(130 + °Bé)$

对于比水重的液体——$G = 145/(145 - °Bé)$

特殊用途的密度计可以根据标准模型,通过改变仪器球体内铅球的质量来制作。

在密度测量之前,被测液体和流体必须清除气泡,如果液体涉及多种物质组成,则液体必须彻底混合。最后,为了清除漂浮的污垢或灰暗的木屑等表面的杂质,应丢弃液体的最上层。

为了获得最好的读数精度,密度计应该浸入比单独放置时的下沉点还高出约 1/8in 的液体中,然后才释放,使自己上升到最终位置,而不是让它下沉。为了避免视差读数错误,应该在与探头表面平行的高度进行观察,即液体表面的表观形状从椭圆形变为直线的点。

9.12　黑尔装置

利用密度计和比量计从一定体积液体的重量中可推导出密度,而黑尔装置使用了一对匹配的托里拆利气压计来完成密度的测量,如图 9.9 所示。

第 8 章中,大气压使汞柱上升到 0.760m,等量水柱就是 10m 高。如果以汽油作为气压计液体,液柱将更高,高达 $10/0.680 = 14.70(m)$。

很明显,液柱的高度代表液体的密度,但超出了大多数实际应用的条件。因此,黑尔装置并没有完全排出流体柱上空间中的大气,但刚好能使它们的高度与仪器的整体尺寸相适应。在大多数的物理和化学实验室中,都可以用一台通用的真空泵来获得黑尔装置所要求的部分真空环境。

为了搭建出如图 9.9 所示的黑尔装置来对比测量水和硫酸的密度,压力计管上部的空气已经变薄,足以将水柱提升到一个方便的高度,如 240mm。因此,采用齿轮齿条驱动器用于使仪表刻度的零指数与水池的液面以及另一个箱中的硫酸水平面相匹配。

由于水和硫酸柱的重量相等,因此应用等式 $\rho_w H_w = \rho H_{H_2SO_4}$ 或 $\rho/\rho_w = H_w/H_{H_2SO_4}$,其中 H_w 和 $H_{H_2SO_4}$ 代表液柱的各自高度,ρ_w 和 ρ 代表水和硫酸的密度。

例如,在 20℃ 温度下的水的密度为 $0.998203g/cm^3$ 时,硫酸柱上升到 130.8mm 的高度,表明硫酸的密度为

$$\rho = \rho_w \times \frac{H_w}{H_{H_2SO_4}} = 0.998203 \times \frac{240}{130.8} = 1.832$$

仪器的刻度是规则的并且可以以任何单位(如英寸、毫米)绘制,不过毫米刻度最为方便,因为毫米的尺寸最适合人类视力的分辨能力。

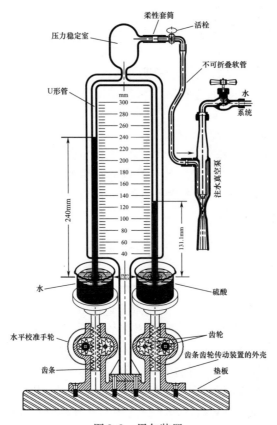

图9.9 黑尔装置

9.13 振荡管密度计

图9.10所示的振荡管密度计是一种用于工业产品(如气体和液体)的内嵌式密度测试仪器。它从振荡U形管的共振频率得到密度,该U形管的共振频率与管壳和管内液体的总质量成反比。

该仪器包括一个悬臂安装的U形管,通常由玻璃或不锈钢制成,固定在厚重底座上的坚固插座中。因此,振荡的第一节点位于U形管和插座之间的边界线处。

如果已知弹性系数 k 和管自由摆动部分的质量 m,则管的本征频率由下式得出

$$f = \frac{1}{2\pi}\sqrt{\frac{k}{m}} \tag{9.7}$$

这里,悬臂的弹性系数 k 由施加的力 $F(\text{N})$ 与杠杆外端的力引起的挠曲之比

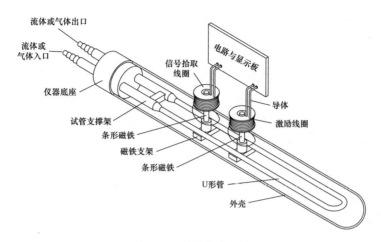

图 9.10 振荡管密度计

给出;距离该仪器 1000mm 时,F 等于引起 1mm 偏转的力的 1000 倍。

所有这一切的着重点在于,管中所含的制剂是否源于一次性填充,或者是否持续循环,这些均不重要。在这两种情况下,管的共振频率仍然与管壳及其从夹紧点向外的溶剂总质量的平方根成反比。

虽然 U 形管的 k 和 m 可以根据其尺寸和力学特性来计算,例如,管材的内径和外径、总长度和弹性模量,但振动管密度计的校准是通过测量仪器频率来完成的。用相同温度下两种已知密度的不同物质,如水的密度 $\rho_1 = 0.999097 \mathrm{g/cm^3}$,在相同温度下硒酸密度为 $\rho_2 = 2.602$。设两个样本的频率分别为 f_1 和 f_2,则可以由公式计算出以自谐振频率 f 摆动的探头的未知密度 ρ,即

$$\rho = \rho_1 + (\rho_2 - \rho_1)\left(\frac{f_2}{f}\right)^2 \frac{f_1^2 - f^2}{f_1^2 - f_2^2} \tag{9.8}$$

例如,U 形管在充满水时在 $f_1 = 100 \mathrm{Hz}$ 时发生谐振,充硒时在 $f_2 = 61.966 \mathrm{Hz}$ 发生谐振,如果填充的是未知试样,那么在频率为 79.1Hz 时发生谐振,则试样的密度为

$$\rho = 0.999097 + (2.602 - 0.999097)\left(\frac{61.966}{79.1}\right)^2 \frac{100^2 - 79.1^2}{100^2 - 61.966^2} = 1.597 (\mathrm{g/cm^3})$$

和 15℃ 时硝化甘油的密度相等,即 $\rho = 1.597 \mathrm{g/cm^3}$。

与 U 形管连接的是一对永磁体,它的磁极与固定电感线圈相连,如图 9.10 所示。来自仪器电源的交流电被输入其中一个线圈,使其磁性活塞在第二个磁铁的牵引下摆动。第二线圈摆动铁芯引起的交流电压被放大,维持和稳定这种振荡。简而言之,一个线圈作为信号发生器,另一个作为振荡管的驱动器。在 U 形管机械共振频率下,振荡积聚到最大值,此时足够明确且可精确测量。

20 世纪 20 年代经典的哈特利单管收音机有一个类似原理,当时真空管仍被

视为奢侈品。信号的再生(类似于振荡管密度计中的过程)发生在天线线圈上的一些外部绕组中,以放大管可调节的阳极电压进行充电。

正反馈的程度取决于可变耦合电容的设置,同时也作为音量控制器,不过在当时出现的无线电故障中至少都包含音量过大的问题。但是,在电路开始以其固有频率自振荡之前,由于允许的反馈程度限制了这种接近于零的强力计算方法,这种方法直接忽略了天线信号,使得接收的响度取决于听众在将反馈控制旋钮尽可能设置为接近"哨声/非哨声"位置的能力。

要在振荡管密度计中获得持续的振荡,可以手动将驱动电压的频率设置为接近哈特利(Hartley)接收机哨点的等效频率。但在如今这个时代,自动调谐的现代收音机和电视中的闭环电路可以完成这些工作。

通过将整个装置加热到略高于环境温度的恒定水平,可以避免环境温度对管频率的影响,佩尔蒂埃温控器控制的加热线圈是一个很好的选择。在没有这种"奢侈品"的情况下,测量应在类似于校准的环境中进行。

η 的单位为 mPa·s,得出黏度对密度计测量的影响可以忽略不计,但需要考虑高黏度的液体。例如,当测量 65% 的糖溶液的密度时结果高出 0.4%,需要修正系数 k,$k = -0.018 + 0.058\sqrt{\eta} - 0.00124\eta$,因而密度单位是 kg/m^3,η 的单位是 mPa·s,其一个单位等于 1/100P(P 黏度单位($1P = 10^{-1}Pa·s$))。在数字仪器中,CPU 进行计算,并输出黏度校正结果。

振动密度计的精度一般为 0.1%,用于材料的质量控制,如电池酸的测试、牛奶的控制、光刻处理液的抽查以及废气中二氧化硫的检测。精炼厂、饮料厂、化妆品厂、电解金属镀锌厂、矿物厂等行业都需要精度为 0.01% 的精密仪器。在制药工业、酒精饮料生产商、核电站和主要的研究实验室中,要求精度 0.001% 的仪器。

振荡密度计相对较高的价格是由仪器的自动化操作潜力和易于处理的小至 $1cm^3 \sim 2cm^3$ 的样品要求所决定的。

该原理的最薄弱之处是,它易受悬浮液中固体颗粒和夹带的微小气泡的影响。

9.14 太阳系外物体的密度

如果地球在太阳系"密度小姐"选美比赛中获胜,金星和火星分列第二和第三,那么我们进入外部恒星空间的机会就会大大减少。

首先,在不知不觉中争夺地球的密度特权的是天空中最亮,也易于忽略的恒星天狼星。1834 年,F. W. 贝塞尔(F. W. Bessel)通过对天狼星自身运动的观察,怀疑它是双星,但阿尔文·克拉克(Alvan G. Clark)用当时世界上最大的折射望远镜,花了 11 年时间才真正看到了天狼星的伴侣天狼星 B,当时人们给它取了一个昵称"小狗",如图 9.11 所示。

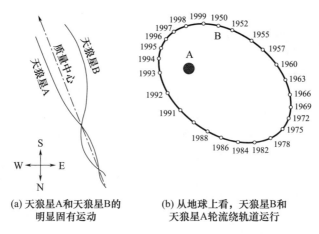

(a) 天狼星A和天狼星B的　　　　(b) 从地球上看，天狼星B和
明显固有运动　　　　　　　　天狼星A轮流绕轨道运行

图 9.11　天狼星的巨大伴侣星

　　虽然天狼星伴星的质量是由其轨道参数推断出来的,但恒星的角直径无法直接测量,因为与太阳、月球和太阳行星等物体不同,恒星距离太远,不能被视为圆盘,即使在最高放大倍数下,它们仍然是点状的,所以"小狗"的大小必须从它的亮度、距离和温度来推断。在光谱型 A5 中,天狼星 B 比太阳温度还要高,而天狼星 B 本身就是光谱型 G2 恒星,表面温度的差异使得天狼星 B 的光强度是太阳光强度的 4 倍。

　　天狼星距离太阳 8.7ly,它的伴星天狼星 B 也是如此,其视亮度为 8.65^{m}。从同样 8.71ly 的距离看,太阳亮度为 1.98^{m},比天狼星 B 亮 8.65 - 1.98 =6.67^{m}级,这将使太阳(根据恒星亮度的普森对数比例尺)的亮度为天狼星 B 的 $2.512^{6.67}$ = 465 倍。

　　换句话说,如果太阳和"小狗"的表面温度相同,"小狗"的视面积将与从相同距离观察到的太阳圆盘视面积的 1/465 相等。但"小狗"的辐射强度是太阳的 4 倍,将其降低到 1/(4 × 465) = 1/1860,使得天狼星 B 的大小是太阳直径的 $\sqrt{1/1860}$ = 0.023。这样,太阳和天狼星 B 的体积之比就变成 $(1/0.023)^{3}$ = 82200。考虑到天狼星 B 的质量是太阳的 98%,因此太阳和天狼星 B 的密度之比为 1：(82200/0.98) ≈ 1：83900。太阳的平均密度为 $1.409 \mathrm{g/cm^{3}}$,这使得天狼星 B 的密度达到 1.409 ×83900 =$120000 \mathrm{g/cm^{3}}$。1gal(1gal =3.785L)这种密度的物质重约450t。想象一下,如果亨利·卡文迪许能接触到这种物质,他对引力常数的测量会变得很容易。

　　这就带来了一个问题,是否只有引力才能把恒星物质压缩到如此紧密的程度?根据牛顿平方反比定律,距离为 R 的两个物体之间的引力正比于 $1/R^{2}$。从数学上讲,当 $R = 0$ 时,引力将达到无穷大,但这种情况在物理上是不可能的,因为即使在坍缩的恒星中,两个天体仍然至少由各自的半径 $R = R_1 + R_2$ 之和而分开。

223

然而,当一颗像太阳大的恒星突然从"红巨星"变成"矮星"时,把它压缩成一个和地球差不多大的球体。引力就会足够大。

恒星质量是太阳的 4~8 倍,它们在成为"超新星"的过程中会失去大部分质量。但在它们的中心区域,重力和惯性力增长到破坏物质的常规原子结构的程度,其质量约为太阳的 1.4 倍。绕原子轨道运行的电子与原子核中的正电荷相互作用,只剩下中子。与质子相互排斥不同,不带电的中子紧密地聚集在一起形成中子星,中子星是宇宙中除了黑洞外最致密的物质。

中子星的密度通常为 $1.4 \times 10^{14} \mathrm{g/cm}^3$,使得它们的表面引力非常强烈。如果珠穆朗玛峰在其中一颗中子星上,其高度不会超过 0.5in。而一个人终其一生的能量也不足以攀登 0.5in 的中子山。

那么如何给天狼星 B 排位呢? 与中子星相比,天狼星 B 的构成物质是脆弱的,但比金的密度高 6000 倍。这不禁让人想起天狼星 B 是否还是由普通的物质组成,即是否由原子核组成,原子核周围环绕着一团绕轨道运行的电子。直观地,人们可以预期只要它们最外面的电子轨道不交叠,原子就可以在无损地靠近在一起。换句话说,它们靠得很近,只要原子间距超过原子直径,在 0.1nm~0.5nm 之间。

直观地,人们会期望较重的原子作为较大的原子,但是更多原子核和它们在重元素中的轨道电子之间的吸引力越大,原子就会越紧密。例如,钚的质量是氢的 200 倍,但其原子直径仅为氢原子的 3 倍。

原子在普通物质中的间距可以从每摩尔原子数(阿伏加德罗常数)推导出,$A = 6.02 \times 10^{23}$。因此,1mol 的氢分子(H_2)重 2.016g,1mol 的氦原子重 4.003g。因此,来自太阳的 1mol 材料由大约 75% 的氢和 25% 的氦组成,因此重量为 $0.75 \times 2.016 + 0.25 \times 4.003 = 2.513\mathrm{g}$。

此外,氢的密度为 $0.0899 \times 10^{-3} \mathrm{g/cm}^3$,氦的密度为 $0.1785 \times 10^{-3} \mathrm{g/cm}^3$,因此得出太阳物质的密度为 $0.75 \times 0.0899 \times 10^{-3} + 0.25 \times 0.1785 \times 10^{-3} = 0.1120 \times 10^{-3}$(如果冷却到 0℃并且压力低于 760mmHg)。

因此,1mol 或 2.513g 太阳物质的体积变为 $V = 2.513/(0.1120 \times 10^{-3}) = 22438\mathrm{cm}^3$,根据阿伏加德罗常数,其也是 6.02×10^{23} 个原子的空间。因此,每个原子占据的空间变为 $V_0 = 22438/(6.02 \times 10^{23}) = 3.727 \times 10^{-20} \mathrm{cm}^3$。

将原子的平均直径设为 0.84×10^{-8} cm,在原子"接触"之前,V_0 可以被压缩 $3.727 \times 10^{-20}/(0.84 \times 10^{-8})3 = 62881$(倍)。但是约翰内斯·开普勒关于立方体或六边形图案的球体填充密度的公式 $\pi/3\sqrt{2} = 0.74048$ 表明,压缩还有进一步的 $1/0.74 = 1.35$(倍),达到 $62881 \times 1.35 \approx 84890$(倍)。

太阳的密度为 $1.411\mathrm{g/cm}^3$,这样的压缩程度将导致太阳的组成物质,其密度变为 $84890 \times 1.411 \approx 119780\mathrm{g/cm}^3$。

这与天狼星 B 的密度 $120000\mathrm{g/cm}^3$ 足够接近,假设恒星的构成物质仍然由完整的原子组成,但如果密度更高,那么它将完全或部分转化为"简并物质"。

第10章
光线和辐射

与全谱电磁辐射的辐射测量相反,光度测定仅限于可见光部分,波长范围为 $360nm \sim 830nm$,频率在 $(360 \sim 830) \times 10^{12} Hz$ 之间。

在 18 世纪初,人们第一次对光的测量尝试源于蜡烛光创造的一种标准光源,其定义为 7/8in 直径的鲸蜡蜡烛,以每小时 120 粒[①]的速度消耗。

鲸蜡是一种从抹香鲸的头部物质中提取出来的蜡状产品,产生的火焰比硬脂酸蜡烛或蜂蜡光度更强。欧洲有一种类似标准,称为亥夫纳烛光(Hefnerkerze),相当于 90.3% 倍的美国蜡烛光。

与发光强度的这种经验主义的定义不同,坎德拉这种现代单位已经根据力学和电力单位进行了定义。坎德拉是一个光源,相当于约 1.02c(1c = 1cd),每个球面度发射相当于 1/683W 的光源,或者以光源为中心的完整球体发射相当于 18.3988mW 的光源。作为一个独立的定义,这将包括肉眼无法看到光谱波长的红外和紫外波段。但即使在光谱的视觉部分内,光感与光能的关系变化很大,如图 10.1 所示,在波长为 55 nm 或频率为 $540 \times 10^{12} Hz$ 时最高,在波长 400nm 以下和 700nm 以上降至零。值得注意的是,我们的视觉灵敏度最高的点与阳光的峰值强度同步,这是生物对环境条件的适应性的一个例子。

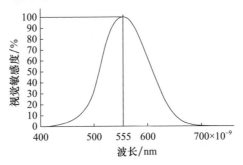

图 10.1　人类视觉敏感度与可视光波长

---

① 　1 粒 = 1/7000lb。

10.1　消失的油污

光度学是一门测量光强度的科学。本生光度计(图10.2)的测量方法是将给定的星等与已建立的标准进行比较,这与测量的定义是一致的。同样地,当两侧的光入射相等时,光斑几乎是看不见的。

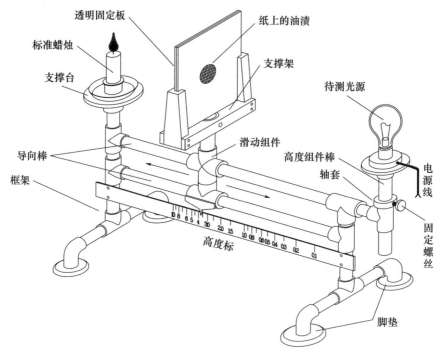

图 10.2　本生光度计

本生光度计具有简洁性的优点,可以用 PVC 管道和配件组装,也就是一罐 CPVC 水泥以及家得宝废料盒中的一些木材来完成这个装置,这是一个很有趣的高中生实践项目。

带有油渍的纸片安装在一对丙烯酸板之间,该板安装在木框中,木框支撑在一对导轨可滑动的支架上。如果后者是 1/2in 或 3/4in,支架本身的配件必须是更高的规格。导轨采用 1/2in 的 40 PVC 管,3/4in 配件用于滑动支架,需要至少 0.016in 直径的内扩孔。1in 的配件与 3/4in 的导轨一起使用,只需要打开 0.001in 加上一些间隙,以便平稳滑动。

左边的导柱支撑参考光源,右边支撑样品盘,后者的支持基础是垂直可调的,以便与灯和油脂污渍成一条直线。虽然参考光源在图中为蜡烛,但几乎没有人能在超市货架上找到鲸蜡香烛。此外，现在测试用的大多数灯的亮度都足以超过普通蜡烛。更确切地说，如果一个灯泡的额定功率以瓦特和坎德拉为单位，并在包装上标明，虽然不太精确，但它将成为一个方便的照明标准。

如果参考光源滑动了 x，此时油脂斑（实际上是一滴石油滴在吸收纸上形成的扁平的点）似乎消失了，探测器的平方反比定律给出了试样的强度为 $[(d-x)/x]^2$，此处 d 代表试样和参考光源之间距离。例如，当滑块从标准光源滑动到达 $d/4$ 时，油脂斑点消失，则试样的强度和参考光源的关系如下：

$$\left(\frac{d-d/4}{d/4}\right)^2 = \left(\frac{3d/4}{d/4}\right)^2 = 9$$

图 10.2 所示的光度计刻度尺与这个公式相对应，可以直接读出这个比值。

应在黑暗的房间进行测试，以消除来自周围环境的杂散光的影响。尽管如此，一个纸板护罩（越大越好）的支架上要有一个切口，有助于防止漫反射干扰测量。

测试用的电压应该与参考灯的电压相匹配，因为并不是所有类型的白炽灯对标称 120W 交流电的偏差都有相同的反应。

本生光度计是蜡烛照明时代的产物，在屏幕两侧同样颜色的光线下工作良好，但无法可靠地比较不同颜色光线的强度。例如，虽然人们的视觉感知到黄色火焰的发光强度是绿色火焰的一半，但是两者的辐射能量是相同的，如图 10.1 所示。

除了光度测定外，本生光度计还充分证明了平方反比定律。例如，在左边放 1 根蜡烛，右边放 4 根相同的蜡烛，必须把滑块滑到距离单支蜡烛的 1/3 处，油脂斑才会消失，因为 (2/3)/(1/3) 的平方等于 4。

10.2 半导体来了

虽然光敏电阻（LDR）、光敏二极管和光敏晶体管三种光敏半导体各有其适当的应用领域，但光敏电阻可能是最方便的一种。它们不是偏振的，工作范围很广，对各种波长（颜色）的光有反应，就像人类的视觉一样。

如图 10.3 所示，大多数光敏电阻依赖于一条弯曲的硫化镉（CdS）片，通过真空沉积的方法附着在陶瓷基底上，再用透明塑料封装。它们的总电阻随入射光的亮度而变化，从完全受光时的 100Ω 到无光时的几兆欧不等。但当亮度增加时，其响应时间约为 20ms；反之，为 30ms。

光敏电阻的应用领域广泛，包括商用光度计、光敏开关装置、路灯的开/关控制器、轴编码器、纸张和硬币处理器、计数系统等。

图 10.4 为光度计电路，其中，光敏电阻与固定电阻 R_2 串联，R_2 位于标称电压为 E_o 的电池两极之间。光电阻器 R_1 与固定电阻器 R_2 构成一电压分配器，在 R_1/R_2 接合点处输出电压 $E = E_o R_2/(R_1 + R_2)$，由此得出

$$R_1 = R_2(E_o/E - 1) \qquad\qquad (10.1)$$

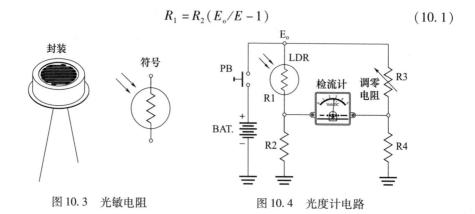

图 10.3　光敏电阻　　　　　　　　　图 10.4　光度计电路

若将 R_1（光敏电阻的电阻值）的单位换算成流明,可参见制造商的数据表。

分压器 R_3 通过将电位器设置为 $R_3 = R_4(R_1/R_2)$,可在黑暗或任何其他所需的最小光照条件下使电位器为零。如果 R_3 是一个用于调零的比例电位器,那么同样的电路就是一个独立于电源电压的桥接电路。利用电阻器的电桥方程 $R_1 = R_2(R_3/R_4)$,可以从 R_3 转子的位置推导出光敏电阻的电阻 R_1 及其照明程度。

辐射并不是统一的能量包,而是一系列离散的能量流,每个能量流都处于一定的能级。根据普朗克常数的定义,这些能级是逐步融合的。因此,在黑体辐射谱中,普朗克的能量分布定律需要借助量子力学进行推导。

在波长的应用中,人类视觉灵敏度曲线的绘制如图 10.1 所示,图 10.5 所示的装置就是解决方案。在这里,一个分光镜将来自已知灯丝温度源的光谱投射到一个狭缝掩模上,该掩模保护光敏电阻,但与狭缝位置相一致的光谱部分除外。

在可能的情况下,如果狭缝无限窄,那么它只能通过一个单波长度的光,而宽度有限的狭缝则可以覆盖整个频带。因此,给定波长的光谱亮度指的是一系列波长的积分光输出,波的带宽取决于狭缝的开口。强度与带宽的比值称为辐射能密度。

综上所述,图 10.5 所示仪器测量的是一定波长范围内的辐射积分,其宽度由变暗掩模中狭缝的宽度和光谱仪所投射的光谱的全域范围决定。转动千分尺的螺丝,使狭缝的位置逐渐从光谱的一端移到另一端,便可读取两者之间任意数值。图 10.6(a) 为典型的 CdS 和硅光敏电阻的测试曲线,由于不同供应商的产品存在不同之处,绘制的细节也有所不同。

运算放大器的电压增益由反馈电阻 R_4 和 R_3 决定。设定电阻 $R_4 = 840\text{k}\Omega$,$R_3 = 840\Omega$,那么电路放大 $840000/840 = 1000$(倍)。因此,R_4 可以分别用来提高或限制器件的增益。

图 10.6(b) 显示了辐射能与源温之间的关系,表明了在光谱波长范围内,辐射能远非恒定值。但从光谱测量中得到的输出是辐射强度乘以光敏电阻(用作探测

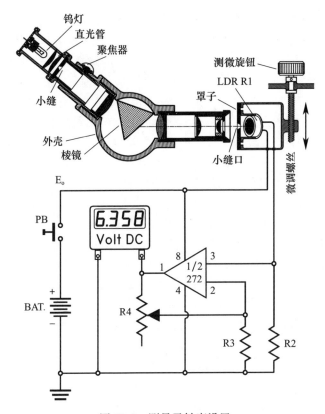

图 10.5　测量灵敏度设置

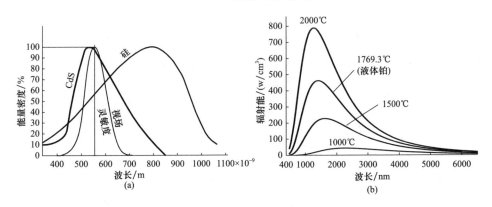

图 10.6　灵敏度和能谱图

器)灵敏度的乘积。

　　由于辐射程度取决于光源的温度,所以光谱仪必须使用一个预先校准的、灯丝温度已知的灯泡。因此,相对灵敏度表示仪器的读数与被测波长的辐射强度除以仪器读数结果中的最高值之比。

因为标准的电流计(如20000Ω/V)实际上会使1MΩ的电位计与地面形成短路,所以必须使用大于10.5MΩ阻抗的(数字)仪器,如图10.5所示。

使用类似于图10.5的设备,但是用一个刺穿的障板而不是狭缝,可以获得太阳表面在单一波长或频率下的图像。用CCD或照相底板代替光敏电阻,并在太阳光谱中的感兴趣点(如氢的Hα谱线)设置障板后,扫描太阳盘只能得到太阳氢的图像。普通的照片把太阳描绘成一个几乎均匀的光盘,最多只有几个太阳黑子;摄谱日光图像与此不同,它通过一次聚焦于一种化学元素的辐射而形成。

另外,光电二极管用于科学的光强度测量、医学应用领域(如计算机断层扫描的探测器)以及电视和录像机的遥控接收器。当普通二极管的阴极连接负极、阳极连接正极时便导通了;但阻挡反向电流时,光电二极管的反向电阻随着光在结上的入射而降低。从这个意义上说,它们类似于光敏电阻,但响应时间要短得多。

硅二极管的工作频率范围很广,从紫外线到红外线,或者波长290nm~1100nm(1nm=10Å),而砷化镓(GaAs)二极管的工作频率范围为800nm~2000nm。

PIN光电二极管由N型半导体的厚基极层组成,顶部是一层薄薄的P型材料,中间有一层薄的本征半导体材料。它的优点是响应频率高达10^{10}Hz。在没有施加电压的情况下,曝露在强光下的光电二极管会在结上自行产生电压。注意,太阳能电池基本上是由超大尺寸的光电二极管组成的阵列。

光电晶体管比光电二极管更敏感,因为瞄准基极-发射极结的光会使基极极化,就像晶体管放大器中的输入信号一样。由此产生的发射极/集电极电流等于基极电流乘以晶体管的增益,增益通常为100dB及以上。低噪声级的光电晶体管提高了放大器的实用性,但比光电二极管响应慢;即使在完全没有光的情况下,也能传导小电流。

和标准晶体管一样,早期的光电晶体管基于硅(NPN)和锗(PNP)这两种元素,而现代器件则采用了更奇特的材料,如砷化镓。增益通常从50dB到几百分贝,甚至可以达到几千分贝。然而,作为集光元件的基极-集电极结,其尺寸比普通晶体管大很多,导致寄生电容增加,将光电晶体管的频率响应限制在大约250kHz以下。

达林顿晶体管由一对晶体管组成,这对晶体管通过输出晶体管的发射极-基极结连接输入晶体管的发射极-集电极电流,从而使两者的增益相乘,也具有相当于光电晶体管的能力,但是频率响应通常低至20kHz。

当需要高输入阻抗时,需要采用场效应晶体管(FET)对应的光电元件。正如晶体管即使在没有任何发射基电流的情况下也能导电一样,光晶体管在完全没有光的情况下也能在一定程度上导电。这种暗电流通过晶体管的作用放大后,可能对电路的性能产生不利影响。

光电倍增管类似于传统的真空管,特别是用一个光电阳极代替阳极,而不是用10个或10个左右的阳极串联的单一阳极,后者叫作倍增器电极。各自的阳极电压来自分压器,分压器由串联电阻的级联链组成。

阴极发射出的电子从一个倍增器电极反弹到另一个倍增器电极,其速度随各二极体电压的不断增加而增加。每一次撞击都会释放出新的电子,这就形成了雪崩效应,使得在输入端即使只有少量光子也可能触发可测量的输出。结合功能强大的天文望远镜一起使用,就能够观测到分布在已知宇宙外边缘的微弱星系。

10.3 光的有限传播速度

在早期的广播电视中,人们被"幽灵"或"双重影像"的现象所困扰,它是同时接收来自发射塔的信号,以及来自附近山丘、建筑物或其他障碍物的反射信号形成的。虽然无线电信号的传播速度为光速(3×10^8 m/s),但反射信号的 Z 形路径与发射机到接收机的直线之间的差异造成了 $1/300000 = 3.33 \times 10^{-6}$ s/km 或 3.33 μs/km 的时间差。

电视水平扫描的15750Hz 频率使得构成图像的光点在屏幕上扫过一行的长度需要 $1/15750 = 63.5 \times 10^{-6}$(s),因此 3.33 μs 占扫描一行时间的 $3.33 \times 10^{-6}/63.5 \times 10^{-6} = 0.052$。在一个长 17.5in 的 21in 电视屏幕上,两个输入之间的距离差为 1km,就会留下 $0.052 \times 17.5 = 0.91$(in),或者说电视屏幕上演员与跟踪他们的幽灵之间的距离约 1in。

这种现象都是电磁波传播有限速度的直接证明,而光是电磁波的一部分。丹麦天文学家奥拉夫·C. 罗默(Olaf C. Romer,1644—1710)通过对木星的伽利略卫星的观察计算出了光速,在此之前,人们一直认为光的传输是瞬时的。这颗太阳系中最大的行星绕太阳公转的周期接近 12 年(4333 天),因此每年大约从黄道十二宫的一个星座游荡到下一个星座。在罗默的时代,机械计时器缺乏航海所需的精度,而天体运动被用作世界范围的时间标准。乔瓦尼·卡西尼(Giovanni Cassini)绘制的木卫一月食周期表就是其中之一,木卫—(Io)是最靠近木星的卫星。在改进卡西尼表的过程中,罗默偶然地证明了光速是有限的。

木卫一的轨道离木星足够近,以至于每一次在轨道上公转时,木卫一都会被木星的阴影遮住。根据卡西尼周期表,罗默推断出木卫一在木星的会合周期 1.091 年里经历了 225 次日食。由此,木卫一的平均月食周期为 $1.091 \times 365.25/225 = 1.7711$(d)或 42.50h。在这颗行星消失在耀眼的阳光下之前,罗默实际上观测到了 103 次运行,应该用了 $103 \times 42.5 = 4377.5$(h),但令罗默吃惊的是,木卫一最后一次可观测到的日食被推迟了约 1450s,即约 24min。

当时地球轨道的直径被认为是 3.11×10^8 km,罗默把 1450s 的延迟时间当作是日光覆盖木卫一所花费的时间,因此认为光速 $c = 311 \times 10^6/1450 \approx 214500$(km/s)。虽然比正确值低30%左右,但这是第一次尝试计算光的速度,而且最重要的是,这一数据使人们摒弃了信号在空间瞬时传输的想法。

1849 年,希波吕特·费索(1819—1896)与里昂·福柯(Leon Foucault)合作,

尝试直接测量光速。他们将氢氧灯发出的强光穿过720颗旋转齿轮之间的空隙,照射到8633m外山顶上的一面镜子上。在齿轮停止转动的情况下,镜子被仔细地调整过,这样灯发出的光就能通过它出去时,穿过同一个齿缝反射回来,费索可以通过望远镜在45°半镀银镜中看到它的反射。

当齿轮慢速转动时,图像会随着齿形相继遮挡来自镜子的光线而忽上忽下。如果齿轮加速旋转,那么人眼无法再分离闪光,直到在光束从灯来回移动到镜子的间隔里,齿轮在进一步加速后旋转半个齿距为止。在那个阶段,齿轮会依次阻挡返回的光束,通过望远镜看到的景象会变暗。在2倍的临界转速下,返回的光线恰好在齿轮转动一个完整的齿距时到达,使图像恢复到全眩光状态。

费索用手转动齿轮,或用绳子上的重物绕着鼓转动。在28次实验中,以12.6r/s的速度记录了第一次蚀光,其平均光速为313300km/s。这个误差可能是齿轮转速的定时精度不高造成的。

在原子钟和雷达技术的帮助下,这些早期的试验结果已修正,得到光的传播速度$c=299792458$m/s,通常电磁波也处于这个速度;这一数字已经通过狭义相对论的证明,成为一个恒定的宇宙常数,由此成了米(国际单位制的长度单位)的定义新基础。1983年,人们将米的此前定义(地球子午线上从赤道到北极点的距离的百万分之一)变为光在1s的时间间隔内在真空中传播距离的1/299792458。

10.4 我看见了光

这一切都始于1690年克里斯蒂安·惠更斯(Christian Huygens)发表的《惠更斯光论》,他将光解释为一系列的波,存在于一种无处不在却是理想的可穿透的媒介中,这种媒介称为以太。虽然它的定义与非物质性质的物质相矛盾,但是这种崇高的光载体一直以以太的名义存在,直到18世纪后期,迈克尔逊-莫雷实验否定其存在为止。迈克尔逊-莫雷实验的结果表明,地球在通过假想的以太时,其轨道的速度(30km/s)既不等于测得的光速,也不从光速中减去,而光速在装置的各个方向上都保持不变。

如果按照以太理论进行实验,它仍然不会显示出与平均值30km/s接近的预期值,而是银河系旋转的切向分量250km/s,太阳距银河系中心约30000c.y.。

像世界以太这样一个牵强附会的想法长盛不衰,主要是因为艾萨克·牛顿的粒子理论虽然很容易地解释了通过宇宙空间的光的传播现象,却在解释衍射、散射和极化方面失败了。另外,麦克斯韦的电学和磁学理论将光线包含在更广泛的电磁辐射场中,以此来支持光的波性质;而电报方程采用数学的形式,预测了电磁辐射中无线电波的形成。然而,至关重要的是电磁波的传播速度c的理论表达式,它作为电容率ε_0和空间磁导率μ_0的逆积,由以下等式确定:

$$c^2 = 1/(\varepsilon_0 \mu_0) \tag{10.2}$$

当$\varepsilon_0 = 8.85419 \times 10^{-12}$,$\mu_0 = 1.25664 \times 10^{-6}$时,由式(1.2)可得到$c = 2.99793 \times 10^8$m/s,非常好地匹配了光速的实验结果。这足以从数值上证明电磁波和光波可转换性,该方程参考框架的独立性已经将c表示为通用常数,这就是爱因斯坦创立狭义相对论的初衷。

此前,阿尔伯特·爱因斯坦发现的光电效应(光与电子的相互作用)再次证明了光的粒子结构,这使他在1905年将波和粒子的特性赋予光量子(又称光子)。但是,爱因斯坦没有就此停下,在他根据相对论对物理定律的分析中,开发了一个数值表达式,用于质量(如粒子)和能量(如波能量)之间的关系,$E = mc^2$,这是原子学的支柱之一。

虽然在宇宙空间中传播的光子是基本的能量包,但它们在与物质相互作用时会转化为波列。当$c = 3 \times 10^8$m/s时,典型波列的长度即相干长度,同其生命周期(约为10^{-8}s)一样,也为$10^{-8} \times 3 \times 10^8 \approx 3$(m)。

这就使得光变成了一系列长短不一的闪光,速度太快,以至于眼睛无法将其区分开,但又无法对其进行关联,因为没有两种闪光恰好发生在同一时间点。与赫兹(无线电波)波和来自激光的相干光束不同,日常的光波不会产生干涉图样,除非同一束光与它自己的图像相互作用。如果不是这样,干扰会使晨报上的文字变成由彩色框起来的迷幻画。

图10.7中的干涉仪使用一个45°倾斜的半镀银镜,将光源的每一束光分割成两束,如图10.7中(a)、(b)所示。来自光源的光线被半涂覆的倾斜镜部分反射到镜1,并从那里进入观察望远镜。剩下的直接穿过倾斜的镜子到镜2上,反射回同样倾斜的镜子上,然后进入望远镜。如果反射镜1和反射镜2与倾斜反射镜的中心等距,则两个分量同时到达,并且在波列的整个长度上发生干涉。

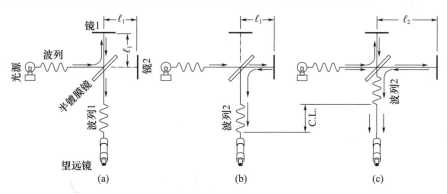

图10.7 测量波列的相干长度

如果反射镜2的位移刚好使一束光的路径比另一束光的路径长,且由波列的相干长度决定见图10.7(c)。在这种情况下,波列一个接一个地射入望远镜,互不干扰。

因此,光束的相干长度被确定为使所有干涉环消失的镜 2 在两种测试下所移动的距离。

10.5　镜头的神奇国度

根据天文望远镜的用户手册,使用者在仪器的最高放大倍率(200 倍)左右,期望看到仙女座星系中的尘埃带以及其他的宇宙奇观,这像极了美国航空航天局的高光照片,不过可能看不到尘埃带,而且仙女座星系也不会出现在望远镜的视野中。

即便是在仪器的最高放大倍数下,发现天体总是要靠运气的。相反,人们应该从倍数最低的目镜开始逐渐转向倍数更高的目镜,同时不让观察对象跳出望远镜的视野。这不是一项简单的事情,其原因:一是视野随着放大率的提高而变得越来越小;二是并非所有的三脚架都像胡夫(Kheops)金字塔一样稳定;三是地球自转不断地把观察的天体从最后看到的地方移开,除非三脚架上有一个时钟驱动的视差装置,如果有一个计算机控制的恒星跟踪系统,那就更好了。

折射天文望远镜还没有目前这么便宜的时候,很多业余爱好者都在建造自己的望远镜,如图 10.8 所示。即使是老式投影机的镜头,也作为物镜使用,而目镜则是人们从第二次世界大战时期的双筒望远镜中发掘出来的。

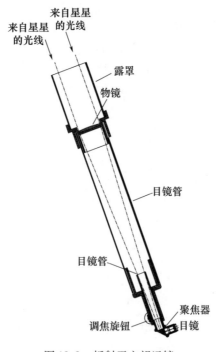

图 10.8　折射天文望远镜

人们看到这种典型的机械式简单天文望远镜不禁想自己动手建造一架,但建造者连普通车床都没有,也没有那些特殊零件的机械加工车间,加工精度低,这些都是自己的首架望远镜表现不佳的主要原因。

在这个概念中,1937 年绝版的《天文学,最后一次实践》一书提出了一个有趣的想法,建议这些制造者大胆地改用干燥、平整的方管木板。由此产生的盒状仪器可能不会像平常那样引起旁观者的赞叹,但用这些尖端仪器拍摄的月球陨石坑和太阳黑子的照片,能够成功地与昂贵得多的设备拍摄的照片相媲美。

建造望远镜应该从公式 $M = F/f$ 开始,其中 F 是物镜的焦距,f 是目镜的焦距。一架略高于 1m 的望远镜,配有 100cm 焦距的物镜和 2cm 的目镜,这样就可以得到 $100/2 = 50$ 倍的放大率;足以将木星拍成一个圆盘,并将其 4 颗伽利略卫星显示为一排正步行走的小星星;同样地,还有金星的相位、土星的光环,还有月球上的环形山。较强的目镜(比如,焦距为 1cm)可以提供更大的图像,但往往会损失一定的读出精准度。

学习曲线的下一步是研究透镜的聚光能力定律。将物镜的直径除以眼睛深色瞳孔的直径,一般为 8mm(5/16in),然后将结果平方,即使是一个 3in 的目标,亮度的增益也可以达到

$$\left(\frac{3}{5/16}\right)^2 = \left(\frac{3 \times 16}{5}\right)^2 = 9.6^2 \approx 92$$

理论上显示出比肉眼微弱 5 个数量级的恒星。在非常晴朗的天空中,肉眼可以看到 5 级甚至 6 级的星星,因此,3in 的望远镜理论上可以显示出 10 级甚至 11 级的星星。

相比之下,著名的邦纳星表(Bonner Durchmusterung)中的极限量级是 9.5 级,在经过 11 年的观测后于 1859 年才得以发表。它显示了北半球 324188 颗恒星的位置,就赤经而言精度为 $0.1''$,在赤纬方面精度为 $0.1'$,并给出了 0.1m 的公差大小。

几十年来,邦纳星表一直是北方天空中唯一一个精确的恒星位置网,是研究恒星固有运动和恒星大小变化的基础,它定期更新并再次进入到我们的时代中。但望远镜能提供的光度增益有一个限制因素——大气中悬浮的尘埃。由于这些尘埃的存在,适合天文爱好者观察的地点减少到几个,其中就包括珠穆朗玛峰的峰顶。只有位置固定的恒星才能真正获得亮度的大幅增益,因为无论目镜放大到什么程度,它们都保持着点状。换句话说,无论是用肉眼看到的还是通过望远镜看到的,一颗恒星就是一颗恒星,目前可以实现的放大并不能使它超越这种状态。

即使是固定恒星半人马座阿尔法星也不例外,它的两个主要组成星和太阳差不多大。该恒星距离我们 4.34L. y. ,即 $4.34 \times 365 \times 24 \times 60 = 2281000$L. m. ,而来自太阳的光在 8.3min 内就能到达地球。从这一点和从地球上看到的太阳 30min

的弧视直径,可以算出半人马座阿尔法星的视直径为 $30 \times 8.3/2281000 = 0.00011'$,即 $0.00655''$。

通过 1000 倍的望远镜,这将被视为 $6.55''$ 或约 $1/10'$,而人类视力的敏感度最多在 $0.5' \sim 1.0'$ 之间,正如包括业余或专业人士观察者从适当的(有时令人沮丧的)经验中所知道的那样。因此,如果能从这样一个假想的巨型仪器上获得非常清晰的图像,就必须建造一个 10000 倍放大的望远镜才能将半人马座阿尔法星的图像变成一个圆盘。如果没有,这颗恒星可能仍然只是一个分散的光点。

当一颗固定恒星的图像聚集了所有的光时,盘状外观的物体(如行星和星云)会随着体积的增大而逐渐减弱其亮度。一台 50 倍的望远镜调整至 100 倍的光增益后,将使行星和星云的亮度提高大约 $100/50 = 2$(倍),但由于透镜系统的透明度不足 100%,仍会损失部分增益。

星云、星系和星系团统称为梅西耶天体。经验丰富的梅西耶搜寻者经常使用"转移视线",他们的想法是,对于位于视网膜中心(中央凹)的感色视锥细胞而言,过于微弱的光线可能仍然足以刺激边缘的单色视杆细胞。

聚光能力并不是导致管道直径越来越大的唯一因素。到目前为止,我们认为光学仪器中的光束是直线,但这是一种过于简化的说法。当光线掠过望远镜正面开口的边缘时,它们会产生新的小波,这些小波以偏离主光流的角度传播,甚至在望远镜的顶部,也会在恒星图像的周围造成无处不在的光晕。对于物镜直径为 D 且焦距为 f 的仪器,图像扩散的尺寸 d 是由 $d = 2.441\lambda/D$ 决定的。例如,物镜焦距为 10m,直径为 1m 的仪器,聚焦于一颗散发光波波长大多为 555nm 的星球,则可预测的星球图像从点状扩散为盘状的直径 $d = 2.44 \times 555 \times 10^{-9} \times 10/1 = 13.5 \times 10^{-6}$(m)或 $13.5\mu m$。

伽利略·伽利雷(Galileo Galilei)于 1609 年建造的简易望远镜据说有 30in ~ 40in 长,有一个 2in 虚焦的凹透镜。与从两端都装有凸透镜的望远镜所看到的倒置图像不同,人们通过凹透镜看到的虚拟图像是直立的。但这种望远镜的主要缺点是视野极其狭窄,只有伽利略望远镜 1/4rad 的视角。然而,它向伽利略展示了木星内部的 4 颗卫星(以他的名字作为合称)、土星的光环、月球上的环形山、太阳黑子,以及两年后观测到内行星金星。重要的是,它能够把银河系的连续辉光分解成大量单个恒星的协同光输出。

约翰内斯·开普勒(Johannes Kepler)的论文《折光学》(1611)首次提到在目镜中可能使用凸透镜,该论文还预测了图像反转,但直到 1630 年,克里斯托夫·沙奈尔(Christoph Scheiner)才通过凸透望远镜将太阳图像投射到屏幕上。

就天文观测而言,自上而下的图像是可以接受的,因为从严格意义上讲,"上"和"下"的概念仅限于地面上。北半球在地球上是向上的,而地图的形成源于传统而不是自然规律。长久以往,观察者已经习惯了倒转的影像,即使图像投射在地面的物体上,也不再感到困扰。开普勒已经建议在物镜和目镜之间增加一个凸透镜,用于将物镜上的图像投射到目镜的焦平面上,这样经过二次倒置使得通过目镜可以看到一个直立的图像。

90°的屋顶棱镜在直角目镜也提供了垂直的图像,但横向倒置。要想得到一个真正直立的图像,必须使用两个这样的棱镜,安装在普罗(Porro)结构中,就像双筒望远镜一样。

10.6　双筒望远镜

双筒望远镜以人眼直视的方式显示事物,只是比我们看到的要大得多。双筒望远镜最简单的形式是两个平行的伽利略望远镜的组合,在这种仪器特有的狭窄视野内提供一个垂直的立体图像。放大率几乎不会超过2倍,因为任何事物如果放大得更大都会显得实际物体太小,无法让人感到舒适。观剧望远镜因其在古典剧院和歌剧院的频繁使用而得名,即便如此,它们也无法跟上电影院发展的步伐,难以与宽幅投影的优势匹敌,即使帕洛玛山望远镜。

为了提高人类视觉的深度感知能力,双筒望远镜使用一对直角(普罗)棱镜,如图10.9所示,使物镜的距离超过人眼的距离。这类棱镜固有的图像倒置功能允许正视镜头,但与同等性能的直视透镜相比镜管更短,因为双筒望远镜两次折射会增加物镜和透镜之间的光学距离。

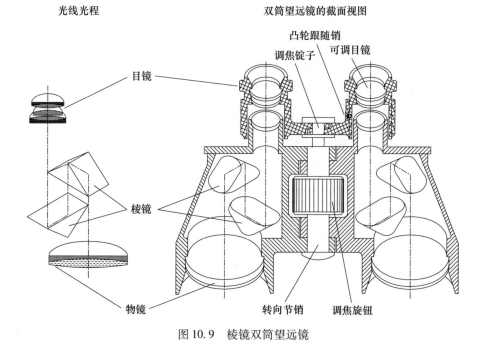

图 10.9　棱镜双筒望远镜

为了调整眼睛的距离,双筒望远镜的两个部分相互铰接,其中的关键销兼作千分尺螺丝,使两个目镜协调对焦。此外,右边的目镜通常由螺旋槽插座引导,当旋转插座时,目镜向后滑动,因此可以校正使用者左右视力之间存在的差异。

物镜直径与放大倍率的比值给出了出射光瞳的直径,出射光瞳应略低于眼睛晶状体的直径,在暗光时为8mm,在日光下为3mm。最近,5mm的出射光瞳,如 10×50 型号或 8×40 型号的双筒望远镜变得流行,而 7×50 型号失宠。对于白天进行的观察,如观鸟,3mm的出瞳就足够了。

准备好一副高质量的双筒望远镜,应该从调整双眼的距离开始,同时观察一片天空或任何其他没有线索的景象,直到两个领域合并成一个。接下来,旋转中央对焦旋钮,使左眼图像聚焦。这应该会自动聚焦右侧图像,但如果它仍然不够锐利,必须旋转右目镜来纠正这种差异。至此,即使只用中央聚焦器,进一步关注不同的目标也成为了可能。

10.7　白光的根源

关于艾萨克·牛顿用棱镜把阳光分解成彩虹颜色的故事比比皆是,随之而来的理论,在后来并不总是完全理性的时代,不得不与约翰·沃尔夫冈·冯·歌德(Johann Wolfgang von Goethe)近乎哲学的色彩论(颜色理论)相提并论。由于光线的特殊性质,即光沿着行程时间最短的路径而不是距离最短的路径传播(费马的最短时间定律),所以棱镜(如牛顿实验中的棱镜)产生了光谱。这种情况就像一个游泳者每天早上从陆地上的帐篷慢跑到船,而船停泊在距离海滩边缘不远处的深水中。因为游泳的速度比慢跑慢,所以循一条笔直的路线不是最好的选择,因为这样会导致需要游得太多了。另一种选择是慢跑到直对着船的海岸,然后直接游出去,这样的直线距离就增加很多。从帐篷到船的最短时间是在这两个极端情况所用时间之间。事实证明,这种"最短间路径"的两段子路径与垂直于海岸线的线所夹的角度 α 和 β 遵循简单的关系 $\sin\alpha/\sin\beta = c_1/c_2$。如果把 c_1 作为露营者的慢跑速度,c_2 作为游泳的速度,$90° - \alpha$ 和 $90° - \beta$ 是海岸线分别与慢跑的方向和游泳方向之间的角度。

当光通过透明材料时,同样的公式可以得到材料的折射率 η,即光在这种材料中的速度与真空中的光速之比。

由于在真空中没有传播媒介,光子的速度是一个普遍的常数,光波在光子与物质的相互作用中产生,只以 c 的一小部分,即 c/n 的速度传播。红色光的 c 值最低,蓝色光的 c 值最高,这就解释了为什么牛顿棱镜反射太阳光的蓝色部分最多,而红黄两色最少,绿色介于两者之间。注意,纯红色和紫色不构成白光光谱的一部分。

测量透明材料(如各种玻璃))折射率的一种简便方法是,将一个厚度为 d 的探针插入显微镜的光路中。此前,显微镜聚焦于如微米刻度这样一个蚀刻在玻璃上的界定的物体上。通过玻璃样品看,图像显得模糊,但可以通过抬高工作台或降低物镜的高度 h 使其重新成为清晰的焦点,插入玻璃板的折射率 $n = 1 + h/d$。正如海因里希·马赫(Heinrich Mache)所言:"光线在玻璃中比在空气中更重。"

把真空中的折射率定为 1 时,空气中的折射率为 1.00029。在水中的折射率为 1.33,而在皇冠玻璃和窗玻璃中的折射率为 1.52。对于最重的燧石玻璃,$n = 1.89$,对于钻石,$n = 2.42$。因此,即使最沉重的燧石玻璃晶体已经璀璨夺目,也会被 $n = 2.42$ 的钻石替代。

然而,燧石和皇冠玻璃的不同 n 值在照相机、望远镜和显微镜的物镜设计中是至关重要的,因为与棱镜相似,透镜的倾斜表面将白光分解成各个组成部分。单镜头物镜望远镜产生的图像接近于彩虹,单透镜相机不可避免的产生褪色婴儿照的效果。

因此,照相机、望远镜和显微镜的镜头组至少由两个透镜组成,皇冠玻璃双凸透镜用光学明胶胶合到燧石玻璃平凹透镜上。由于凹透镜的折射率分别为 1.52 和 1.89,凹透镜的颜色选择特性抵消了双凸透镜的颜色选择特性,生成的图像没有寄生颜色。

严格地说,不超过两种波长的光的焦点可以用这种方法重合,而其余波长的颜色仍会不同程度上显示出来。当胶片与底片的灵敏度在青色和蓝色达到顶峰时,照相机物镜的校正波长比望远镜和双筒望远镜等视觉仪器的绿色居中波长要短。同样,天体摄影仪器的物镜也设计成与望远镜的物镜不同。

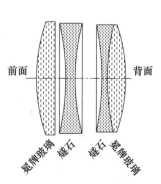

图 10.10 蔡司天塞摄影物镜中的镜头排列

然后添加第三个透镜,就可以收集三个波长,通常是红色、绿色和蓝色,在一个共同的焦点上,使它们重新组合成白色。这样的镜头排列称为复消色差的方式,是著名的蔡司天塞(Tessar)摄影物镜的前身,如图 10.10 所示。后者由四个镜片组成了三组,一个正冕牌玻璃透镜,紧随其后的是一个两面凹的(负面)火石玻璃透镜在中间,和黏合在一起的一对两面凹的和两面凸的燧石和冕牌玻璃镜头面对胶卷或底片。由保罗·鲁道夫(Paul Rudolf)于 1902 年设计的天塞镜头在包括数码相机在内的高品质摄影设备中仍然很受欢迎,在数码相机中,6MB 或 8MB 的分辨率几乎没有效果,除非相机物镜的灵敏度与之相当。毕竟,一个被冲蚀了的图像不能通过映射更多的兆字节来锐化。

但是镜头的问题并非到此为止,由于凸透镜的焦距在各个方向上基本保持不变,一个聚焦良好的图像被分散在一个球面上,就像地球仪上的地图一样,而数码相机上的图像传感器和其他相机上的胶片表面是严格的平面。因此,除非是由消像散物镜拍摄,否则聚焦良好的照片可能会从中心向外失去清晰度。

除了摄影,消像散透镜还被用作宽视场(直径超过2in)放大镜。

总的来说,$x+1$镜片可以矫正x种类型的缺陷,但这不应该成为根据镜片的数量来评估一个仪器的客观性能的理由,否则会得不偿失。一小部分射入透镜的光被反射而不是透射,而且总是会损失掉。根据菲涅耳定律,光从折射率为n_1的介质透射到折射率为n_2的介质时,光的强度减小。

$$r = \left(\frac{n_{\lambda-1}}{n_\lambda + 1} \right)^2 \qquad (10.3)$$

式中:n_λ代表分数n_2/n_1。

将这种损失最小化是将镜片黏合在一起的原因,例如在无色物镜中流行的一对皇冠玻璃和燧石玻璃就是如此。由于皇冠玻璃$n=1.52$,燧石玻璃$n=1.89$,得到

$$n_2/n_1 = 1.89/1.52 = 1.24 ; r = \left(\frac{1.24 - 1}{1.24 + 1} \right)^2 = 0.011$$

或一对黏在一起的镜片反射损耗的1.1%。

如果单独使用相同的镜片,则会得到皇冠玻璃/空气的损耗,然后是空气/燧石玻璃的损耗,即$1.52/1 = 1.52$,$1.89/1 = 1.89$,因此结果为$(0.52/2.52)^2 = 0.0425$,$(0.89/2.89)^2 = 0.095$,共$0.0425 + 0.095 = 0.1375$。这一比例为13.8%,是黏合组合的12倍以上。

10.8 反射望远镜

鉴于镜片设计的复杂性,使用曲面镜可以被视为解决所有问题的方法。镜子对所有波长的光都一样,因此本质上是消色差的。也可以是复消色差的,而且相对便宜。

从数学上已经证明,平行于抛物线中心轴的光线易于反射到单一焦点上。但从数学到实际操作的应用过程异常艰难。首先,如我们所知大多数凹面镜在照镜子时会扭曲我们的脸,这些都不是抛物面镜而是球面镜,因为只有球面镜才可以通过将凸凹坯料成对研磨成球形,制作简单且成本低。

凸毛坯被密封在夹棒上,夹棒的另一端由操作员(人或机器)引导通过一个外摆线路径,包括缓慢通过一个更大圆的过程中一些小环路。在金刚砂膏的帮助下,两半相互研磨光滑,形成近乎完美的球形。早期的眼镜、放大镜、显微镜甚至望远镜都证明了这种基本制造工艺所固有的精确度。

另外,望远镜的主镜片可能仍然是这样预研磨的,但需要加工成抛物面,其精度以光波长的小数部分来衡量。大镜子的毛坯是在旋转模具中铸造的,旋转速度刚好足够让熔体沉淀到所需深度的抛物面上,成功与否取决于模具旋转是否平稳。不过,最终的研磨和抛光通常需要0.05″的精度。

获取图像并不是反射望远镜的唯一设计挑战,另一项是实现不用头靠近望远

镜就能看到照片。反射望远镜像把观察天文学家像电线修理工一样放在一个篮子里,然后吊到仪器的焦点上。

10.9　牛顿式反射望远镜

与大型反射望远镜不同的是,尺寸较小的牛顿反射望远镜使用一个椭圆形45°对角镜将图像侧面反射到管前端的目镜中,如图 10.11 所示。这种放置方式经常导致需要阶梯式凳架、梯子和类似的设备来进行舒适的观察。有时,即使是电子管也必须捆扎皮带进行旋转,以防止目镜指向夜空。

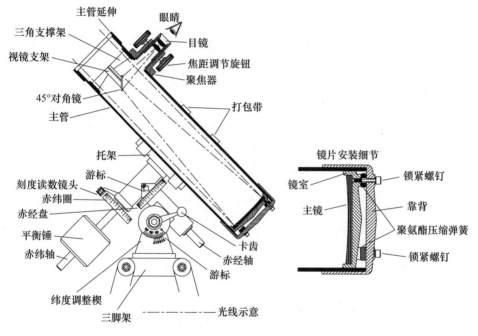

图 10.11　牛顿式反射望远镜

对角镜及其安装的硬件会阻挡部分射入的光线,但由于位置靠近主镜无法显示在目镜中。同样,也没有看到镜子支架和辐,斜对角的三条或四条腿交叉支撑在管内部。为了最小限度地阻挡入射光,辐的腿是 S 形的,由安装在边缘的扁钢条制成。

将抛物面镜胶合到镜室中,镜室本身用压缩弹簧或厚橡胶或聚氨酯垫圈作固定在主管的后端盖上。可以施加预应力调整镜子的角度,通过拧紧或松开螺栓对准主镜、对角线、目镜。在准直良好的望远镜中,激光束通过透镜射入望远镜后,由主镜和副镜反射回原点。

将望远镜安装在三脚架上要求最低的方法是地面望远镜上配备地平装置,比如,为观看纽约天际线或阿拉斯加冰川景观而收费的望远镜。这种经济型装置的缺点是需要改变水平以及垂直指向天空的望远镜方位跟踪每日运动,放大倍数提高到 100 或 200 倍。

赤道仪或视差载片如图 10.11 所示,通过旋转小时轴的单轴,跟随天空而每日旋转。原则上,它们与地平经纬仪的倾斜方式类似,轴平行地球的旋转轴,经过所有恒星和行星轨道的明显中心北极,以小北斗星座的北极星标志着最北的纬度。通过时钟电动机驱动望远镜以小时轴为轴旋转,待观察天体就会永久地进入视野。

赤纬轴与小时轴成直角安装,用于设置从天球赤道观测对象的角距离(赤纬)。和纬度一样,赤纬也以度数和分数表示,这使得赤纬圈的设置成为一个简单的操作,而小时圈必须设置为以恒星时间减去天体赤经的观测小时,这就是用小时、分钟和秒而不是度数来划分圆的原因。两个刻度之间的换算系数是 15,即 1h 等于 15°,1min 等于 15′,1s 等于 15″。

恒星的时间尺度是基于地球的均匀自转而不是太阳的表观位置,它与当地时间的关系随地点和全年的变化而变化,必须在定期出版的天文表中查阅。

可以使用地平经纬仪和视差经纬仪观察边线,在前者中,多布森座架用安装在望远镜重心的一对螺柱代替了偏方位角座架的水平轴,这使得配重变得不必要。支撑仪器的轴承由在聚四氟乙烯垫片上滑动的圆形木盘组成,这种组合既能提供平稳的倾斜,又能在单独放置时保持仪器的稳固位置。

赤道仪把所有的仪器和观测者都放在一个平台上,这个平台由两根互相连接的轴和天极支撑。这个平台由一个巨大的时钟电动机驱动,可以跟踪天空中星星的运动,但它会随着时间的推移而倾斜,上面的所有东西不管有没有黏住或钉上,都必须时不时地重置,除非它变成一个平底雪橇。回到水平方向,需要将望远镜重新聚焦到观察对象上。

10.10　施密特－卡塞格伦望远镜

长度较短的仪器,如施密特－卡塞格伦望远镜通常放置在倾斜轴的分岔支承中,如图 10.12 所示。它的总长度还不到同等规格的牛顿式望远镜的一半,因为来自观察对象的光线要穿过镜管两次。光线被主镜反射后,会撞击副镜,副镜是一个小凸面镜,从主镜的焦点向内设置一个小距离,从那里通过主镜中心的一个中心孔反射回来,进入目镜。

作为二次反射镜的平面镜直径只有镜管直径的一半左右,但凸面镜可以更小,对入射光的阻碍也更小。此外,由于其背弧形面,仪器的虚拟焦距达到与该镜面到目镜的圆锥光的顶角相适应的值,使卡塞格伦望远镜的光学长度比管子长 2 倍。因此,卡塞格伦的放大率远高于同等尺寸的牛顿式反射望远镜。

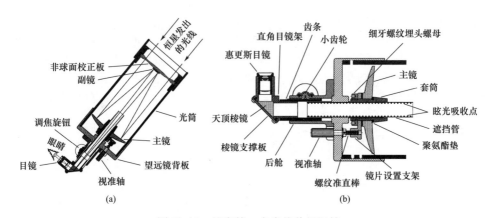

图 10.12 施密特 – 卡塞格伦望远镜

所有这些景象从仪器的尾部方便观察,必须要求光学元件有更高的精度。施密特 – 卡塞格伦望远镜更是如此,它有一个全尺寸的复杂轮廓透镜,安装在管子的开口端,专门用来弥补仪器其他光学元件的缺陷。

10.11 从一个极端到另一个极端

就像用望远镜第一眼看到的景象可能令人失望一样,用价格实惠的显微镜来观察"小得看不见的世界",可能不会有更好的结果,尽管问题可能买了一辆福特汽车,却希望买的是一架里尔喷气式飞机。被书籍和杂志上微观宇宙生物的图像所误导,我们倾向于责怪手边的仪器没有看到它实际上不能显示的东西。因为即使最好品牌的显微镜也不能产生比照亮探针的半个光波长分辨率还高的图像。

安东·范·列文虎克(Anton van Leeuwenhoek,1632—1723)是放大镜(那时称为显微镜)的设计者和建造者。但正如我们所知,复合显微镜经历了多个世纪的技术发展,直到1880年恩斯特·阿贝(Ernst Abbe,1840—1905)提出了一种可放大至2000倍的显微镜。这大约就可以得到555nm的光波长度,其光谱强度达到了最高的阳光 – 绿色光谱,放大2000倍,变成了 $2000 \times 555 \times 10^{-9} = 1.11 \times 10^{-3} \approx$ 1mm长,一定程度地解决了照片模糊问题。

与单透镜放大镜不同,复合显微镜至少由两个透镜组成,即物镜和目镜。拥有自动对焦相机的人都很熟悉,当瞄准近处的物体时,物镜会弹出不少。6cm × 9cm 或9cm × 12cm 的直拍相机配有双倍长度的伸缩风箱,可以显示真实大小甚至更大的物体。显微镜的放大倍率高,它们利用短焦距物镜将探头高度放大的图像投射到目镜上,目镜将整体放大率乘以其特定的放大率。

像望远镜一样,显微镜使用多镜头物镜和目镜。图 10.13 所示的显微镜有一个双透镜目镜和一组分别为四个和五个透镜的物镜,它们安装在一个工作台上,同时便于更换。某些仪器配有配套的目镜,其设计方法是使目镜的横向色差补偿目镜的横向色差,这是恩斯特·阿贝(Ernst Abbe)在 19 世纪后期开发的一种技术。阿贝是卡尔·蔡司的同事,他首次把镜头设计完全建立在数学理论基础上。

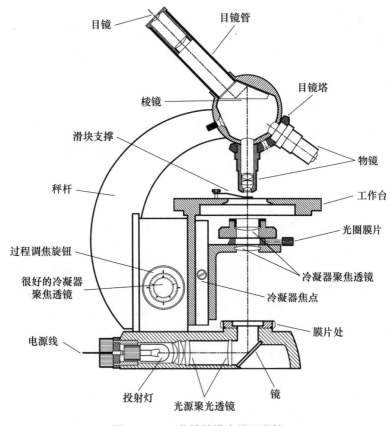

图 10.13　三物镜转塔光学显微镜

10.12　电子显微镜

越来越多的人需要更高放大率和分辨率的显微镜,这促使人们尝试使用 β 射线(实际上是电子流),就像经典显微镜使用光一样。但是,几乎没有质量的光子的成像能力可以被更重的电子流所超越,这一点并非浅显易懂,因为直觉指向相反的方向。但这并没有阻止恩斯特·鲁斯卡(Ernst Ruska)和马克斯·诺尔(Max

Knoll)在1932年用磁透镜取代传统的玻璃透镜制造出一台原型电子显微镜。磁透镜实际上是一种线圈,作用原理与电视显像管颈上的轭架相同。

在电子显微镜中,一组线圈的磁场使电子流聚焦在磷光屏上,或者更近一些的时候,聚焦在类似于数码相机的电荷耦合器件(CCD)上。然而,磁场对电子流的影响要比电场复杂得多。在传统的示波器阴极射线管(CRT)中,电子束通过带电的平板,由于被带正电荷的平板所吸引,又被带负电荷的平板所排斥,电子束的偏转与电场强度成正比,这是由板与板之间的电压梯度决定的。垂直板上有锯齿形交流电压,水平板上有信号电流,屏幕上就会出现信号输入的图形。

然而更复杂的是,电子在磁场中的偏转不是沿着磁场发生的,而是与磁场成直角。设想在一个空间的 x、y、z 坐标系中,一个指向 z 轴方向的磁场使 y 轴方向的电子流平行于 x 轴偏转,例如,威尔逊雾室中的电子在磁场作用下会做圆周运动。同样,电子显微镜中的高速电子在线圈磁场的驱动下螺旋通过仪器的磁透镜,如图10.14所示,线圈磁场在气隙内的强度是极片的数百倍。

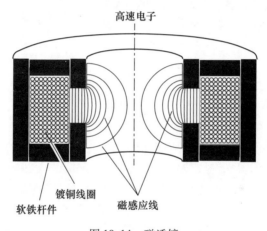

图 10.14　磁透镜

但对最佳性能绕组线圈的解剖已让工程师团队努力了整个20世纪,这使得它更奇怪。鲁斯卡(Ruska)和诺尔(Knoll)成功地研制出了电子显微镜,引发了一场对该种仪器的设计和完善的热潮。更重要的是,第一个电子显微镜生动地证明了爱因斯坦波粒二象性的论文,在人类社会中光线会被称为具有双重属性,一种是类似波的特性,另一种是在空间中的粒子状态。1929年,路易斯·德布罗意(Louis de Broglie)获得诺贝尔物理学奖,在对这一概念的概括中,爱因斯坦的对偶概念被扩展到任何一种运动粒子,包括高速子弹等宏观物体。根据这一理论,分配给一个移动粒子的波长 λ 质量 m 和速度 v 依存于关系式 $\lambda = h/(mv)$,和之前一样,h 代表普朗克常数,$h = 6.62618 \times 10^{-34} \mathrm{J} \cdot \mathrm{s}$。

因此,运动粒子的波长与其质量成反比,若波长较短,则无法探测比粒子束元素更重的物体。对于电子,其质量为 9.11×10^{-31} kg,带 1.60×10^{-19} C 的电荷,动能 K 被测量为 54eV,德布罗意波长为 $\lambda = h/\sqrt{2mK} = 6.62 \times 10^{-34}/\sqrt{2 \times 9.11 \times 10^{-31} \times 54 \times 1.60 \times 10^{-19}} = 1.67 \times 10^{-10}$ (m)。

由于 10^{-10} m = 1Å,电子的德布罗意波长为 1.67Å,而太阳光中绿光的德布罗意波长为 5550Å,这使我们期望电子显微镜的能力比光学显微镜高出几千倍。然而,磁透镜不能像玻璃透镜那样精确地控制电子束的路径来引导光线的运动,随着时间的推移,已经开发出几种电子显微镜来克服这些难题。

透射电子显微镜是鲁斯卡和诺尔原型机的近亲,其主要应用领域为研究材料薄片的内部结构。透射显微镜已经观测出以前局限于人类想象的东西,比如,碳和硅薄膜中的原子间距分别为 0.89Å 和 0.78Å。

扫描电子显微镜(SEM)使聚焦的电子束在类似于电视屏幕上扫描的光栅中逐点击中样品,图像是由样品发射的次级电子在初级电子的影响下产生的。

扫描电子显微镜以更高分辨率和更深入的视角,传回了令人印象深刻的深度图像,但密集电子束的影响有时会危及样品的完整性,使人难以区分样品的自然和人为特征。

10.13　光谱分析

很少有哪个科学分支像光谱研究那样为研究打开如此多的大门。我们对原子结构的了解源于对元素光谱线位置的研究,关于宇宙的大部分知识都来自对恒星和星云光谱的研究。天体的光谱不足以帮助人们识别这些天体是由什么元素构成的,但光谱使得通过红移现象以高的精度预测它们的径向速度成为可能。因此,光谱学是包括哈勃宇宙膨胀定律在内所有含义的先决条件,如大爆炸。图 10.15 举例说明了氢谱中最显著的红移(第一行),以及在第二行和第三行,它们的红移是由远离观测者或分别向观测者以 $v = 0.002c = 600$ km/s 加速而发出的。在图 10.15 的第四行中,很容易能在红移和蓝移的叠加中发现这种差异。

虽然加热后的固体、液体和致密气体产生了从彩虹和艾萨克·牛顿通过玻璃棱镜折射的阳光观察到的连续光谱,但是由热或高压电激发的气体不是连续发光,而是某些明确定义的波长,在它们的光谱中显示为窄线。这些发射线的波长可以从它们在光谱中所处的位置得到,并且是它们的原始元素的足迹。

当某一特定元素的发射线经过同一元素的未加热气体层时,亮的发射线就会变成暗的吸收线,这样就可以搜索行星大气的化学成分。

原子论思想和光谱线的波长之间的联系可以从阿尔伯特·爱因斯坦关于光量子能量 E 的假设中看出,即光子的能量 E 与它们的频率 f 成正比,$E \propto f$。引入普朗

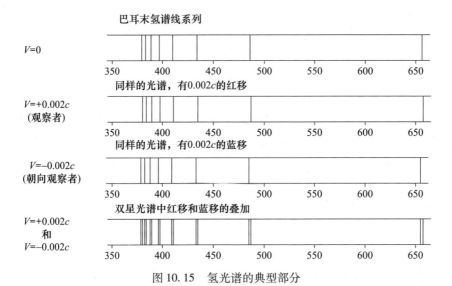

图 10.15　氢光谱的典型部分

克常数 $h(6.63 \times 10^{-34} J \cdot s)$,就得到公式 $E = hf$,它为元素的每条谱线分配了一定的能量。

这种能量来自原子内部的过程,比如,电子从一个轨道移动到另一个轨道。这一假设启发了尼尔斯·玻尔的氢原子模型,从而终结了 3000 年来人们认为的原子不可分割的理念。

历史学家将这一概念追溯到特洛伊战争时期西顿的墨库斯。在公元前 5 世纪,留基伯(Leucippus)和德谟克利特(Democritus)提出,原子是一种最小的粒子,无法进一步分裂。由于希腊形容词 atomos 的意思是不可分割的,它实际上指的是分子而不是原子。化学加工的诞生,使我们把分子分裂成它们的原子。

在原子尺度上,能量单位以电子伏(eV)表示,其中 $1eV = 1.602 \times 10^{-19} J$,但保持了从宏观环境中所知道的特性,除了能量零点的定义。把地球表面作为基础,水库中 1kg 水的势能,比它被使用的地方高 100m,为 $1 \times 100 = 100 kg \cdot m$。但是,将电子束缚在原子核上的静电能缺乏如此明显的参考水平,这导致将零势能分配给位于非常非常远(无穷大)的电子。因此,能量最高的电子轨道是离原子核最近的轨道,反之亦然。

在氢原子中,唯一电子的能级介于氢处于非激发态时的零能级和加热或带电(电离)到失去电子时的 13.60eV 之间。较弱的激发能使原子的能级为 10.20eV、12.09eV、12.75eV 和 13.06eV,但两者之间什么也没有,因为这些能级不是偶然的,而是代表了电子可能轨道的能量。电子在能量释放过程中,会在不同轨道之间跳跃,因此可以表示任意两个不同的轨道的能量水平,如 12.09 - 10.20 = 1.89(eV),或 12.75 - 10.20 = 2.55(eV) 或 13.06 - 10.20 = 2.86(eV),以上三种分别为 Hα、Hβ、

$H\gamma$ 光谱线,统称为巴耳末系。

在尼尔斯·玻尔之前,负电子基本电荷的概念,如电子,在带正电的原子核周围旋转,这样的安排会将其能量用于产生电磁波,就像无线电发射器用于为振荡器 – 天线电路供电的电能一样。通过使原子核像电流一样在线圈中循环,轨道上的每一个电子都是电的基本载体,会把它们的能量辐射出去。

德布罗意公式 $\lambda = h/\sqrt{2mK}$ 允许描述电子波现象,估计一组特定的轨道的周长与整数多个电子的波长有关。也就是说,在这些轨道上,电子波变成驻波,而不是把它们的能量辐射到太空中。

这一想法最终为解释原子的一般结构开辟了道路。以氢为例,玻尔原子模型假设了氢光谱中三组直线的位置,即莱曼(Lyman)系列、巴耳末系列和帕申(Paschen)系列,它们的波长遵循简单的级数,如 $(n^2/(n^2-2^2))$,$n=3,4,5,\cdots$,称为巴耳末线。

10.14 棱镜光谱仪

棱镜光谱仪有各种各样的模型,从手持直透视装置到实验室仪器,图 10.16 是三臂模型,以 nm(10^{-9}m)或 Å(10^{-10}m)为单位显示光谱和叠加尺度。图 10.16 显示了一个探针,例如,一个钠的立方体,被汽化,然后被本生火焰的热量电离,因此电离钠蒸气的谱线出现在图片最右边的目镜中。

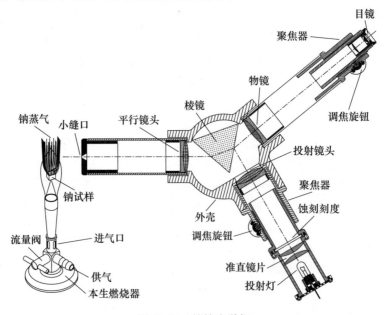

图 10.16　棱镜光谱仪

该仪器在中心棱镜周围有三个光学臂,后者的基本工作是将平行光管发出的光分散成光谱,并将其直接射入观察望远镜。这两款相机都有对着棱镜的消色差物镜,该物镜是安装在玻璃上的最短光程物镜。对于等边棱镜,这意味着光线穿过与它的底平行的棱镜。

平行光管相对于望远镜的角位置取决于棱镜所使用的玻璃的折射率。标度投影管设置在光线路径上,使光束经过棱镜下表面的反射进入望远镜。

平行光管左边孔径板上细缝产生的原因是在目镜上看到的光谱线的形状和宽度。所有进入仪器的光都以一束平行光的形式从平行光管,从焦距处的狭缝中透过,平行光束通过棱镜后继续平行进入望远镜。观察者将单色光看作是狭缝的放大图像,但是由几个波长组成的光只在每一个特定波长显示一个狭缝图像。由于白光由许多不同波长的光组成,它们相互重叠产生熟悉的光谱段。相比之下,来自电离气体的光以其本身很容易识别的光谱线呈现出来,这表明了探针的原子结构。

刻度投影管的下端有一个常规光源,它具有准直镜镜片组,可以均匀地照亮磨砂玻璃上的刻度。

虽然准直管中狭缝与物镜之间的距离是固定的,但望远镜和刻度投影仪允许通过齿条和小齿轮驱动手动对焦。最初,将望远镜设置为光谱图像的最佳清晰度,然后将投影仪的调焦器聚焦到刻度上。

10.15 衍射光栅光谱仪

光栅产生的光谱与棱镜光谱的不同之处在于它们是规则缩放,而且颜色序列是反向的,(因为它们通过波长分析光的机制不同)。

到目前为止,衍射是天文望远镜分辨率提高的限制因素,它是由电子管前端内边缘产生的寄生小波引起的。当衍射波列来自点光源(如孔口)时,它们会以更有规律的模式存在。想象海浪冲击着通往港口的一个小通道,是理解他们的最容易的方式。虽然人们可能预测会有一系列的短波片段穿过入口并以直线行进,但实际情况并非如此。根据惠更斯的波理论原理,通道的放电形成了一个全新的波族,它们的圆形状类似于石头击中池塘表面所产生的波。如果是两块石头同时击中水面,产生的两组波就会相互干扰,其间隔与撞击点之间的距离相关。

同样的道理,准直管的一束平行光线落在有许多间距为 d 的狭缝的光栅上,如图 10.17 所示,使每一条狭缝都

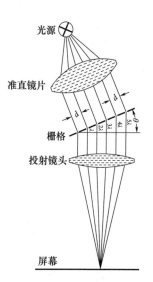

图 10.17 光栅光
谱学原理

成为一处向四面八方扩散的光源。一个凸透镜主平面相对于光栅平面倾斜一个角度 θ，混乱的光线以同一角度 θ 从缝中射出，聚焦在镜头焦距处的屏幕上。如果从最下的缝隙到镜片主平面的光程为 s_1，然后从靠上层的缝隙到镜片主平面的光程为 $s_1 + d\sin\theta$，对更高的缝隙，长度为 $s_1 + 2d\sin\theta$ 等。为获得相长干涉，递增的 $d\sin\theta$ 等于入射光的波长 λ 或其整数倍数（图 10.17）。

把这个关系改写为 $\sin\theta = \lambda/d$，显示的各种组件的光探测器将根据各自波长 λ 分散。换句话说，光谱图像将出现在屏幕上。

设每毫米有 500 条狭缝光栅，即光栅的间距 $d = 10^6/500 = 2000$nm，根据 $\sin\theta = \lambda/d$ 的关系，比如，绿光波长 555nm 的挠曲角 $\theta = \arcsin(\lambda/d) = \arcsin(555/2000) = 16.11°$。可见光光谱，其波长为 400nm ~ 700nm，将被拉伸在 $\arcsin(400/2000) = 11.54°$ 和 $\arcsin(700/2000) = 20.49°$ 之间。

由于 $\sin\theta = 2\lambda/d, \sin\theta = 3\lambda/d$ 等，同样允许相长干涉，连续较低亮度的二次和三次光谱也在过程中激增，但是由仪器的内部光阑裁剪掉。

光栅光谱的分辨率随着每毫米狭缝数的增加而提高。例如，一个每毫米有 1800 个狭缝的光栅，理论上至少可以产生 0.003nm 分辨率的图像。

不仅仅狭缝光栅，反射光栅也可以实现这一点。它们的表面布满三角形槽、锯齿形槽或正弦形槽，后者也称为全息光栅，源于激光雕刻。它们的优势在于杂散光能级低且图像中无重影存在。

法布里 – 珀罗干涉仪（Fabry – Perot interferometer）是干涉光谱仪组的一部分，用于研究特定光谱线的结构，例如，塞曼效应（Zeeman effect），如果给光源施加强磁场，则将光谱线分成两个或更多个窄间距分量。

这些仪器完全不用光栅，而是使用一对面对面安装的部分镀银的玻璃板，达到同样的效果。板块之间的狭窄的空气空间 d 使光以某个角度 θ 进入，在两块板之间来回反射。由于入射光束和反射光束之间的角度很小，因此可以认为其余弦等于 1，并且相长干涉的间隔变为 $\lambda/2$ 的整数倍。

法布里 – 珀罗干涉仪应用在许多场合，如用于 1.7m 南极亚毫米望远镜和夏威夷莫纳克亚山上的麦克斯韦式望远镜。

第 11 章
声学

人们曾一度计划购置高保真音响系统,很久以后才知道音响应如何环绕房子布置。人们希望从歌剧门票节省的开销终有一天会彰显其价值,这包含强大的电源、精致的拾音器和调谐器、真空管闪烁放大器、混频器及其增益控制阵列、塞满变压器的输出级,然后是音响链中的最后环节,但这并不表示该环节最薄弱,即实木扬声器音箱,音箱装有低音扬声器、低音炮、高音扬声器等。

那个年代有一个真正无畏的音响发烧友,把他的房间和阁楼之间的隔板当作一个 6ft 宽的巨型扬声器的挡板,后面的整个阁楼变成了一个巨大的音箱,而前面的房间则是他的私人礼堂。《吉尼斯世界纪录大全》编辑可能会将他的名字永远印在上面,但随着时间的推移,这种对天籁之音的热爱,最终极有可能使他在晚年患上听力问题。

11.1　客厅里的交响乐团

这一切都始于 RCA Victor 唱片公司海报上第一次世界大战后生产的扩音器。海报上有一只猎狐犬,歪着头,全神贯注地听着一个扩音器上的黑洞形喇叭传出的声音。海报永久保留下来的只有这一信息:"他主人的声音。"

众所周知,狗能够从嘈杂环境中分辨出其主人的声音。第二次世界大战后不久发明了真空管,能够输出类似于生活中音乐的声音,追求"高保真"的浪潮也随之兴起。前置放大器和输出放大器是独立的单元,并尽可能地彼此分开安装,以防止相互干扰。人们将整个书架都清除了,包括莎士比亚的《哈姆雷特》、但丁的《蒂维拉神曲》、歌德的《浮士德》,没有比这更好的方法来容纳所有这些重量级电子设备,并且还要将扬声器隐藏在书架的整个空间里。在当时,音箱的尺寸决定音箱的质量,因此,这可不是一个小目标,当然音箱越大越好。

结果是这些扬声器的保真度比爱迪生的圆筒留声机好得多,还记得这位发明家转动曲柄回放的那首感人的诗。但是少了重要的东西,也许这就是法国人所说的"我不知道为什么",某些东西仍然要用一张音乐会门票的价格来支付。

但是在当时太空旅行要求电子元件更小、更轻，于是出现了晶体管。将晶体管的诞生与海啸进行比较显得有些保守。正是晶体管淘汰了广播行业，挑战了音频设备的制造商，并将众多的 Heathkit 制造商联合成一个全球社区。

数学家利用矩阵和布尔代数，以寻找可靠的指导方针，通过奇特的设计来消除早期锗 PNP 晶体管的设计缺陷。另外，工业界试图将工业产品分成无穷无尽的类别，对其不可预测的特性进行排序，每个类别都有自己的应用范围，这些范围通常是根据组件属性而不是市场力量制定的。同时，出现大量的电路，针对装有晶体管的莫尔斯电码振荡器和晶体管测试器，它们席卷了整个电路设计师行业，而实际上他们只需要灵敏的放大器晶体管、大电流功率晶体管和射频晶体管。

在当时以锗为主导地位的时代，这个幻想一般的事情由硅 NPN 晶体管实现了，其泄漏电流可以忽略不计，而且增益很高，使得晶体管音频设备的价格只是电子管音频设备的一小部分，因此很快占领了市场。然而，晶体管仍旧经过了多年的改进，直到 1960 年初，某个电子工程师展示了一个黑盒子，这样评价："运行起来就像一根铜线，但带有放大的功能。"

让每个家庭实现高保真度的目标似乎一直是可行的，然而一个老问题仍然困扰着开发者，如何在客厅里模拟出音乐厅的音效，随后立体音响出现了。发明者的灵感也许来自希腊神话，尤其是爱琴海尤拉岛上独眼巨人的故事，他在奥德修斯坐船逃跑后向船只扔石头，希望能将其击沉。即使奥德修斯先发制人，挥舞一根尖尖的树干攻击独眼巨人的独眼时，巨人没有被他打瞎，但是独眼巨人也无法击中船只，因为他的视力缺乏双目生物所拥有的深度感。几千年之后，3D 电影通过红绿眼镜或偏振眼镜呈现出相当令人信服的空间感而一举成功，但戴着这样的眼镜并且两个多小时保持头不乱动会带来不便，立体影片三维标准就是这样来的。但是，就像生活中经常发生的那样，幻觉占据了现实的上风，在"宽银幕立体"电影院里，弧形宽屏营造的准空间效果胜过了两个相互抵消的图像叠加时所产生的真正的立体深度效果。

根据类似的原理，假设有一个现场演奏的管弦乐队，乐队前面放着两个间隔适当的麦克风，立体声可以从麦克风发出的信号中获得，但需要通过电台的单一频道传输两个不同的信号。这样，根据时分或频分原理工作的多路复用系统进入这个领域。

时分是将每个麦克风的输出限制为一系列的时间间隔。接收器通过同步的电子开关将左右混合的信号分成两个通道，每个耳朵都能听到一个通道。就像电影连环画中一系列独立的画面给人一种不间断运动的错觉一样，多路复用的声音脉冲序列节奏太快，人们无法分辨一个接一个独立的音符，所以听者便产生了两边都有连续的声音的感觉。

频分系统为每个麦克风分配一个特定的载频。在我们支付额外费用，以获得收听某些节目的特权时，这个想法兴起了，这些节目也包括背景音乐。在标准无线电接收中,射频(RF)载波包含两个边带上的音频信息,因此可以通过二极管检测无线电波的音频内容。编码传输应用(如背景音乐等)分两步,对射频载波进行调制。例如,一个1MHz的射频载波可以由一个100kHz的正弦波调制,而正弦波本身已由高达10kHz的音频信号调制。在接收机中,本机产生了相同频率的反相振荡,1MHz的载波与振荡相叠加,进而消除了反相振荡。剩下的10kHz信号像往常一样被解调,因此人们只听到音频信号。人们为了能在电梯,甚至办公室里收听舒缓的音乐,不得不支付租金,租用那个黑盒子,这就是黑盒子的运行机制。听不听音乐取决于老板的意见,他会考虑音乐是提高了员工的热情还是更容易产生睡意。

有了这些技术后,立体声主要取决于用户是否愿意为双声道音频系统支付额外费用,但再次以失望告终。即使从两个扬声器传出的声音,其空间效果无可否认,然而要达到"音乐厅的声效"仍然是一种妄想。即使是四个扬声器同时在四个频道上播放,或以不同的方式播放,环绕声也会造成时间延迟。

在音乐厅里听到的声音,只能在一个物理性质上完全相同的音乐厅里重现,而不能在其他任何地方重现。光的传播方式是清晰的光束。声音则是在压力波动的场域内传播,压力波动来自声源,可以是扬声器、单一乐器或者管弦乐队,以及声源对周围所有物体的反射所产生的回音,而回音通常彼此干扰。因此,在一个特定地方上产生的声波的模式是独一无二的,这种模式既包括最简单的也包括最复杂的,无论如何都不适合在其他地方进行复制。

但是,已购买昂贵的音响系统的人们,在起居室里仍然要比坐在剧院的音乐爱好者更早地听到管弦乐队的演出,因为无线电波的传播速度比声波快100万倍左右。

11.2 声音的传播

由于声音是通过空气传播的,因此本能地认为大气是声音传输的主要媒介。实际上所有的物体都能传递声音,只是传播的速度不同。声音在空气中传播的速度,在0℃时为331m/s,在一般环境下为341m/s,因此很容易被其他物质所超越。例如,在氢气中声速为1300m/s,氦气中声速为971m/s,水中声速为1407m/s,钢材中声速高达5100m/s。

光线很容易透过透明物质,几乎就像穿越空无的宇宙空间一样,但与光线不同的是,声波会被真空所阻隔。如果某人渴望在一个安静的角落阅读晨报,他也许想到了一个真空室,只要他的衣柜里有一件太空服就行。虽然台灯仍能照亮他的报纸,但从割草机和摇滚音箱中传来的声音却不会传到他的耳朵里。

然而,这种体验凸显了光波与声波在能量传输方面的基本差异。我们已经认识到前者是横向电磁波,后者是纵向机械波,这意味着声波由一排超压气穴组成,与同等数量的由稀薄空气形成的气穴相交错。声强与振动空气粒子的最高瞬时速度的平方成正比。

然而,声波中的压力梯度却低得惊人。在 $1W/m^2$ 的声强下,即军用喷气式飞机输出的噪声,汹涌的声波所形成的高压区和低压区,仅仅比周围的压力分别高出和低出 0.0003atm。由于喷气式发动机发出的 90dB 的噪声是人耳所能承受不会造成永久的伤害的上限,因此,大约有 3000 万美国人将他们的便携式音乐播放器的音量调控过大,而遭受一定程度的听觉衰退,这也就不足为奇了。

声音强度的单位贝尔(bel)是以亚历山大·格雷厄姆·贝尔的名字命名的。声音强度每增加 1bel,意味着声音的能量增加 10 倍。这是 $\log(P_1/P_0)$ 形式的对数级用来比较声源的功率 P_1 和某一基准声音的功率 P_0。为了方便起见,1bel 已细分为 10dB,得到分贝的公式,即 $dB = 10\log(P_1/P_0)$。

如果军士长命令一个由 1000 名士兵组成的方阵,像他那样大声向国王欢呼,那么这 1000 个声音合起来的响度,只比军士长的声音大 $10\log(1000/1) = 30dB$。

声音强度的底端是人耳能够探测到的最微弱的声音,比如,一片落叶掉落的声音,其声功率通常为 $10^{-12}W/m^2$,是 90dB 的喷气噪声的十亿分之一。

电话和后来的音频技术的发展,要求根据人耳的灵敏度进行声音测量,进而定义了单位“方”(phon),作为 1000Hz 频率下的声音响度的分贝级别。例如,一个来自频率为 1000Hz 的 60dB 音频发生器的声音,其响度为 60phon。

美国全国广播公司哥伦比亚广播公司和贝尔电话实验室对音量单位表的仪器做出了规范。这种仪器以音量单位(VU)的方式,显示出人耳所能听到的最大声响。该装置以分贝为单位,以非线性刻度来表示耳朵的灵敏度变化。仪器的读出装置是一个简单的达松伐尔电流计,同时一个小型的电动扬声器可以兼作输入转换器,扬声器由收音机或其他产生噪声的小配件演变而来。

然而,对声音强度进行简单的峰值测量是行不通的,因为几个峰值就能使读数远远高于实际的总体音量。例如,在 300Hz ~ 3400Hz 的窄带内,声音连续不断地以不规则的交流电涌的形式显现。此处的有效值是声音产生的交流电流的均方根值(RMS),无论交流电是正弦形还是不规则的。

RMS 标准源于交流电网络的早期,当时基于这一原则,即相同电压应该在直流和交流两个系统中产生相同的功率输出,人们利用与直流电系统的电压有效值相等的原理创建了交流电系统。图 11.1 为正弦交流的曲线,在 x 轴上方为相关的输出功率。功率与电压的平方成正比,因此即使 E 位于 x 轴下方,值总是正的。左边的阴影面积是每个半圆的功的积分,这个面积等于右边的矩形阴影面积。

一个等价性假设是,一个 100W 的灯泡,在 115V 直流电(DC)和 115V 交流电(AC)上的照度是相等的。事实证明,115V 直流电的功率与交流电 325V 峰值电源的输出功率相匹配。这一差异及高电压带来的显著危险,成为托马斯·爱迪生反对西屋电气提倡的交流电网的主要依据。

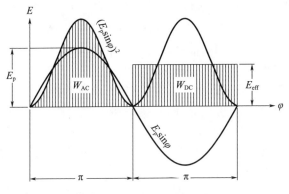

图 11.1　交流电特性

这种交流/直流等效性基于电气工程的两个基本定律:一是功率 P 等于电压 E 乘以电流 I,即 $P=EI$;第二是欧姆定律,电压 E 等于电流 I 乘以电阻 R,即 $E=IR$。两个方程相结合,消去 I,得到 $P=E^2/R$。

设正弦交流电的峰值电压为 E_p(图 11.1),瞬时电压等于 $E_p\sin\varphi$,功率为

$$p = \frac{E_p^2}{R}\int\sin^2\varphi \times \mathrm{d}\varphi \tag{11.1}$$

因此,在半个周期($\varphi=0,\varphi=\pi$)中,交流电流经过电阻 R 所做的功为

$$W_{AC} = \frac{E_p^2}{R}\int_0^\pi \sin^2\varphi \times \mathrm{d}\varphi \tag{11.2}$$

分解成

$$W_{AC} = \frac{E_p^2}{R}\Big[\frac{\varphi}{2} - \frac{1}{4}\sin2\varphi\Big]_0^\pi \tag{11.3}$$

或

$$W_{AC} = \frac{E_p^2}{R}\Big[\frac{\pi}{2} - \frac{1}{4}\times0 - \Big(0 - \frac{1}{4}\times0\Big)\Big] \tag{11.4}$$

即

$$W_{AC} = (E_p^2/R)(\pi/2) \tag{11.5}$$

为了求出在相同条件下输出相同功率的直流电压 E_{eff},设

$$W_{DC} = W_{AC} \tag{11.6}$$

然后得到

$$\frac{E_{eff}^2}{R}\times\pi = \frac{E_p^2}{R}\times\frac{\pi}{2} \tag{11.7}$$

归结起来就是 $(E_{eff}/E_p)^2 = 1/2$。

因此,得到关系式 $E_p = E_{eff}\sqrt{2}$,对于交流电压的峰 – 峰值 $E_{pp} = E_{eff}2\sqrt{2}$ 或 $E_{pp} = 2.828E_{eff}$

E_{eff}通常称为均方根电压,这是一个从统计数学引入的术语,是将几个变量平方后得到平均值,然后再取平方根。例如,数字 4、5、−9 的均方根是 $\sqrt{[4^2+5^2+(-9^2)]/3}=6.38$,而这些数字的平均值为 $(4+5-9)/3=0$。用直流电流测量我国的交流电压就会得到这一结果。但是,不要尝试对带有 325V 峰 −峰值电压的墙插座进行测量。正如预期的那样,指针不会发生偏转,仪器的动线圈会发生爆炸,产生火焰和有毒烟雾,即使设法在闲置玩具中找到低压电源,也必须串联电阻器。如果要用 1mA 的电流计测量 6.3V 的交流电源,必须至少串联一个 $6.3V/0.001A=6300\Omega$ 的电阻,但如果是 $10k\Omega$ 的,将会更安全。在一天的工作结束之后,一定要拔掉电源插头。

总之,交流仪器能够读取麦克风发出的电信号的均方根电压,在其他情况下,电流计和整流器是一个很好的选择。原则上一个二极管就足够,但是信号强度会损失一半,因为二极管是通过切断正半波或负半波的方式进行整流的。带有 4 个二极管的桥式整流器也称为全波整流器,如图 11.2 右下所示,对输入的直流提供完整的交流输出。这对于硅二极管本身存在的电位差而言是安全的,硅二极管电压降为 0.6V,锗二极管电压降为 0.2V。因此,如果硅二极管整流器和直流电表组合使用,需要 0.6V 的电压才能使读数偏离零点。在测量 115V 交流及以上电压中这是可接受的,但在低电压时就会成为问题。

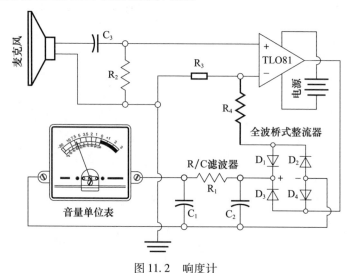

图 11.2　响度计

图 11.2 中的音量表采用运算放大器和全波整流桥相结合的方式,通过将一对二极管连接到运放的输出,另一对连接到反馈回路中来补偿偏置电压。在 P 结那里有一个 RC 滤波器,将麦克风捕捉到的有点不稳定的信号变得更平稳,并抑制指针的颤动。如果滤波器载有一个 1000Hz 的信号,响度为 0VU,则滤波器的规格应适当,使指针的上升时间为 300ms。表盘的上标度为响度值,下标度为调制的度数。

根据 1939 年电话公司的标准(至今仍在使用),当某一电压输入 600Ω 的阻抗线时,产生了 1mW 的电力,那么 VU 刻度盘上的零点应位于该电压引起的偏转处。由于 $P = E^2/R$,因此 $E = \sqrt{PR}$,对应电压为 $E = \sqrt{0.001 \times 600} = 0.775(\text{V})$。换句话说,仪表连接到 0.775V 的直流电源后,指针指向的刻度就表示零点的所在位置。

现在的音频行业采用了不同的标准,零点提高了 4dB。这相当于 $0.001 \times 10^{0.4} = 2.511 \times 10^{-3}\text{W}$ 的功率,配置超过 600Ω 的电阻。再次应用 $P = E^2/R$,可得 $E^2 = PR = 2.511 \times 10^{-3} \times 600 = 1.507(\text{V})$, $E = \sqrt{1.507} = 1.227(\text{V})$。使用这个标准的仪器,其刻度的零点在 1.227V 引起的偏转处。

11.3 声音的波动性

图 11.3 为一个仅仅传达声音的电话,用于演示声音的纵波性质及其在固体中的传导过程。

如果一个人对着罐子的敞口说话,那么另一个人在对面的罐子中听得见,因为说话人的罐子,其薄膜产生的振动会沿着紧绷的弦传播,并在听者罐子的薄膜上施加类似的振动。

为了演示的效果,图 11.3 放大了声波沿线传播产生的凸起和凹陷,实际上,它们太小了,人眼是看不见的。

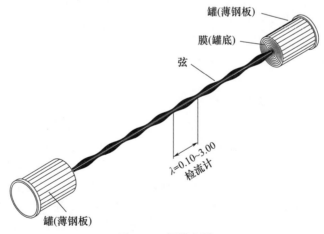

图 11.3　锡罐电话

锡罐电话也可通过另一种形式实现,即在花园浇水用的软管两端粘上塑料漏斗,用作出声口和接听口。如果有一个足够长的软管,甚至可以根据发出声音到对方听到之间的时间差,检测声波在空气中的传播速度,应该是 1000ft/s。在电子对讲机取代锡罐电话之前,类似的装置是标准的船载通信系统,用于桥梁和机器中心之间的通信。然而在许多船上这种出声管被保存下来作为紧急情况下的备用装置。同时,在某些动作电影中,舵手对着管子的喉管大声发号施令的戏剧性效果,盖过了一个人对着电话喃喃自语的效果,因此这种装置被保留下来。

出声管前身是狄奥尼修斯的耳朵,这是一种邪恶的手段,被锡拉丘兹的暴君狄奥尼修斯用来偷听他的反对党成员在被残酷囚禁后的逃跑计划。但是,现在的游客最喜欢的狄奥尼修斯之耳,是通往洞穴的拱形入口,从这里可以听到来自洞穴另一端的声音。

在通过空气柱传播声音的设备中最有用的是听诊器,是法国内科医生雷内·泰奥菲尔·海森特·雷奈克(René – Théophile – Hyacinthe Laënnec)于1816年发明的。据说,这个医生有一个愿望,在检查病人呼吸问题时不用把自己的耳朵(当然少不了头部)压在女性病人的胸部,这一想法启发了他。而在1851年亚瑟·李尔德(Arthur Leared)发明双耳听诊器之前,人们只能用一根简单的木管。

以碳粒传声器为发射机、电磁耳机为接收机,开始实现以电力为基础的信号传输,其工作原理是根据碳颗粒密封壳的电阻随压力的变化而变化。导电膜受声音影响而振动,有节奏地加压和减压,因此碳粒传声器的电阻反映了声波撞击膜时产生的振动。它在300Hz ~ 3400Hz的频带范围内运行良好,这是电话通话所必需的,但是也存在缺点,由于碳粒子之间接触电阻的随机变化,导致无法避免的失真问题和无处不在的背景杂音。

碳粒传声器有赖于适当的电源,将碳堆里由声音产生的$50\Omega \sim 200\Omega$的电阻变化转换为相应的电流变化,以满足输出变压器一次绕组对电流的需求,并在二次绕组中产生约15V的峰值电压。这足以对几千米长的传输电缆进行供电,并使接收器的电磁铁驱动其薄膜。

11.4　音响系统

虽然电话机保留了碳粒传声器这一设计,但音频系统对保真度有更高要求,因而要求更复杂的解决方案,这一点在电动扬声器的设计中得到了突出体现(图11.4),其原理与反向螺线管的原理相似。在一螺线管中,固定线圈在磁场的作用下,逐渐将铁芯推入线圈之中;相比之下,电动扬声器的一圈铜线则是在永磁体的静态磁场之中纵向拉进和拉出。线圈必须足够轻,才能在高保真系统中以高达20kHz的频率振荡,而在一般使用场合振动频率约为10kHz。为了产生如此快速的振动,音圈必须轻而且足够坚硬,才能承受由此产生的机械应力。因此,线圈线非常粗而且匝数很少,所以阻抗本身就低,通常为4Ω、8Ω和16Ω。

为了与真空输出管(如50C5)的高输出阻抗相匹配,音频变压器的初级绕组的匝数通常数以千计,而次级绕组的匝数寥寥无几。

在装有晶体管的音频放大器中,输出变压器的一次绕组充当功率晶体管的负载电阻,但晶体管电路本身阻抗较低,因此一次绕组与二次绕组的匝数比远低于电子管驱动下的输出匝数比。这里,阻抗匹配只是输出变压器的其中一个功能;另一个功能是直流电转换到交流电,因为 A 类放大器的输出不是以麦克风输入的交流电为图谱(图 11.5),而是由电压和电流具有周期性变化的直流电组成。这种混合的直流分量源于正极晶体管 Q_1 的极化电阻 R_1(通常为 330kΩ)。如果没有这种偏置,晶体管就会放大正信号的周期,但会裁剪掉负信号。只有适当的偏置才能对信号进行完整地传输和放大,然而结果是生成调制直流,而不是期望的放大后的交流输入电压。

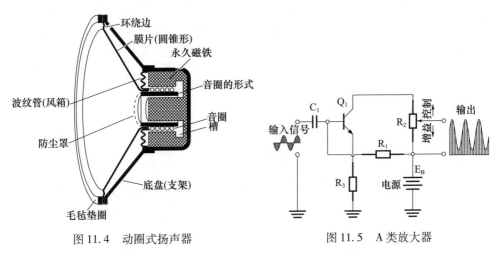

图 11.4　动圈式扬声器　　　　　图 11.5　A 类放大器

该调制直流中的交流部分在输出变压器的一次绕组中生成了磁场,而磁场在输出变压器的二次绕组中,通过电磁感应生成了交流输出电压。因此,输出变压器执行阻抗匹配和堵塞直流的功能。

在类似图 11.5 所示的电路中,必须根据这些条件选择电源电压和元器件阻值。发射极电阻 R_3 的阻值必须足够高,才能在不过度降低增益的情况下预先阻止随机振荡,阻值一般在 100Ω ~ 220Ω 之间。电位计 R_2 的阻抗应该与晶体管的输出阻抗(通常 10kΩ)相匹配。

然而,变压器的运行远非线性。线圈(如变压器的绕组)的阻抗实际上由线圈的电阻、电感和电容电抗的矢量和组成。电感是变压器工作的关键,而电阻则有发热现象,有时(这时,可要当心)表现为绝缘材料在高温下产生刺鼻气味。

电容 C_p 来自一给定层的绕组与其上下相邻层绕组之间的电容,也称为寄生电容或杂散电容。电容无法消除,但可以通过减少线圈绕组,进而减少相邻层之间的电压梯度的方式,以减少其影响。标准的线圈绕线方式是先从左到右,再从右到左,因此,最后一层线圈与其上层线圈之间的电压降是每层电压降(ΔE)的 2 倍,即 2ΔE。但是如果将线从左绕到右后,将笔直的导线纵向拉回到左边,然后又从左到右绕线,则又产生相同的电压降,得到 ΔE。

与变压器电流中的电阻不同,电容和电感具有 π/2 或 ±90°的相位移(异相)。只有在谐振频率下,容抗 $1/\omega C$ 和感抗 ωL 相互抵消,只留下一个电阻信号,与 E 和 I 相协调(同相);否则,输出电压和电流的相位彼此之间相差一个相位角,记为 φ,因此就产生了失真。

功率晶体管(如 2N3055)具有高达 10A 的载流能力,可以置于直接耦合的无变压器的放大器电路,从本质上消除了这些复杂性。在图 11.6 所示的推挽装置中,音频信号的正半波和负半波分别由一对串联的 NPN 和 PNP 晶体管放大。当信号的正极使 NPN 晶体管导通时,电流通过扬声器线圈,从电源的正极流向地面,而 PNP 晶体管则被切断。相反,负半波使 PNP 晶体管接通,通过扬声器线圈,将电流从电源的负极传导到地面,而此时 NPN 晶体管处于切断状态,地面是电源的中心抽头。

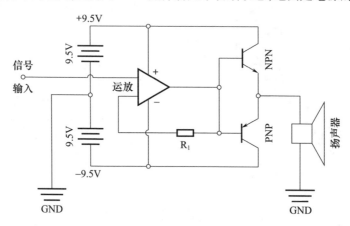

图 11.6　推挽式音频放大器

直接耦合带有某种风险,偏流不断累积,进而达到破坏性的水平,因此需要仔细设计平衡电路。如果使用一个运算放大器,那么这种"即将发生的灾难"便失去其破坏力。而运算放大器的增益可以通过选择反馈电阻来精确控制,如图 11.6 中的 R_1 所示。

尽管装有晶体管的音频放大器已经成为常态,但某些音频发烧友仍然认为,晶体管系列中的同类产品不能将电子管放大器的声音纯度提高 1 倍。从技术上而言,这个论点建立在真空管极高的栅极阻抗上。因此,在三极管中控制电子从阴极流向阳极通量的决定因素只有电压(而不是电流)。为了电路的稳定性,通过栅极接地电阻的所需电流量非常小。根据电子管和相关元件的屏蔽质量,栅极对地电阻可以高达 10MΩ,接近空载,因此不会对输入信号产生失真。

另一个反对以晶体管为基础进行放大的论据是,存在约 0.6V 的"死区"。在这一无控制作用区中,硅 NPN 晶体管根本不导电,这样一来,基本推挽电路将信号的中心部分混合起来,如图 11.7(b)所示。但是,如果信号比图 11.7 所示的信号更强,推挽电路的固有失真程度将大大减小。对于幅值为 10V 的信号,0.6V 表示失真率不超过 6%,而这可以通过 R₁ 的反馈程度来控制,如图 11.6 所示。

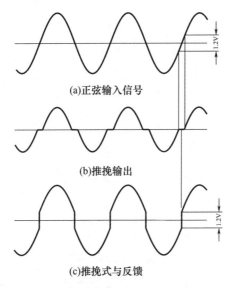

(a)正弦输入信号

(b)推挽输出

(c)推挽式与反馈

图 11.7　推挽式功率放大器中的波形

电子管中的"魔音"是真实存在,还是仅仅存在于听众的耳朵里,这仍然是一个悬而未决的问题,且经常被金钱所左右。因为电子管放大器带有众多的变压器和高性能真空管,与晶体管放大器相比,价格通常是后者的数倍。

11.5　电动扬声器的两面

电动扬声器在音频换能器领域无处不在,这并不影响它作为输入换能器(简称麦克风)出现在线路的另一端。内部通信系统(对讲机),就是一个很好的例子,此时同一个电动扬声器轮流充当麦克风或接收器。

对讲机与电话的不同之处在于,每次想让对方说话的时候,都需要说"完毕",然后按下开关;而标准电话是通过一个专用的升压变压器,在内部进行这一切换的。变压器的绕组以某种特定方式进行,阻止反射信号从接收机的电话一端返回到对讲机处,因此就产生了从一端到另一端的单向连接。

图 11.8 为声音驱动的电机开关,这只是电动扬声器众多应用中的一个例子。它使用一个电动扬声器作为麦克风,因此。当你紧握双手时,它就会启动交流电动机。实际的开关是由晶闸管整流器(SCR)实现的,晶闸管整流器为三端双向晶闸管开关元件提供栅极电流,而晶闸管开关元件负责打开和关闭电动机。

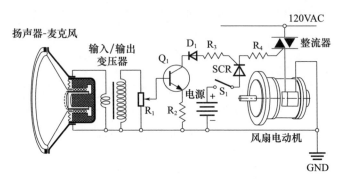

图 11.8 声音控制交流电动机

晶闸管整流器在许多方面都类似于开关晶体管,只是一旦正脉冲流入栅极,将晶闸管整流器打开,它就会一直处于开启状态,无论栅极的状态如何。只有当主电流中断时,整流器才会关闭,直到栅极重新接通为止。在交流系统中,负半波每秒产生 60 次这样的中断,如果把基极命名为栅极,把发射极命名为阴极,把集电极命名为阳极,那么晶闸管整流器就相当于交流晶体管。

然而,晶闸管二极管的特性决定了只有交流电的正半波才能通过,因此晶闸管整流器将交流电转换成一串串正脉冲,合起来只相当于原来峰间电压的一半。相反,三端双向晶闸管开关元件(交流三极管),原则上是一对径向相对的晶闸管集成装置,它传导全波交流电,因此成为电源开关应用的首选半导体。

针对高强度电流的三端双向晶闸管开关元件和晶闸管整流器,价格合理,易获得,而大功率晶体管可以用许多单独的晶体管并联的方式制成,这种结构受到晶体管增益和灵敏度的固有差异的影响。以某组态为例,有 5 个晶体管,容量分别为 10A,当流过基极的电流达到 100mA 时,一个晶体管就会携载 8A 的电流,从发射极传导到集电极,而下一个晶体管会传导 12A 的电流,其余的则介于两者之间。虽然该组态的额定容量为 $5 \times 10 = 50(A)$,如果瞬时电流过载,超过了额定容量的 25%,就会从 8A 的晶体管中带走 10A,或者从 12A 的晶体管中吸收 15A,这样很可能会将晶体管烧坏。一旦发生这种情况,剩下的 4 个晶体管所传导的电流量必须平均为 $62.5/4 \approx 15.6(A)$,足以引发多米诺骨牌效应,将晶体管都烧坏。但是,类似的电涌几乎不会影响到 50A 晶闸管整流器或者三端双向晶闸管开关元件。

在图 11.8 所示的电路中,声控晶闸管整流器控制着三端双向晶闸管开关元件,当某个声音信号打开开关之后,整流器对其之后的声音信号不作出反应,所以该电路不受环境噪声的影响。只有打开复位开关 S_1,才能关闭电动机。

由麦克风开关的扬声器输入阻抗低,与升压器一次绕组的输入阻抗相匹配,而升压器的二次绕组将输入传送至电位计 R_1。通过调节前置放大晶体管 Q_1 的基本电压,该电位计的设置情况决定了该电路的灵敏度。Q_1 的集电极电流通过晶闸管整流器的栅极,然后通过闭合的复位开关,流向电池的正极;电池提供栅极电流,使三端双向晶闸管开关元件处于开启状态。在复位开关切换到开启位置之前,三端双向晶闸管开关元件一直处于开启状态。

电位计的电阻 R_1 应当与变压器的输出阻抗相匹配,通常是 800Ω。电阻 R_3 和 R_4 的阻值必须合理,分别将流经晶闸管整流器和三端双向晶闸管开关元件栅电流控制在供应商规定的范围内。三端双向晶闸管开关元件的容量必须能够承受电动机打开时瞬间电流的冲击,这可能超过电动机满载时电流量的 5 倍。

11.6 压电转换器

在某些应用场合,需要更短的响应时间,而这超过了电动扬声器的能力范围,压电转换器用于解决此问题。压电效应是指随着压电磁场的产生,某些晶体对外加应力作出反应的特性。反过来,如果施加电压,就会引起晶体尺寸上的变化。

压电现象属于更广领域内的电致伸缩效应,且在一定程度下(应变的 $10^{-5}\%$ ~ $10^{-7}\%$),这一效应在大多数材料中都存在。但只有在弛豫铁电体中,这一效应才达到 0.1%,同时又由于弛豫铁电体的磁滞损耗极低,所以弛豫铁电体常常应用于高频中。

相比之下,极化电致伸缩效应通常称为压电效应。其更为强大。如果在 $1cm^3$ 的石英上施加 $250kgf$ 的负载,可能产生 $13kV$ ~ $14kV$ 的电荷。

第 5 章已介绍石英、电气石和罗歇尔盐晶体在磁盘播放器和类似设备的拾取头中,对电压传感器产生应力。尽管罗歇尔盐产生的电压高于其他压电材料,但其力学脆性和吸湿特性阻碍了其使用。

压电晶体的晶格被认为是沿着晶体电轴方向结合在一起的正离子和负离子对。这决定了晶体切割的方式,切割的目的是在应力作用下积累电荷。

离子偶极子的存在是由于金属原子往往与非金属原子相结合,它们共用一些外层电子,形成一个环绕两个原子核的轨道壳层。例如,在 SiO_2(石英)晶体中,每个硅原子将其 L 层中的 4 个电子贡献出去,电子进入共用层,共用层既包含硅原子核又含有氧原子核。这样,SiO_2 原子中就缺少电子,这打破了硅原子核中的正电荷数与轨道电子数之间的平衡,使硅原子只有 4 个阳离子。

另外,两个多余的电子聚集在氧原子核周围的一个电子层中,把氧原子转变成 2 个阴离子。于是,在 1 个硅离子和 2 个氧离子之间产生了 1 个离子键,而离子键作为一个整体而言仍然是不带电的,但其组分会产生不同方向的极化,因此,极化

263

后离子键带电且具有方向性。

图11.9(a)描述了 SiO_2 晶体的电轴 E_1、E_2 和 E_3 与标准的 x、y、z 坐标系之间的关系,该坐标系的 z 轴垂直于绘图平面。因此,一个切割成直角平行六面体的晶体,其表面在 x、y、z 方向上具有压电特性,如图11.9(b)所示。

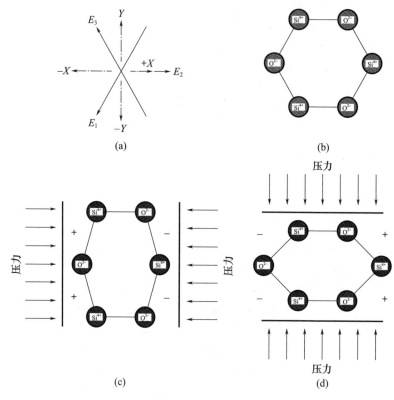

图11.9　石英晶体畸变

x 方向的压力产生纵向压电效应,如图11.9(c)所示,在 $-x$ 方向的平面上产生负电荷,在 $+x$ 方向的平面上产生正电荷。电荷的电压与晶体的尺寸无关。另外,从活化晶体中得到的电流与晶体的物理尺寸成正比。

相比之下,y 方向的压力使晶体的 $+x$ 表面为正,$-x$ 表面为负,如图11.9(d)所示,这就是横向压电效应。在这种情况下,电压取决于晶体的物理尺寸。

假设一晶体的长度为 l,作用于晶体上的抗压应力为 σ,那么抗应压力对应的开路电压 E,可由公式 $E = -gl\sigma$ 得出。其中,g 代表压电电压常数(这里不是自由落体加速度),单位为 V·m/N。因此,外加应力 σ,即所施加的压力与其作用面积之比,必须采用 N/m^2 或 Pa 为单位,而受测样的长度必须以米计量(1m = 100cm = 1000mm = 39.370in)。此外,如果要将 kgf/cm^2 或工程大气压换算到绝对单位,则 $1kg/cm^2$ = 1atm = 98066.50 N/m^2。钛酸锆铅的压电电压常数 $g_{33} = 26 \times 10^{-3}$ V·m/N,下标33

表示施加的应力和电场的方向相同。石英的压电电压常数为 $-50 \times 10^{-3} V \cdot m/N$。

陶瓷材料可以制成压电材料,通常由随机排列的微晶体组成,但这些微晶体必须排列成行才具有压电性能。在某种程度上,这类似于铁磁性材料,即把铁磁性材料想象成磁偶极子的组合,在外部磁场的作用下,磁偶极子排列成行后,最终形成一个永磁体。

如果将一块磁铁加热到其临界温度769℃以上,磁偶极子的秩序会被扰乱,因此磁铁会损失其磁特性。同理,在居里温度之上无法形成压电特性。钛酸钡($BaTiO_3$)的居里温度为133℃,钛酸铅($PbTiO_2$)居里温度为492℃,锆酸铅($PbZrO_3$)居里温度为350℃。通常在10000V的电场的作用下,对居里温度之上的压电陶瓷逐渐冷却,使其低至居里温度之下,偶极子就会排列对齐,并随后产生压电特性且永久不变。

11.7 压电材料技术

将压电晶体和陶瓷尺寸的微小变化转换成对形状变化的有效测量有多种方法,其中一种方法参照双金属条的例子。双金属条是由热胀系数不同的金属组成,金属通过热轧永久地连接在一起。双金属条在加热时会弯曲,同时,一层薄薄的压电材料黏合到金属板上形成夹层,即单压电晶片,如图11.10(a)所示,夹层随着电压的作用而偏转。在悬臂结构中,如果在金属条的自由端添加活动叶片,并在基板和晶体表面之间施加足够高的交流电压,就制作出一台电风扇。为了有效地工作,单压晶片层的共振频率应与激励电压或者其中的一个谐波频率相匹配。

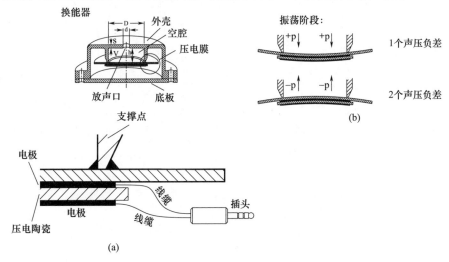

图 11.10 压电换能器

单压电晶片的另一个用途是驱动继电器触点,对施加的直流电压作出响应,否则,必须由磁铁来完成这项工作。

如果施加正激励电压或负激励电压,就形成了一个单刀双掷(SPDT)开关,这将促使压电层关闭或打开一组或全部的触点。

如图11.10所示,压电式转换器的振荡膜是圆形的单层电压片。作为扬声器使用时,单层电压片根据其接收到的电信号发生弯曲;作为麦克风使用时,单层电压片产生的电压将由盘状电极拾取。

谐振频率为

$$f_{\text{res}} = \frac{1.648t}{D^2} \sqrt{\frac{E}{\rho(1-\sigma^2)}} \qquad (11.8)$$

式中:t 为压电片的厚度;ρ 为压电片的密度;E 为压电陶瓷的弹性模量,其值在 $600000\text{kg/cm}^2 \sim 700000\text{kg/cm}^2$ 之间;σ 为泊松比,表示受测杆在拉应力作用下的横向形变与轴向形变之比,从而量化了杆的直径相对于伸长度的变小程度,大多数物质的 σ 为 $0.2 \sim 0.4$,如果是常用的 PZT 压电材料,$\sigma = 0.38$。

有了这些材料常数(都转换为公制单位)后,式(11.8)中的平方根项就变为

$$\sqrt{\frac{6.5 \times 10^9}{7800 \times (1-0.38^2)}} = 986.9$$

例如,如果一压电片的直径 $D = 25\text{mm}$,厚度 $t = 1\text{mm}$,那么其谐振频率为

$$f_{\text{res}} = \frac{1.648 \times 0.001}{0.025^2} \times 986.9 = 2602.26\text{Hz}$$

另一方面,如果一谐振腔的体积为 V,如图 11.10 所示,那么其谐振频率为

$$f_{\text{cav}} = \frac{c}{2\pi} \sqrt{\frac{放声口的面积}{谐振腔的体积 \times 放声口的长度}} \qquad (11.9)$$

放声口的面积为 $d^2\pi/4$,长度为 s,腔体积为 $hD^2\pi/4$,因而上式(11.9)变为

$$f_{\text{cav}} = \frac{c}{2\pi} \times \frac{d}{D} \times \frac{1}{\sqrt{hs}} \qquad (11.10)$$

如果一谐振腔的直径 $D = 25\text{mm}$(同上),高为 8.966mm,且放声口的开口直径 $D = 5\text{mm}$,长度 $s = 2\text{mm}$,同时空气中的声速为 341m/s,那么该谐振腔的谐振频率为

$$f_{\text{cav}} = \frac{341}{2\pi} \times \frac{0.005}{0.025} \times \frac{1}{\sqrt{0.008699 \times 0.002}} = 2602.3\text{Hz}$$

为了使压电片的谐振频率与腔体的谐振频率同步,腔体的高度值需要四舍五入。本章末尾有一个计算这些方程的程序。

11.8　压电换能器的应用

图 11.11 为照相闪光触发电路,用来及时阻止伤人事件的发生,如子弹的飞速通过或气球的内爆。它使用压电传声器,将短的声音脉冲(如枪击声或者气球迎面而来的爆炸声)转换成电脉冲,电脉冲在一个可调的短时间跨度内触发一个摄影闪光。

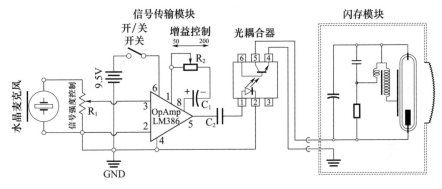

图 11.11　声驱闪光灯

来自晶体传声器的信号由运算放大器放大,通过电容器 C_2,到达光耦合器内部的发光二极管(LED)中。随后的闪光激活了同样位于内部的光电晶体管,为晶闸管整流器提供栅极电流,而晶闸管则触发闪存模块。光耦合器连接低压信号放大器[1]和高压闪光触发电路,其方便之处在于实现了完全的电气隔离。

罗切斯特理工学院的安德鲁·戴维哈齐(Andrew Davidhazy)给出了一个气球在刺破爆裂时各个阶段的连续照片,这些照片正是在类似电路的辅助下完成的。同时,他还提及了拍摄车辆碰撞试验和玻璃破裂瞬间(如窗玻璃恰巧被高尔夫球击中)的想法。

11.9　带式传声器

图 11.12 中的带状麦克风是一种感应装置,由一组薄金属片组成,安装在铝镍钴磁体极片之间,受到轻微张力的作用。当声波逐渐接近,使金属带振荡并穿过磁场线时,金属带的悬挂点之间产生了电压,就形成设备的音频输出。

---

① 光信号传输芯片。

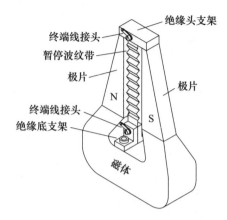

图 11.12　带式传声器(局部示意图)

这类似于发电机的工作原理,在发电机中转子绕组的线圈穿过定子的磁场线。在特殊情况(如为自行车车灯供电的发电机)下,带状麦克风中的永久磁场磁铁是必要条件。

感应电压 E 的大小与金属带在磁场中的运动速度成正比,假设金属带的振幅为 A,位移为 x,那么 $x = A\sin(2\pi ft)$,位移速度 $v = \mathrm{d}s/\mathrm{d}t = 2a\pi f\cos(2\pi ft)$。

由于 $\cos\alpha = \sin(\pi/2 - \alpha)$,从 $\sin\alpha$ 变换到 $\cos\alpha$,等于音频输入和输出之间产生了 $\pi/2$ 或 90°的相移。这就解释了为什么带式传声器所接收到的声音往往具有独特的特性。有些人认为,这样一来对声音的再现就不太完美,而其他人则称带式传声器没有电动传声器所带来的惰性。特别值得一提的是,带式传声器对铜管、长笛、单簧管和歌曲声音的再现方式突出,受到人们的青睐。其频率响应在 50 ~ 15000Hz,构成了高保真波段的绝大部分。

具有如此高的响应性的金属带,由厚 $0.6\mu m$($0.0006mm$)的纯铝加工硬化而成。加工硬化是任何冷覆膜工艺的一部分,最终产品的硬度仅取决于最近一次退火后的结块数。当金属带夹在薄纱和手之间,用铜匠的锤子打磨时,硬度也会有所提高。敲击的时间一久,金属带就会变得更薄,这就像制作金箔一样;但更为重要的是,金属带的硬度会达到需要的程度。如果金属带形成波纹的纹路,则会提高其振荡的幅度。可以在一对相互啮合的正齿轮之间挤压金属带,从而形成波纹。正齿轮彼此之间的距离略高于规定的中心距,这样一来,齿轮齿就不会咬穿金属薄片。齿轮的齿距可变,但通常是 20 齿/in。

金属带的电阻约为 0.2Ω,需要升压变压器,才能将输入传输至50Ω、250Ω 或600Ω 的阻抗线中;同时,带式传声器的噪声系数低,信噪比传输范围跨越 120dB及以上。但正是如此高的响应能力,带式传声器易受意外撞击产生的机械应力以及"吹气测试"的影响;音频技术人员和音乐家有时会对传声器吹气,确保麦克风处于打开和运行状态。

11.10 电容式麦克风

如图 11.13 所示,通常认为电容式麦克风是音频传感器技术中不可跨越的极点。"电容器"一词在电力时代的早期很常见,称为 condenser,现在我们叫作 capacitor。电容(单位:F、μF 或 pF)与电极间距成反比,电容传感器的原理正是基于这一物理定律。

如果一刚性板的前端带有导电材料制成的膜片,那么其电容取决于膜片的瞬时形状。如果膜片的金属片足够薄,能在声压的作用下弯曲,或者是金属化的塑料薄膜,那么在整个高保真音频范围(20Hz ~ 20kHz)内,膜片提供的声音几乎没有失真。电容式麦克风的噪

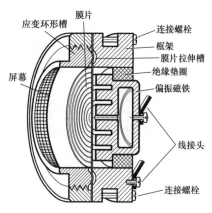

图 11.13 电容式麦克风

声系数低至 60dB 或更低,该系统在麦克风和扬声器中都工作得一样好。

为了获得最快的脉冲响应时间,振膜的直径可低至 1/4in,这一尺寸甚至可以制造出"铅笔式麦克风",据说可以重现管弦乐队的声音,就像在现场一样,原因正是其尺寸微小。

与经典的碳粒传声器一样,电容式麦克风需要一个外部电源,将麦克风的容量变化转换成电信号。电源可以是内嵌式,或将其置于音频设备(如混音控制台或前置放大器)中。"幻象电源式"的音频电缆并没有将电源线与麦克风分开而是兼作导体,输送容量测量所需的几毫安电流,然而高达 48V 的电压也是常见的。

为了使膜片在没有输入的情况下也能承受机械应力,电容传声器使用永磁体的平面来代替固定的电容器极板。某个梁可以承受任何应力,即使是最轻的载荷也会产生影响。照此思路,如果只有一根细弹簧使指针复位,那么模拟仪表的指针在零点附近多次振荡,很可能不会指向零点。如果是一对细弹簧,绕线方向相反,且预先施加了应力,那么弹簧会将零点置于一个明确的位置,此时,一个弹簧的顺时针扭矩等于另一个弹簧的逆时针扭矩。

同样,如果一膜片预先施加了应力,那么声波作用于膜片上的压力表现为永磁力与声压之间的挠度差,而自由摆动的膜片则在易受扰动的零偏转区振荡。

连接螺栓将膜片紧紧地夹在两个阀体环之间;当环形螺母紧固后,其凸起处将膜片的边缘拉入机架的匹配槽内,此时膜片均匀拉伸。

一个隔离垫圈将机架内的磁铁置于中心,这样导电隔膜和麦克风的主体可以

接地,同时磁铁从电源连接到"热导线"。另外,一个坚固的拱形金属丝网可对膜片起保护作用。

11.11　静电扬声器

电动式扬声器利用磁场的力量将电信号转化为空气的机械振动,而静电式扬声器则是利用电场实现同样的目的。此处,一个非常轻的导电隔膜在一对绝缘环之间伸展,两侧是由穿孔金属片制成的电极。

将这些高压音频信号应用到扬声器的前后电极上,如图 11.14 所示,彼此的相位相反,而 2000 ~ 20000V 的直流偏置电压使导电膜片极化。膜片在一对绝缘环之间展开,与它接收到的音频信号同步振荡。

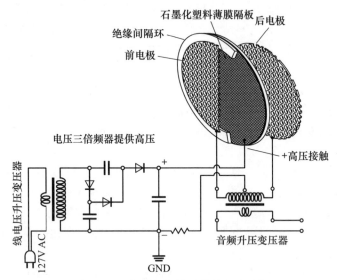

图 11.14　静电扬声器及附属电子元件

从升压变压器获得的高压,输入倍压器或三倍压电路中。由于前后电极上的音频信号处于反相状态,扬声器在推挽模式下工作,不存在单栅扬声器的非线性失真。

静电扬声器的关键部件是膜片,它由高弹性塑料片组成,具有良好的力学强度,如厚 $5\mu m \sim 6\mu m$ 的聚酯塑料薄膜隔板用棉球在石墨粉中摩擦后,成为导电材料。电极是穿孔的金属板,其开口使声作用下的气压变化作用到塑料薄膜隔板上。为了达到良好的传声效果,电极的开孔面积至少要达到整个金属板的 60%,但孔的尺寸不能超过 1/4in。

膜片几乎无重,因此静电扬声器能够再现声音的所有频率和振幅。这一点在高频频段表现得最为明显,在高频频段,惯性力(与振动膜片的加、减速及其单位面积质量的积成正比)逐渐上升。

静电扬声器存在失真的第二个原因是,大部分情况下,塑料薄膜隔板在扬声器的表面均匀地移动,而金属薄膜则会变形,呈抛物面形。通过控制塑料薄膜隔板的预张强度,可以确定膜片的共振频率,频率通常保持在100Hz以下,这样较高的频率就不会出现共振峰。

在2000年美国"科尔号"驱逐舰遭到恐怖袭击后,人们研发了远程音响设备(LRAD),旨在停泊的军舰周围建立一个由声纳设备组成的防护罩(或者说声呐屏蔽线)。LRAD本质上是一个压电扬声器,它模拟了历史上的扩音器,只是规模巨大。LRAD没有让单个压电元件作用在膜片上,而是利用一个旋转磁场,外表上就像蘑菇一样。与麦克风一起使用后,LRAD工作就像一个超级扩音器,有可能产生高达150dB的声音强度,比喷气式发动机的轰鸣声还要高60dB。

2005年11月5日,这一装置经历了战斗的洗礼。当时一群配有自动武器和火箭筒的海盗,试图登上索马里海岸附近的一艘名为Spirit号的游轮。对乘客来说幸运的是,袭击发生在5点35分,当时他们正在船舱里睡觉,而不是分散在甲板上,否则他们就成为再容易不过的活靶子。然而,一枚火箭筒击穿了船体,并在靠近船舷的一个船舱中爆炸,里面的所有人可能都被炸成碎片。

另一方面,在电影《赏金叛变》和类似故事中都出现了传统的枪架,这是船长舱内必备的工具,但似乎可以肯定的是,枪架在Spirit号上不见了;更有可能的是,由于安保措施的存在,所以任何武器(甚至手枪)都不允许带上船。因此,除了LRAD扩音器和船长的决心外,这艘游轮可能没有任何装备与海盗的军备相匹敌。这种情况的产生源自于对美国飞行员迈克尔·杜兰特(Michael Durant)的怀念。他驾驶的一架直升机坠落,在2003年7月4日,他被脱光衣服,被人们拖行在摩加迪沙的街道上,嘲笑的人群挤满了人行道。

当游轮的通信官用33in的炮弹把侵略者挡在海湾之外时,依靠LRAD换能器的大功率,船长无视攻击者的自动武器,威胁要撞击他们的船只,随后全速驶进公海,将海盗们抛在身后。

不过,到底是LRAD发出的声功率射线,还是船长合法正确的规避行动挽救了局面,仍然是众说纷纭。

11.12 声轨

就像用光年来表示恒星和星云之间的距离一样,也可以在测量更普通的空间时引入声秒这一单位。如果空气中的平均声速为341m/s,那么声秒的测量值就是341m(1100ft),也就是1/5mile。

有时,本能地使用到这些单位,例如,根据看到闪电和听到雷声之间的时间差来估计风暴还有多远。同样,早在听到劈木材的声音之前,就看到了伐木工人的斧头,而喷气发动机的轰鸣声似乎是从飞机后面的一个地方传出来的。

在水中,声波的平均速度为 1460m/s,那么水下监听装置使用的声秒则适当地比空气中的声秒稍长,并且声秒是水下定位系统的主要单位。水下定位系统依赖于时间间隔的测量而不是地理间距,尽管其显示的读数已将流逝的时间换算成海里或千米。

声纳监听系统(SOSUS)是美国海军在 1949 年开发的,以应对第二次世界大战末期出现的配备换气装置的潜艇。换气装置不过是一根薄壁钢管,密封在船上上层甲板的一个开口里。但在船只潜入水下时,换气装置的上端伸出水面,一方面给柴油机提供空气,另一方面将船上的废气排出。就是这样一个简单的装置扩大了无核潜艇的使用范围。由电池驱动的潜艇在水下只能航行 20mile 左右,速度为 6mile/h 或 4mile/h,而在 1950 年,一艘配备换气装置的潜艇从香港航行了 8370km,21 天内无需浮出水面。

声纳监听系统具有低频的水中听音器,能够从数百千米外探测到潜艇上的柴油发动机的声音,从而对抗换气装置这种令人不安的新设计。从那时起,人们就部署了数组探测器,通过三角测量(从简单的距离测量到地图制作原理)来估算潜艇的位置。

水下测距的战略重要性在冷战期间达到高峰,同时,有可能进一步发展为热(核)战争,不过这样的可能性被某种恐惧扼制了。根据历史文献的记载,在 0.5h 左右的时间里,数支携带氢弹的洲际导弹就能从苏联抵达美国,反过来也是如此,那么双方势必同归于尽。持肯定观点的人士认为,没有这样的灾难发生正是证明了这一想法的合理性,而那些沉迷于形式逻辑的人则认为,因为某一事件没有真的发生,所有并不能证明某个具体对策的有效性。简而言之,如果核战争爆发了,那么将证明双方势必同归于尽这一假设是错误的;但如果核战争没有发生,那么并不一定证明假设是正确的。

20 世纪 60 年代初,出现了核潜艇,这令冷战时期核力量的微妙平衡再次受到影响。核潜艇可以在水下环绕地球航行,如果把它们的活动范围放在太空中,核潜艇可以往返月球。1962 年,美国"伊森艾伦"号(USS Ethan Allen)潜艇试射了一枚 A-1"北极星"(Polaris)导弹,导弹装备了一枚 W-47 核弹头。导弹的弹身是轻型玻璃纤维,所以射程扩大至大于 2800mile。升级后的"伊桑"级核潜艇能携带多弹头导弹,多达 6 枚核弹头,并且可从水下发射。与此同时,苏联在水中和水下都装备了核动力导弹潜艇,而当美国在其具有破坏性的核潜艇内装备了水中听音器,以跟踪苏联的核潜艇时,一种微弱的平衡关系又重新建立起来。

这不仅让人想起声波测距,如果将水中听音器瞄准敌方船只上的挡流板,可以在数百千米范围内探测到该船只螺旋桨的噪声。挡流板是一个锥形区,螺旋桨产生的湍流会在这里产生随机的涡流。当挡流板的噪声引导着追踪者时,噪声能防止被追踪潜艇探测到追踪者的存在。只有当被追踪潜艇突然侧转,以"清除挡流板",该潜艇才能立刻检查是否被跟踪了。

11.13　回声探测

不同于依赖外部声源的声纳监听设备,回声探测由一个自主系统组成,该系统产生适当的声音信号,测量选定目标的信号反射。

征服高峰的游客向世界讲述他们的壮举时,他们的呼喊声所发出的回声,需要一定的时间才能被听到,而这一时间是声音从呼叫者抵达岩石反射表面所用时间的 2 倍。另外,反射源不能离得太近,因为人类的听觉系统至少需要 0.1s 的反应时间,才能在前一个声音消失后接受新一个声音的刺激。因此,只有当距离位于 $0.1 \times 341/2 = 17 (\text{m})$ 及以上时,人们才能听到回声。在这个阈值以下,听到的回声与原始声音叠加,这种现象称为混响。在音频设备的测试中会使用到消声室,由于其墙面覆盖物带尖刺,所以不会产生响声。如果不是因为尖刺是由柔软多孔的材料制成的,消声室在恐怖电影中很可能会被用作酷刑室。

电子回声最初被称为声纳,现在已经成为各种船只的测深仪,从休闲船只到世界上最大的油轮等皆是如此。回声测深仪器包括音频发生器、脉冲整形器、放大器和传感器,后者安装在船体底部的一个开口中,用一个锥状声波扫描地面,在 3000m 的深度处,覆盖了一个直径 100yd(1yd = 0.914m)的圆。

在海水中,声速取决于海水的温度、深度和盐度。几个不同复杂程度的方程被推导出来,其中最方便的是麦肯齐公式,即

$$c = 1448.96 + 4.591T - 0.05304T^2 + 2.374 \times 10^{-4}T^3 + 1.340(S-35)$$
$$+ 0.0163D + 1.675 \times 10^{-7}D^2 - 0.01025T(S-35) - 0.7139 \times 10^{-12}TD^3$$

式中:T 为水温(℃);S 为盐度(千分之几);D 为水深(m)。

以 1460m/s 为平均值来计算,得出声音脉冲从发射到接收之间每秒延迟的深度为 1460/2 = 730(m),或者在 7.30m(24ft)深的水域中延迟 0.01s。脉冲持续时间必须保持远小于这个时间延迟,以防止回声干扰其原始脉冲,然而,每个脉冲必须容纳合理数量的音频振荡。例如,将 12 个音频振荡压缩成 1 ms 的脉冲宽度需要 12000Hz 的频率。简单深度探测器以 12kHz 频率发射,而通常使用 3500Hz 的低频信号穿透海底并显示该区域的累积沉积层。

传统的回声测深仪的模拟读出装置是由一个旋转的圆盘和周围的霓虹灯组成。如果 T 是脉冲间距,并且圆盘在同一时间间隔内旋转 1 次,则脉冲使灯在角零点位置的每个交叉点闪烁。第二次闪光是由脉冲的反射触发的,然后以与声脉冲相对于 T 的行程时间(上行和下行)成正比的角度发生。圆盘旋转速度减半,使这个角度与声音的单程行程成正比。例如,对于 $T = 1s$,霓虹灯闪烁之间的 30°(整个

圆的 1/12)意味着 1/12s 的声音总传播时间,或者 1/24s 到达海底。转换成海底深度 1460/24≈61(m)。电影《黄貂鱼》(Stingray)中的慢音频脉冲表明可以测量很远的距离,在那里可以使用更大的脉冲宽度和更低的频率。

除了海洋应用外,回声测深还有助于确定一些原材料的埋藏位置,如金属矿、煤层气、石油和天然气的大部分储藏量。

11.14　超声与特超声

就像实际传播光的光谱超出了可见光范围一样,声音的频谱远比人耳能够探测到的 20Hz~20kHz 宽。狗的听力范围可达 40kHz,它是人类的 2 倍,但远远低于蝙蝠的 150kHz。

弗朗西斯·高尔顿(Francis Galton,1822—1911)以发明了指纹分类系统而闻名,他是第一个用装置模拟狗叫声产生超声波的人。该装置由一根细管组成,引导一股气流进入谐振腔。虽然高尔顿哨子的频率没有超过 22kHz,但认为它是历史上第一个超声波发生器,因为它符合超声波的定义,频率处于 20000Hz~1GHz 的频带。此外,还有特超音波的范围,它的理论预测极限在 10^{13} Hz。特超声存在于快速流动的气流中,如冲压发动机的排气口。

由于声压与频率成正比,而摆动粒子的加速度与频率的平方成正比,因此超声波的传播能力远高于可听音频。功率 200W~300W 的超声波警报器的信号能够点燃一个棉球。

大多数超声发生器的核心是厚 1mm 的石英晶体盘,具有 3 MHz 的本征频率,它们的谐波可以用来产生更高频率的声波。

超声在医学上有广泛应用,用于一些传统手段无法实现的治疗。引人注目的是治疗胃肠道疾病,如肾结石和胆结石,通过聚焦高能冲击波破碎结石,随后分别通过尿道或胆道清除残留的颗粒。用机械方法粉碎肾结石并清除结石碎片的想法可以追溯到都柏林的菲利普·克兰普顿(1834 年),但直到 1876 年才被哈佛大学教授亨利·J. 比加洛(Henry J. Bigalow)提出。

对于非癌性肿瘤的切除,如非肝硬化的肝脏和胰腺肿瘤,"无痛穿孔锥"的手术抽吸器比传统手术刀更能减少失血和对侧支组织的损伤。从本质上讲,"无痛穿孔锥"是超声振动器和吸入装置的组合,并在较低的超声频段工作。

谐波手术刀使用更高的频率来解剖组织,通常为 55kHz,而在这个过程中产生的热量能凝固小血管,因此对邻近组织的损害最小。

但医疗过程只是超声波和特超声波的许多应用中的一部分,其工业应用包括通过观察超声波束的反射来检测铸件中的不连续性缺陷(矿渣或型砂夹杂物和被困气泡)。

超声波振动使油和水等非混溶液体乳化,铝和其他难以焊接的金属可以通过超声波发生器将它们加压连接在一起。超声波发生器本质上是一种金属钉,以 20kHz～40kHz 的超声频率振动,类似的工艺还可以焊接塑胶材料。

金属和石材的超声波钻孔,基于作用在研磨膏或浆料上的钻杆以 25kHz 和 $40\mu m～80\mu m$ 振幅做振荡运动,在某些情况下还适用于微观金刚石。

11.15 超声波扫描

医学成像领域受超声波技术的影响最大,它极大地改变了医学诊断的方式。在 1942 年,奥地利的卡尔·希欧多尔·杜西克(Karl Theodore Dussik)发表了一篇关于大脑超声波研究的论文,标志着超声波技术的问世。20 世纪 50 年代,格拉斯哥市的伊恩·唐纳德(Ian Donald)也发表了相关研究。与回声测深技术一样,超声成像也利用了发射信号与接收回声之间的时间差,使超声波发生器的中央处理机(CPU)得以估算出反射靶所在的距离;另一方面,反射的强度决定了图像亮度变化的程度。

健康检查通常使用的是 1～13MHz 的超声波,这取决于医生对分辨率和穿透性的要求。频率最高、波长最短的振荡所显示的成像分辨率最高,但衰减较强。如果是 3MHz～5MHz 的超声波,那么可以最大限度地穿透较深层的人体组织。

可用声束扫描整个受测区域,生成二维图像。具体方式是定期倾斜声换能器,类似于电视显像管电子束的水平和垂直偏转,或者采用一组定相的压电换向器,其排列方式与木琴的琴柱相似。二维图像在一个振荡放大器的激发作用下依次显现。

用相机拍摄的照片显示了物体反射光波的强度,因此也可以利用超声波(而非光)作为信号载体生成超声图像,达到同样的目的。区别在于短声波能穿透生物组织,生成深层组织的图像,然而超声波扫描的结果并非如此。相机拍摄尽管只有一个变量,即反射度,这决定了胶卷变暗的程度;但是超声波扫描还需考虑另一个变量,穿透深度。尽管如此,声波反射的强度仍然决定了成像变暗(或变亮)的程度,但是人们可以通过超声波发生器的中央处理机,利用穿透深度(源自入射波和反射波之间的时间差)重建探头的侧面图,就像人们在一个能在拐角处观察的相机里得到的侧面图一样。例如,眼球的超声成像显示了眼球的横截面而非晶状体(背后有视网膜)的横截面。这样一来就可根据脉络膜的情况对视网膜分离等问题做出鉴定,这是超声成像区别于其他成像技术的根本所在。

X 射线图像可以清晰地显示出骨骼的结构,但是对于软组织和体液而言只留下阴影。超声波在流体和软组织、组织和骨骼之间的边界处受到反射,从而能到达 X 射线力所不及的区域。此外,超声成像还引入了深度这一维度,更是让这一技术具备了优势。

超声波的反射信号由最初发射超声波的同一探针接收,其信号的强度取决于声音流过反射面时遇到的对抗力(也叫作介质的声阻抗)Z;该参数同时与反射系

数 R 相关联,即 $R = (Z_1 - Z_2)/(Z_1 + Z_2)$,其中 $Z_1 = p_1 c_1$,$Z_2 = p_2 c_2$,c 表示声音在介质中的传播速度,p 表示介质的密度,压力振幅的透射系数为 $1 + R$。

如果声音是从低阻抗传递到高阻抗,那么反射波和入射波的相位一致。在从低阻抗转到高阻抗的过程中,反射波和入射波经历 $180°$ 的相移。肌肉和大多数实质器官(如肾、肝、脾)的密度为 $0.99 \sim 1.08$,而声音的传播速度为 $1500 \sim 1600 m/s$。那么上述介质以及类似介质的声阻抗在 $1500 \times 990 = 1.485 MN \cdot s/m^3$ 与 $1600 \times 1080 = 1.728 MN \cdot s/m^3$ 之间。因此,可从生物物质之间的界限得出的最高反射系数为 $(1.728 - 1.485)/(1.728 + 1.485) \approx 0.0756$。此外,相关的透射系数为 1.0756,这表明该方法具有较高的成像精度,可以得到常见到的对比度良好的医学超声图像。

超声成像深受欢迎,人们可以借助这一技术观察孕期内未出生的胎儿的情况,以便确定胎儿的性别、大小和位置。在心脏病学中,也可借此对心脏瓣膜的感染情况(心内膜炎)以及主动脉瓣狭窄的问题做出鉴定。胆结石和肾结石也会变得清晰可见,人们还可用尺子等工具对超声成像进行测量,以此确定胆结石和肾结石的位置。

在某些与众不同的应用领域内,多普勒超声频移常用来确定体液流通的速度,如血液流经心脏瓣膜的过程,这就好比恒星光谱中谱线的红移可以反映物体的径向速度一样。

对于空气中 $500 MHz$ 的超声波,其波长等于绿灯的波长(约 $0.6 pm$),但两者的相似性也仅限于此,因为声波是机械振荡,而光波是电磁波振荡。然而在某些应用领域,超声和特超声能穿透不透明的物质,因此其性能更是超过了光。

特超声频率以 $10^9 Hz$ 为起点,这种声波不能在空气中传播,而且在液体中呈现很强的衰减性。在固体中,横向机械波的二次发射可以与纵向主振荡结合成为原子的常见振荡模式,也就是人们熟知的热量。

如果采用一个手持式超声波探头(线阵扫描探头),特超声振动可转移到人体内。外表上,超声波探头与理发机相似,不过它可容纳一个或多个声学换能器,在一种水性凝胶的作用下,探针与病人的身体紧密相连。

11.16 声致发光

1943 年,科隆大学的弗伦策尔(H. Frenzel)和舒尔特斯(H. Schultes)用超声波搅动照相槽,冲洗出照相底片,并在底片上发现了极小的黑点,从此发现了声致发光现象。虽然研究人员确定小黑点是显影液中的微小气泡破裂并在闪光的作用下造成的,但直到 20 世纪 80 年代末人们才开始关注这一话题。

结果证实,当单个气泡从原先的大小(约 $50 pm$)坍塌至 $0.5 \mu m$ 的直径时,气泡在声学作用下被困在充满水的谐振腔中,此时发射出了短光脉冲。发射光的连续光谱显示出了黑体辐射的特性,且远远接近了紫外线的范围,因此气泡内的温度约有 10000K。

　　虽然大多数的实验人员在设备中使用石英玻璃制成的球形瓶,但克里斯托弗・维斯克(Christopher J. Visker)使用的是 Plexiglas 生产的圆柱形容器以及部分浸入水中的"超声变幅杆"。后者由一压电磁盘组成,压电磁盘与一圆形铝棒的一端相接,同时为了能在适当的频率(21kHz)下发生共振,铝棒被截至合适的长度。同样,容器中的液体高度等于这一频率下的声波波长,在液体表面滴一滴液体,便开始产生了气泡。

　　如果适当调整,这一装置会在流体中产生一驻波场域,其位移波节(液体元素的最小位移点)将气泡固定在适当的位置,直到下一个压力反节点(流体中的最高压点)到达,使气泡破裂。然后,气泡爆裂产生闪光,闪光沿着谐振腔的中心轴出现在液位 40% 和 80% 的刻度处。

　　一些理论仅仅将闪光解释为气泡突然爆裂而产生的冲击能。虽然气泡爆裂产生的温度约为 10000K,但一段时间后温度还可达到核聚变的临界点,这种可能性是很高的,只不过到目前为止还未发生过。

11. 17　附录

压电换能器的基本评估程序(10^9 W 级)文件名:"Polymrph"

10	SCREEN 9	
20	PI = 3. 1415926	π
30	$D_1 = 0.025$	腔内直径
40	$D_2 = 0.005$	伴音拾音器的直径
50	$S = 0.002$	伴音拾音器的长度
60	$H = 0.008699$	腔内高度
70	$T = 0.001$	压电磁盘的厚度
80	SY = 0. 38	's = 泊松比
90	$E = 6.5 \times 10^9$	弹性模量
100	$R_0 = 7800$	'p = 压电磁盘的密度'
110	$C = 341$	声速
120	$X = SQR(E/(RO * (1-SY^2)))$	数学置换
130	$f_1 = X * 1.648 * T/D_1A_2$	压电磁盘的谐振频率
140	$f_2 = (C/2 \cdot \pi)) \cdot D_2/D_1)/SQR(H \cdot S)$	谐振腔的谐振频率
150	$H = (((D_1 \cdot D_2 \cdot C)/10.355 \cdot T))^{-2}) \cdot$ $R_0 \cdot (1-SYA_2)/(S \cdot E)$	谐振腔的高度
160	PRINTf_1, f_2, H	2602. 26 2602. 28 0. 008699

第12章
电工仪表和电子仪器

在 20 世纪 90 年代末,加利福尼亚州的法律规定,截至 2000 年电动汽车必须占据市场主导地位。根据此项规定,通用汽车公司冒着风险对 1100 辆电动汽车进行了试运行。这款名为 EV1800 的汽车最初租给了第三方,租期为 3 年。但租期一满,这些汽车便与其他零排放汽车一起被处理掉了。

这是人类初次尝试想要建立一大新的领域,代表着人们为了追求清洁的空气、完好无损的臭氧层,以及摆脱全球变暖的威胁而作出的努力。为什么会有如此结局? 难道通用汽车公司想要效仿阿尔瓦·爱迪生的市场策略? 后者花了两年的时间将生产的灯泡亏本销售,以期避开潜在的竞争对手,为其发明的产品开拓市场。即便如此,消费者为什么要为一辆 3 万美元的电动汽车买单呢? 柴油汽车的价格仅为电动汽车的 1/3,更别提消费者使用 3 年后还要更换蓄电池的费用。但即使是这样,也很难使监管者心甘情愿地放弃这样一个有利于地球环境的加利福尼亚法律。所以,为什么会产生这样的困境呢?

假设燃油车行驶 20mile 要消耗掉 1gal 的汽油,那么每行驶 100mile,耗油量为 5gal。汽油的密度为 0.68kg/L,1gal = 3.785L,那么上述值可转换为 $5 \times 3.785 \times 0.68 = 12.87(kg)$。汽油的燃烧热为 11700kcal/kg,且 860kcal = 1kW·h,那么 100mile 所消耗的 5gal(12.87kg)汽油所对应的功率为 $12.87 \times 11700/860 = 175(kW·h)$。然而,汽车内燃机的输出受卡诺过程值的限制,也就是说,输出的功率仅占能量输入的 34% 左右,同时,剩余能量的 3% 则在变速箱和动力系统中损失掉了;那么车轮转动产生的 175kW·h 的能量,仅剩下 32% 左右,即 $0.32 \times 175 = 56(kW·h)$。

为了将这一性能指标与电动汽车进行对比,我们进行逆向运算,探究当电动汽车输出 56kW·h 的能量时,对应消耗了多少能量。

公共电力单位的设备发电率比汽车的发动机稍好,约 40% 或更高,不过在前者的电量输出中约有 7.2% 在经过输电线路和变电站时损耗掉。

另外,电动汽车在许多方面会消耗掉额外的能量。首先,如果蓄电池获得了 1kW·h 的电力,那么平均供电量仅有 0.80kW·h。此外,电动汽车的发动机在运行过程中能量转换的效率通常为 90% 左右。同样,电动汽车的传动链也会摩擦造成 3% 的损耗。

全部的损耗率为 20% + 7.2% + 10% + 3% = 40.2%,那么电动汽车每行驶 100mile,必须消耗 56/(1 − 0.402) = 93.65(kW·h)的电力。如果发电率为 40%,那么公共电力设备的发电量必须达到 93.65/0.40 ≈ 234(kW·h)。相比之下,一台普通汽车每行驶 100mile,消耗的电量为 175kW·h,所以前者是后者的 234/175 = 1.34 倍。

使用电动汽车不会带来清洁的空气,反而会使二氧化碳的污染度提高 34%;不过,汽车的供电站一般距离城市很远。就此而言,勉强对改善城市的空气做出了贡献,不过对于净化大气层或者动员选民支持电动车项目仍无裨益。

另外,汽油通常为每加仑 1.91 美元,那么 100mile 消耗的 5gal 汽油产生的费用为 9.55 美元,而电动汽车行驶 100mile 消耗了 93.65kW·h 的电力,按目前的费率 0.055 美元/(kW·h)计算,则开销为 5.15 美元。

此处问题的核心在于,公用电力单位的发电量能否满足全国范围内的电动汽车。如果每辆电动汽车平均每年行驶 10000mile,那么每年需要消耗的电力为 234 × 10000/100 = 23400(kW·h)。即使是美国 2004 年的总发电量 3953407kW·h,也只能为 3953407/23400 = 1.69 亿辆汽车供电。这些汽车分布在全国约 3 亿的人口中,这意味着平均 $300 × 10^6/169 × 10^6 ≈ 1.8$ 人就拥有一辆车。

简而言之,推广电动汽车将会使美国的发电量加倍,这意味着如果为电动车大面积供电,那么燃煤和燃油火力发电厂、水力发电厂、核电站和风力发电厂具备以往 2 倍的供电能力。

12.1 伏特和安培

伏特和安培这两个单位非常好理解,可将其想象成是电线管内的电流和水管道中的水流,因为单位时间内液体的流速就相当于电流量,而流体压力则相当于电压。这一思路十分有助于理解,但是不应对其他物理量进行此种归纳,因为这种归纳法在力学中并不存在。

维修人员会在汽车高达 15000V 的点火装置中经历突然放电的事故,或者在旧电视显像管的涂层上遇到高电压。但是,低压电源也可能致命,在早期关于电气化的报道中有这样一则故事。一家新建的酒店安装了"绝对安全"的电力设备,声称该设备不会产生触电事故,有一种观点认为,人们几乎感觉不到 60V 的电压,因此对人体无害。据此,建筑商们将公用设施的电压转换至这一水平,并满足于现状。

当然,因接触 60V 电线而身亡确实难以想象。但如果有人一边抓住灯泡插头的裸露部分寻找开关,一边用另一只手握住灯的接地线,就会造成伤亡。由于人体左手和右手之间的皮肤的平均电阻为 1000Ω,因此 60/1000 = 0.06(A)的电流就足以使人体手指的肌肉不自主地收缩,致使灯泡破裂。接着,插座上的薄金属片会割破她的皮肤,然后触碰到皮肤的下层组织,而深层组织的导电性是表皮层的好几倍,因此该人体内的电流可以达到 100mA 及以上,足以在心肌内引发心室纤颤。

我曾看到欧洲公共设施的施工工人一个接一个地抓着 380V 交流电的裸导线,检查导线是否变热,没有发生任何事故。

这种矛盾的情况真是不可思议,而且 380V 交流电线中的峰 – 峰电压甚至高达 $2 \times \sqrt{2} \times 380 = 1075 (V)$。然而,只要这些工人站在工厂大楼干燥的实木地板上,与地面电位相隔离,这一切都无关紧要。如果是在雨天的室外,或者背靠机床的接地线,人们还这样接触裸导线,那么结果将是致命的。同样,特技演员最好不要在电缆上尝试走钢丝表演。观众的反响可能十分热烈,但是极性相反的数根导线在空中摇摇晃晃地悬挂着,彼此距离太近,这会引起演员身体不适。

电对人们产生的危害面,到此足以了。雅克·阿尔塞纳·达松伐尔(Jacques – Arsène d'Arsonval,1851—1940)设计出一种仪器,开启了对电流和电压更为有效的测量。

12.2 达松伐尔电流计

达松伐尔电流计是动圈式直流电流计的组成部分,这种仪器根据一静磁场中悬浮的旋转线圈的角偏转测量出电流和电压的读数。

由图 12.1 可知,有一根导线穿过磁场,导线上的力 F 与电场方向和电流方向(左手定则)成直角。根据公式 $F = BlI$,力的大小取决于磁场强度 $B(T)$、穿过该磁场的导线的长度 $l(m)$ 和电线中的电流 $I(A)$ 的大小,由此可得出以牛顿(N)为单位的力的大小。

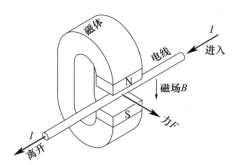

图 12.1　磁场中导线产生的力

在其他任意方向上,即与力的方向偏离 φ 度时,那么此时作用于导线上的力变成 $F \times \cos\varphi$,其中 φ 表示电枢在旋转过程中形成的偏转角的位置,因此,交流发电机的输出电流呈正弦波形。

同样,如果一种动圈式电流计使用常规磁铁,产生了规则的磁场,那么电流计的刻度呈正弦函数的规律。也可以利用径向磁场来得到常规的刻度尺。在径向磁场中,$\varphi=0$ 均适用于所有可能的线轴位置,因为线圈上的电线无论怎么移动,方向始终垂直于径向磁场线。在这种情况下,线轴上的偏转力 F 不受 φ 的影响,只与 BIl 成正比。对某一特定仪器而言,磁场强度与磁场中导线的长度不是变量,因此作用于线轴上的力仅仅取决于流经电圈绕组的电流的大小。

图 12.2 所示的达松伐尔电流计是一种典型的直流电力仪表,采用同样的方法来测量电压和电流的读数。在电压表中,线轴由多匝细铜线组成,而电流表中的电线较粗,线圈匝数较少。电压表的阻抗范围为 $1M\Omega \sim 10M\Omega$,而电流表的阻抗通常为 100Ω 或者更低。

径向磁场产生于磁体中一个封闭的圆形通路,磁体由一块矩形的铝镍钴合金(阿尔尼科)永久磁铁制成,封装在一铁磁性材料制成的外壳内。外壳带有一圆形开口,方便线轴放入。外壳可压铸而成,或者由电机硅钢片拼接而成。

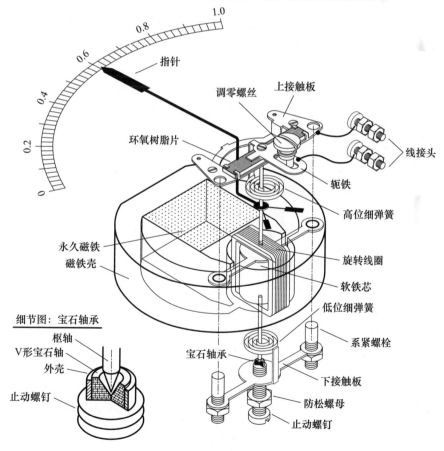

图 12.2　达松伐尔电流计

线轴内有一软铁制成的铁芯,呈圆柱状,确保了气隙尽可能小,从而使磁通量达到最大值。铁芯用螺栓固定在磁铁壳上而不随着线轴旋转,线轴是唯一可旋转的元件。铁芯重量轻,提高了电流计的灵敏度,防止其运作迟缓。

类似地,线轴由铝薄片制成,同时线圈绕组中的电线采用了特制的规格,旨在满足该仪器正常运行所需要的额定电流。有了固定的铁芯后,电流计没有采用直连式线轴,而是线轴与一对方向相反的半轴相连接,半轴采用绝缘套管连入线轴内。同时,半轴的尖侧连入宝石轴承中,后者与机械表中的类似。

宝石轴承是由人造蓝宝石制成的圆柱状物,如图12.2左下所示,根据莫氏硬度表①可知,宝石轴承的硬度为9。轴承带有一个圆锥形的腔体,圆面底部的半径为0.001in。半轴的末端也呈圆形,但是半径略小于宝石轴承的顶端,因此半轴便沿一种外摆线的轨迹旋转,而不做摩擦转动。

每个细弹簧的内端都与半轴的一端相连,两个细弹簧的绕线方向相反,当线轴偏转时,细弹簧提供反向转矩,并当线轴内无电流通过时,使线轴恢复到零位。此外,细弹簧还可用作导体,连通线轴绕组的自由端和电流表的输入端。

位置靠下的细弹簧内端用螺丝固定在对应靠下的半轴上,或者焊接在下半轴上。细弹簧通过接触板上的衔铁和系紧螺栓(图上仅显示其中心线)与上接触板相连接,而上接触板通过电线连接到电流计的负输入端。

位置靠上的细弹簧外端连接到轭铁的衔铁上,轭铁通过电线接入电流计的正极端子上,并通过一纤维增强型环氧树脂片与上接触板相隔绝,树脂片与印制电路板中的树脂材料相同。

电流计的透明前盖有一螺钉穿过,转动此螺钉,可对指针的初始位置进行微调。同时,螺钉的末端处有一偏心导销凸起,而轭铁上有一带槽口的轭铁,在指针微调的过程中,导销对衔铁偏转的角位置进行调整。

对于非常灵敏的实验室电流计而言,线轴通常悬于细电丝之间,线轴旋转的同时几乎无摩擦力存在。同样,在对电丝固定之前,可将其中的一根电丝绕几圈,确保起始位置的稳定性。

可以采用串联或并联电阻扩大达松伐尔电压表和电流表的量程。有多个量程的刻度,比如,0V~1.5V、0V~5V、0V~15V、0V~50V、0V~150V、0V~500V与0V~1500V(交流电)。

常规电流表的量程包括0μA~50μA、0mA~1mA、0mA~10mA、0mA~100mA、0mA~500mA不等。如果单独接入一个输入插口,那么电流表的量程就为0A~10A。

用串联电阻扩大电压的量程是一个简单且直观的过程。如图12.3左上角所示,该方法适用于4种不同的电压范围。假设 R_S 表示串联电阻的欧姆值,R_i 表示

---

① 莫氏硬度表的范围为1~10,其中,滑石硬度最低,金刚石硬度最高。

电压表的内电阻,由于电流 I 在整个过程中保持不变,那么可据此计算出电压表的原始量程与期望量程之间的比值 n。线圈是一种电磁感应式负载,在直流电技术领域中不需要轴承,因此内电阻 R_i 在这里表示的是铜线(线圈材料)的电阻值,同时也适用欧姆定律 $E = I(R_i + R_S)$。此外,根据欧姆定律可知电压表的电压降 $E_0 = IR_i$,E_0 即读数。同时去掉 I,再用第一个方程除以第二个方程,得到 $E/E_0 = (R_i + R_S)/R_i$。由于原始量程与预期量程之比为 $E/E_0 = n$,可得到 $R_S = R_i(n-1)$。

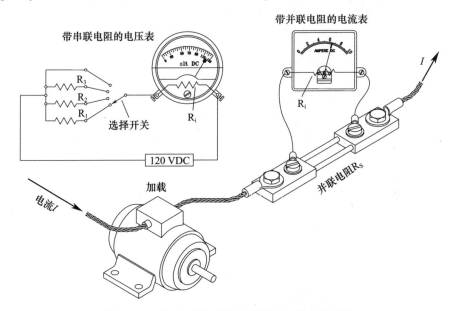

图 12.3　通过串联和并联电阻扩大电流表的量程

假设一个电压表的量程为 6.5V,为了将其扩大至 130V,如图 12.3 所示,令 $n = 130/6.5 = 20$,得到扩大倍数。由于该电压表的内电阻为 13kΩ,那么串联电阻的电阻值 $R_1 = 13(20-1) = 247(\text{k}\Omega)$。

同样,可令 $n = 10$ 及 $n = 2$,分别得到 65V 和 13V 的量程,此时 $R_2 = 117\text{k}\Omega$,$R_3 = 13\text{k}\Omega$。假设一把刻度尺有 26 个间隔,那么 130V 的量程对应每一刻度线为 5V;如果量程为 65V,则每一刻度线为 2.5V(更大量程中的每一刻度线都表示 5V)。量程为 13V,对应的每一刻度表示 0.5V;量程为 6.5V,对应的每一刻度为 0.25V。如图 12.3 所示,在选择时,比例系数应当与刻度表上的所有间隔相适应。

电压表通过电线与主电路并联,相比之下,电流表与负载串联。因此,如果电流表意外启动,仪器通常会关闭。不过很少有管理人员愿意接受这样的想法,即为了得出电动机的电流,将一生产线停工,同时尽快告知维修人员。因此,安全系数更高的做法是采用并联电阻,将低量程电流表的量程扩大,只要在连接这些极低阻值的电阻时遵守一系列的规则即可。如下列规则:

电流表和并联电阻不能简单地拧合在一起,因为连接点一旦受到腐蚀,负载处的电流就会流经电流表,后者随即发出"砰"的一声,内部被烧坏。

因此,对于大尺寸的载荷电线以及分别连接电流表的电线,并联电阻都装有单独的连接端口,如图 12.3 底部所示。这样,即使是电流表有缺陷,也不会对电路的整个运作产生影响;同时,即使载荷端口连接不良,也不会损坏电流表。

假设 I_i 表示通过电流表的电流,I_S 表示通过并联电阻的电流,而 R_i 和 R_S 分别为电流表的内电阻及并联电阻,这两个电阻并联后的电压降为 $\Delta E = I_i R_i = I_S R_S$,由此得出 $I_S/I_i = R_i/R_S$。比例系数 n(新旧刻度尺之比)变成了 $n = (I_i + I_S)/I_i = 1 + I_S/I_i$,重新排列后,该式为 $(I_S/I_i) = n - 1$。又由于 $I_S/I_i = R_i/R_S$,于是就得到 $R_i/R_S = n - 1$ 或 $R_S = R_i/(n - 1)$。

假设有一个内电阻为 120Ω、量程为 1mA 的电流表,要将其读取量程增至 1A,那么比例系数就是 $1/0.001 = 1000$,因此所需的并联电阻 $R_S = 120/(1000 - 1) = 0.12012(\Omega)$。如果这一电阻在制造过程中出现任何误差,那么电流表读数上的误差就会扩大 999 倍。因此,并联电阻成为工业级的精密产品,而用于电压表的串联电阻通常选用商用精密电阻。

在电力工程中,仪器所消耗的能量与整个电路的能耗相比是微不足道的。如,10V 的电压表,内电阻为 $20k\Omega$,其消耗的能量仅为 $E^2/R = 10^2/20000 = 0.005$(W)。然而,在电子电路中,等效电流 $10V/20000\ \Omega = 0.5$ mA 则会严重破坏电路。例如,假设一个增益为 100 倍的晶体管,如果电流通过其基极 – 发射极的连接点时为 0.5mA,那么电流抵达集电极时就会变成 50mA。这样一来,100Ω 的负载电阻就会产生 $IR = 0.050 \times 100 = 5.0$(V)的电位差。如果这个电流输入晶体管,那晶体管将被烧坏。同时,电压表输入阻抗如果较小,则不能接到真空管栅极,否则将导致分流,使仪器工作状态异常。

毫无疑问,电子时代需要的不仅仅是设计精巧的电流计。因此,一种自动化电子仪器电子管电压表便应运而生。电子管电压表的输入端安装有一种差动式电子管放大器,而电压表的阻抗通常为 20000Ω,在放大器的作用下,阻抗便可增至 10 ~ 11MΩ。具有代表性的是 6AU7 或者 12AU7 双三极管,两个阳极都位于 + B 电源电压上,同时一边与一个 $10M\Omega$ 的栅极接地电阻相接,且在另一边的栅极上测量电压,这样便达到了放大的目的。电线将电压表从一个阴极连接到另一个阴极,显示了两个阴极之间产生的电压差;电压差与输入成正比,且不受泄漏电流以及电源波动等外界因素的干扰。

用一根插在 115V 电源插座上的探头来触碰晶体管和芯片等敏感元件是一件十分危险的事,很可能导致器件损坏,但由于电子技术人员对电路精巧的设计,大量由晶体管构成的仪器很少出现重大问题。晶体管集电极可放大出十分可观的电流。在阻抗为 $10M\Omega$ 的仪表中,1V 的输入将转化至 $0.1\mu A$ 的电流是微不足道的,而位于前端的晶体管必须将这 $0.1\mu A$ 的电流放大至足够高的倍数才能驱动量程为 200μA 的电表运转,那么必须放大 200/0.1 = 2000 倍才能达到这一目的。半导体老化、温度变化和外部扰动会发生不可预测的变化,在此情况下,达到如此高且稳定的放大倍数几乎是不可能的。

场效应晶体管(FET)与真空管一样,是一种通过电场的应用来控制电流的设备。因为电子管中的电子的流动取决于栅极上所施加的电压大小,所以在场效应晶体管中从源极端子流向漏极端子的电子取决于施加在第三个电极(称为栅极)上的电压。其结果是,电流通过半导体材料的窄区(通道)时产生了漏斗效应,尽管通道的物理维度保持不变,但是其有效宽度取决于栅极上的电压,而栅极对电流的需求非常小。

12.3　晶体管万用电表

晶体管万能电表可用来测量直流电流、直流电压、交流电压和电阻。万能电表以电流计作为核心,电流计位于电路中,电路中分散着多个元件,如带旋转功能的多层选择开关、量程选择开关,以及接地线、直流电压和电源、交流电压和电阻的插口。此外,还有高达 10kV 直流电和交流电的插口,以及一个单独的 10A 直流输入插座的插口。

如图 12.4 所示,晶体管万用电表测量直流电压时,需要使用一根合适的探针,并在尖端处嵌入一个 1MΩ 的电阻。此时,万用电表成了一个高阻抗设备,需要安装屏蔽层,防止从无线电传输的声频带和其他干扰源中采集到假性电压读数。屏蔽层通过焊接技术连接到插头的接地片上,同时不可在其他地方接地。

探针将电压输送至 10MΩ 分压器上的选择开关。当开关位于 100 刻度线上时,可得到接地电阻为 10 + 20 + 70 = 100(kΩ),再除以梯形电阻的总电阻 10MΩ,得到 0.100/10 = 1/100,所以仪表的原始量程增至 100 倍。如果输入电压为 100V,指针就会在量表上产生 1V 的偏转。

信号通路中的 π - 滤波器是从剩余的交流分量和假性泄漏电流中过滤掉输入信号。场效应晶体管负责将信号的高阻抗转换到低阻抗,是运算放大器的组成部分,因此,该晶体管没有单独出现在示意图中。运算放大器的增益为反馈电阻 R_2 与输入电阻 R_1 之比,这两种电阻的目的是使电表电压与工作电压相匹配。

在启动电表前,需要对电表观察窗上的调零螺钉进行调整,得到零位读数。一旦分压器上选定了所需的量程,应立即打开电源,并使用分压计 R_3,用于零位调整。

万用表的交流电测量电路使用了一个二阶量程选择电路(图 12.5),同时在主衰减器梯形图中使用了 5 个电阻,按照 1∶3 和 1∶10 交错的方式得到多达 11 种不同的电压范围。一根测试引线插入蕉形插座中,将电压导入插座前端的分压器中。分压器由 9990 kΩ 和 10 kΩ 的电阻串联而成,当第一个量程选择开关置于 1 ~ 5 之间的某一位置时,信号直接进入场效应晶体管中,后者嵌入运算放大器,其目的在于匹配阻抗。如果位于 6 ~ 11 的位置,那么输入在进入同一路径前便会衰减至原先的 1/1000。

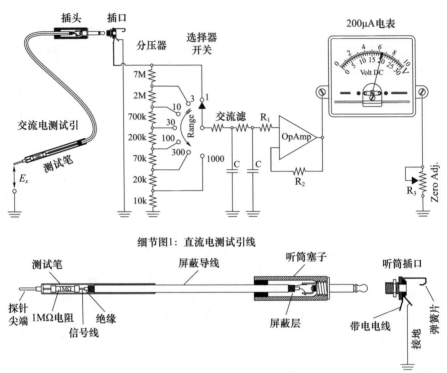

图 12.4　电子万用表中的直流电压测量电路

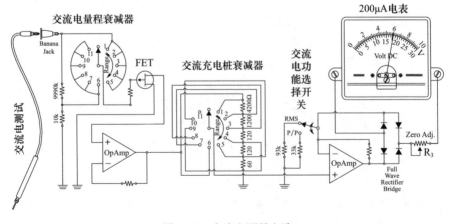

图 12.5　交流电测量电路

286

这些信号由场效应晶体管转换成低阻抗,并经运算放大器放大后,抵达了第二个衰减器的位置处。

电路图上的全波整流器带有 4 个二极管,同时运算放大器将信号输入该整流器中,整流器将信号强度提高至某一程度,与电表相适应。交流电功能选择开关产生两种读数:一是峰 - 峰值;二是均方根或者交流电的有效值。

在电源的整流桥处连接着一对滤波电容器,电容器充电时可以达到峰 - 峰电压。因此,直流输出是交流电有效输入的 $\sqrt{2}$ 倍,这是大多数商用电源的特点。在没有这些电容器的情况下,整流桥的输出为整流后交流电的平均值,对于正弦交流电而言,该值是交流电峰 - 峰电压的 $2/\pi = 0.637$。同时交流电的有效电压是峰 - 峰电压的 $1/\sqrt{2} = 0.707$,相比之下,$0.637/0.707 = 0.90$ 或者 90%。因此,对于平均电压的刻度表,其间隔需要加宽 $0.707/0.637 = 1.11$ 倍;如果是峰 - 峰电压的刻度表,其间隔应比交流电有效值刻度的间隔窄 0.707。

对于周期性、非正弦交流波形,此类关系必须根据等式 $V_{avg} = \dfrac{1}{x}\int_0^\pi V \times d\varphi$ 做具体分析,得出具体结果。其中,V 表示相位角 φ 上的瞬时电压。如果是正弦交流,利用此积分公式可以得出上述关系,且如果是脉冲交流,公式很容易求解。但在波形复杂的情况下,必须利用波形图来测算关系。

在工业上,人们需要采用不太通用但很稳健的仪表对交流电进行直接测量,因此人们设计出了动铁式仪表。

12.4 动铁式仪表

动铁式仪表有两个软铁制成的极板(铁叶片),极板位于载流线圈或螺线管的磁场内,如图 12.6 所示,而动铁式仪表的驱动力正是来自这两个极板之间的相互排斥作用。铁叶片通过感应使叶片的单极磁化,所以两叶片相互排斥,同时可活动的叶片围绕仪表的轴线摆动。

排斥力大小取决于螺线管中的磁场强度 B_z 的大小。根据 $B_z = \mu_0 Jn$,磁场强度与线圈的匝数 n 及通过线圈的电流 I 成正比,式中 μ_0 为真空磁导率,$\mu_0 = 4\pi \times 10^{-7}$ Tm/A。

与达松伐尔电流计有所不同的是,动铁式仪表经配置后可用作电流表或电压表。如果用其来测量电流,那么线轴上的绕组匝数很少,同时线圈由相对较厚的磁线制成,由此产生适当的低输入阻抗。电压表的螺线管需要数以千计的线圈绕组,这样总电阻率才能产生所需的高输入阻抗。

与达松伐尔电流计中倾斜的线轴不同,动铁式仪表的绕组固定在仪表的主体上,因此精巧的细弹簧才会传导电流,以便测量。

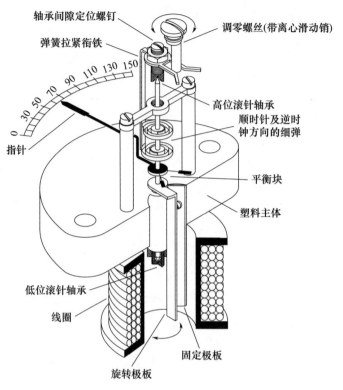

图 12.6　动铁式仪表

在测量交流电流时,螺线管中的磁场的极性在每一个周期中都会发生改变,而极板的磁化也会发生变化。极板由软钢制成,随循环磁场的变化而变化,磁滞损耗最小,同时无论磁场的极性如何,极板总是互相排斥。

动铁式仪表的主轴位于两个人造蓝宝石制成的滚针轴承之间,受其支撑;同时,一对缠绕方向相反的细弹簧使仪器的零位保持稳定。线轴安装在仪表旋转轴的中心之外,叶片便有足够的空间进行圆周运动。

与主轴相连的叶片为滚针轴承的运转提供阻尼,主轴旋转在一个矩形截面的环形区中,其间隙刚好在叶片和壳体之间提供了一个狭窄的气道。气道的宽度决定了阻尼的程度,而阻尼的强度应适当,既防止指针超出其终点位置,也不会令指针的速度过慢。

零位调整与达松伐尔电流计一样,也是通过手动旋转偏心销来完成的,偏心销安装在观察窗上,带有螺钉头,调整过程直到细弹簧通过外部支撑点的位置使指针归零为止。平衡块连接到指针尾部,与前端的重量保持平衡,同时两者距离很近,因此仪表的读数不受位置干扰。

这种通用仪表缺点是刻度非线性。尽管螺线管内部的磁场强度与电流量成比例增加,但是极板(铁叶片)的磁化强度遵循铁磁性材料的磁化曲线,如

288

图 12.7所示。磁化曲线逐渐趋向饱和点,达到饱和点后,即使经过线轴的电流进一步增加,极板磁化的增益度也会越来越小,直到饱和点仅仅反映周围空气中磁场强度的增强为止。因此,动铁式仪表的运行范围便局限于曲线上 0T ~ 1T 的准比例段。

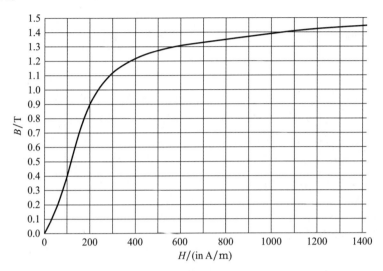

图 12.7　H1 电机钢板金属的磁化曲线

　　商用仪表可用于测量直流电和交流电,电流上限高达 200A 和 500A,交流频率为 15Hz ~ 100Hz。实验室级的动铁式仪表精度可达 0.1% 。尽管如此,磁滞损耗和涡流损耗仍会使动铁式仪表的读数失真,而这一问题在双金属电流表中不存在。

12.5　双金属电流表

　　双金属电流表测量的是直流电流,以及不考虑频率条件下的交流电流的均方根(I_{RMS})。交流电流的均方根值等于相同电源输出的直流电流。

　　双金属电流表的驱动力来自一种螺旋形的双金属条,其形状与温度传感器、恒温器和表盘式温度计中的相似。双金属条由热胀系数不同的金属黏合而成,比如,铁、铜,以及其他多种金属的组合。

　　螺旋弹簧与热胀系数较低的金属一起朝内卷曲。随着温度的上升,螺旋弹簧逐渐收紧,当温度下降时螺旋弹簧逐渐舒展。由于双金属电流表的电阻为 R,那么该装置从电流 I 中获得的热能等于 I^2R。这表明该电流表的刻度尺,从左向右间距应逐渐变宽,这意味着右边的读数比左边的读数更精确。对于有效值居于刻度尺右边的仪器而言,如监控线路电压的电压表,这种特性大有裨益。

如果去掉螺线管,并用双金属片代替绕线方向相反的细弹簧,那么这一仪器的工作原理便与图12.6中的动铁式仪表相似。在动铁式仪表中,驱动指针的细弹簧由工作电流供电,而另一弹簧则通过绕线的方式补偿环境温度产生的变化。

由于双金属电流表的运行机制稳健,指针在运转时获得了充足的作用力,推动指针朝向自上次手动复位以来的最高均方根值 I_{RMS} 运动。同样,指针的前进运动还可用来驱动限位开关,限位开关是一种特殊部件,将仪器转化为开/关控制器。

双金属电流表运行功率高,通常为 $1V \cdot A \sim 2.5V \cdot A$,因此主要应用于电力充足的场合中。这种电流表的指针需要 15s 来保持稳定。因此,仪器不会出现短时间的电涌,这点对于一些应用场合是便利,但在其他场合中可能就是缺陷。

总而言之,双金属电流表是一种坚固耐用的工业仪表,用于直流电流和交流电流的直接测量,而这种直接测量也可以由量程范围加大的分流电阻或者仪表变压器完成。双金属电流表能承受高达 1s 的电涌(强度为额定电流的 10 倍),还可承受某些范围的振动,而这种振动的强度甚至能对其他仪器造成严重损坏。

12.6 功率计

功率计与电能表($kW \cdot h$)有所不同,电能表记录一定时期(如一个月)内的耗电量,而功率计(或者瓦特计)测量的是每秒的耗电量,如图12.8所示。

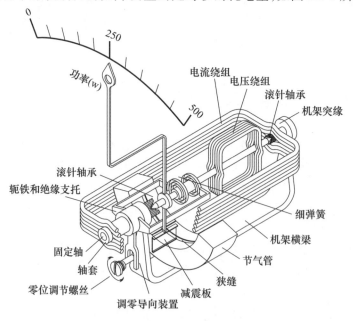

图 12.8 直流电/交流电功率计

与达松伐尔电压表相同,驱动功率计指针运转的是由多匝线圈组成的线轴,线轴在一磁场中心旋转。然而,功率计中的磁场与永磁体中的磁场并非一回事,而是由另一个线轴生成。该线轴的线圈匝数较少,测量线更重,且与第一个线轴相适应。

如果内部线轴在连接时横跨负载,同时外部线轴经调整后,携带电流经过负载,那么内部线轴(或者电压线轴)产生的挠度取决于电压和电流的乘积,$P=EI$。

尽管交流电功率计的内部嵌入了由电机钢板的冲压件制成的铁芯,但是交流/直流仪表不能带有额外磁场,因为在直流电设备应用完毕后,这种磁场残留的磁气会对仪表的读数造成影响。在无铁芯的情况下,磁场B(由一线轴中的电流I感应生成)与每米线轴的安匝数n成正比,即

$$B=4\pi\times10^{-7}\times In \tag{12.1}$$

在图12.8所示的功率计中,电流绕组构成仪表驱动装置的静止部分,内部装有轴心式电压绕组。通常,一对缠绕方向相反的细弹簧为滚针轴承提供力矩,弹簧复位,同时兼作导电体,用于电压线圈与轭铁边缘的无摩擦连接。轭铁由塑料材料的中枢支架管套支撑,经过电气绝缘处理,其末端与管套经模压相连。

仪表的观察窗上有调零螺丝,轭架的零偏转位置可以通过调零螺丝进行设置;观察窗上偏心的尖端在开槽板上滑动,开槽板从中心套管处向下延伸,轭铁的支片将电压线圈与功率计的电压端相连接。

节气片使指针在最终位置保持稳定,不再左右摆动。虽然与指针的延长线相连接的叶片不会碰到减震器的壳体上,但是由于狭缝和减震片之间存在空气摩擦,摩擦减缓了叶片摆动的速度,所以仍然起到了阻尼的作用。叶片还兼作平衡块,平衡指针的重量。

图12.9以蓄电池充电装置为例,重点显示了直流功率计的典型电路图,R_1是电压线圈的串联电阻,而R_2则与充电电路串联。当对空电池或者可循环使用电池充电时,采用这两个电阻能够防止瞬时冲击电流对电路造成损坏。

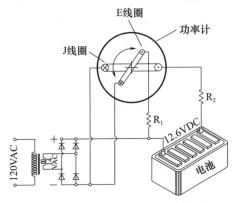

图12.9　功率计接入电池充电器的电路图

12.7　电阻计

虽然桥式仪表的精确度是其他装置难以比拟的,但是直读式仪器已经开始占据主导地位。图 12.10 是万用表中的一个常见电路,可以将一未知电阻与已知电阻 R_S(电表)和电源(蓄电池)相串联,测出未知电阻 R_x 的值。

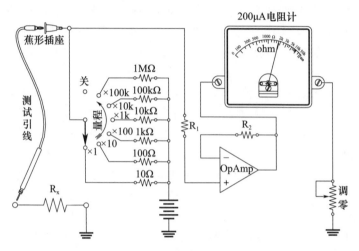

图 12.10　电阻计的电路图

R_S 与 R_x 构成一个分压器,分压器将输出了蓄电池电压 E_B 的比例式 $E_x/E_B = R_x/(R_S + R_x)$,同时将该式输入与电表相连的运算放大器中。因此,这就产生了电阻计的刻度,其右部的间距比左边窄。

图 12.10 所示的电阻计使用了 6 个精密电阻,与未知电阻 R_x 串联在一起。然后,量程选择开关将 6 个量程中的其中一个与电路相连,与此同时,调零电位计可在输入端分流的情况下对电阻计归零。同样,若电源电压出现细微偏差,就可得到补偿;但是不可因此而延长电池的使用寿命,并且超过报废年限。对于能量耗尽的蓄电池而言,其内电阻大大加强,会使仪表产生误差。

无论仪器是否处于闲置状态,量程选择开关都必须始终处于“关闭”状态,因为在其他的电路设计中有一些电流会流经电表。

12.8　交叉线圈式仪表

飞机和汽车仪表盘上的交叉线圈式仪表是一种直读式仪器,通过一对相互交叉的线轴来测量电阻,同时线轴在一强性永磁体的磁场内旋转。两个线轴之间的夹角是固定的,其力矩方向相反,因此当某一线轴的电流与转数的乘积与另一线轴相等时,仪表便位于初始零位。

假设一支路的电流为 I_1,而另一个支路的电流为 I_2 时,那么电枢的挠度则与 I_1/I_2 成正比。在图 12.11(b)中,电流从电源处流出,电源电压为 E_B,电流穿过并联电阻 R_r 和 R_t,因此 $I_1 = E_B/R_T$ 及 $I_2 = E_B/R_r$,挠度与下式成正比

$$\frac{I_2}{I_1} = \frac{E_B/R_R}{E_B/R_T} = \frac{R_T}{R_R} \tag{12.2}$$

如果 R_R 是标准电阻,R_T 是用铂丝制成的热敏性电阻,那么后者的温度可从摄氏度温度计或华氏度温度计的刻度表上读取。

铂式测温电阻器(电阻式温度检测器)是由细铂丝组成,封装在玻璃外壳中。图 12.11(b)中的干燥箱,适用 0℃(32 °F)时电阻值为 100Ω 或者 1000Ω 的电阻。此外,R_r 由康铜等耐温材料制成,不受环境温度的影响。

利用以下方法解决刻度的线性化问题。可以使内磁芯与极靴(干扰源)之间的间隙在中心线的上下方变窄,如图 12.11(a)所示,以此对永磁体的极靴进行剖面分析。这样一来,位于极靴窄区中的线圈受到更大的磁力,同时由于偏转角增大,扭矩减少,所以该磁力便抵消。

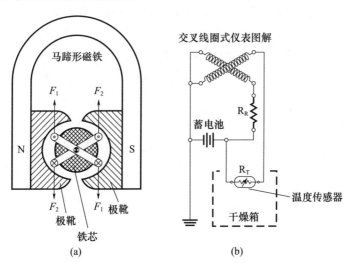

图 12.11　交叉线圈比较仪

12.9　执着的怪人

当威廉·莫尔斯(Wilhelm Morse)的电报和亚历山大·格雷厄姆·贝尔(Alex-

293

ander Graham Bell)的电话演示了电线之间的信号传输过程时,图像传输似乎只有一步之遥。电报将传输的文字转化成脉冲直流字符,电话则是将语音转化成复杂的交流电波形进行传输,两者归结起来仅仅只是对不断变化的电压的单通道传输。与此相比,黑白图形是由无数深浅不一的阴影在这片区域内交叠而成,对其"原样"传输需要在发送器和接收器之间建立无数根单独的电线。

为了从这样的困境中走出来,人们将一个图像切分成一组细小的分区,再依次传送每一分区的亮度信息,每次传送一个。最早的图像扫描设备是尼普科夫圆盘,这是一种带有数个小孔的圆盘,圆盘由可旋转式硬纸板或者由金属薄片制成,向内呈螺旋状。小孔的径向间距等于图像的宽度,而螺旋的径向节距与孔的直径一样大。

保罗·尼普科夫(Paul Nipkow)在1884年申请了电望远镜的专利,至此这一原理正式得以确认(图12.12)。即便如此,当专利到期后,该项发明便无人问津了,这种状态一直持续到1924年约翰·洛吉·贝尔德(John Logie Baird)将其重新引用为止。他在1928年伦敦举办的无线通信博览会上,展示了一台以尼普科夫圆盘为核心的机械式电视机,该圆盘以900r/min的速度旋转。这幅5cm×4cm(约2in×1.5in)的图像由30排线条组成,当霓虹灯打出的光束穿过圆盘中的小孔时,光束便对线条进行扫描追踪。尼普科夫也在出席了该博览会,他是40年前尼普科夫圆盘发明的见证者,于是发表了一份激情澎湃但又带有批评口吻的报告。在报告中,他直言不讳地描述出自己的所见,比如,"闪烁不定、不易辨别"的图片,如果没有黑色幕布对周围光线进行遮挡,该图片几乎看不见。无论这些图片的传输质量如何,其传输的原理是不变的,即使对于当今太空时代的电视机而言也是如此。

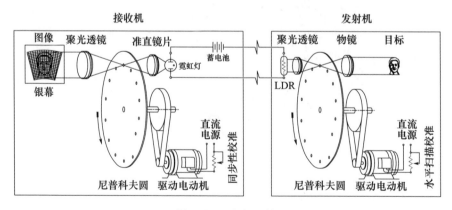

图12.12 电望远镜

尽管有着各种缺陷,还是证明了机械式电视机的潜力。1928年2月9日,人们成功地将图像从伦敦传输到了纽约;与此同时,设计师纷纷购买零部件装配出以尼普科夫圆盘为基础的旧式电视机。当时成功的制造者们面临两个选择：一是为柏林 - 维茨勒本电台服务；二是为伦敦的贝尔德电视公司建造项目。

12.10 开启数字化的大门

虽然圆盘远远比不上阴极射线管（CRT）及后来的液晶显示器（LCD）和等离子体显示器，但人们认为这一发明标志着数字化的诞生。虽然"数字"这个词使人联想到"计算器"和"计算机"，但是数字技术对科学仪器和工业仪表的影响同样令人难以置信。通常而言，商用仪器的误差范围为 $\pm 2\%$，一流实验室设备的允许误差范围为 $\pm 0.5\%$，而脉冲计数的精确度之高突破了上述两者的极限范围。从一个脉冲到下一脉冲的间隔时间内存在一个灰区，除此灰区外，脉冲计数是绝对的。这是因为当最后一个脉冲启动后，计数的周期便立即停止。或者说，计数周期继续进行，直到下一个脉冲即将再次触发计数器前为止。

计算机的中央处理机（CPU）可以计算数百万次脉冲，无丝毫误差。但在某种程度上不得不承认，由于意外事故，比如电压突增或元件的间歇性故障，误差仍然可能潜入计算机中。因此，计算机的 CPU 也需要来回进行计数，就像人类对运算过程进行反复检查一样。如果两个数的余数不等于零，计算机将会显示一条错误信息，或者提示进入自动重算程序。此外，还存在其他类型的计算检查，其操作是在用户不知情的情况下进行的，其中包括计算数字各数位之和，并发送校对的结果，计入计数附录中，以及将输入数位之和与输出数位之和进行比对。例如，计算机需要传输数字 2377483，它应当将该数字的各数位相加，即 $2+3+7+7+4+8+3=34$，然后将 34 进行传输，作为补充记录。同样，如果输入数与输出数的数位之和有差异，计算机便会自动生成一则出错信息。

在 20 世纪，依靠曲轴传动的计算机以十进制进行计数，但电气技术没有产生此类十进制计数器，这是因为电只有无电压和有电压两种离散状态。有一种机械装置对这两种状态进行了模拟，这便是带有"打开/关闭"功能的开关：当开关处于开启状态时，电压为零；当开关关闭时，电源电压达到最大。因此，数字计数器的计算以二进制为基础。

原则上，这种计数器的能力可以通过引入两个开关进行提升，这样便有 4 种配置方式，即开/开、关/开、开/关、关/关。将上述开关位置进行标记，并用 0～3 对所有可能的组合进行编号后，便得到了真值表，见表 12.1。将前两列中的项分别合并后，便得到了二进制数中的前四个数字，同时右列列出了其对应的十进制数，0 对应 00，1 对应 01，2 对应 10，3 对应 11。因此，一个由 n 个电气开关组成的系统可用二进制数 $(2^n - 1)$ 进行表示。

表 12.1　真值表

开关 A	开关 B	指定值
0	0	0
0	1	1
1	0	2
1	1	3

开关还可以执行多种任务,最基本的包括通过开关打开和关闭负载,如图 12.13(a)所示,这种开关又叫作单刀单掷开关(SPST)。

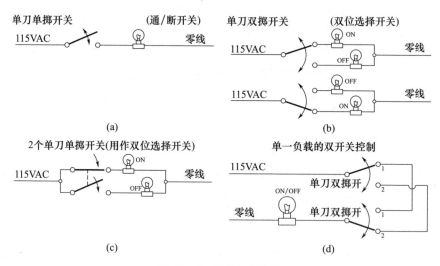

图 12.13　开关逻辑电路

图 12.13(b)描述的是单刀双掷选择开关(SPDT)可能放置的两个位置,这种开关用来交替驱动两个负载。图 12.13(c)中的一对机械耦合的通/断开关也能达到上述目的,而在电子电路中,人们常用晶体管或真空管代替通/断开关来模拟这一装置。

图 12.13(d)显示了一种根据两种不同的位置来控制负载的逻辑电路,这种设计广泛应用于家庭电路中,负责在走廊或楼梯两端开灯或关灯。在此情况下,普通的通/断开关是不行的,因为如果要对某一开关控制的负载产生某种影响,那么这种影响取决于另一开关所处的位置。因此,双位开关便可解决此问题。如果两个开关都位于 1 或者 2 的位置上,那么灯就亮了。对于不相等的开关设置,比如,一个开关位于 1 处,另一个开关位于 2 的位置,或者相反,此时灯不亮。

在控制电路中,开关大多由继电器代替,后者是一种通过低信号电流来控制强电流的装置。控制继电器能够将只有 10~20mA 的线圈电流切换至 10A,因此在 IBM MARK 1 计算机(诞生于 1944 年)的发展中,继电器也成了前者的一大基本构件。据报道,这台计算机发出的声音听起来像"一屋子的人在叽叽喳喳聊天",其面板占据了 8ft×50ft 的空间,整体重达 5t,包含约 75 万个元件。

图 12.14 中的单刀双掷继电器含有一个电磁铁,磁铁作用于装有铰链的铁制电枢上,电枢对触点进行支撑。当电磁铁的电流切断时,上触点接通,下触点断开。当电磁铁通电时,上述情形倒置。

"常闭"(NC)和"常开"(NO)这两个术语在梯形电路图中常常用到,指的是系统的断电状态。在用硬钢丝连接的逻辑电路梯形图中,所有元件都需显示其断电状态,即使这样会产生不切实际的电路组合(如两个开关互不相容)也一样。

单刀双掷开关(或双位选择开关)对应的电气元件是双稳态触发器,如图 12.15 所示,自电子管时代起就以多谐振荡器电路(埃克尔斯-乔丹电路)为人所知。双稳态触发器以一对相同的开关晶体管为中心,两者相互连接,交替开通和关闭两个不同的负载(R_9 和 R_{10})。机械开关在切断状态时精准地输出 0V 电压,在接通状态时输出 5V 的电源电压。相比之下,电子开关元件必须受基极-发射极之间的电位差,以及发射极-集电极之间的传输损耗的影响,所以额定的 0V 输出变成了零点几伏,而额定的 5V 输出却不足 5V。在晶体管-晶体管逻辑电路(TTL)装置中,对于一个 +5V 的电源电压而言,1 表示 2.4V~5.5V 的电压,0 表示 0V~0.6V 的电压。这两种状态通常称为 0 和 1,而不是以各自的电压表示。

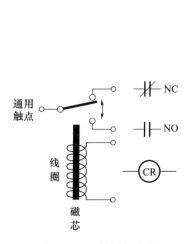

图 12.14　控制继电器

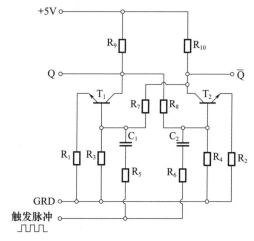

图 12.15　装有晶体管的双稳态电路

这两个开关晶体管横向连接,相互排斥,在一段给定的时间内,只能有一个晶体管处于开启状态(导电),所以不会发生同时切断和同时接通两种状态。当 T_1 导电时,其负载电阻 R_9 上的压降大部分施加于 5V 电源电压,所以集电极的电压降低,接近0V,同时阻止了 T_2 接通。

计时器发出了下一个正脉冲,脉冲穿过电容器 C_2 到达 T_2 的基极,并将其接通。所以,T_2 集电极的电压降至 0V,并通过 R_7 使 T_1 基极的电压降至零,T_1 切断。电路装置的状态发生了改变。计时器的下一个时间脉冲,通过电容器 C_1 触发了 T_1 的基极,因此状态又发生了改变,以此循环。

可以将一柔性导体与一个电阻串联,对任意一个晶体管的基极施加正电压,以此手动检测触发器。当触碰导电晶体管的基极时,什么也不会发生,但当触碰另一晶体管的基极时,该晶体管接通了,这说明其集电极的电压接近零。

集电极的信号流入输出端 Q 和 $\overline{Q}$。$\overline{Q}$ 处的输出与 Q 的输出相反,如果 Q = 1,那么 $\overline{Q}$ = 0,反之亦然。因此,需要两个时钟脉冲,才能使触发器从关闭状态变为接通状态,并从接通状态又变为关闭状态。所以,该设备也是一个分频器,生成两分频。例如,一个 2^{15} Hz 的时钟信号,在 Q 端的输出为 2^{14} Hz。将两个触发器串联后,输出降至 2^{13} Hz;将三个触发器串联后,降至 2^{12} Hz。在一石英钟里,一个 15 级分频器输出的脉冲为 1Hz,以此驱动秒针运作。从此开始,齿轮传动系统采用 1:60 的减速比来转动大指针,采用 1:12 的减速比来驱动小指针。

如图 12.16 所示,可将单相直流电转换成三相脉冲电压。该电路的工作原理与普通触发器的电路相似,因为在开关晶体管 Q_1、Q_2 和 Q_3 中,必须关闭 Q_2 才能产生基极偏压,接通 Q_3。例如,如果 Q_2 和 Q_3 均处于切断状态,那么其集电极的电压均为 +16V。同时,集电极通过 $10k\Omega$ 的电阻 R_8 和 R_{11},将信号流入基极偏压线路中,线路通过同样 $10k\Omega$ 的 R_3 电阻,将信号注入 -16V 的电源电压中。R_8 和 R_{11} 并联后电阻值等于 $5k\Omega$,这两个电阻与 R_3 组成了一个 1:3 的分压器,向 Q_1 的基极施加 16 + (2/3) × (16+16) = +5.3V 的偏压,使 Q_1 导电。该状态一直持续,直到下一个正触发脉冲克服了 Q_2 的负基极偏压,使 Q_1 的基极偏压为 0V,Q_1 处于切断状态为止。

照此方式,Q_1、Q_2 和 Q_3 依次接通,相继生成三个连续的输出线路,线路分别标记为 U、V、W。这些输出仍然是直流脉冲,不过可以将其转换成真实的交流脉冲,方法是利用这些输出来启动传统触发器。触发器轮流与一个中心分接的电源的 +E 和 -E 电源线相连。此电路的相间电压不包含正弦波的三次谐波,如图 12.17 所示,防止该电路在方波驱动的交流电机中产生"嗡嗡"的噪声。

由于这一装置需要三个触发脉冲才能在任意输出 U、V、W 中的一个脉冲,所以可用三值触发器对一给定频率进行分频,生成三分频。三个三值触发器的计数能力已经达到 $3^3 - 1 = 26$。如果数字技术建立在以 3 为基础的计数系统而不是以 2 为基础的二进制上,那么数字技术最终会发展到什么地步?触发器的设计可以与数字开关元件相结合,如与门和或非门,如图 12.18 所示。只有当两个输入均为高电平时,与门才会输出高电平。当其中一个或两个输入为低电平时,不产生任何输出。当其中一个或者两个输入高电平时,或门输出高电平。或非门与或门对应,当两个输入均为 0V 时,或非门输出高电平。在其他情况下,例如,一个输入处于接通状态,另一个关闭,或者两者倒置,或者两者都接通,那么或非门的输出总为 0V。

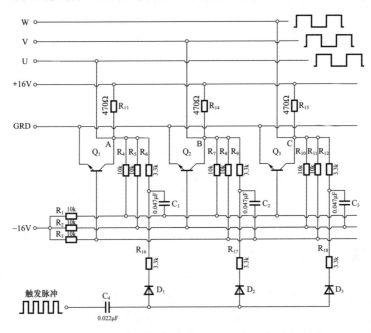

图 12.16　直流电转换成三相交流电的触发器电路图

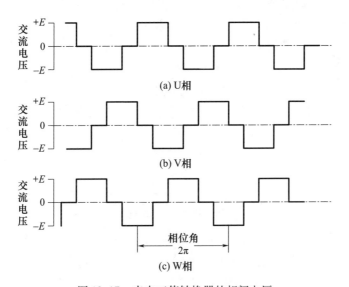

图 12.17　来自三值转换器的相间电压

299

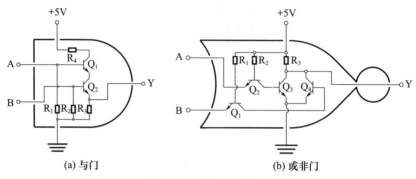

(a) 与门   (b) 或非门

图 12.18 　与门和或非门

图 12.18 为与门芯片和或非门芯片的 X 射线图。与门在发射极从动件的配置中使用了一对串联的晶体管,如图 12.18(a)所示。当 A 和 B 都是高电平(+E),发射极的电压就会变高,并且这两个晶体管的基极也是如此,从而使晶体管导电。发射极从动件的优越性是稳定性和低输出阻抗;然而,发射极电阻 R_3 及负载电阻 R_4 的比值必须足够高,才能使 $ER_3/(R_2+R_3)$ 的输出近似值达到某一范围,从而使晶体管 – 晶体管逻辑电路处于接通状态。

另外,或非门使用一对并联的开关晶体管,如图 12.18(b)所示,因此每个晶体管都能单独将负载打开或者关闭。该装置的工作原理是将输入直接流入 Q_3 和 Q_4 的基极中,但是半导体基极 – 发射极之间的连接点的阻抗很低,从而产生了一个输入阻抗低但电流消耗高的装置。因此,加入了晶体管 Q_1 和 Q_2 作为阻抗变换器。

门电路可用于触发器的电路设计中,就像图 12.15 中的晶体管一样。图 12.19 中的或非门交叉耦合,因此相互排斥。当 K 和 J 的输入为 +5V 时,触发器进行状态切换,对时钟脉冲作出反应。

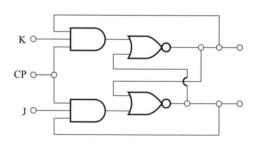

图 12.19 　JK 触发器的逻辑电路

图 12.20 显示的是一个由 4 个 JK 触发器组成的二进制计数器,在前排中的第一个触发器上,脉冲作用于时钟(CLK)的端口,使输出在 Q =0 和 Q =1 之间切换。时钟输入的前端有一个小圆圈,表示触发器在后缘进行切换,时钟信号从高变低。

300

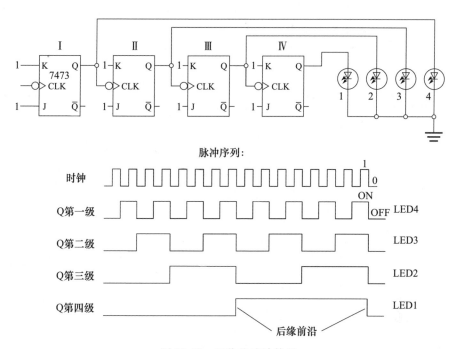

图 12.20　四位纹波计数器

只有在触发两个时钟脉冲后,Q 第一阶段的输出才能从 0 转换到 1,然后再从 1 转换到 0。所以,Q 的输出频率等于时钟输入频率的一半,因此这一装置也叫作 "一比二计算器"。根据这一逻辑,第二级电路输出的频率为时钟频率的 1/2,第三级和第四级为 1/4 和 1/8,最后一级为时钟频率的 1/16。当计时结束后,4 个 LED 灯用二进制代码显示时钟计数,见表 12.2。

n 级计数器能处理的最大计数为 $2^n - 1$,那么图 12.20 中的计数器所对应的计数能力为 $2^4 - 1 = 15$ 或者二进制数 1111。这意味着,在那个阶段 4 个 LED 灯都亮。注意,计数以 0 为起点而不是 1,这说明时钟发出的第一个脉冲对第一个触发器进行重置,同时没有任何 LED 灯亮。只有当第二个脉冲被触发时,才对第一级的状态进行转换,所以 Q 输出高电平,同时第四个 LED 灯亮,输出(LED)的相继组态列于表 12.2 中。

一个 8 级计数器的计数输出高达 $2^8 - 1 = 255$,因此在 ASCII 字符的字母表中有 255 个符号。如果是 20 级电路,那么计数就超越了 100 万的范畴,但采用电线对计算机的多级电路进行硬连接将是一项艰巨无比的任务。

图 12.21 为 7474 TTL 计数器芯片的触点配置图,该装置名为"上升沿触发式双 JK 触发器"。顾名思义,该芯片包含两个 JK 触发器,所以两个这样的芯片可以发挥图 12.20 中的计数器的功能。每运行一个 7474 芯片,需要约 17mA 的电流

301

量,能处理高达 25MHz 的频率。与普通的 TTL 逻辑设备一样,其输入阻抗和输出阻抗很低,因此不受寄生泄漏电流和静电放电的影响。由于输出阻抗低,芯片可以直接与其他 10 个 TTL 负载或者 LED 灯相连,中间无须采用激励级。

表 12.2　四位纹波计数器的输出组态

时钟脉冲序号	LED 1	LED 2	LED 3	LED 4
1	0	0	0	1
2	0	0	1	0
3	0	0	1	1
4	0	1	0	0
5	0	1	0	1
6	0	1	1	0
7	0	1	1	1
8	1	0	0	0
9	1	0	0	1
10	1	0	1	0
11	1	0	1	1
12	1	1	0	0
13	1	1	0	1
14	1	1	1	0
15	1	1	1	1

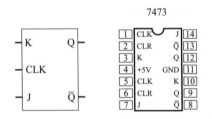

图 12.21　JK 触发器的符号和芯片布局

如果某一计数器由多个串联的触发器组成,这样的计数器就存在缺陷。在一个 7474 触发器中,输出端由高电平变为低电平的传输延迟时间为 30ns,从低电平到高电平为 25ns,总计 55ns。这样的量级显然不足以在图中显示出来,但是随着计数器的计数级数越高,误差也就不断累积。在一个 20 级的计数器中,时钟脉冲到输出脉冲的延迟时间高达 $20 \times 55 = 1100$ns。然而,计数器的容量呈指数性增长(2 次幂),而延迟时间只是简单的加法运算。例如,对于 40 级的计数器而言,其延

302

迟时间为 $2.2\mu s$,但是其计数能力却扩大至 $2^{40}-1\approx1.1\times10^{12}$。尽管如此,这种计数器由于其传输延迟的传递特性,因此称为异步计数器或者纹波计数器。

图 12.22 中的同步计数器通过对所有级数的电路同时计时,并使用与门以确定哪一级电路应作出反应,从而避免了涟波效应。

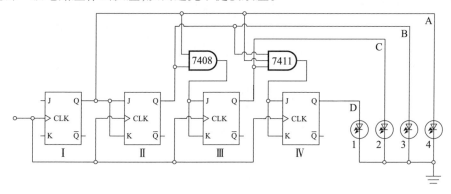

图 12.22　同步二进制计数器

尽管 TTL 逻辑装置有着许多引人注目的特性,但随着手提式电池供电设备(如笔记本电脑和游戏机)的革新,这一装置在某种程度上渐渐没落了。同时,互补金属氧化物半导体(C – MOS)系列芯片对电力的消耗极低。74C74 或 4027 芯片,与 7474 TTL 芯片功能相对应,但所需电流不足 8mA。TTL 设备需要 5V 的稳压电源,但大多数 CMOS 芯片对于 +3V ~ +15V 之间的任何电压均适用。

就 CMOS 设备而言,当电压达到一半水平时,设备从高电平(1)传输至低电平(0);而在 TTL 电路中,2.4V ~ 5.5V 表示逻辑 1,0V ~ 0.6V 表示逻辑 0。

12.11　LED 灯的诞生

当获得了计数结果后,便将二进制计数器的输出转换为可读数字。早在 20 世纪 30 年代,一种名为"数码管"的数字显示器就使用了一种微缩型的气体放电管;但是,直到 50 年代数字电子技术问世时,数字显示器才变得至关重要。数字管有多个阴极,每个阴极可呈现 0 ~ 9 的数字形状,阴极位于高度稀薄的氖气体中,下方是一个带有金属丝网的阳极。

7 段式 LED 芯片如图 12.23 右侧所示。芯片将 7 个细长的发光二极管组合成数字,该数字与阿拉伯数字非常相似。

将计数器的二进制输出转换为十进制数需要两步,如图 12.23 的上下两部分所示。以二进制数 1010 为例,信号首先穿过一对串联的倒转器,这种装置将原始输入 1010 调换后,生成数字 0101,做进一步处理。

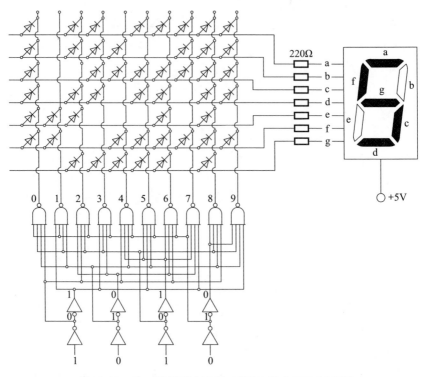

图 12.23 从二进制到十进制,再到 7 段式 LED 解码器

在这 10 个各带有 4 个管脚的与非门中,每个输出门需要 4 个高输入才能运行。在此例中,第 5 个门电路的四个管脚均位于高电平(接近 +5V)上,因此输出一个低电平。沿着示意图中的粗线走,可以发现芯片的输入为 1、0、1、0,十进制数 5 对应的二进制数。从 0(0000)~9(1001),每个数字均有一组特定导体聚集在适当的与非门上。

第二步发生在矩阵变换器中,如图 12.23 上半部分所示。可以把它连接到一个电路板上,或者照此蚀刻一个印制电路板。甚至还可以设计出专用矩阵,因为这一装置可以将电路上几乎所有的内容转换为其他的内容。通过电场中温度和压力传感器发出的电信号,类似于图 12.23 的矩阵可以用来关闭或者开启某化工厂管道中的选定液压阀组或气动阀组。传感器的信号转入矩阵中垂直方向上的输入,而水平支线则启动继电器,为阀门驱动装置供电。

控制一个 7 段式 LED 灯是一个简单应用,人们通常使用二极管,将这 10 个与非门的输出与 LED 上对应的二极管相连。如果使用电线而非二极管,那么整个矩阵将会产生寄生性交叉连接的情况,导致显示混乱。

在此例中,5 个二极管将与非门 5 的输出,以及显示屏上的线段 g、f、d、c 和 a 相连。当将 LED 灯所有的阳极全部连接到正电压电源后,电流从 +5V 电源处开始流动,经过一个串联的限流电阻及 LED 灯的对应区域,然后流向负极。在此过程中,电流便激活了显示芯片的对应线段。

如果是多数位的读数,那么电路将按照需求重复运行,而到目前为止,芯片上有一个门电路还未使用,它将用于显示屏之间的切换。

12.12 模拟量的数字测量

数字技术十分适合物理量,如温度、压强、应力、应变、电阻、电压等的测量,其测量精度远远高于模拟式测量的精度。

其主要的控制元件均为传感器,可分为气动传感器(将测量值转换为压强)和电传感器(转换成电压或电流数)。前者的输出范围为 3psi~15psi,后者的输出范围为 0V~5V 或 4mA~20mA。

数字测量归结起来,就是将传感器的输出转换成脉冲序列,并从脉冲计数中得出被测变量的量级。因此,数字测量的精确度取决于传感器输出的准确度和脉冲计数器的分辨力。例如,100 个脉冲的计数精度不会超过 ±1%,这是因为在最后两个时钟脉冲之间模拟电压的输入可能使计数停止了。为了突破 1‰的极限,需要 $2^{10} = 1024$ 个脉冲。

12.13 模/数转换

将模拟输入转换成数字输出有两种方法:一是将输入转换成脉冲序列,然后与数字计数器的输出进行对比;二是将输入(大多数情况下是传感器的电压输出)与数字生成的参考电压进行比较。

在第一种方法中,关键性元件是数模转换器(DAC),如图 12.24(四位二进制输入)所示。与其他大多数模数转换器相比,这一设计更加直接和简便。它采用了一个 R/2R 电阻器梯形电路,电阻将这 4 个数字输入(D_0、D_1、D_2 和 D_3)的模拟输出变成数字输入的一半,以此分别加大这四个二进制输入的权重。因此,D_3 便成了该梯形电路中最重要的有效数字,其次是 D_2、D_1 和 D_0。综合输出电压是经一个运算放大器放大,放大器带有反馈电阻器 R_f,反馈电阻器生成负输出。如果电路中又加入另一个运算放大器,将负输出转换成正输出,那么情况就不同了。数模转换器的芯片在 0V~10V 的范围内工作,采用 12 位的分辨率。

对于第二种方法,即电压 – 数字转换,需要将输入电压与来自一分压电阻的某电压进行比较,或者与多个并联在一起的电容器的负载进行比较。

此处的基本元件是电压比较器。只要输入电压小于预置的参考电压,该芯片便输出低电平;当输入电压超过参考电压,该芯片输出高电平。图 12.25 中的比较器电路采用一个差分放大器,由两对 PNP 晶体管组成,晶体管呈达林顿组态(Q_1/Q_2 和 Q_3/Q_4),并由 $3.5\mu A$ 及 $0.1mA$ 的电源供电。其输出流入另一个差分放大器(此时为 NPN 晶体管 Q_5/Q_6 中),这对晶体管控制最后一级的达林顿晶体管 Q_7/Q_8,后者的集电极呈末端开口的组态。

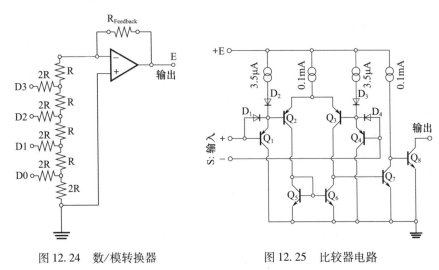

图 12.24 数/模转换器   图 12.25 比较器电路

输入电压分别到达 Q_1 和 Q_4 的基极,然后放大,并增加了 Q_2 和 Q_3 的基极的偏压。PNP 晶体管(Q_2 和 Q_3)与 NPN 晶体管(Q_5 和 Q_6)串联的方式,类似于模拟音频放大器的 B 类推挽式输出电路,不过比较器的最后一级电路(包括达林顿管 Q_7 和 Q_8)又一次作为 A 类放大器进行工作。在正常情况下,Q_8 的集电极将通过一负载电阻连接到 +E 上。但是,如果集电极的端口保持开路的状态,将输入输送至外部电路中,那么集电极就可以用正电压与 Q_8 互连,但是除 +E 芯片电压以外,如 TTL 逻辑电路中的 +5V 电压。

像电子管电压表(VTVM)中的一样,差分放大器使比较器电路成为独立的回路,同时达林顿晶体管的使用也大大提高了电路的灵敏度,即使是几毫伏的电压,也能产生两个不同的输出 0 和 1。这点对于由比较器控制的电路的精度而言至关重要。

电容器是闪速转换器的基本元件,而闪速转换器是所有转换器中数据传输速度最快,也是吞吐率最大的组件。图 12.26 所示的电路,其运行方式是通过比较未知电压与梯形电阻(分压器)节点处的电压实现的,梯形电阻位于地线与 10V 稳压 +E 电源之间。

该梯形图的梯级为 1V,如图 12.26 所示,允许误差仅为 $\pm 10\%$,因此,闪速转换器的应用范围局限于技术含量低的小装置中,后者常常用发光二极管来代替数字读数器。此类 LED 灯列偶尔还会出现在玩具和业余爱好者的设计中,如电压检验设备。后者带有一竖排的 LED,读取方式类似于水银温度计中的汞柱。然而,

306

人们需要对分压器1V的梯级进一步细分,因此发展出了拥有更多级数的闪速转换器。

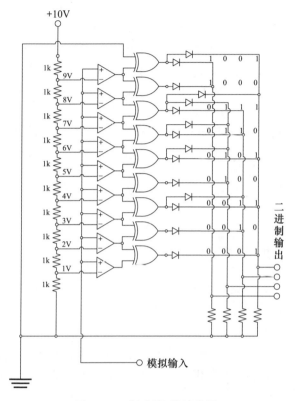

图 12.26　闪速模/数转换器

在图 12.26 中,转换器的组件是比较器、二极管和异或门。只有当两个输入均为高电平时,与门才能输出高电平;若两个输入中有一个为高电平,则或门输出高电平。显然,如果两个输入均为低电平,那么输出为低电平。但是,在两个输入都处于高电平的情况下,仍然不足以确定输出是高电平还是低电平。

这种不确定性促使了标准或门(两个高电平输入对应产生一个高电平输出)和异或门(两个高电平输入对应产生一个低电平输出)两类或门的发展。归结起来,根本原因在于异或门的特性,即只要两个输入的电平相同(不管是高电平还是低电平),就会输出低电平;如果两个输入不同,则异或门输出高电平。

这一工作模式有助于解释图 12.26 中转换器的工作原理。转换器的前端有9 个比较器,所有的正输入均与未知的模拟电压相连接,同时负输入得到1V、2V、3V、…、9V 的梯级电压。如果将闪光灯电池的6.3V 电压作为未知的模拟电压,那么在该梯形电阻中,1V ~ 6V 的端口(包括6V 端口),其正输入均高于1V、2V、3V、…、6V 的梯形电压,所以各个端口的输出为高电平。另外,在此分压器中,端口为7V 及

307

以上的比较器还有三个,其正输入电压低于负输入电压,所以三者的输出均为低电平。因此,在 7V 节点以上的异或门中两个输入均为低电平,而 6V 以下的异或门两个输入均为高电平。根据该原理所有异或门的输出为低电平 0。只有 6V 和 7V 之间的门电路输入不同(正输入为低电平,负输入为高电平)时,输出为高电平。

6V 和 7V 之间的门电路通过二极管连接到第二根及第三根二进制输出线上,所以输出高电平,而最左边以及最右边的输出线输出为零。就这样得到了二进制数 0110,即十进制数 6,表示当前未知的模拟电压输入为 6V。对于一个只有 10 级的转换器而言,电压输入的小数部分没有显示出来。

实用性电压转换器必须具备更多的级数,但是就闪速转换器的组件而言,其类别数量有限制。迄今为止,8 数位的商用型闪速模/数转换器芯片带有 $2^8 - 1 = 255$ 个组件,而拥有 1023 梯级的 10 数位转换器仍处于研发阶段,有望达到 0.1% 的分辨率。即便如此,输出每增加一位数,比较器的数量就会增加 1 倍,这大大阻碍了转换器进一步的发展。

此外,闪速转换器中的所有组件均在同一周期内同步工作,而不是像其他的装置一样通过时钟脉冲序列进行运作,因此闪速转换器是同类型中速度最快的仪器。

12.14　逐次逼近式转换器

逐次逼近式转换器使用二进制级数的电容器,以得到与未知电压输入相等的电压。与闪存转换器中串联的电阻不同,逐次逼近式电路中的电容器是并联的,因此其总电流是所有分电流之和。

这一概念基于电的基本定律,即电容器的电荷 Q 与其电容 C 和外加电压 E 之间的关系可由公式 $Q = CE$ 表示。重新排列后,可得到电荷量为 Q 的电容器的电压 $E = Q/C$。例如,一个 0.1pF 的电容器,当电压达至 $E_o = 10V$ 时,所容纳的电荷量 $Q = 10 \times 0.1 \times 10^{-6} = 10^{-6}$(C)。如果电荷量缩减至一半,那么电容器输入端与输出端之间的电压则降至 $E/E_o = 0.5 \times 10^{-6}/10^{-6} = 0.5$,$E$ 变成了 5V。

从这里开始,一个参考电压为 10V 的逐次近似转换器软件将对 6.3V 的输入进行转换。其过程如下:

首先,模拟输入为 $E_x = 6.30V$,电压传输至电路内置的比较器的一个端口上,而处理单元将一半的参考电压(10/2 = 5(V))导至另一端口,所以此时输出为低电平。这就向处理器发出一个信号,要求其下次寻找一个更高的电压,该电压为量程上限值一半,即 (10 + 5)/2 = 7.5(V)。得到这一输入后,电容器的输出变为高电平,接着处理器继续输出,下一个值较低,即 (5 + 7.5)/2 = 6.25(V)。由于该值低于 E_x,因此得到了一个低电平输出。继续尝试 (6.25 + 7.5)/2 = 6.875(V) 电压,又得到了一个高电平输出。接下来是 (6.25 + 6.875)/2 = 6.5625(V),仍然是高电平输出。接着又是(6.25 + 6.5625)/2 = 6.40625(V),依旧是高电平输出。再继续,得到(6.25 + 6.40625)/2 = 6.328(V)。依此类推。在这些值中不难发现第三步得到的6.25V比第四步得到的6.875V更接近模拟输入。另外,由于不知道模拟输入的真实值,所以系统无法确定某一个推测值究竟有多么近似。系统只能继续缩小其选择范围,使可识别值(在本例中为6.328V)尽可能地接近未知的输入值。

这种方法的精确度取决于该程序的最大步骤数。经过上述7个步骤后得到的最终结果,距6.300V的输入相差0.028V,因此误差范围为0.028/6.3 = 0.44%。要达到数字仪器的预期高分辨率,就需要引入更多的步骤,每一步骤需要一定的处理时间,用于比较 E_x 和数字电压,并计算出一个新值(或者更高的近似值)。因此,随着处理时间的增加,逐次逼近式转换器使未知的模拟电压达到任意精确度的能力也就逐渐减弱。

12.15 斜率/积分模/数转换器

与逐次逼近式转换器相比,斜率/积分模/数转换器根据电容器 C_1 从一恒流电源充电到 E_x 电平所需的时间,推导出未知的模拟电压 E_x,如图 12.27 所示。

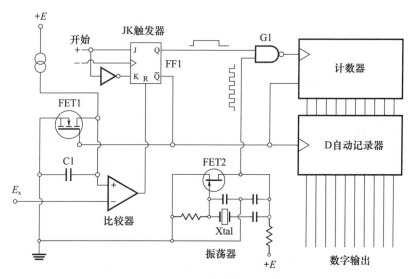

图 12.27　斜率/积分模/数转换器

触发器 FF1 一经启动,就开始了测量周期。触发器使输出端 Q 转成高电平,输出端 $\overline{Q}$ 转成低电平。与 CI 短接的场效应晶体管 FET1 开始停止导电,并使电容器开始进入充电循环。

只要 JK 触发器 FF1 的输出 Q 一直保持高电平,与非门 G1 就能将脉冲从晶控振荡器传导到计数器上。这一过程持续进行,直到电容器两个端口之间的电压等于未知电压 E_x 为止,此时,比较器的高输出转变为低输出,切断了触发器 FF1 的输出端 Q,并使输出端 $\overline{Q}$ 导通。晶体管 FET1 启动电容器,并使电容器的电流流出,使后者保持这种状态,直到触发器再次启动一个新的测量周期为止。更重要的是,与非门 G1 停止向计数器传输振荡周期,于是计数器的输出便储存在 D 自动记录器中,后者将输出转换成数字读数。该原理类似于图 12.23 所示的解码器。

斜率/模/数转换器的派生装置为双斜率转换器。前者在每个周期结束后便会清零重置,而双斜率转换器则将其积分器调低或者调高。如前所述,电容器先充电至未知电压的水平,但在每个循环结束后不再分流,而是通过施加一个精确的负电压逐渐放电。

根据充电时间 T_1 及电容器的放电时间 T_2(通过连接到负参考电压 E_{ref} 得到),未知电压 E_x 与已知电压 E_{ref} 之比为 $E_x/E_{\text{ref}} = T_2/T_1$。由于 T_1 和 T_2 都是由来自同一时钟的脉冲频率测量出的,因此时钟在运行过程中出现的任何不规则行为均可不予考虑。

斜率/积分模/数转换器具有良好的稳定性和高精度优势,已成为电路设计人员的普遍选择。

第 13 章
自动化仪器的发展

　　自动化和自动虽然很相似,但是代表不同的概念。自动机械旨在无人工操作的情况下,生产一组特定的零件,同时即便出现任何意外情况(如钻头磨损等),生产流程也不会停止,因此这种情况下带来的产品只能成为次品。

　　自动化将最终产品的参数与规定参数进行比较,从而避免了上述不足。任何误差都会生成一个偏差信号,用以校正此生产流程。

　　当将行为产生的实际结果与预期结果进行比较,从而生成偏差信号时,这一原则就以此指导着人类的行为。例如,当第一次开车前往一个新的工作地点时,所用的时间往往比较长,随着次数增多,时间就慢慢变短,这是因为在路上总会将预期结果(最短行程时间)与实际结果(所花费的时间)进行比较,并从中得出更快捷的路线,直到将每日的行程时间降至最低为止。

　　同样,学生也会合理安排其精力,从而解决预期结果(全优)与实际成绩不对等的问题。

　　在物理学和工程学中,通过输出特性来控制操作的过程称作反馈。在这个以汽车为中心的世界中,一个早期的例子是宝沃公司设计的汽车 Isabella,这是 20 世纪 50 年代末,每个 14~49 岁的欧洲人梦寐以求的理想车型。卡尔·宝沃(Carl F. W. Borgward,1890—1963)在当时是除了真正的汽车大亨外,德国经营时间最长的汽车制造商之一,其汽车品牌 Isabella 就含有这种新式装置,由反馈控制的气动悬挂装置。

　　有了标准汽车减震器后,悬架弹簧在减速带和路面上其他不规则物的冲击下,会向下压;而在加注润滑油后,弹簧在弹回时,乘客不会被弹飞。

　　与之相比,宝沃公司的自动化装置使车身与路面保持一固定间隙,而不受荷载和路面颠簸的影响。与此同时,若有任何偏离此设定值的情况,自动化系统随时对差值进行矫正。尽管这一装置很简单,但它已经涵盖了自动化系统的一整套理念。

　　输入被定义为来自某外源的刺激,比如,在警察上半身的重量下,车身受到的压力增加,从而引发了控制系统的预期反应。

　　输出指的是该反应的量级。由于汽车反应的程度是由输入值决定的,所以宝沃公司的汽车属于闭环结构。相反,开环结构以人工操作为准则,进行此类调整。

控制变量确定了系统的状态。而被控变量则是使控制变量保持在设定值的水平上。在宝沃公司的例子中,控制变量是汽车高于路面的间隔,而被控变量是减震器的内压力。

出错信息是控制变量的理想状态与实际状态之间的差异,其作用是反馈。在系统开始校正误差之前,允许发生误差,所以反馈控制器这一概念就好比是寻找双曲线与其渐近线相连接的点。

13.1 恒温器

恒温器(包括调节室温的仪器)是开关型的反馈控制系统,如图 13.1 所示。当室温高于设定值时,恒温器将空调启动;当室温低于设定值时,恒温器将空调关闭。大多数的恒温器利用一个双金属条实现了这一功能。双金属条缠绕在一线轴上,呈螺旋状,控制着水银开关的角位置。

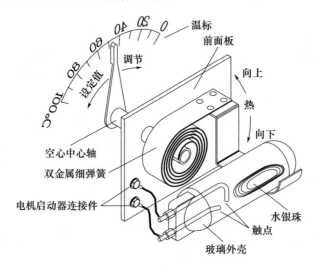

图 13.1 室内恒温器

由于在双金属螺旋线圈中内侧的金属具有较高的热胀系数,所以螺旋线圈随着温度的升高而展开,使开关倾斜至某一位置。此时,小瓶中的水银珠向左倾斜,并将空调触点连接起来,从而驱动空调的电机启动器。由于螺旋线圈的内端通过焊接技术与中心轴相连接,因此通过旋转中心轴及相连的指针便可对室温加以调节,指针指示恒温器刻度表上一般有摄氏度或者华氏温度两类刻度。

为了避免电机启动器发生颤振,在操作水银开关时需要一定程度的惯性。水银珠和玻璃外壳之间存在摩擦,致使水银珠产生的角位移不明显,不足以使水银珠超过导通点。如果要使水银运动并启动电动机启动器,那么水银开关还需要再倾斜点。同样,向另一侧倾斜类似的程度,也可中断连接。可以使玻璃外壳的中间稍微向上弯曲,水银就必须克服重力,从"关闭"位置转换到"启动"位置(或者相反),以此加强滞后效应。

在控制系统这一术语中,环境温度是输入,而输出指的是发送到电机启动器开关的"关闭"或"启动"信号。偏差信号是双金属细弹簧的设定值与实际温度之间的差值。

双金属温度计与恒温器的使用受到某一特定温度范围的限制,在这一温度条件下,制成细弹簧的金属材料不会发生任何形变。与钢件退火硬化的过程一样,当温度达到200℃以上时,钢的微观结构发生了变化,并且可根据坯料上的变色情况来识别这种变化。随着硬度的逐渐降低,钢材在210℃时变成淡黄色,在250℃时变成茶色。大多数商用恒温器的额定使用范围为0℃~160℃,在这种情况下,双金属条的膨胀和压缩过程是绝对可逆的。

13.2 电子式温控器

如果温度超过了双金属恒温器的额定范围,那么可使用电阻温度表传感器。镍制灯丝测温范围为-60℃~180℃,铂制灯丝测温范围为-220℃~850℃,传感器通常封装在玻璃或陶瓷外壳中。电阻温度表传感器作为感应装置,与电子式温控器一同使用,后者根据传感器的电阻来测量和控制温度,见表13.1。

表 13.1 标准测温电阻器的电阻

温度/℃	铂电阻/Ω	温度/℃	镍电阻/Ω	铂电阻/Ω	温度/℃	铂电阻/Ω
-220	10.41	-60	69.5	76.28	200	175.86
-200	18.53	-40	79.1	84.21	250	194.13
-150	39.65	-20	89.3	92.13	300	212.08
-100	60.20	0	100.0	100.00	350	229.70
-80	68.28	20	111.3	107.80	400	247.07
		40	123.0	115.54	450	264.19
		60	135.3	123.24	500	280.94
		80	148.2	130.91	600	313.38
		100	161.7	138.50	700	344.59
		120	175.9	146.07	800	374.61
		140	190.9	153.59	850	389.23
		160	206.7	161.06		
		180	223.1	168.48		

与恒温器相比,温控器精确度更高且功能更具多样化,比如,无信号关闭阀、开/关或单闭模式等。在开/关或单闭模式下,当受控系统(如工业炉)一旦达到设定值温度,用户可选择是否令其保持恒温,或者立即终止加热过程。

无信号关闭阀防止传感器发生故障时,出现过度加热的情况。测温电阻器的外形与电灯泡相似,其灯丝随着时间和振动而产生耗损,同时热元件一旦老化,便会在两根不等长的金属丝的焊接连接处裂开。在这种情况下,如果不加以抑制,那么随着温度不断升高,灯丝甚至会熔化。

机械式温控器将这一部件永久性地嵌入内部中,只要指针在刻度的零点附近摆动,温控器便不会启动。为了启动加热功能,控制器必须用一个外部的启动开关进行分流。外部开关最好采用按钮式,一键可使弹簧复位。

图13.2是一种测量传感器电阻的惠斯通电桥式电路。电表连接在固定电阻 R_2 和电位计 P_2 的结点,以及固定电阻 R_4 和测温电阻器 R_t 的结点之间。电位计 P_2 的电阻与传感器在0℃下的值相匹配,电位计 P_5 负责调节电表的灵敏度以及测量的范围。需要对 P_5 进行校正,以便对电表的满刻度偏转进行校准,而传感器则保持在电桥的额定最高温度上。

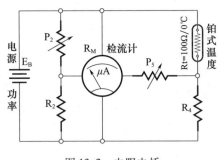

图13.2 电阻电桥

为了达到这一目的,没有对探针进行物理加热,而是用虚拟电阻代替传感器。由表13.1可知,对于范围为0℃～200℃的虚拟电阻,其电阻值为175.86Ω。需要用一个100Ω的虚拟电阻来调整 P_2,以便校对电表的零偏转,除非将传感器置于恰当的位置,使其浸入冰和水的混合物中。

由于 R_M 是电表的内电阻,那么从一组给定的电桥电阻(R_1～R_4)经过的电流量可根据下式得出

$$I = E_B \left(\frac{R_t}{R_t + R_4} - \frac{P_2}{P_2 + R_2} \right) \Big/ \left(\frac{P_2 R_2}{P_2 + R_2} + \frac{R_t R_4}{R_t + R_4} + R_M \right)$$

当固定电阻和电位计的电阻值确定后,上述等式便简化至一个简单的分数,便于用计算器计算温标的刻度。

值得注意的是,这一公式显示了仪表电流 I 与电源电压 E_B 的直接相关性,这说明了一个精确的稳压电源是使该电路正常运行的必要条件之一。电子温控器的

电路如图 13.3 所示,三个 REF102A 基准电压片串联在一起后,生成了 30V 的基准电压,基准电压片控制着运算放大器,后者为三线制电桥电路提供稳压电源。三重电桥电路包含设定值电桥、测量电桥和开关电桥三个惠斯通电桥。

温控器使用同样的仪表来读取探头的温度以及设定的温度,其中选择开关 SW_1 可以在两者之间切换。然而,如果采用同一电源对所有的电桥电路进行供电,那么设定值电桥和测量电桥之间会产生相互作用,对开关电桥产生不必要的影响,并使温度读数因设定点温度的变化而失真;反之亦然。为了避免这一情况,温度和设定点的读数都采用多路传输的方式进行读取,因此信号强度测量电桥采用的是来自电源的正半波交流电,而偏差信号电桥采用的是负半波交流电。同时,用二极管 D_1 和 D_2 进行区分。

设定值测量电桥包括精密电阻 R_1 和 R_3,后者与电压计 P_4 相结合,电压计负责对设定值进行调整。R_5 和 R_6 在设定值和温度传感器之间构成了一个测量电桥,将其输出传送至信号放大器中。在该电路中,这一部分与其余两个电路在运行过程中相位相反,目的是防止相互干扰。某一电路关闭时,另一电路便启动;反之亦然。

测量电路中的四极双掷选择开关 SW1 可以在温度和设定值读数之间切换。二极管 D_3 防止仪表产生突增的瞬间电压,该电压超过了硅二极管 0.6V 的正向电压降,这样一来,不会产生偶发性的电涌,烧坏仪表的线圈。电容器 C_1 的作用是使脉动直流电源保持平稳。

在这一测量电路中,使用了 $200\mu A$ 达松伐尔电表,它具有足够的灵敏度,能够直接显示出温度。相比之下,即使偏差信号发生极小的变化,也应当在"开"和"关"之间做出切换,这种控制功能需要一个信号放大器,能够对极小的输入作出反应。不过,当环境温度和设定的温度达到极值时,信号放大器还需处理由此产生的高误差电流。因此,晶体管 Q_3 和 Q_4 通过二极管,将其基极电流分转至地线上,避免过载,而地线将发射极 – 基极的电压限制至 0.6V。R_{16} 和 R_{17} 是集电极 – 基极电阻,负责产生基极偏压;同时,这两个电阻对负反馈进行控制,使元件运行稳定。

晶体管 Q_1 和 Q_2 位于前端,产生前置放大作用。这两个晶体管直接耦合,并通过电阻器 R_{18} 的负反馈保持稳定。

功率晶体管 Q_5 负责向三极双掷控制继电器 CR_1 的线圈供电,后者负责打开和关闭负载的电源。与功率晶体管一起,线圈与位于电源变压器二次绕组上的一单独线圈相连,这样一来,继电器对间歇电流的需求不会引起其他支路的电压波动。

如果测温电阻器的灯丝断裂,或者放大器组件出现故障,意外产生了零信号输入,那么电阻 R_{15} 向晶体管 Q_5 的基极提供正偏压,导致 Q_5 停止工作,同时继电器中断工作。

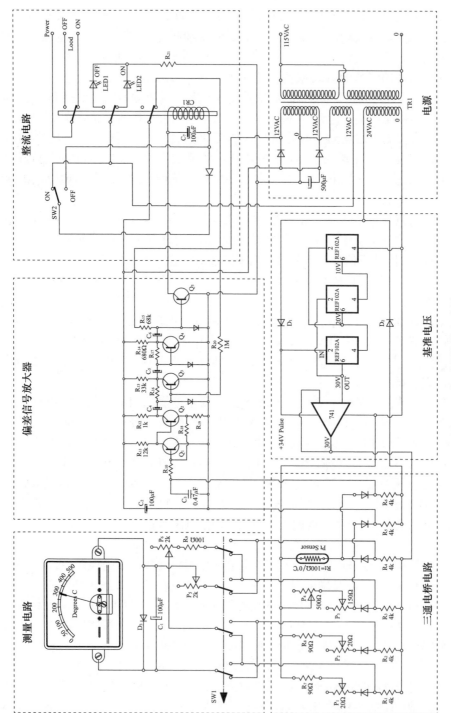

图13.3 电子温控器电路图

316

继电器的颤振现象指的是当系统温度在设定值附近变化时,产生一系列急促的"开"和"关"回合,需要通过底部的一对继电器触点加以规避。通过 $1M\Omega$ 电阻器 R_{20} 向 Q_3 基极的反馈,继电器触点锁定在了"开启"的位置上,直到偏差信号的强度足以克服这种偏压为止。同时还可对 R_{20} 的值进行选择,对这一锁定范围进行扩大或者缩小。

继电器中心触点的作用在于,通过激活蓝色或红色 LED 面板灯的方式显示该装置的状态。而位置最高的一组触点,其作用是打开或关闭负载的电源。

温控器电源变压器上的一次绕组由两个交流电压 115V 的线圈组成,线圈带有可进入的端子。对于 115V 的交流电源,线圈显示为并联方式;对于 230V 的交流电,线圈必须串联。

电源变压器的二次绕组从一个中心抽头的两个 12V 线圈绕组处,向测量放大器供电。线圈绕组将输入传送至全波整流电路中,后者与电容器 C_7 一起使输出变为 15V ~ 16V 的直流电。另一个 12V 交流电的线圈绕组为控制继电器 CR_1 供电,而 24V 交流电的线圈绕组连接到电压控制器,并从那里连接至三线制电桥电路。

13.3　开/关控制器的运作

简单地说,只要被控系统(如电炉)中的温度保持在设定值以下,那么图 13.3 中的控制器就一直使负载处于开启状态,同时当温度上升并超过设定值时,控制器便会切断负载。这与误差信号的大小无关,即与设定温度和系统温度之间的差值无关。

正如图 13.5 中的高温炉所示,温度传感器的位置靠近控制系统的测温中心点,负责开启和关闭加热元件,无须考虑加热元件本身的温度。这就使得传感器的温度低于热元件的温度,并且早在控制器切断之前,热元件的温度就已经超过设定值。即使此时电源已经切断,储存在热元件及其支座上的过度热能导致高温炉内的温度继续上升,此状态一直持续到热元件和高温炉的温度在某点上达到一致为止,这一平衡点高于设定值温度。

相反,即使重新通电,炉内温度也会持续下降,直到热元件的温度缓慢升高,与高温炉的温度保持一致为止。只有那时,这一装置才会完整地启动其实际加热程序。

在此例中,这种现象(由被控系统的热惯量引起)取决于高温炉的质量、高温炉材料的热学常数以及电阻丝的表面积。

一给定电阻 R 的热损耗为 $Q = I^2R$,一横截面积为 A、长度为 l 的导线,其电阻 $R = \rho l/A$。由此可知,一给定长度的导线,其电阻及热损耗与 l/A 成正比。

例如,一根电阻丝长度为 100m,横截面积为 $10mm^2$,其产生的热能与长度为

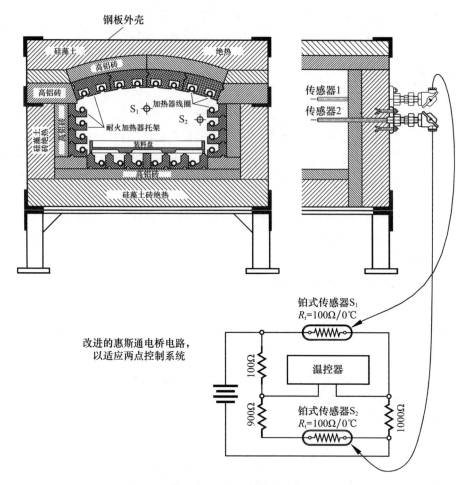

图 13.4　带两点开/关温度控制功能的工业炉

10m、横截面积为 $1mm^2$ 的导线所产生的热能相等,因为横截面积与长度之比均为 $100/10=10/1=10$,但前者的重量和消耗却是后者的 $100×10/10×1=100$ 倍。一根热电阻线向周围环境传热的程度与其表面积成正比,在我们的例子中,分别为 $\sqrt{10}×100=316$ 与 $\sqrt{1}×10=10$,两者之比为 $316/10=31.6$。与短且细的导线相比,长且粗的导线所释放的热能是前者的 31.6 倍,短且细的导线还能保留剩余的热量,直到导线熔化、蒸发为止。

经验法则要求我们,对于每平方英尺的导线,必须将其功率控制在 4000W 以下,确保热元件和高温炉之间的温差一直处于合理的低区。然而,当炉内预期温度接近不断加热的导线的额定极限值时,就必须降低功率与表面积的比。大多数商用铬镍电阻丝的容许温度为 1000℃,对于顶级的铁铬铝合金线,允许的最高温为 1350℃,越接近极限值,越需要对温度进行严格控制。例如,在一额定温度为

1300℃的电炉中,若炉内温度超过额定温度,且超出范围达到50℃,那么电炉就会熔化。

如果开/关控制器的操作"过之"或者"不及",那么交替产生的结果如图13.5所示,在操作开始时,系统便产生了最大超调量,与此同时,高温炉内部以及凉的内壁均在吸收热量。当内壁变得越来越热时,温度逐渐趋于稳定。

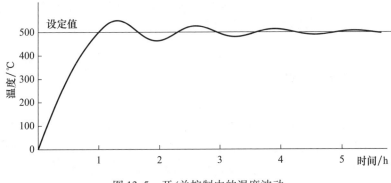

图 13.5　开/关控制中的温度波动

在某些应用场合(如烘烤陶瓷和滑石制品)中,控制器仅用于关闭到达某一设定温度的电炉。使用者在设置时通常使设备断开的温度略低于所需的工艺温度,剩下的由装置的热惯量来完成,这在无意中补偿了温度的超量。在这种形式下,需要补偿的热量根据电炉型号的不同而有所不同,而且以实际操作为主。

为了达到连续使用的目的,工艺温度的容限必须等于或大于预期波动值,这有助于将电炉预热且温度值低于预期温度,当内壁逐渐升温时还能使电炉的温度保持在预期温度以下。这样一来,低幅度的波动便在第一个开/关循环中成为常态,如图13.5所示。

另一种使波动最小化的方法是安装两个传感元件(图13.4)。一个置于高温炉的中心,另一个靠近热元件的位置,赋予每个传感元件一定程度的参与过程管理的权力,即效能。在图13.4的底部,两个100Ω的测温电阻器安装在了一个工业高温炉上,并给出了对应的电路图。在某电桥上,一上桥臂装有传感器 S_1,在另一上桥臂上装有一个100Ω的电阻,电桥的另两个桥臂上装有传感器 S_2(靠近热元件),与一个900 Ω的电阻串联,与之相对的是一个1000 Ω的电阻。因此,如 S_2 的温度有变化,将会影响电桥的输出,是 S_1 相同变化后的输出的 $100/1000 = 0.1$,或者说后者的效能是前者的10倍。S_1 使得前者的输出效能只占后者的10%。

在数层硅藻土砖(标记为宽间距剖面线)的作用下,高温炉具备了热绝缘性,如图13.4所示。由于空气被困在了硅藻土砖的内部空隙里,因此这种材料是绝佳的热绝缘体。在热绝缘体中,非环流大气仅次于真空。

然而,硅藻土的温度应保持在900℃以下,因此需要铺设高铝砖层(窄阴影线)

与高温炉隔热。加热用螺旋线的支架组件为耐火材料,装料盘由高铬钢制成,由底部加热元件的凸起部分进行支撑。由于装载物(包括工具、模具、捣击机和钢模等)已经占据炉内大部分的空闲空间,所以感应器 S_1 已移至中心上方。

传感器 S_2 具有 10% 的效能,位于其中一个加热用螺旋线的正前方。在短距离内,辐射传热优于电传导热和对流传热,并逐渐使传感器的温度接近导线的温度。

将 900Ω 的电阻替换成更低或更高的电阻,并相应改变电桥其他支臂中的 1000Ω 电阻后,传感器的效能可设置为其他不同于 1∶10 的比值。

13.4 亮度控制

图 13.2 所示的电路可用于检查照亮情况,只要用光敏电阻替换测温电阻器 R_t,并对电压计 P_2 进行调节,使这一光电晶体管达到某一光照度下应有的电阻值。该电桥中的零位计在预期照度下显示为零;如果亮度低于或者高于预期值,那么指针向左或向右偏转。

只要是严格控制的公用电力设施网对照明设备进行供电,几乎就不会遇到关于照明强度的问题。尽管如此,在其他情况下(如某些地区的外科手术中心),照度问题仍需要引起关注。在这些地区,电力通常来自移动发电机或复合式发电机,或者来自小型发电厂的配电网。当需求量较大的用户进入或退出配电网时,小型发电厂的电压就会波动。单一的开/关控制只能定期开启或者关闭光源,然而,如果采用两个而不是一个单一的开/关控制器,并与一个电压可变的变压器联合使用,便可将光源的亮度控制在一个很小的范围内。

就此设计中的两个开/关控制器而言,图 13.6 为应用效果图,只显示输出继电器,标记为 CR_1 和 CR_2,应用于三种不同的场景。第 1 循环表示的是亮度过高的情形,第 2 循环表示亮度达到期望值时的情形,第 3 循环表示亮度过低的情形。

在第 1 循环中,照度低于高控制器和低控制器这两者的设定值。当 CR_1 和 CR_2 都接通时,伺服电动机将自耦变压器的触点向较高电压的方向滑动。

在第 2 循环中,照度恰当,即位于高控制器和低控制器的设定值之间。CR_1 关闭,CR_2 开启,电机的两个线接头均与直流电源的负极相连,因此伺服电动机停止工作。

在第 3 循环中,照度过高,CR_1 和 CR_2 都处于关闭状态,导致电动机的连接件从 +/- 转化成了 -/+,变压器的游标使输出电压降低。

为了获得最高稳定性,发动机的机轴上应当安装一个小飞轮。在其惯性的作用下,发动机即使在关闭一段时间以后也能持续运作,从而使游标靠近其中档的位置。

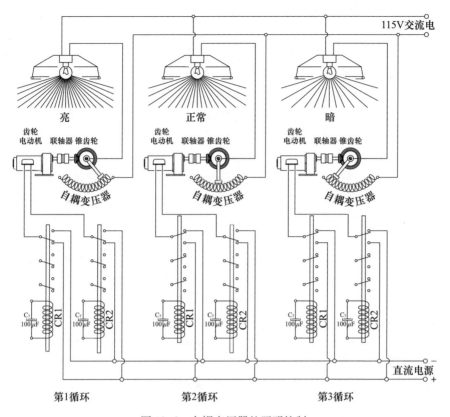

图 13.6　自耦变压器的照明控制

13.5　控制废气中的二氧化碳含量

碳氢化合物(如燃料油、煤油、汽油、柴油)在氧气的环境下充分燃烧后会产生二氧化碳气体(CO_2)和气态水(H_2O)。内燃机和涡流风扇利用空气进行供氧,因此每 1 份氧气中就有 4 份氮在输送的过程中没有真正参与燃烧过程,同时在废气中生成了一些 NO_2 和其他氮化合物等杂质。

碳氢化合物的化学符号为 C_mH_n,那么燃烧过程可表示为

$$C_mH_n + \left(m + \frac{n}{4}\right)O_2 + (4m + n)N_2 = mCO_2 + (n/2)H_2O + (4m + n)N_2$$

对于某种碳氢化合物,比如,丙烷(C_3H_8),其中 $m = 3$,$n = 8$,可由 $C_3H_8 + 5O_2 + 20N_2 = 3CO_2 + 4H_2O + 20N_2$ 计算出废气的成分。碳原子的质量为 12,氢原子质量为 1,氧原子质量为 16,氮原子质量为 14。那么按重量计算,废气为 $3 \times (12 + 2 \times 16)$

$CO_2 + 4 \times (2 \times 1 + 16) H_2O + 20 \times 2 \times 14 N_2 = 764$ 个质量单位;按质量分数计算,废气中 CO_2 的比例为 $3 \times 44/764 = 17.28\%$,$H_2O$ 的比例为 $4 \times 18/764 = 9.42\%$,N_2 的比例为 $560/764 = 73.30\%$。

如果二氧化碳的质量分数低于 17.28%,就意味着空气供给不足,致使燃烧不充分。然后,缺失的这部分二氧化碳则以剧毒性的一氧化碳(CO)的形式出现。一氧化碳在生成过程中提供的氧气只有二氧化碳的一半。

如果是汽油和柴油(几种碳氢化合物的混合物),那么使用这一公式,可分别计算出各自的成分,然后把燃烧产物的质量分数加起来。

混合气体中的二氧化碳的含量极大地影响着该气体的导热能力。例如,二氧化碳的导热系数 κ 为 $0.015 W/(cm \cdot ℃)$,一氧化碳导热系数为 $0.023 W/(cm \cdot ℃)$,氮导热系数为 $0.024 W/(cm \cdot ℃)$,氧导热系数为 $0.024 W/(cm \cdot ℃)$,空气导热系数为 $0.024 W/(cm \cdot ℃)$。

对于所有的废气而言,κ 徘徊在 $0.024 W/(cm \cdot ℃)$ 左右,除了二氧化碳是 $0.015 W/(cm \cdot ℃)$ 以外,因此,混合物中二氧化碳的含量决定了该混合物的导热度。

在图 13.7 中,二氧化碳计和控制器的工作原理便是基于这一特殊性质。这一实用仪器的构造以一个标准式文丘里管为中心,后者可以插入工业气管道的任意位置。分别从文丘里管节流阀的最窄处和膨胀区,通过细管道抽取气样,细管道进入由法兰连接的试样室。通过这两个位置之间的压力梯度,可以确保对气样不断更新。

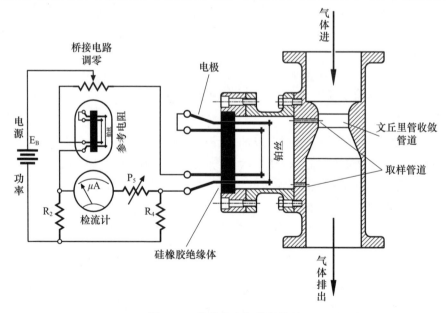

图 13.7　管线内废气分析装置

在试样室和外部参考探头中均有一对规格相同的细铂丝。通过比较这两个位置的铂丝的温度可得出导热度。两对铂丝是一电桥电路的组成部分。为了使铂丝发热,该电路的总阻抗保持足够低。

由于二氧化碳气体的传热性比不上混合气体中的其他成分,因此,随着气样中二氧化碳含量的变化,试样室中的铂丝的温度将比基准室的要高。

为了使试样室和基准室的铂丝保持足够高的温度,以便对铂丝将热量转移到腔室环境的能力进行可靠的测量,电桥电路中的电阻 R_2 和 R_4 必须是低电阻才能提供充足的电流达到这一目的。温度越高,测量精度越高,但是温度必须控制在某一水平以下。如果超过这一水平,铂丝就失去抗拉性,变得松弛。

调零电位计(图 13.7 顶部)应是绕线式,才能承受电桥电流的强度。

13.6 二氧化硫的测量

根据原产地的不同,原油中硫的含量可高达 6%,并在燃烧的过程中与氧气结合,生成二氧化硫 SO_2。排放到大气层中的二氧化硫被云中的水滴吸收,生成了亚硫酸及其他含硫化合物,形成了酸雨。酸雨由于 pH 值小于 5.6 而得名,它破坏了树木的生长过程,增加了土壤的酸度。

图 13.8 所示的简单装置一般用于检测废气中 SO_2 的含量,包括造纸工业中硫燃烧室的排放。方法是先将气体中的二氧化硫溶解在水中,然后测量一对相对安装的电极之间的电阻,电极浸没在生成的水溶液中。

使用吸气器从废气管道中提取气样。吸气器与喷射真空泵相似,真空泵负责安全供水。在本例中,供水装置一直置于顶部,是一个保持水平的储液器,在雾化水的喷射作用下,吸气器还可用作受测气体的混合器。

合成的水溶液进入分离器中,分离器使不溶于水的气体逸出。与此同时,溶液饱和后沉淀在底部,从那里进入一个传感器中,传感器带有两个方向相对的电极。

吸气器喷嘴中的固定高度非常重要,其标准为 3m 的水柱。必须对水箱的液位进行严格控制。换言之,即使水箱中的水过量,排水管也能不断排出多余的水。同时,在进水口和出水口之间设置了一个挡板,防止水流入引起浪

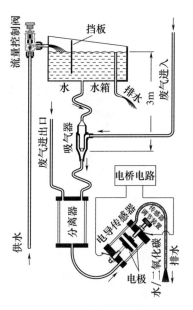

图 13.8 二氧化硫测量装置

涌,对排水管周围的液面产生干扰。

该测量电路的电气装置类似于图 13.7 中的电桥,但是必须使用交流电源供电,防止试样室中的溶液发生电解分离。灵敏度调节螺丝负责调节电极的间距,并且当传感器中的二氧化硫溶液达到饱和后,使仪表发生满标偏转。同时可以根据使用者的标准,设置其他的偏转幅度。

13.7 湿度控制

机械式湿度计利用一缕去油发丝随湿度变化而膨胀的特性来作为传感元件。该仪器的工作原理是将一缕发丝微小的变化转化成仪表指针的偏转,包括用于双金属元件的温度补偿功能。

在相对湿度电子传感器中,其信号电流来自传热性和容量的变化,或来自阻抗的变化。后者是最简单和最受欢迎的类型,如图 13.9 所示,其功能取决于氯化锂的吸湿性,以及氯化锂的阻抗随吸收的湿度而呈现的相关变化,如图 13.10 所示。含水量自 11% 起纯氯化锂的导电性开始增强,然而,如果使用聚乙烯醇作为溶剂,那么其导电性从含水量 1% 起便开始增强。

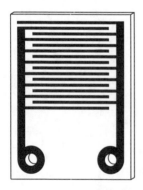
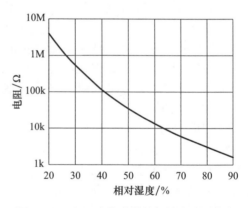

图 13.9 电阻式相对湿度传感器　　图 13.10 电阻式传感器的灵敏度特性曲线

湿度计元件通常由一种塑料基板组成,如图 13.9 所示,上面印着两个交错的金箔网格。同样,电源是对称的交流电而非直流电,目的在于防止传感器偏振化。为了在相当大的温度范围内取得一致的测量结果,湿度控制器的电子元件包含了一个电路。该电路经调整后,能够补偿传感器的电阻随温度的变化。

空气的相对湿度一般用每立方米空气中水蒸气的比例(按重量百分比)表示(即每立方米的空气中含有多少千克的水),它对我们的健康至关重要,尤其是在装有空调的环境中。最为重要的是某些工业生产设备中空气的含水量,这点在纺织行业中尤为突出,空气的调节常常交由一个系统进行处理,该系统在空气流动、水粒子注入,以及蒸发供热和吸热之间相互作用。

此外,烘干机和干燥炉的操作是根据排出空气的相对湿度进行控制的。惰性气体密封层也是如此,其作用在于防止金属零件在热处理、坩埚铸造、电焊等过程中氧化。

13.8 水分控制

纺织生产包括纺纱、织造(或针织)和精加工三道基本工序,而水分控制则是纺织生产中必不可少的环节。

一捆捆未加工棉被打散解开,然后送入头道梳毛机和清棉机中进行清洗。接下来开始梳理和并条程序。棉纤维将被分成松散的一股股棉条,平行放置,形成厚厚的一层,并采用并条和分梳工序进行整理。

在开始纺织操作之前,经纱需要穿过施胶机(黏合剂)并在浆纱机中脱水,这样可以增强纱线的强度,使其更为径直。然后才开始纺织操作,将多股平行线(经纱)纵向穿过织布机,与横向运行的纱线(纬线)交织。在此过程中,由飞梭引导纬线横向穿过经纱然后返回。

当纱线从浆纱机中出来时,其水分必须加以严格控制,以保证织造作业的一致标准,因为水分过多会导致纱线发霉,而极度干燥的纱线又极易脆裂。

根据浆纱机卷轴和检测器卷轴之间的纱线层的电阻(图 13.11),可得出纱线的含水量,并通过改变浆纱机的速度对水分进行控制。

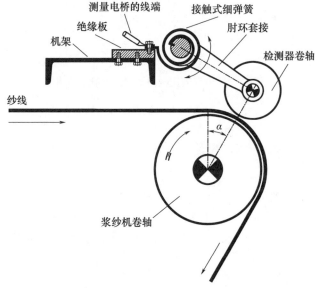

图 13.11 浆纱机控制传感器

如果机架与电阻测量电桥的"地线"相连,检测器卷轴的底座必须与机器的其余部件隔离,且需要连接到细弹簧上的电路中,细弹簧使检测器卷轴在经纱上空转。

在造纸业中,当牛皮纸在纸张加工机中进行加工处理时,需要对这一过程进行连续控制。这是因为水分过多会使纸张呈杂色,变模糊,甚至在紧压辊下,纸张会压碎,而紧压辊的压力及精确的滑动设定,对于成品的表面光洁度和质量而言至关重要。另外,如果纸张过于干燥,那么重量就过轻,成品质量不佳。

虽然政府机关已规定了粮食、大米、豆类、带梗花等谷物的水分含量,但是标准湿度传感器仅包含一对电极,电极插入颗粒状受测物中。

电极之间的电阻通常与受测物的水分含量成对数函数的关系,如图 13.12 所示(以稻米为例)。同样,比电阻的定义是两个面积各为 $1cm^2$、间距为 $1cm$(0.394in)的电极之间的电阻。电导率是电阻率的倒数,适合用欧姆定律和电阻定律进行测量。

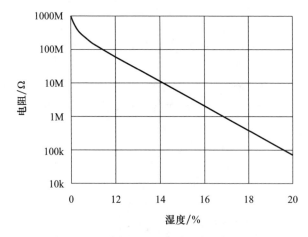

图 13.12　稻米的比电阻随湿度变化而变化

13.9　流体和液体的电导率

利用电桥电路(图 13.13)测量了流体和液体的电导率。该电路比较了一对水下电极之间的电流与密封探针中的同样一对电极之间的电流。密封探针中含有某种参考液体,比如纯水或者表 13.2 中的其他液体。标准液体同样浸入受测液体中,离传感器的位置不远,这样一来,两者均能保持同一温度。这一特性十分重要,因为液体的电导率在很大程度上取决于温度。

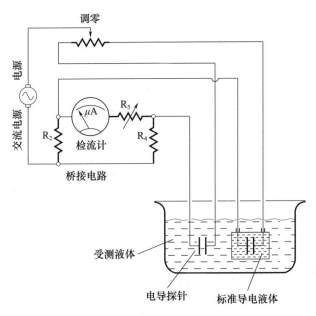

图 13.13　液体电导率的测量装置

表 13.2　液体的电导率

液体	电导率 $(1/(\Omega \cdot cm))$
化学纯水,0℃	1.58×10^{-8}
30% 硫酸, 15℃	0.7028
食盐饱和溶液, 15℃	0.2014
氯钾盐溶液,15℃	0.09254
20% 盐酸, 18℃	0.7615
31% 硝酸,18℃	0.7819
20% 磷酸, 18℃	0.1129
20% 氢氧化钠,15℃	0.3270
20% 氯化钾,18℃	0.2677

在图 13.13 所示的电路图中,电表可以进行校准,以便在非线性尺度上显示液体的电导率,或者在自动化控制系统中将电桥的输出用作出错提示信息。

同样,此电路必须用交流电源进行供电,目的在于防止受测液体发生电解分离,表 13.2 列举出了一些参考液体的电导率。

327

13.10　自动控制理论

开/关控制器使控制变量(温度、压力等)等于或者接近设定值,但是仅仅通过定期开启或者关闭电源来调节。此外,一种比例控制器使系统随时处于驱动状态,并且通过精准的反作用,对任何偏离原先设定的误差进行校正。它没有固定的设定值,也就没有办法判断其机能是否"过之""不及"或者刚好合适。更复杂的比例加微分控制法,或者比例加积分加微分控制法(后者更突出)可以弥补此类不足。

比例控制的功能可以用一个简单的方程来表示:

$$W = P(T_P - T) \tag{13.1}$$

式中:T_P 为预期的加工温度;T 为实际加工温度;W 为控制程序对控制变量施加的能量;P 为比例常数,在此例中也叫控制器的比例放大率。

式(13.1)也适用于其他过程变量,包括压强、湿度、照度等,只要用合适的符号(如 p、h 和 I_L)替换 T 即可。

超量的问题可以用一个控制器进行调节。该控制器考虑了过程变量的变化速度,其方式是在下列方程中引入一个导数项:

$$W = P\left[(T_P - T) + D \frac{\mathrm{d}(T_P - T)}{\mathrm{d}t} \right] \tag{13.2}$$

式中:D 为比例常数,叫作阻尼常数;$\mathrm{d}(T_P - T)/\mathrm{d}t$ 表示加工温度变化的速度。

因此,如果温度快速下降,那么这一程序会增加更多的能量,而不是逐渐损耗能量。如果 D 选择适当,那么这一过程将逐渐接近期望值,并保持不动,不受任何波动的影响。

还可以增加第三个控制变量,从而得出更优的结果,依据为目前为止在这一程序中所投入的能量:

$$W = P\left[(T_P - T) + D \frac{\mathrm{d}(T_P - T)}{\mathrm{d}t} + I\int (T_P - T)\,\mathrm{d}t \right] \tag{13.3}$$

第三个比例常数 I 为积分增益参数或者重置等级。满足这一方程的系统统称为比例 – 积分 – 微分(PID)控制系统。

家庭轿车通过一台中央数字处理机(类似于一台专用计算机)将计算工作完成了。基本设定值是由 v_p 得到的,即按下自动控速按钮时车子的速度,并且通过比例控制原理保持不变,只要发动机的负载保持不变即可。当中央处理机要求以模拟电压信号的形式请求校正时,真空发动机便驱动了。从发动机从进气口的局部真空获得动力,并对油门和油门踏板的位置进行调整,直到偏差信号清零为止。

此方程包含一个积分项 $\int (v_p - v)\,\mathrm{d}t$,当它检测出速度长时间微高或者微低时,便产生了其裨益。当速度恒定时,该积分项仅仅表示偏差信号,设定速度减去实际速度乘以其存在的时间间隔。出现误差变量时,可从汽车的实际速度曲线与设定速度直线之间的封闭区域中找到该积分项的值。换言之,积分控制增加了误差信号的权重。与短时段的误差相比,长时段的误差对控制器输出的影响更大。

照此方式,一切运行顺利,除非汽车到了一座小山的面前。在这种情况下,对发动机功率的要求急剧增加。尽管最后单凭比例控制会解决这个问题,但是消费者们仍旧希望汽车继续以额定速度前行,无论下雪、下雨,抑或是昏暗的夜晚,速度都不要改变。因此,该方程中便引入了微分项 $\mathrm{d}(v_p - v)/\mathrm{d}t$。这一项实际上表示汽车的加速或减速,因为它用速度差除以相应的时间差,即时间 – 速度曲线的斜率。只要汽车保持匀速行驶,这一比例值就一直为零。但当汽车开始爬坡,速度逐渐降低,并且通过真空马达打开油门,比值便有了变化。这种状态直到恢复设定速度为止,此时比例值再次为零,不过油门开得更大了。

13.11　比例控制

在理想状态下,比例控制系统校正受控元件(如机阀)的位置,与偏差信号的量级成正比,因此将被控变量保持在一个始终稳定的水平。

在詹姆斯·瓦特改良的蒸汽机中,其调速器是早期经过实践检验的一种比例控制系统。控制并保持蒸汽机转速的稳定性至关重要:首先要防止飞轮被离心力的作用拆碎,其次确保机器一直以最高效率运转。

如图 13.14 所示,调速器的控制功能基于安装在铰链杆上的一对铁球的离心力,离心力使铁球随着机器飞轮的速度旋转。离心力 $F = mR\omega^2$,其中 m 为转动质量,R 为重心与旋转轴之间的距离,ω 为角速度,等于 π/30 乘以转速(r/min)。在该装置中,离心力驱动蒸汽阀,蒸汽阀控制机器的蒸汽供给。因此,由上式可知,离心力与转速的平方成比例增加,因此该装置的灵敏度很高。

当离心力将质量球向外推时,杠杆机构对这一运动进行转换,使调速器的中心轴向下位移,而中心轴通过旋转接头,把蒸汽阀置于适当位置。安装在装置底板下的蒸汽阀允许适量的蒸汽进入气缸,从而使蒸汽机以额定转速运转。在图 13.14 中,蒸汽阀处于完全打开的状态,但是当重物向上移动并迫使主轴向下移动时,蒸汽阀会渐渐关闭。

杠杆机构的定位点位于导套上。通过定位点,对质量球起支撑作用的离心机械手将其位移运动转移到中心轴上端的推进杆托架上。中心轴通过一对滚珠轴承,轴承位于齿轮箱顶部的凸缘衬套内,保持在一个固定位置,与机架相对。同时,中心轴将阀杆置于旋转接头之上。旋转接头由一对背对背安装的圆锥形铁姆肯轴承组成,轴承安装在中心轴下端的钟形衬套内,同时内圈位于短管阀的阀杆上。

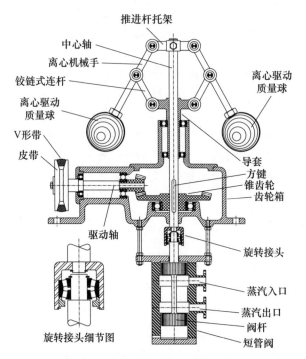

图 13.14　詹姆斯·瓦特型调速器

推进杆托架
中心轴
离心机械手
铰链式连杆
离心驱动
质量球
V形带
皮带
驱动轴
离心驱动
质量球
导套
方键
锥齿轮
齿轮箱
旋转接头
蒸汽入口
蒸汽出口
阀杆
短管阀
旋转接头细节图

这一装置与詹姆斯·瓦特的原始设想并不一致,它使用一个与蒸汽管道相匹配的节流阀,后者通过调速器主轴的位移,在另一个杠杆机构的作用下运转。同样,主轴与飞轮之间的 V 形传动带必须是原蒸汽机上的扁平皮带。

13.12　气压控制系统

直到 20 世纪初,压缩空气作为能量传递的一种方式仍被视为是电力强有力竞争者。压缩空气在远程系统中并不常见,但是作为能量载体,它在大多数的工业厂房中以一种特定的工厂系统存在。该系统由空气管路作支撑,管路将空气从一个带有储气罐的中央压缩机输送到压力仪器、压缩空气发动机、气缸、线性制动器、气动阀等各种装置中。

开关操作中产生的电火花可能引发爆炸,在这样危险的环境中空气动力发挥着越来越大的作用。这种环境包括存有炸药和燃料气体的工厂,以及特定的矿山。在某些矿山中,甲烷气体从土壤中逸出,与空气混合,当混合气体达到最大可燃值时,极其可能发生爆炸。尽管"防爆"的额定电气元件广泛存在,但压缩空气仍是极好的替代选项。

在控制工程学中,气动系统引起了人们的广泛关注,特别是当被控变量或者控制变量是气压或液压时,因为气压控制所需的转换元件比电气控制要少。例如,敞开式水槽的液面控制很简单,通过一个普通的压力开关就能完成。压力开关由水箱出口处的液压进行控制。如果液压低,那么开关会触发,然后启动泵电动机;如果液压高,那么电动机会关闭。对于水以外的液体而言,压力等于水头(代表高度)乘以密度。

然而,如果是密封罐,那么液体上方的空间的气压或蒸汽压,如锅炉内的蒸汽压、液化气瓶内的蒸汽压或者高压釜内的外部施压,这些增加了重力水头压力。图 13.15 为气动控制系统,旨在保持密封容器内的液位恒定,方式是控制气动制剂的进气阀的位置,如图 13.15 右下角所示。

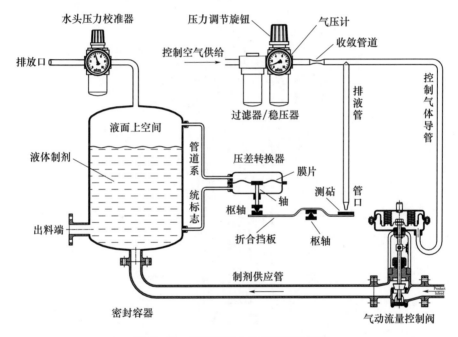

图 13.15　密封容器中的气动液位控制

密封容器内的重力水头压力是根据上、下定位柱(显示在水箱右侧)之间的压差得出的,这两个压力信号值在压差转换器中相减。转换器包括一个圆柱形的外壳,外壳由一隔膜分成上腔和下腔。罐内总压从下定位柱的通道进入转换器的底部腔室,而水头压力进入上腔室。当罐内总压将隔膜向上推时,水头压力也使隔膜向下移动。最终产生的压差表现为轴(也可以称为活塞)的位移量。轴从隔膜的中心向下穿过一个填料函然后到达杠杆,杠杆使力保持平衡。

这一部件是该装置的核心,同时也阐明了大多数气动压力控制器的工作原理。其形状与跷跷板相似,因为它包含了一个折合挡板(或者说旋转横梁)。挡板左端在压差转换器的轴尖的重量下朝下，同时挡板的右端装有铁砧。铁砧是一小块碳化钨薄片，位于一管路上；在该管路中，压缩空气从恒流供应装置中喷射出来。

恒流供应装置包括一个带有精密调压器的专用压气机，恒压 p 到恒流量的转换过程发生在管道系统的稳压节流阀中，位于节流阀排放口一侧的气体速度 $v = \sqrt{2\rho/\rho}$，其中 ρ 表示空气的密度。

气流被分开，夹在制剂阀的制动器腔与飞板铁砧上的喷嘴之间，如图 13.16 右下角所示。絮凝器对冲击气流的动压力承受得越久，气流通过喷嘴逸出的比例越大，用于驱动制剂阀的压力就越小。当储水箱中的液面上升，使压差转换器下腔中的压强增大，并抬起支撑挡板左侧的枢轴时，便发生了上述情形，所以挡板的右侧朝下倾斜，在铁毡和漏嘴之间打开一条间隙。

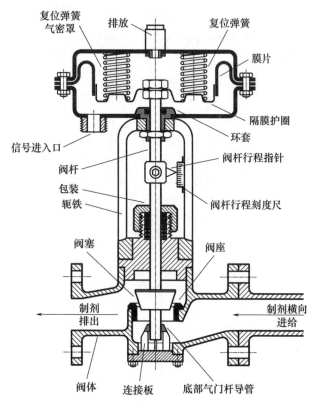

图 13.16　气动流量控制阀

制剂供给阀决定了储水箱中进入的液量，这部分应当等于排出的液量。制剂供给阀在控制学的术语中称为被控元件，在图 13.16 中有更详细的说明。其设计将供给阀作为被动元件，将阀门驱动装置作为主动元件。阀门的打开程度与液体通过的体积之间的关系取决于阀塞的纵切面。这两者可以是线性关系、比例关系或者对数关系。理想的阀塞,其侧面大小应根据应用场景的不同而有所不同,且常常必须通过经验做出选择。

为了获得最佳的稳定性,阀杆在顶部和底部均受支撑。因此,下端的导套由四个连接板进行支撑,连接板呈细长状,为制剂的通过留出了足够的空间。

阀门驱动装置的位置有赖于旋转隔膜(附带有弹簧固定板)与复位弹簧之间的力的平衡。弹簧固定板是一金属片,带有两个或两个以上的浮凸,冲压而成,使弹簧压缩后安全复位。弹簧固定板的中心与阀杆的上端相连。不管横隔膜上升还是下降,位于外壳上面的排放口使隔膜上方空间的压力一直等于周围的压力。

正如图 13.16 所示,该装置的优越性在于省去了复杂和粗糙的元件,从而经得起加工行业中的粗率处理和适应要求苛刻的工业环境,包括酸性或腐蚀性大气条件、振动、极端温度,以及不时超载的情况。调压器、压差转换器与气动流量控制阀等元件都是现成的,而含有活动元件(包括折合挡板机器附件)的部件是比例压力控制器的组成部分。比例压力控制器带有圆形或者条形记录纸,常常由一个内置的压强 - 电压转换器提供数据读数。

其他的气动控制元件均为定序器,用于设定每个操作周期中若干气阀的开启和关闭时间。在一普通传动轴上,对于每一个气阀,定序器均带有一个凸轮。循环时间是通过调整凸轮轴的转速进行设定的;同时,每个特定阀门的开启和关闭时间是通过调整各个凸轮的角位置进行设定的。

气动计时器根据一定体积的压缩空气从微型气缸的狭小开口逸出所需要的时间得出开/关周期。气动短管阀带有气压传动装置,此外,还有位置启动阀、流量感应片状阀、真空感应阀和气动电动开关。

在一控制系统的最终执行元件中,气压传动装置排在第一位,以气缸作为补充,当活塞上磁环的位置到达安装在外部的磁场传感器的位置时,传动装置便立即停止。此装置常常用于回转工作台以及金属带材的气动给料机,用以制作冲压模具。

此外,最终执行元件还包括气动转动装置、合模油缸(使工件安全地固定在适当的位置)和旋转式合模油缸(在松开后向外旋转 90°)。

如果在某领域中数字电子技术正逐渐占据主导地位,那么同时采用气动元件、电气元件和电子元件的控制系统常常是理想的选择。

13.13　回顾自动化的起源

尽管在汽车和蒸汽机中发动机的运作是靠一个或多个活塞的往复运动完成的,但是主要的旋转推进器(比如,蒸汽轮机或喷射发动机)将驱动介质直接转化为转动能,这些驱动介质通常是碳氢化合物与氧气在空气中燃烧产生的产物。在这两种情况下人们利用一股过热的蒸汽或者汽车排放的废气,沿涡轮叶片的曲率使方向改变,甚至可180°换向。这一想法可追溯至亚历山大港的希罗发明的汽转球,其原理如图13.17所示。尽管以当时的技术还不足以制造出蒸汽轮机,但是希罗设计的装置已经很接近了。希罗没有使用叶片而是采用了一对铜管,铜管弯曲成某一角度,并在压装后置于铜片做成的空心球体(转子)的上部。虽然垫片比皮革更为柔韧,但是当时的人们无法将填料函加工至必要的精度,因此该装置中最薄弱的连接件便是填料函。

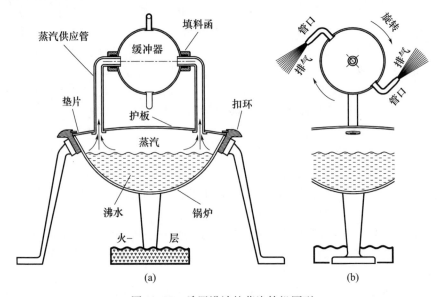

图 13.17　希罗设计的蒸汽轮机原型

此外,喷嘴只能偏转90°。由于装置的特性,蒸汽压力本身就很低,装置实际功能极为有限。即使如此,希罗的涡轮机仍在继续转动,首先成为现实,再次成为历史,被我们所铭记。

虽然这位发明家可能从来没有考虑过要把汽转球从一个玩具改造成一个真正的原动机,但这一发明是历史上第一个将热能转化为动能的装置。如果仔细观察,你还能领会到其中隐藏着一个比例控制系统,蒸汽压力以及旋转速度的控制,由填料函逸出的蒸汽量决定。

参考文献

[1] Arfken GKP. University Physics[M]. New York: Academic Press, 1984.

[2] Beyer WH. CRC Handbook Mathematical Sciences[M]. Boca Raton: CRC Press, 1987.

[3] Bolton W. Instrumentation and Control Systems [M]. Oxford: Newnes/Elzevier Ltd. , Linacre House, 1996.

[4] de Silva GMS. Basic Metrology for ISO 9000 Certification[S]. Butterworth – Heinemann, Linacrehouse, Jordan Hill, Oxford OX2 8DP, A Division of Reed Educational and Professional Publishing Ltd. ,2001.

[5] Deutsches Institut für Normung e. V. DIN Geschäftsbericht 1995/96[S] , 1996.

[6] Dubbel H, et al. Handbook of Mechanical Engineering[M]. Berlin: Springer – Verlag, 1994.

[7] Gasvik KJ. Optical Metrology[M]. The Atrium, Southern Gate, Chichester, England: John Wiley & Sons Ltd. , 2002.

[8] Gröber – Erk. Die Grundgesetze der Wärmeübertragung[M]. Berlin: Verlag von Julius Springer, 1933.

[9] Haberland G. Elektrotechnische Lehrbficher[M]. Leipzig: Max Janecke Verlagsbuchhand – lung, 1941.

[10] Haeder W, Gartner E. Die gesetzlichen Einheiten in der Technik[M]. Berlin: Deutsches Institut fur Normung e. V. , 1980.

[11] ISTE. Metrology in Industry: The Key for Quality[M]. French College of Metrology, 2007.

[12] Kurtz M. Handbook of Applied Mathematics for Engineers and Scientists [M]. New York: McGraw – Hill, 1991.

[13] Lide DR. CRC Handbook of Chemistry and Physics[M]. Boca Raton: CRC Press, 1999.

[14] Loxton R, Pope P. Instrumentation – a Reader[M]. London: Chapman & Hall, 1990.

[15] Mache H. Einführung in die Theorie der Warme[M]. Berlin: de Gruyter, 1921.

[16] McCoubrey AO. Guide for the Use of the International System of Units – The Modernized Metric System[M]. National Institute of Standards and Technology, Spec. Publ. 1991: 811

[17] Richter H. Aufgaben aus der Technischen Thermodynamik[M]. Berlin: Springer – Verlag, 1953.

[18] Thomas O. Astronomie, Tatsachen und Probleme[M]. Wien: Verlag Das Bergland – Buch, 1933.

[19] Tuma JJ. Handbook of Physical Calculations[M]. New York: McGraw – Hill, 1976.

[20] Walker PMB. Cambridge Dictionary of Science and Technology[M]. Cambridge: Cambridge University Press, 1976.

[21] Webster JG. The Measurement Instrumentation and Sensors Handbook[M]. New York: CRC/IEEE Press, 1999.

延伸阅读

Industrial Metrology by Graham T. Smith(Springer – Jul. 28, 2002)

Springer Handbook of Mechanical Engineering
by Grote, Karl – Heinrich; Antonsson, Erik K. (Eds.)
2009, XXVIII, 1580 p. 1822 illus. , 1551 in color

Metrology in Industry: The Key for Quality
by French College of Metrology, Feb. 4, 2008

Metrology and Properties of Engineering Surfaces
by Mainsah, E. ; Greenwood, J. A. ; Chetwynd, D. G. (Eds.)
Kluwer Academic Publishers, Dordrecht, 2001

Machining Dynamics
Frequency Response to Improved Productivity
Schmitz, Tony L. , Smith, K. Scott
Springer, Berlin, Heidelberg, New York, 2009, 310 p. 125 illus.

Basic Metrology for ISO 9000 Certification
by G. M. S. de Silva
2002, Butterworth – Heinemann, Linacre House, Jordan Hill, Oxford OX2 8DP

Frontiers of Characterization and Metrology for Nanoelectronics
2007 International Conference on Frontiers of Characterization and Metrology for Nanoelectronics by
Seiler, D. G. ; Diebold, A. C. ; McDonald, R. ; Garner, C. M. ; Herr, D. ; Khosla, R. P. ; Secula, E. M. (Eds.), 2007

Practical metrology by K. J. Hume(English Language Book Society, 1965)

Numerical Data and Functional Relationships in Science and Technology Landolt – Bornstein Online,
Springer Link

How Apollo Flew to the Moon by W. David Woods(Springer Praxis Book/Space Exploration)